城市战略规划
Urban Strategic Planning

侯景新　李天健　编著

经济管理出版社
ECONOMY & MANAGEMENT PUBLISHING HOUSE

前　言

我国城市化在高速推进的过程中，虽然取得了巨大的成就，但也暴露出不少问题。因此，总结经验和教训，进行理论升华，并给予原理阐释，是一项重要的工作。

城市战略规划就是从思想、理论的宏观及中观层面对城市规划进行把控，以期把握城市规划的大方向，尽量避免或少走弯路，从而提高城市化推进的效率。

全书共分十二章，基本脉络是从历史纵向到空间横向，从城市内部到城市体系，从城市基础设施、城市经济到城市环境、城市文化，从开发到保护等。

全书的写作分工是：第一章由侯景新执笔；第二章由郭志远、侯景新共同执笔；第三章由侯景新、程丹共同执笔；第四章由侯景新、冉霞共同执笔；第五章由赵国亮、侯景新共同执笔；第六章由徐虹、李天健共同执笔；第七章由李天健、夏剑林共同执笔；第八章由王海丽、侯景新共同执笔；第九章由李天健、刘莹共同执笔；第十章由侯景新、颜芳芳共同执笔；第十一章由李天健执笔；第十二章由李天健执笔。

全书在吸纳前人大量研究成果的同时，也融入了作者多年的心血结晶，相信该书对城市规划会有一定的理论意义和现实意义。

侯景新构建全书框架，并对通篇写作给予指导；李天健对全书统稿，并做了相关增删及修补工作。

该书写作经历了漫长的过程，今天该书的问世也算是心愿的了结，由衷希望她能为我国的城市化建设发光发热。

作　者

2014 年 12 月 1 日

目　录

第一章 中国古代城市规划的传统思想

中国古代城市规划尽融传统文化理念，从阴阳五行到八卦风水，从天人合一到礼制有序，从内城外郭到中轴对称，几乎所有内涵都与西方城市规划有别。所以，研究中国古城，我们必须从传统文化下手，而中国古城正是因为有丰富的文化积淀，其才有了独特的内涵和魅力，进而也使城市形成再发展的重要资源和内在动力。

第一节 古代城市规划中的阴阳思想

一、阴阳思想总论

阴、阳两字的古义是背日和向日。阴，《说文解字》曰，"暗也，水之南山之北也"；《说文系传》曰，"山北水南，日所不及"。阳，《说文解字》曰，"高明也"；《说文解字义证》，"高明也，对阴言也"。

阴阳对立统一的辩证思想早在春秋时期老子的《道德经》中就已有高度的概括和体现。

《道德经》第四十二章中指出，"道生一，一生二，二生三，三生万物"，"万物负阴而抱阳，冲气以为和"。

阴阳双方相互依存是事物存在和发展的前提。《易经》中指出，"太极生两仪"，太极是指客观事物的统一体，在这个统一体中，又分为阴与阳两方面，这就是合二为一。阴与阳的对立统一，推动着事物的发生、发展和无限的变化。

自然界的各种事物，都同时存在着相互对立的两种属性，即阴阳相互对立的两个方面。阴阳是对立的统一，双方相互依赖、相互依存，都以对立面的存在为前提。阴依赖着阳，阳依赖着阴，阴阳的存在都是以对方的存在而存在，没有阳就没有阴；反过来一样，没有阴就没有阳。所以，阴阳的对立面不可分割地联系在一起，形成事物的统一体。

《易经》中的八卦就是由阴阳组合构成。八卦有乾、坎、艮、震四阳卦，及与此相对应的坤、离、兑、巽四阴卦。乾坤两卦是阴阳之根本，万物之宗。乾坤虽对立，又统一。

中医基本的理论就是阴阳。《黄帝内经》写道：

"黄帝曰：阴阳者，天地之道也，万物之纲纪，变化之父母，生杀之本始，神明之府也，治病必求于本。"

"故积阳为天，积阴为地。阴静阳燥，阳生阴长，阳杀阴藏。阳化气，阴成形。寒极生热，热极生寒。寒气生浊，热气生清。"

"故清阳为天，浊阴为地。地气上为云，天气下为雨，雨出地气，云出天气。故清阳出上窍，浊阴出下窍；清阳发腠理，浊阴走五脏；清阳实四肢，浊阴归六腑。"

阴阳的关系主要可归总如下：

（一）阴阳相互包含

阴阳双方相互包含是事物发展变化的基础。阴阳双方相互包含，即阳中有阴，阴中有阳。在太极图中很明显的标志是阴鱼有一个白色的鱼目，而阳鱼有一个黑色的鱼目。阳卦中有阴爻，阴卦中有阳爻。

《黄帝内经》曰："味厚者为阴，薄为阴之阳；气厚者为阳，薄为阳之阴。"又如人的五指，大拇指为阳，其他四指为阴，大拇指有两节，为阳中有阴；其他四指都是三节，为阴中有阳。

（二）阴阳相互转化

阴阳双方可依一定的条件相互转化。这就是推动事物发展的内部矛盾的斗争性。阴阳不是固定的、僵死的，是依一定的条件相互转化的，转化就是指阴阳的变化。

物极必反，阳极变阴，阴极变阳。阴阳的变化是逐渐形成的。起初数量的变化很微小，但随着数量变化的不断增加，事物发展就会从量变到质变。

任何事物都处于不断的变化和发展的过程中，其发展变化总是具有周期性的特征。每一事物相对于其自身来说，都具有生、长、状、老、衰、死的过程。最典型的阴阳变化规律就是一天和一年的周期变化，当昼夜交替和四季轮换时，地球上的一切生命体都将受到影响。一天可分为四个明显的阴阳阶段，即子午早晚；一年中也可分为四个阴阳阶段，即春夏秋冬。有的生物朝生夕死，受一天中阴阳变化的决定性影响；许多动植物春生冬死，受到四季阴阳的决定性影响；有的动植物虽然不死，但常在冬天冬眠或休眠，春天苏醒或发芽，季节周期十分明显。一些高等动物虽然受季节影响不大，但都具有确定的昼夜节律。因此，阴阳规律可视为地球上生命体所必须遵循的自然规律。这样，最能代表阴阳属性的太阳和月亮几乎成了地球上生命界的主宰。因此，阴阳规律是古人天地观念中的总规律。

（三）阴阳和谐共生

阴阳共生，但生命力最强的时段是阴阳和谐的阶段，所以中医治病的核心思想就是阳平阴秘。《周易》中的八卦和人事的对应关系是：乾为父，坤为母，兑为少女，离为中女，巽为长女，艮为少男，坎为中男，震为长男。这就是讲阴阳和谐生命力才最旺盛。

阴阳匹配和谐至关重要。如阳阳相加，其势虽壮，但不可长久；阴阴相加，仍然弱小，同样不能新生。老阳与少阴相交，因阴阳相差悬殊，同样不利于新生。《周易》六十四卦中的泰卦为乾下坤上，三阳三阴，故"象曰：泰，小往大来，吉亨，则是天地交而万物通也"。而姤卦巽下乾上，一阴五阳，故"象曰：姤，遇也。柔遇刚也。勿用取女，不可与长也"。[①]

老子在《道德经》第四章也讲，"道冲，而用之或不盈"，这也是说不要走到极点，而走到极点的结果必然是向相反的方向转化。

二、以阴阳起名的城市

（一）以阳字命名的城市

古代城市名字中有阳字的不是位于山南，就是位于水北。例如，沈阳、辽阳、濮阳、浏阳、洛阳、汉阳、绵阳、襄阳、衡阳、睢阳（原商丘县）、富阳、酉阳、揭阳、资阳等。

沈阳由于位于浑河之北而得名。浏阳河又名浏渭河，原名浏水，浏，清凉之意。因县邑位其北，故称浏阳。浏水又因浏阳城而名浏阳河。洛阳因位于洛河之北而得名。绵阳因绵山而得名。绵山在城北二里，因县城在山南，取山南为阳之意，得名绵阳。绵阳市名因县名而得，沿用至今。衡阳位于衡山之南而得名。

（二）以阴字命名的城市

古代城市名字中有阴字的不是位于水南，就是位于山北。例如，江阴、汉阴、淮阴、阴澳（中国香港）、河阴（青海贵德）、常阴（张家港）等。

据明嘉靖《江阴县志》卷1记载："以其地滨大江，故名江阴。"即江阴以地处长江之阴（南岸）而得名。淮安古称淮阴，这素有"壮丽东南第一州"之美誉，京杭大运河穿境而过，洪泽湖镶嵌其间，是一代伟人周恩来的故乡。在2200多年的历史上，先后诞生了大军事家韩信、巾帼英雄梁红玉、《西游记》作者

---

① 金景芳.周易讲座 ［M］.长春：吉林大学出版社，1987.

吴承恩、《老残游记》作者刘鹗等名人。秦王政二十四年（前223年）置县，因其治所位于淮河南岸（今淮阴区码头镇附近），取古语水之南为阴命名淮阴。山西的浑源县元时叫恒阴县，因该县位于北岳恒山之北故。

三、城市建筑的阴阳

中国古城规划很讲阴阳。故宫规划就是最典型的。

中国古代将天空中央分为太微、紫微、天帝三垣。紫微垣为中央之中，是天帝所居处。明朝皇帝将皇宫定名为"紫微宫"（紫禁城之名由此而来）。当时的建筑师把紫禁城中最大的奉天殿（后名太和殿）布置在中央，供皇帝所用。奉天殿、华盖殿（中和殿）、谨身殿（保和殿）象征天阙三垣。三大殿下设三层台阶，象征太微垣下的"三台"星。以上是"前廷"，属阳。以偶阴奇阳的数理，阳区有"前三殿"、"三朝五门"之制，而阴区则有"六宫六寝"格局。

"后寝"部分属阴。中央是乾清、坤宁二宫，左右是东西六宫。东西六宫是嫔妃居住的地方。西六宫系指储秀宫、体和殿、翊坤宫、长春宫、体元殿和太极殿六座殿宇，位于乾清宫、交泰殿和坤宁宫即后三宫的西侧，与东侧面的东六宫对称而建。东六宫包括景仁宫（光绪帝珍妃寝宫）、承乾宫（据说是顺治帝爱妃董小鄂的寝宫，董小鄂深受顺治宠爱，死后据说被追封为皇后，顺治也因此而出家避世）、钟粹宫（原名咸阳宫，为太子所住。清末为光绪帝隆裕皇后的寝宫。末代皇帝溥仪入宫后也曾在此宫住过）、延禧宫（数次遭受火烛之灾，遂后改名为水晶宫）、永和宫（原为永安宫，崇祯时改叫此名，光绪帝的瑾妃曾居于此）、景阳宫（明孝靖皇后曾居此宫，康熙二十五年改为藏书之所）。

北京呈凸字形平面，外城为阳，设七个城门，为少阳之数；内城为阴，设九个城门，为老阳之数；内老外少，形成内主外从。内城南墙属乾阳，城门设三个，取象于天；北门则设二，属坤阴，取象于地。

明史中详尽地记叙了百官第宅的各类"注意事项"，提醒众人要谨守制度要义。一二品官员，厅堂五间九架，屋脊用瓦兽、梁栋、斗拱、檐桷青碧绘饰；三至五品官员，厅堂五间七架，屋脊用瓦兽、梁栋，檐确青碧绘饰；六品至九品官员，则厅堂三间七架，梁栋饰以土黄。布衣百姓，不过三间五架，不许用斗拱，饰彩色。三十五年复申禁饰，不许造九五间数。①

明清徽派民居也讲阴阳。徽州明清民居由一个很特殊的天井构成室内空间来满足采光、通风和排水之用，却由另一个室外空间庭院来改善环境供户外活动，使民居形成完美的内外空间。"天井"一词最早见于《孙子行军篇》载："凡地有绝

---

① 这里的单数均为取阳之意，参见《明史·舆服四》。

涧天井、天陷、天隙，必然远之勿近也。"注释天井是四面陡峭、溪水所归、天然之井。徽州明清民居天井上由屋顶四周坡屋面围合成一个敞顶式空间，形成一个漏斗式的井口，汇四水归堂（塘），下底设池塘。《理气图说》曰："天井主于消纳，大则泄气，小则郁气，其大小与屋势（房屋格局）相应为准。"民间《理气图说》曰："天井之形要不方不长，如单棹子状。"何谓单棹子？即划船的单桨。桨板长宽比约 5∶1。民居天井形状为狭长形，长宽尺度也近似单棹子 5∶1 的比例。

天井空间构成在组合上也遵循阴阳法则。其一，天井民居在形态上由四周高墙相围合，外实内虚。实为阳，虚为阴，构成一对阴阳关系。其二，天井组合依据"门堂制度"，在轴线上依主次排列为前门厅、后正堂，配以两厢。门厅与厅堂这一主一次又是一对阴阳关系。其三，室内主次排列在等级上有严格要求，东西厢房（左主右次）的配置，亦成为第三对阴阳关系。其四，以纵轴线贯之、横轴线交织，控制天井尺度（长宽）主次关系。纵为主，横为次，形成第四对阴阳关系。

第二节　古代城市规划中的五行思想

一、五行理论的基本概念和原理

五行的具体表述最早见于《尚书·洪范》：即"五行：一曰水，二曰火，三曰木，四曰金，五曰土"，其特性是"水曰润下，火曰炎上，木曰曲直，金曰从革，土曰稼穑"。

战国末期齐国的驺衍创"五行生胜说"，提出了五行循环相生和循环相克理论，即木生火，火生土，土生金，金生水，水生木；木克土，土克水，水克火，火克金，金克木。据此我们绘图如下（见图1-1），其中，实线为相生，虚线为相克。

汉代《淮南子》又进一步提出五行休王说，从而推演了五行之间整体的连带、影响关系。《淮南子·地形训》说："木壮，水老，火生，金囚，土死；火壮，木老，土生，水囚，金死；土壮，火老，金生，木囚，水死；金壮，土老，水生，火囚，木死；水壮，金老，木生，土囚，火死。"这也就是说：依时而变，五行各有其主。

系统总结五行理论，我们可做这样的归纳：一是五行说揭示了有机系统的内

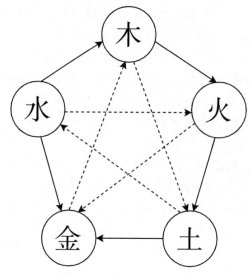

图 1-1　五行相生相克示意

部运行模式；二是五行说强调了五行之间的平衡；三是五行说阐释了平衡被打破后必然产生的后果。

我们都知道，五行说是中医学重要的理论基础（参见《黄帝内经》）。

五行在区域中的定位研究最早见于管仲的著作。如《管子·四时》说："东方曰星，其时曰春，其气曰风，风生木与骨……南方曰日，其时曰夏，其气曰阳，阳生火与气……中央曰土，土德实辅四时入出，以风雨节土益力……西方曰辰，其时曰秋，其气曰阴，阴生金与甲……北方曰月，其时曰冬，其气曰寒，寒生水与血。"这就明确指出：金、木、水、火、土各有其所主方位。土居中，故以土为贵。

二、五行理论在古城规划中的应用

我国很多古代名城规划中都渗透了五行的思想。

北京的故宫在规划中就运用了五行说。

故宫的太和、保和、中和三大殿坐落在一个"土"形的三台上，这个三台一方面抬高了三大殿的高度，另一方面也是中国传统文化的体现。中国文化阴阳五行中"土"居中，所以故宫的设计者将故宫三大殿的台基用汉白玉砌成了"土"形。

在色彩应用上，故宫规划也体现"五行"思想。故宫南墙用红色，红属火。屋顶用黄色，黄属土、属中央，皇帝必居中。皇宫东部屋顶用绿色，绿为木，属春，用于皇子居住。皇城北部的天一门，墙色用黑，北方属水，为黑。所有单体建筑，也因性质不同而选用了不同的颜色，藏书的文渊阁用黑瓦、黑墙，黑为水，可克火，利于藏书。

商丘古城规划也加进了五行内容。

商丘古城又称归德府城，即明、清时期河南省商丘县城。建于明正德六年，距今已有近 500 年的历史。古城由砖城、城湖、城郭三部分构成。城墙、城郭、城湖三位一体，使古城外圆内方，呈一巨大的古钱币造型，建筑十分独特。城墙周长 3.6 公里，有东西南北四门。城内地势为龟背形。根据五行相生相克之说，为防金木相克，古城东西两门相错一条街，成为中国古城中的唯一。

历史文化名城丽江规划中的五行思想的运用则更为独特。

丽江世袭土司姓木，忌讳给"木"字加上"方框"，因为那样就变成"困"字。因此，丽江古城无城墙。另外，根据水生木的原理，一条从玉龙雪山融化的清泉所构成的小河从城北流入，而后人为地一分为三，三水入城再分为若干条清流，滋润着丽江古城的小桥流水人家。

第三节　古代城市规划中的风水学

一、风水的概念及实质

风水是城市规划及宅地选择的一门学问，因其考虑的主要因素是风和水，故称风水。

风水名称的来源，一般公认语出晋人郭璞所著《葬经》，书中说："葬者，乘生气也。""气乘风则散，界水则止……古人聚之使不散，行之使有止，故谓之风水。风水之法，得水为上，藏风次之。"清人范宜宾注云："无水则风到而气散，有水则气止而风无，故风水二字为地学之最重，而其中以得水之地为上等，以藏风之地为次等。"金代兀钦仄注《青乌先生葬经》，亦有"风水"之称，书中讲："内气萌生，外气成形，内外相乘，风水自成。"又称："内气萌生，言穴暖而生万物也；外气成形，言山川融结而成像也。生气萌于内，形象成于外，实相乘也。"明代乔项所著的《风水辨》又这样解释"风水"："所谓风者，取其山势之藏纳，土色之坚厚，不冲冒四面之风与无所谓地风者也。所谓水者，取其地势之高燥，无使水近夫亲肤而已；若水势曲屈而环向之，又其第二义也。"明代徐善继、徐善述在《地理人子须知》中综述前人诸论，谓："地理家以风水二字喝其名者，即郭（璞）氏所谓葬者乘生气也，而生气何以察之，曰气之来有水以导之，气之止有水以界之，气之聚无风以散之，故曰要得水，要藏风……总而言之，无风则气聚，得水则气融，此所以有风水之名，循名思义，风水之法无余蕴矣。"

气在古代是一个很抽象的概念。古人认为它是构成世界本源的元素，老子在《道德经》中讲："万物负阴而抱阳，冲气以为和。"宋张载在《正蒙·太和》中讲："太虚无形，气之本体，其聚其散，变化之客形尔。"气在风水学中是一个很普遍、很重要的概念。有生气、死气、阳气、阴气、乘气、聚气、纳气、气脉等。明代蒋平阶在《水龙经》论"气机妙运"时说："太始唯一气，莫先于水。水中积浊，遂成山川。经云：气者，水之母。水者，气之子。气行则水随，而水止则气止，子母同情，水气相逐也。夫溢于地外而有迹者为水，行于地中而无形者为气。表里同用，此造化之妙用，故察地中之气趋东趋西，即其水之或去或来而知之矣。行龙必水辅，气止必有水界。辅行龙者水，故察水之所来而知龙气发源之始；止龙气者亦水，故察水之所交而知龙气融聚之处。"由此可知，山脉和河流都可以统一于"气"中，寻找生气就是要观察山川的走向。

因风水学重气，故风水学中有望气说。宋黄妙应《博山篇》云："既明堂，要识堂气。一白好，五黄好，六白好，八白好，九紫好，此为五吉。又忌四凶，二黑宜忌，三碧宜忌，四绿宜忌，七赤宜忌。"明缪希雍《葬经翼》有《望气篇》云："凡山紫气如盖，苍烟若浮，云蒸蔼蔼，四时弥留，皮无崩蚀，色泽油油，草木繁茂，流泉甘冽，土香而腻，石润而明，如是者，气方钟而未休。云气不腾，色泽暗淡，崩摧破裂，石枯土燥，草木零落，水泉干涸，如是者，非山冈之断绝于掘凿，则生气之行乎他方。"

其实，古人逐水草而居，正是乘生气，因此，每个城市都有它所依赖的母亲河。如北京有永定河、潮白河，天津有海河，上海有黄浦江，广州有珠江等。甚至很多城市的名字都与水有关，如山西的临汾因临近汾水而得名，江西的赣州因章江和贡江在此交汇而得名等。

二、风水学发展的源流和脉络

风水学起源很早，唐朝吕才在《五行禄命葬书论》中说："殷周时就有卜宅之记载"，故《诗经》称"相其阴阳"，可见预言阳宅吉凶早在殷周时期就已有了萌芽。南朝《宋书·符瑞志》记载："初，秦始皇东巡，济江。望气者云：'五百年后，江东有天子气出于吴，而金陵之地有王者之势。'于是，秦始皇乃改金陵曰秣陵，凿北山以绝其势。"唐朝人所写的《晋书》和《元和郡县志》也都说："堑北山以绝其势"。

汉朝时代，风水术真正兴起。《袁安传》中记载，初安父亲去世，母亲叫初安找人相地，在道途中遇一书生，问初安何事，初安告诉为父寻葬之事，书生乃指一地云："葬此地者当世必为上公，说罢须臾不见。"初安觉得奇怪，于是将父亲葬其书生所指之地，葬后果然世代兴隆。可见在两汉时就有风水吉凶的说法，那时候早已流传民间了。汉代还出现了《堪舆金匮》、《宫宅地形》、《移徙法》、《图宅术》等风水著作，标志着风水学在理论上有了初步的归纳和总结。

魏晋南北朝时期，风水术盛行，出了管辂、郭璞这些风水大师。《魏书·管辂传》记载：管辂西行，路见一座公墓，依树哀吟，精神不乐。有人问其故，辂曰："树木虽茂，无形可久，碑诔虽美，无后可守。玄武藏头，青龙无足，白虎衔尸，朱雀悲哭。""四危以备，法当灭族，不过二载，其应至矣。"后来果验其言，这里是说管辂相墓的灵验。郭璞则更是里程碑式人物。郭璞字景纯，乃河东闻喜人（今山西省西南部的闻喜县）。《晋书》记载，在璞年轻的时候，有个精通卜筮的人曾到过他的家乡，郭璞拜他为师，这个人传给他一套《青囊中书》。从此，郭璞"洞五行、天文、卜筮之术，攘灾转祸，通致无方，虽京房、管辂不能过也"。郭璞对风水下了定义，并全面构架起风水理论，奠定了后世风水的基础。他首倡的"风水之法，得水为上，藏风次之"迄今传承了一千七百多年而巍然不倒。国人习惯把郭璞称为风水鼻祖。

隋朝宰相杨恭仁非常相信风水，他在迁移祖坟时，请了很多风水师替他相地，当地有位最有名的风水师叫舒绰，言中他地下埋有一物，掘之果验，受到皇帝重赏。隋朝还出了一位有名的相地师萧吉，著有《相地要录》、《宅经》、《葬经》、《五行大义》等名著，为后人景仰。他曾给皇后择吉地，当皇帝不听他的建议时，他预测到隋朝运数不长。后来果然被他言中。

唐朝期间风水术广为流行，一般有文化的人都懂风水，且出现了张说、浮屠泓、司马头陀、杨筠松、曾文遄等一大批风水名师，其中最有名的是杨筠松，他著有《撼龙经》、《疑龙经》等，在江西一带传播风水，弟子满天下。

宋朝时期，风水术更为盛行，出名的风水大师特别多，出现了陈抟、赖文俊、邵康节、朱熹、关景鸾、张鬼灵、蔡元定等。宋朝时，不仅老百姓讲究风水，连朝廷都相信风水。宋徽宗时，朝中培养了很多风水师。

"三苏"一家是中国宋代闻名于世的才子之家，在四川省乐山市仁寿县境内，其祖上也有一则有趣的风水故事。

苏洵苏老泉的祖父当时是一个出家人，号白莲道人，他有一个至交朋友叫蒋山，是当时著名的风水师。蒋山每两年遍游名山大川一次，寻龙布穴，回来后都要到白莲道人的道观中静养修行。有一天，蒋山正与白莲道人下棋，突然蒋山问道："你想得风水宝地吗？"白莲道人还没有开口，蒋山又接着说道："这次我云游回来，寻得两块风水宝地，一块地可以大富比石崇，另一块地可以大贵于天下，贵至宰相，这两块地我只能送你一块，你自己选吧！"白莲道人想了一下说道："我是半路出家，家中还有儿子在读书，不想奢求什么富贵，只要子孙贤能就心满意足了。"蒋山想了想道:"这两块地均不适合,不过前次在彭山县的象耳山,寻到一块佳地,会出盖世的文章秀士,我就把它献给你吧,明天一早我们就启程去看看。"白莲道人听后心中很高兴。于是,第二天天刚破晓,两个人就出发了,经过十几天的路程,来到了彭山县象耳山的风水穴位之处。此地四山环抱,来龙如大将军出阵,匹马单刀,贪狼峰起龙顶,绿油油的小树秀丽动人,明堂开阔,前面案山层层相朝,向上一支文笔秀峰,直插云端,一勾小溪水从林间曲曲而来经向上而消于左后方。站在山峰上一声轻啸,空峪震荡,声音清激幽旋,久久在峪中回荡。穴场在山峰顶端,四面青草依依,微风悠扬。白莲道人的衣带随风飘荡,他见此景心中好不高兴,但又叹道:"穴高只怕被风摇。"蒋山听了蹲下身去从袋里拿出一盏油灯,用火柴点燃后轻轻地放在那个穴口,虽然四面来风,但灯火纹丝不动。一年过去了,白莲道人的母亲去世了,他就将其葬在蒋山所点的穴位中。不久,蒋山又来到道观,并与白莲道人一起再去考证他母亲的坟墓。蒋山看后叹道:"你这还有一点小的差误,我帮你纠正一下。"于是,蒋山在坟头的左边添了不少土。事过几年,白莲道人的儿子苏洵就以文章出仕了,并连出了苏轼、苏辙两位大家。他们都是以诗词歌赋名震天下,在"唐宋八大家"中,仅苏家就占了三位。

明朝时期,风水大师辈出,风水著作也特别多,开国军师刘伯温先生一人就著出《披肝露胆》、《玉尺经》、《堪舆漫兴》等多部名著。此外,还有很多的江湖风水术士,如苏州风水名师胡舜申曾著《吴门忠告》;江西徐继善、徐继述曾著《地理人子须知》。明朝皇帝都笃信风水。朱元璋建都金陵时对风水极为重视,城外大部分的山都是面向城内,有朝拱之势,唯牛首山和花山背对城垣,朱元璋不悦,派人将牛首山痛打一百棍,又在牛鼻处凿洞用铁索穿过,使牛首山转向内,同时在花山上大肆伐木使山秃黄。明成祖时,将都城迁往北京,即完全按照风水观念建造。北京名胜"十三陵"就是被风水大师廖均卿相中而推荐给明成祖,成为明朝皇帝的皇陵地区。

清朝时,风水学的著作则相对更系统。《地理唛蔗录》由清朝乾隆年间著名的风水大师袁守定编撰,是堪舆"形派"中的理论和实践完美结合的集大成著作。

综观历史,风水术从先秦时期开始发展,魏晋南北朝时期进行传播,唐宋时代是盛行时期,明清时期更加泛行,而现在风水学在海外也逐渐生根发芽。如新加坡、马来西亚、日本、韩国等对风水学研究都很盛行。

三、风水学所研究的主要要素

风水学所研究的主要要素有山、水、砂、穴等。

(一) 山论

风水学把绵延的山脉称为龙脉。龙就是山的脉络，土是龙的肉、石是龙的骨、草木是龙的毛发。寻龙首先应该先寻祖宗父母山脉，审气脉别生气，分阴阳。所谓祖宗山，就是山脉的出处，群山起源之处，父母山就是山脉的入首处。审气脉即指审山脉是否曲伏有致，山脉分脊合脊是否有轮晕，有轮有晕为吉，否则为凶。刘伯温所著《堪舆漫兴》云："寻龙枝干要分明，枝干之中别重轻。"次要分真龙之身与缠护之山。凡真龙必多缠护。缠多富多，护密人贵。但若于缠护之山下穴，即失真龙之气，亦大不吉。龙之势，以妖矫活泼为贵。起伏飘忽，鱼跃鸢飞，是为生龙，葬之则吉。如果粗顽臃肿，慵獭低伏，如枯木死鱼，是为死龙，葬之则凶。

山依位置有祖山、护山、朝山、案山之别。

朝山指在前方与穴山遥相对应，作朝揖之状的山，为寻龙点穴的佐证。古人云：夫朝山者，朝对之山也。欲其有情于我，如宾之见主，臣之见君，子之奉父，妻之从夫。登穴而望，端然特立，异于众山，天然朝拱，不待推择乃真朝也。

案山又称迎砂，指穴山与朝山之间的山。案山能使穴前萦绕更为周密，有助于生气凝聚，亦增居处者之尊重。徐善继的《地理人子须知·砂法》云："穴前之山近而小者曰案……如贵人据几案处分政令之义。有案山，则穴前收拾严密，无气不融聚之患。"杨筠松所著《撼龙经》云："客山千里来作朝，朝在面前为近案。"案山最重形美，大抵要如天上三台或如玉几横琴，或如笔架眠弓，或如圆帽，以清秀为美；最忌粗恶、臃肿、斜飞突怒、岜岩压穴之形。

山依其型又有九星之说。杨筠松所著《撼龙经》把山分为贪狼、巨门、禄存、文曲、廉贞、武曲、破军、左辅、右弼，其中贪狼、巨门和武曲为三个吉星。《撼龙经》云："贪狼顿起笋生峰，若是斜枝便不同。""贪狼自有十二样，尖园平直小为上。"这里是讲贪狼应以秀为美。《撼龙经》云："巨门尊星性端庄，才离祖宗既高昂。星峰自与众星别，不尖不园其体方。""衣冠之吏似星峰，两边有脚卫真龙。若是独行无护卫，定作神坛佛道宫。"这里是讲巨门星贵在端庄有势。《撼龙经》云："武曲星峰覆钟釜，钟釜之分有何故。钟高釜低事不同，高即为巨矮为辅。"这里是讲巨门星贵在威严有势。

(二) 水论

水在风水学中占有重要地位。

郭璞《葬经》云："风水之法，得水为上。"赵九峰所著《地理五诀》云："水是山家血脉精。"刘伯温所著《堪舆漫兴》云："寻龙山水要兼论，山旺人丁水旺财，只见山峰不见水，名为孤寡不成胎。"

水有朝水、去水、聚水之说，总以顺、阔、深、静、清、曲、朝为吉。蔡元定所著《发微论》云："结地之水，比弯环悠洋，若其偃硬强勒，冲激牵射，则不融结。"缪希雍《葬经翼·难解二十四篇》云："凡水抱不欲裹，朝不欲冲，横不欲反，远不欲小，近不欲割，大不欲荡，高不欲跌，低不欲扑，众不欲分，对不欲斜，束不欲射，去不欲速。合此者吉，反此者凶。"宋代道静和尚所著《入地眼全书·水法卷六》云："水总以形象为第一，如斜飞直冲之水，虽和理气，又在吉方，终不免祸，故知之元屈曲为上格。夫水与砂，不相离者也。水曲则砂抱，水直则砂硬，水斜则砂飞。水冲与穴之前后左右，则灾祸立见矣。"

（三）砂论

"砂"也指山体，"龙"是高大的主要的山体，"砂"则是"龙"旁边的小山丘。也有风水学著作认为砂乃护穴之山。徐善继《地理人子须知·砂法》曰："夫砂者，穴之前后左右山也。"

砂有龙虎论，清叶九升所著《山法大成》云："龙虎者，穴星之两臂。左曰青龙，右曰白虎，乃穴星效用之奴砂也……奴砂要得奴砂之体，但喜弯环软抱，自穴后渐渐低至穴前如牛角者为美。大忌昂头而嫉主，接腰而向客，并臃肿破碎，反背斜飞，硬直角缩，皆不吉也。"

砂还有"水口砂"之说。黄妙应《博山篇》说："水口之砂，最关厉害。交叉紧密，龙神斯聚。"清叶九升所著《山法大成》又云："水口砂有五：曰捍门，曰华表，曰罗星，曰兽星，曰北辰也。捍门者，两峰侍立于水口，水流其中出者是也；华表者，两山侍立于水口者是也，而星大地方有；罗星者，方圆之石，塞于水口者是也；兽星者，水口两岸之山生成兽星，如狮象把门，龟蛇把门是也，王侯只地方有；北辰者，高大石山尊严挺立，独高于众，正当水口者是，惟禁地方有此也。"刘伯温《堪舆漫兴·水品砂》说："水口之山形不齐，龟蛇狮象总云奇。捍门华表清还贵，更有罗星是福基。"

宋道静和尚所著《入地眼全书》就砂则独重形。《入地眼全书·看砂法》云："凡看砂，先认星体为主。砂分三等看法：富、贵、贱。肥圆正主富，尖丽秀主贵，斜臃肿主贱。"

总之，古人认为砂好应是形要美，位要吉，气要旺。

（四）穴论

风水学认为土中气脉聚结处，或成洼状，或成突状，谓"穴"，生气最旺，适合安坟立宅。缪希雍《葬经翼·察形篇》云："穴者，山水相，交阴阳融凝，情之所钟处也。"《葬经翼·怪穴篇》云："穴以藏聚为主。盖藏聚则精气翕集，暖而无风……无风则无蚁，三害不侵，则穴得矣。"徐善继所著《地理人子须知》卷首云："穴者，盖犹人身之穴位，取义至精。"

穴宜得水藏风。《葬经》云："凡有真龙与正穴，必有潮源水合聚。"道静和尚所著《入地眼全书·穴法卷三》云："穴处过水如弓返，喜得砂蔽以深藏。""应明堂者，穴前储水之处。""明堂者，财库也，所贵平静窝聚于其中，四时不干为吉。"又云："莫把水为定穴，但求穴里藏风。""风来则生气散而穴寒，风去则生气凝而穴暖。"杨筠松所著《疑龙经》云："乳头之穴怕风缺，风若入来人绝灭，必须低下避风吹，莫道低时鳖裙绝。"

四、风水学在古城规划中的运用

风水学的基本要旨主要有"水宜静，风宜藏"、"山环水抱，曲则有情"及"背山面水"等。在很多古城规划中我们都能找到风水学应用的案例。

（一）北京古城规划中的风水学运用

1. 北京城的风水格局

北京的风水被历代堪舆家所称颂。分析北京风水形势的文字始于唐代著名风水师杨益，他说："燕山最高，象天市，盖北平之正结，其龙发昆仑之中脉，绵亘数千里……以入中国为燕云，复东行数百里起天寿山，乃落平洋，方广千余里。辽东辽西两枝，黄河前绕，鸭绿后缠，而阴山、恒山、太行山诸山与海中诸岛相应，近则滦河、潮河、桑干河、易水并无名小水，夹身数源，界限分明。以地理之法论之，其龙势之长，垣局之美，于龙大尽，山水大会，带黄河、天寿，鸭绿缠其后，碣石钥其门，最合风水法度。以形胜论，燕蓟内跨中原，外挟朔漠，真天下都会。形胜甲天下，依山带海，有金汤之固。"

宋代朱熹也说过："冀都山脉从云中发来，前则黄河环绕，泰山耸左为龙，华山耸右为虎，嵩为前案，淮南诸山为第二重案，江南五岭诸山为第三重案。故古今建都之地莫过于冀，所谓无风以散之，有水以界之也。"[①]

明成祖朱棣迁都北京，群臣对北京的形势又做了一番论证。有曰：北京河山巩固，水甘土厚，民俗淳朴，物产丰富，城天府之国，帝王之都也。有曰：北京北枕居庸，西峙太行，东连山海，南俯中原，沃野千里，山川形胜，诚帝王万世之都。[②]《明舆地指掌图》所做的概括，则更加简明："京师形胜甲天下，宸山带海，有金汤之固。"

清代康熙皇帝也很认同朱熹的见解，同时也对北京燕山山脉与东北长白山山脉的关系做了新的探索。吴长远在《宸垣识略》一书中记述了自己所赞同的康熙论点："朱子论燕都形势，以泰华二山为龙虎，似矣。然泰山之脉，倘如前人昕云自函谷西来，尽于东海，则山水相顺，其气不能凝聚。伏读圣祖文集言：泰山

---

① 参见《朱子语类》。
② 参见《太宗实录》。

脉络自盛京长白山分支至金州之旅顺口入海。海中矶岛十数，皆其发露处，至山东登州之福山、丹崖山起陆，西南行八百余里，结而为泰山，穹崇盘屈，为五岳首云云。则济水顺趋，岱脉逆峙，磅礴乎青徐二州，与华山之络相接，中原之形势团结甚固，而燕都包藏右山左海之间，更为奥区矣。此朱子所未知者。"

北京位于太行山与燕山交会处，华北平原的北端，三面环山，由太行山、军都山形成半圆形屏障。北京南面有大河，来自黄土高原的桑干河与来自蒙古高原的洋河汇合成永定河。永定河汹涌澎湃，穿行于深山老林之间，至京西陡然冲出山谷，在京南小平原伸展流淌，造了北京小平原形同蛛网的河流及星罗棋布的湖泊，确实是绝好的"藏风聚气之地"。

2. 紫禁城的风水格局

紫禁城营建时，设计者基于风水格局的考虑，人造背山环水的风水布局。环绕在紫禁城外围的护城河宽达 52 米、深 6 米，是一条保卫故宫安全的"人造河"。内金水河从紫禁城的护城河中，经西北角楼下引入紫禁城内，流入太和门前。西北方乾位属金，代表天，故此河被命名为金水河。它曲曲弯弯地流经武英殿、太和门、文华殿、文渊阁、东华门等重要建筑和宫门前，既将生气导入城内，又形成水抱之势。内金水河全长两千多米，到东南角又流入护城河。

紫禁城后面有景山。之前要定龙脉，造宫殿，必须是后面有山，但是紫禁城后面之前没有山，它的西边有一座山，是北海公园的北海琼岛，它是元代的镇山。明代定都北京城的时候，要建紫禁城不能用元代的镇山——北海琼岛，因此，宫殿东移，其后则建景山。据说景山是根据晋代郭璞的《葬书》和南唐何溥的《灵城精义》这两本书来造的。明朝永乐年间，永乐皇帝有一个大臣叫杨荣，他写了一篇赋文叫《皇都大一统赋》，其中有，"又有福山后峙"，那个"福山"就是现在的景山，"后峙"即靠山之意。景山古称万岁山。

3. 颐和园的风水格局

颐和园是乾隆所建，原名清漪园。

据说，乾隆一生六次南巡，酷恋江南景色，尤其对杭州西湖格外钟情，因此他在北京所经营的园林均追求再现江南山水园林之愿。

清漪园为北山（万寿山）南湖（昆明湖），西面是西山诸峰。但是，万寿山的山体比较低矮，也不够延展；昆明湖的水面大致为东南斜向的狭长形状，山与水的关系有些不协调。于是乾隆下旨将湖山整治，首先将湖面向东、向北扩展；然后将挖出来的土方堆在山的东半部，结果是湖面更加辽阔，山更壮伟。

然后，他在湖面西侧增添了一道几乎与西湖苏堤一模一样的西堤，也把昆明湖划分成"里湖"和"外湖"，而且又加了一道支堤，进一步把外湖分为两个部分。这样昆明湖就和杭州西湖一样，变成了有内外几层的"重湖"了。另外，考虑到杭州西湖中有几个大小不同的岛屿成为重要的点缀，清漪园在挖湖堆山的同时，也特意在水面上保留了三个大岛和两个小岛。实际上，这样做的目的就是为了形成"山环水抱"。在传统风水里，山要蜿蜒起伏，水要流连忘返，路要柳暗花明，廊要曲折回肠。曲意味着含蓄、阴柔、有情、生机，所以"山环水抱"也便成了古园林规划中的一个基本原则。

（二）平遥古城的风水格局

平遥古城位于中国北部山西省的中部，始建于西周宣王时期（公元前 827~公元前 782 年），明代洪武三年（公元 1370 年）扩建，距今已有 2700 多年的历史。迄今为止，它还较为完好地保留着明、清（公元 1368~1911 年）时期县城的基本风貌，堪称中国汉民族地区现存最为完整的古城。

古代筑城做龟形，取自北玄武，加之龟在民间信仰为一灵物，是象征长寿永久之意。城市附会龟形，取其吉祥之意，以达到一种良好的意愿。平遥古城素有"龟城"之称，古城平面呈方形，东西南北长均约 1500 米，占地约 2.25 平方千米。东西北三面城墙基本为直线，"唯南面顿缩成若龟状"。南门为龟头，谓"龟前戏水，山水朝阳，城之修建，以此为胜"，南门外原有水井两眼，喻为龟之双目。北门为龟尾，是全城最低之处，城内积水都经此处流出。东西四座翁城两两相对，形成龟形的四足。平遥古城的格局以南大街为中轴，市楼为中心，形成"四大街，八小街，七十二蛐蜒巷"的道路网络。由城墙和各大小街巷组成一个个庞大的八卦图案，城内布局严格、构思巧妙、设计严谨、形体完整，加上城内的古寺、市楼、街道、民宅，向世人展示着传统的文明。从规划角度来看，平遥古城的规划严格按左祖右社、文东武西、寺观对置的营造布局，城内五十余座庙、观、寺、坛、庵、殿、楼、台等公共建筑井然有序地分布在古城之中。古城绕中都河而建，与《地理五诀》所说"玉带缠腰，贵如裴度"的观点是不谋而合的。平遥古城的这种以风水理论与《周礼·考工记》中的"匠人营国，方九里，旁三门，国中九经九纬，经涂九轨，左祖右社，前朝后市"相结合的规划方法在古城规划建设中是独树一帜的。

衙署作为城中最高行政中心是城市的主宰，按封建礼教应设在城市的中心，即所谓的"择天下之中心立国，择国之中心立宫，择宫之中心立庙"。衙署的选址按风水学观点应选上风上水的地方，应为"正穴"。城市的正穴除中心区位外，又有高为贵的认知。衙署的选址应居城市的"正穴"，若不布局在城市的中心，就应布局在城市的最高点，且明堂宽平（即地形比较宽阔平整）。平遥古城的地形为南高北低，平遥衙署的选址在最高的西南方，居高临下，一便控制全城，二便防水淹。衙署的建筑为典型的六进四合院，功能齐全，设有大门、牢狱、大堂、内宅、大仙楼等，整个建筑群主从有序，错落有致，结构合理，是一个有机的整体，无论是建筑格局还是功能布置，都堪称皇宫缩影。

总之，古代城市规划从选址到内部规划大多都以风水理论作为指导，而现在很多古城发展旅游也多注入传统文化的内涵。

第二章 西方近现代城市规划的理论

西方文化不同于中国的传统文化，我们研究西方近现代城市规划理论的目的，就是为了用西方城市规划中科学的理论来指导我们国家今后的城市规划的理论和实践，以"西"为"中"用。

本章以时间为序，拟从纷繁复杂的西方城市发展、规划的历史中去探求西方近现代城市规划理论发展的脉络，并从各个时代中归总最主要、最具有代表性的城市规划思想、理论和建设实践进行阐述。为此，我们将西方近现代城市规划理论发展划分为如下四个阶段：第一阶段，资本主义初期，这是一些西方精英对现代城市规划进行各种探索和实践的时期；第二阶段，即20世纪初至"二战"后，伴随着西方工业化、城市化的快速推进，以现代建筑运动为主体的功能理性主义城市规划理论占据主导地位；第三阶段，"二战"后至20世纪80年代，城市规划理论在战后西方城市的重建和快速发展过程中得到广泛运用，西方社会经历了巨大的转型，社会文化论在城市规划理论界逐渐占据主导地位；第四阶段，20世纪90年代以来，随着经济全球化的深入，城市规划理论开始更多地关注可持续发展、以人为本和增长的管制。

第一节 西方近现代城市规划理论的产生

现代城市规划最早萌动于1830~1850年，而且不是在建筑师的事务所。因为，事务所正在忙着讨论用古典主义风格还是用哥特风格做典范的问题，而对工业及其产品不屑一顾。现代城市规划产生于工业革命所带来的不便，技术人员和卫生改革家试图通过自己的工作使现状有所改善。最早的卫生法并没有很深的基础，可是，当代城市规划立法的复杂结构却是以此为依据的。[1]

---

① ［意］莱昂纳多·本奈沃洛. 西方现代建筑史［M］. 邹德侬等译. 天津：天津科学技术出版社，1996.

一、西方近现代城市规划理论产生的背景

近现代城市规划的产生是针对西方近现代社会城市中所出现的问题，为了解决"城市问题"而在社会实践的过程中逐步形成和发展起来的。现代城市是在工业革命以后从西方中世纪的城邦发展而来，追溯其历史背景，对西方近现代城市规划理论产生重大影响的主要有工业革命、资产阶级革命以及思想启蒙运动。

（一）工业革命

19世纪的工业化促成了大规模的城市化，工业革命把农民和牧民转变成消耗非生物能的机械的奴隶；工业革命直接促进了城市化进程，把世界人口越来越多地引向城市地区。

工业革命的影响远不止经济领域，而直接涉及社会结构、法律制度、阶级关系、价值观念乃至大众生活方式等，是一场深刻的革命。马克思在《哲学的贫困》中说，"手推磨产生的是以封建主为首的社会，蒸汽磨产生的是以工业资本家为首的社会"，说的正是工业革命所具有的在社会发展史上的划时代意义。在此基础上，人类才开始真正进入到现代社会。从生产技术方面来说，工业革命使工厂代替了手工作坊，用机器代替了手工劳动；从社会关系来说，工业革命使依附于落后生产方式的自耕农阶级消失了，工业资产阶级和工业无产阶级则迅速壮大。

（二）资产阶级革命

中世纪后期的城市文明和商业的发展，推动了市民中商人阶层的发展和兴起，现代意义上的资产阶级开始形成。资产阶级在经济和社会支配方面的能力不断提升，改变了西方社会中的政治结构和力量均衡。资产阶级为了获得与其经济地位相适应的政治地位，为了改变封建制度对自由市场经济发展的限制，奋起反抗以国王为代表的君主政体，由此产生的资产阶级革命，改变了西方的政治历史格局，并为以后的发展建立了制度性框架。

资产阶级革命基本奠定了后来西方国家的政体结构及其基础。这一结构及其基础即现代城市规划形成的社会政治基础，完整意义上的近现代城市规划就是在此基础上生长出来的。

（三）思想启蒙运动

启蒙运动是发生在18世纪欧洲的一场反封建、反教会的思想文化革命运动，它为资产阶级革命做了思想准备和舆论宣传。最初产生在英国，而后发展到法国、德国与俄国，此外，荷兰、比利时等国也有波及。启蒙运动的中心在法国，法国的启蒙运动与其他国家相比，声势最大、战斗性最强、影响最深远。法国启蒙运动的领袖是伏尔泰，他的思想对18世纪的欧洲产生了巨大的影响，后来有人评价说，"18世纪是伏尔泰的世纪"。

启蒙运动对于近现代城市和城市规划的影响主要表现在以下两个方面：一是启蒙运动及其随后推动的理想主义思想创立了现代城市规划的方法论基础，启蒙思想及其理性主义思想奠定了现代城市规划早期物质空间决定论的思想基础。二是自由与平等精神推进了对城市整体问题的思考。城市是社会的重要组成部分，由于人的自由与平等，社会中的每个人都应当享受相同的条件，这必然导致了对城市社会中所有人的生活环境的关注。在人人生而平等的思想影响下，城市规划专家开始更多地从城市整体、从构成城市的所有人的角度出发来考虑城市问题。

二、西方近现代城市发展的基本情况

工业革命以后，城市以令人难以置信的速度增长，但是也带来了大量的问题，如在城镇中普遍存在极度的贫困、过度的拥挤和健康状况的恶化。城市中高密度、背靠背式的居住形式非常普遍；没有公园等城市公共空间，河流被用作敞开的下水道；环境污染严重，卫生状况恶化；工业城市中人口预期寿命远低于农村地区；城市在缺乏任何规划和引导的状况下自发地建设和扩张。工厂集中在城市中，工厂的外围修建了简陋的工人居住区，也相应聚集了为工人提供生活服务的设施，之后随着城市的进一步发展，又在这些居住区外围修建了工厂和相应的居住区，这样圈层式地向外夸张，成为工业化早期城市发展的常态。

在这种背景下，产生了后来被称为"城市病"的大量城市问题，主要体现在以下几个方面：

第一，城市规模急剧扩张。到了19世纪下半叶，西欧各国和大洋彼岸的美国都已进入了资本主义经济高速发展的阶段。工业化大生产引发了社会结构、生活方式和社会需求以及生产要素的急剧变化。工业革命导致新型的工业城市在广大区域内如雨后春笋般迅速生长出来。[①]

第二，城市人口急剧增长。大工业的生产方式，使人口像资本一样集中起来。城市人口迅速猛增，如英国在1600年只有约2%的人口居住在城市，到了1800年，大约有20%的人口居住在城市，而到了1890年，城市人口已占全国人口的60%。尤其是大城市和工业城市，人口的增长更为显著，如伦敦，1801年的时候人口为100万人，到了1901年增加到650万人。世界各地的城市以极快的速度发展，世界城市人口占总人口的比重由1800年的3%上升到1900年的13.6%。[②]

第三，城市环境与卫生恶化。随着城市人口的急剧增长，城市居住条件变得

---

① ［英］彼得·霍尔. 城市和区域规划［M］. 邹德慈等译. 北京：中国建筑工业出版社，1975.
② 罗小未. 外国近现代建筑史［M］. 北京：中国建筑工业出版社，2004.

越来越差，旧的居住区沦为贫民窟，同时由于市区内交通基础设施陈旧，距市中心比较近的地方出现了许多粗制滥造的住宅，这些住房连基本的通风、采光都不能满足，而且人口密度极高，公共厕所、垃圾站严重短缺，排水设施落后、年久失修，污水及堆积的垃圾导致传染病流行。

第四，城市结构与布局失调。从中世纪发展而来的早期资本主义城市的结构与空间布局与先前封建时期的城市并无根本改变，工业革命之后出现了大机器生产的工业城市，引起城市结构的根本变化，破坏了原来脱胎于中世纪城市的那种以家庭经济为中心的城市结构与布局，城市中出现大片的工业区、交通运输区、仓库码头区、工人居住区，城市以交通枢纽（火车站、码头等）为中心拓展，完全不同于旧的传统城市格局。城市规模越来越大，城市布局越来越混乱，城市环境与面貌遭到破坏，城市绿化与公共设施严重不足，城市处于失控的状态。

第五，城市土地开发与使用混乱。政府对土地使用没有统一的管理，造成了城市开发的混乱状态。工厂紧挨着住宅，公共设施周围出现了贫民窟，绿地被各式各样的服务设施侵占等。城市土地成为资产阶级获取超额剩余价值的重要来源，土地因在城市中地理位置的不同而价格悬殊。地产开发商热衷于建造更多的大街和广场，形成小块的街坊，以获取更多的临街面以收取高额租金。在城市改建过程中，大银行、大剧院、大商店临街建造，后院留给贫民居住。

第六，城市交通失控。19 世纪是交通运输方式大发展的时期，19 世纪上半叶城市中出现了铁路，下半叶又出现了地铁、有轨电车、轻轨交通等运输方式，新的交通方式的出现基本上都需要非常固定的线路，需要建立大量固定设施以及相应的交通枢纽。中世纪形成的适应于马车的街道空间在工业革命后已不堪重负。街道空间狭窄，拥堵不堪，在新的土地开发中又未能引起足够的重视，尤其是铁路引入城市后，交通更加混乱。

现代城市的形成与发展，直接承续了西方中世纪之后的城市经济状况，近代城市文明乃至现代化的浪潮和资本主义是从中世纪社会内部孕育出来的。工业革命产生的是生产和技术领域的变化，以及相应的经济组织的变革、生产方式的改变、社会生活方式的转变。工业化促进了大规模的城市化，直接导致了城市人口的扩张、卫生环境的恶化、美学品质的下降、空间结构的失控等问题的涌现。

丛生的城市问题给西方近现代城市规划的产生提供了社会需求。同时，工业生产方式所具有的特征，也为近现代城市规划提供了基本的分析框架。由于生产的分工，整个生产过程需要相互协同，因此，随着生产技术的发展和工业化的不断推进，计划和管理手段也在不断发展和完善。随着生产组织规模的扩大，这种计划性的思想和具体的计划、管理手段必然会被运用到对于社会、城市的管理中。从这个角度讲，城市规划的许多思想和理论都是在机器化大生产的过程中孕育并奠定基础的。

第二节　资本主义初期城市规划的理论与实践

在资本主义早期极端残酷的剥削时代，很多怀有社会良知的先驱们开始质疑资本主义制度的合理性，并用思考或实践去憧憬他们心目中理想的国家与城市形态。推翻、埋葬资本主义制度，建立以公有制为主体、消除剥削的民主社会，被他们公认为是解决问题的根本途径。[①] 后来人们将这些伟大思想家们的各种思想和概念，称为"空想社会主义"。这一阶段主要是精英分子为解决当时的西方社会中广泛存在的"城市病"进行的早期理论探索和实践活动。

一、空想社会主义城市的探索

近代历史上的空想社会主义思想源自于 1516 年英国杰出的人文主义者托马斯·莫尔（Thomas More）的"乌托邦"概念。莫尔借"乌托邦"之名阐述了他进行社会改革的立场，期望通过社会组织结构等方面的改革来改变当时不合理的社会制度，建立理想社会的整体秩序，其中也涉及了物质形态和空间组织等方面的内容，并描述了他理想中的建筑、社区和城市的乌托邦形态。

莫尔的思想在文艺复兴之后经过历代空想社会主义者在思想和理论上的不断补充和完善，到了 19 世纪形成了一个包含社会财富分配、生产资料公有制等核心思想在内的完整的社区规划思想体系。针对工业革命后城市出现的拥挤、卫生恶化等各种问题，19 世纪在西方掀起了广泛的空想社会主义社区建设活动。

（一）欧文与新协和村

空想社会主义最杰出的代表人物英国工业家罗伯特·欧文（Robert Owen）于 1825 年带领 900 人在美国印第安纳州莫尼购买了 120 平方千米土地进行试验，在这里建立了一个被称为"新协和村"的社会主义城镇。欧文认为理想的社区人数应该是 300~2000 人，最好为 800~1200 人，人均耕地 1 英亩。城市由许多方形区域组成，按照方块结构工整划分，在这些方形区域中建立住宅、工厂和城市基础设施，提供给愿意参加试验的人居住和工作，在城市中建立设备齐全的住宅、免费的幼儿园、图书馆和医院，并且建立美国第一家公立学校和一个技术职业学校，希望能够达到人人平等、各尽所能、各取所需的社会主义社区的理想目的。

---

① 言玉梅.当代西方思潮评析［M］.海口：南海出版公司，2001.

"新协和村"的社会模式超越了时代,具有很大的空想性,在资本主义自由竞争的严峻环境下,欧文的"新协和村"试验很快宣告失败了。

(二)傅里叶与"法郎吉"

空想社会主义另一杰出代表人物法国社会主义改革家查尔斯·傅里叶(Charles Fourier)主张通过集体协作形成普遍调和的社会状态,努力将乌托邦社会主义思想通过城市社区实现。傅里叶在1829年撰写了《工业与社会的新世界》一书,阐述了他的空想社会主义社区思想,提出建立"法郎吉"(Phalanges)的社会公共生活单位,废除家庭小生产方式,以社会大生产取而代之,通过组织公共生活来减少私人生活、家务劳动造成的时间和资源的浪费;城市中最重要的是公共设施,如食堂、学校等;建立类似宿舍的大型建筑,每个建筑可以容纳400个家庭,大约1620人居住。傅里叶的空想社会主义思想在当时引起了很大的反响,1830~1850年,在法国、俄国、阿尔及利亚和美国等国家共进行了50个试验,但大多数没有成功。其中唯一例外的是法国企业家戈丹(J.P.Godin)在吉斯(Guise)的工厂为他的工人建造的公司城,这个新城是完全按照傅里叶的思想来建设的。新城主要包括了三个居住组团,有托儿所、幼儿园、剧场、学校、公共浴室和洗衣房等。这次试验持续了很长时间,在戈丹去世以后,它成为一个完全的生产合作社,由工人协会来管理。

空想社会主义者的理论和实践虽然与社会实际情况相去甚远,在当时的西方世界没有产生太多实际的影响,但是却在城市整体规划、公共设施、公共大型建筑等方面提出了一系列早期的探索构想,其进步思想对后来的城市规划思想和理论的发展都产生了重要的作用。

二、霍华德与田园城市理论

英国社会活动家埃比尼泽·霍华德(Ebenezer Howard)于1898年出版了一本名为《明天——一条通向真正改革的和平道路》(Tomorrow: A Peaceful Path to Real Reform)的小册子,提出了田园城市(Garden City)的理论。这一设想主要是针对当时的城市尤其是伦敦这样的大城市所面对的拥挤、卫生等方面的问题,提出了一个兼有城市和乡村优点的理想城市——田园城市(Garden City)的理论。1919年,田园城市协会(Garden City Association)对田园城市概念有一个简短的定义:"田园城市是为安排健康的生活和工业而设计的城镇,其规模要有可能满足各种社会生活,但不能太大;被乡村所包围;全部土地归公众所有或托人为社区代管。"

霍华德田园城市理论的主要内容包括以下几个方面:

(1)田园城市应该包含城市和乡村两个部分,城市四周由农业用地环绕,城市居民可以就近得到新鲜农产品的供应。田园城市的居民生活于此、工作于此，在田园城市的边缘建有工厂企业。

（2）城市规模必须加以控制，每个田园城市的人口限制在3.2万人，超过这一界限就分流出去另建一个田园城市，以保证城市不过度集中和拥挤，不会产生大城市已有的各类弊病，同时也保证城市居民可以方便地接近乡村自然空间。大城市的城市问题主要是由于城市内人口急剧增长造成的，因此，要想解决大城市的城市问题，必须降低城市人口的密度。

（3）土地归全体居民集体所有，房地产收益用来偿还银行开发借贷，城市内部房屋租金用于城市管理费用和日常运作开销。[①]

霍华德不仅提出了田园城市的设想，而且设计出了田园城市简图。整个城市总占地6000英亩，城市居中，占地1000英亩，四周农业用地5000英亩，含耕地、牧场、果园、森林、疗养院等，作为绿带永久保留。城市的城区呈圆形，圈层状分布，6条主干道从中心向外放射，将城市分成6个扇形区域，最外边有环形镇围栏。内部按功能划分为工业区、居住区、农业区，城市中心部分设计较紧凑，外部保持田园城市状态。中央部分是公园式的市民活动中心带，含市民活动中心设施、文化设施和管理设施三类，如市政府、音乐厅、剧院、图书馆、医院等。环绕这个市中心的是居住区、公园、购物中心，组成市中心的第一个环形带。在城市最外圈建设工厂、仓库、市场。田园城市之间以铁路相连。

霍华德于1903年组建了"田园城市有限公司"，并领导筹资建立了第一座田园城市——莱其沃斯（Lechworth）。莱其沃斯距离伦敦80千米，由霍华德的两个追随者——雷蒙德·昂温（Raymond Unwin）和理查德·巴里·帕克（Richard Barry Parker）规划设计，体现了霍华德田园城市的思想。霍华德于1919年组建了第二个公司，开始建造韦林田园城市（Welwyn Garden City）。韦林位于莱其沃斯和伦敦之间，由于靠近伦敦，吸引了大批在伦敦工作的人到此，到第二次世界大战前已有3.5万人居住于此。

英国当代著名的城市规划与区域规划大师彼得·霍尔认为，在西方近代诸多的城市规划专家中，占首位和最有影响力的毫无疑问当首推霍华德。霍华德的田园城市理论奠定了西方近现代城市规划理论的基础，影响了后来许多代的城市规划师，他的理论到现在还在许多地方得到实施。

---

① 杨延宝等. 中国大百科全书：建筑、园林、城市规划 [M]. 北京：中国大百科全书出版社，2004.

三、盖迪斯的综合规划思想

帕特里克·盖迪斯 (Patrick Geddes) 是苏格兰生物学家、社会学家、教育学家和城市规划思想家,是近代城市规划的奠基人之一。盖迪斯是一个综合性的规划思想家,他把生物学、社会学、教育学和城市规划融为一体,创造了"城市学"(Urbanology)的概念。

盖迪斯 1915 年出版的《进化中的城市》(Cities in Evolution) 对后来的城市规划产生了重要影响。盖迪斯早在 19 世纪末就注意到工业革命、城市化对人类社会所产生的影响,他通过对城市进行基于生态学的研究,强调人与自然的相互关系。盖迪斯的研究突破了当时常规的城市概念,提出把自然地区作为规划的基本框架。他指出:工业的聚集和经济规模的不断扩大造成一些地区的城市发展显著集中,在这些地区,城市向郊外扩展已属必然。进而,盖迪斯提出了城镇集聚区 (Conurbation) 的概念,具体论及了英国的 8 个城镇集聚区,并有远见地指出这并非英国所独有,而是要将成为世界各国的普遍现象。因此,原来局限于城市内部空间的规划应当转变为对城市地区的规划,即将城市和乡村的规划纳入同一体系之中,使规划包含若干个城市以及它们周围的影响地区,由此提出了区域规划的思想。

盖迪斯综合规划理论的主要内容包括以下几个方面:

(1) 城市发展应被看作一个过程,要用演进的目光来观察城市,分析和研究城市,这种认识突破了 19 世纪的规划师们一味依赖建模的静态方法。[①]

(2) 因为城市发展是一个过程,因此不能简单采用人口转移的办法,也不能像霍林斯曼改建巴黎那样翻新,而只有在区域规模上进行规划。[②]

(3) 城市规划必须充分运用科学方法认识城市,然后才能改造城市。他倡导对城市进行系统的调查,倡导把城市的现状和地方经济、发展潜力和限制条件联系在一起研究,倡导城市规划中的公众参与。

(4) 对于规划过程和规划方法,盖迪斯提出"先诊断后治疗",由此形成了"调查—分析—规划"的工作程序。

盖迪斯非常注重调查、实践在城市规划中的作用,他亲自在塞浦路斯等地进行了区域规划,在丹佛姆林进行城市规划的实践,为印度 50 多个城镇编制城市规划报告。

---

① [意] 曼弗雷多·塔夫里,弗朗切斯科·达尔科. 现代建筑 [M]. 刘先觉等译. 北京:中国建筑工业出版社,2000.

② 孙施文. 现代城市规划理论 [M]. 北京:中国建筑工业出版社,2007.

盖迪斯的理论从思想上确立了"区域—城市"的关系是研究城市问题的基本逻辑框架，启发了后来包括芒福德在内诸多规划家的研究，对于现代城市规划至为关键。盖迪斯也与霍华德、芒福德共同成为西方近现代城市三大"人本主义"规划思想家。

四、马塔的带形城市规划理论

1882 年西班牙工程师索里亚·马塔（Soriay Mata）提出了带形城市（linear city）的概念，希望探寻一种新的城市与自然可以保持密切联系而又能和谐相处的新型发展模式。当时是铁路交通大规模发展的时代，铁路线把遥远的城市紧密连接起来，并使这些城市得到了快速的发展。在大城市内部及其周边地区，地铁线和有轨电车的建设改善了城市地区的交通状况，城市内部及城市与周边地区的联系越发紧密，从整体上促进了城市的发展。

马塔认为，那种传统的从核心向外扩展的城市形态只会导致城市的拥挤和卫生恶化，随着运输方式的进步，城市将依赖交通运输线组成新的城市网络。带形城市就是沿交通运输线布置的长条形的建筑地带。城市不再是一个个分散在不同地区的点，而是由一条铁路的道路干道串联在一起的、连绵不断的城市带，甚至这个城市带可以横跨欧洲，贯穿整个地球。带形城市中的居民，既可以享受城市的基础设施，也可以与自然亲密接触。

1894 年，马塔组建了马德里城市化股份公司，在马德里市郊开始建设第一段带形城市。这个带形城市的主轴线是长约 50 千米的环形铁路干线，建筑物全部集中在这条铁路线的两侧。铁路线白天用作客运，晚上用来运送货物。由于经济和土地所有制的限制，这个带形城市只建设了一个约 5 千米的建筑片断。

带形城市理论对 20 世纪的城市规划和城市建设产生了一定的影响。20 世纪三四十年代，苏联对这一理论进行了较系统和全面的研究，提出了带形工业城市模式，并在斯大林格勒等城市的规划实践中加以运用。"二战"后，哥本哈根（1948）、华盛顿（1961）、大巴黎地区（1965）、斯德哥尔摩（1966）等地的规划中，都体现出了带形城市的痕迹，甚至到了 20 世纪 90 年代马来西亚首都吉隆坡的外围地区仍然采用带形城市理论进行城市的规划和建设。

虽然带形城市有其明显的优点，但是却忽视了商业经济和市场利益，使得城市空间增长的聚集效益无从体现。因此，真正造成带形城市发展障碍的并不是技术要素，而是缺乏对商业经济的考虑。①

---

① 王受之. 世界现代建筑史 [M]. 北京：中国建筑工业出版社，1999.

五、亨纳德的城市改建思想

19 世纪末和 20 世纪初，在对城市问题的研究中，法国建筑师欧仁·埃纳尔（Eugene Henard）另辟蹊径，他以一种温和的态度解决城市改进的问题，并以巴黎为例，提出了大城市改建的一些基本原则。

亨纳德的城市改建理论主要体现在以下三个方面：

（1）关于道路交通。亨纳德敏锐地注意到了汽车交通的重要性，以及地方性交通在现代城市中的作用，提出"地铁系统永远不能取代一般的地面交通"，因此，需要全面改建巴黎城市道路网。亨纳德提出的交通改善计划有：过境交通不穿越城市中心；改善市中心与边缘地区及郊区公路的联系。他设计了若干条大道和环形道路来疏解市中心交通运输压力。亨纳德还认识到，城市道路干线的效率取决去交叉口的组织方法，就此提出了两项提高交叉口交通流量的方法，即建设"街道立体交叉枢纽"，并建设环岛式交叉口和地下人行通道，这两种交叉口交通组织方法在日后的城市道路规划中得到了广泛的采用。

（2）关于城市化绿地。亨纳德建议在巴黎建立一系列大型绿地，保证每个居民距大公园不超过 1 千米，距街心花园不超过 500 米，这一点后来成为城市规划中公共绿地系统组织的基本原则。

（3）关于城市中的历史建筑。亨纳德建议对历史古迹加以保护，尤其强调新的建设必须注意与古迹之间的协调一致。

虽然亨纳德的城市规划理论和主张主要是针对当时巴黎的具体情况和已经定型的城市条件，集中在巴黎的城市改建问题的研究，但其研究提供了许多启示，对后来的城市改建和城市规划影响深远。

六、城市美化运动

"城市美化运动"的实践早在文艺复兴时期的欧洲城市中便已开始，后来法国的巴黎改建也属于美化城市的运动，并随后影响了柏林、巴塞罗那等许多欧洲城市。但是作为一项普遍的"城市美化"运动（City Beautiful Movement），其主要是指 19 世纪末 20 世纪初欧美许多城市针对日益加速的郊区化趋向，为恢复城市中心的良好环境和吸引力而进行的景观改造活动。

在美国，"城市美化运动"的前奏是 19 世纪 50 年代末开始的公园运动。1862 年，美国自然主义者佩克森（G. P. Perksn）等人在《人与自然》一书中提出了自然环境的重要性；1893 年芝加哥举办的世界博览会的一个最大目的就是试图通过城市美化建设以建立一个"梦幻城市"，并以此来拯救沉沦的城市。作为一种明确的思潮和运动，城市美化运动首先是以伯恩海姆（D. Burnham）所做的

"芝加哥规划"（1909）开始的。在芝加哥规划中，他以纪念性的建筑及广场为核心，通过放射状道路形成多条气势恢宏的城市轴线。

在"城市美化运动"的实践中做出最重要贡献的是西方景观规划的先驱弗雷德里克·劳·奥姆斯特德（Frederick Law Olmsterd）。在奥姆斯特德的率领下，1859年首先在纽约建设了第一个现代意义的城市开敞空间——纽约中央公园，这种方式改善了城市机能的运行，开创了促进城市中人与自然相融合的新纪元。奥姆斯特德还主持设计了旧金山、布法罗、底特律、芝加哥、波士顿等诸多城市公园的规划，将城市美化运动的理念在欧美大陆广泛传播。

"城市美化运动"强调规则、几何、古典和唯美主义，而尤其强调把这种城市的规整化和形象设计作为改善城市物质环境和提高社会秩序及道德水平的主要途径。在20世纪初的前10年中，城市美化运动不同程度地影响了几乎所有美国和加拿大的主要城市。

"城市美化运动"大概盛行了40年，在"二战"以后基本退去。城市美化运动的目的是期望通过创造一种新的物质空间形象和秩序，以恢复城市中由于工业化的破坏性发展而失去的视觉美与和谐生活，来创造或改进社会的生活环境。然而，从实际效果来看，城市美化运动的局限性是显而易见的，它被认为是"特权阶层为自己在真空中做的规划"，对于解决城市问题帮助很小，装饰性的规划大都是为了满足城市的虚荣心，很少从城市居民的福利出发，它并未给予城市整体以良好的居住和工作环境。①

"城市美化运动"促进了城市设计专业和学科的发展，也促进了景观和城市规划设计师队伍的形成，特别是催生了景观建筑学、园林规划和城市绿地规划的兴起与发展。实际上，"城市美化"往往被城市建设决策者的极权欲和权威欲、开发商的金钱欲及挥霍欲，以及规划师的表现欲和成就欲所偷换，把机械的形式美作为主要的目标进行城市中心地带大型项目的改造和兴建，并试图以此来解决城市和社会问题，从而使"城市美化"迷失方向，使倡导者的美好愿望不能实现。"城市美化运动"的一个幼稚和简单化的想法是通过城市设计可以轻易地解决城市的问题，其含混的社会目标和纯粹的美学途径最终使城市设计的意义弱化。②

---

① 张京祥. 西方城市规划史纲［M］. 南京：东南大学出版社，2005.
② 俞孔坚，吉庆萍. 国际"城市美化运动"之于中国的教训（上）——渊源、内涵与蔓延［J］. 中国园林，2000（1）：27-33.

第三节　20世纪初至"二战"前城市规划的 理论与实践

19世纪末至20世纪初，由于经济的飞速发展和资产阶级在政权上的进一步巩固，西方各国基本上都进入了普遍繁荣的时代。与此同时，为了满足本国资本主义对原料及市场持续扩张的迫切需要，以德国首相俾斯麦为代表的新一代强势领导人纷纷扩军备战，试图通过战争的方式来改变原先资本主义世界的自由竞争环境和政治势力格局。在北美，美国实现南北统一后在政治与经济上挑战传统"西欧中心"的垄断地位。各个大国在欧洲和整个世界不断争夺对全球事务的控制权，特别是德国集中了当时欧洲政治、精神的派系，成为西方最骚动不安的中心，并直接导致了第一次世界大战和第二次世界大战的爆发。

一、嘎涅的工业城市模式

工业革命以后，以工厂为代表的大机器生产模式成为城市经济与城市社会活动的重要内容；居住与工作场所的分离取代了以家庭作坊为代表的生产方式。随之而来的是这种新型生产方式对城市空间的需求，乃至对城市整体形态的巨大影响。[①]

法国建筑师托尼·嘎涅（Tony Garnier）于1904年提出工业城市的概念。嘎涅在他1917年出版的专著《工业城市》中阐述了他关于工业城市的具体设想。嘎涅的工业城市设想是西方自工业革命以来城市规划思想的集大成之作，表现出从古典主义规划向现代主义规划转变的痕迹，也是当时社会思潮和技术手段转换的一种反映。其主要内容包括以下几个方面：

（1）工业城市模式摆脱了传统城市规划追求堆成、气魄、轴线放射的特征。

（2）在城市空间组织中更重视各类设施本身的要求及其与外界的联系。

（3）工业区布置中将不同企业分组，对环境影响大的远离居住区，而居住区布置考虑日照和通风。

（4）放弃了传统的周边式布局而采用独立式布局，留出一半用地作为公共绿地，城市街道按性质进行分类。

嘎涅的工业城市理论依附于一个假想城市的规划方案。这个工业城市居民有

---

① 谭纵波.城市规划 [M].北京：清华大学出版社，2005.

35000 人左右，位于山岭起伏地带河岸的斜坡上，"靠近原料产地或附近有能源供应，或交通便利"。城市规划对于城市不同的功能区域进行了划分：中央的市中心两侧布置居住区，居住区采用传统网格状道路系统，汽车与行人完全分离。居住区内每个街坊宽 30 米，长 150 米，其间以绿化带分割，内部各设一个小学，生活区北部朝向太阳方向设计了医院和疗养院。工业区位于河流的河口附近，下游是一条更大的河流主干道，便于运输，大坝边上是发电站。所有不同的功能区域之间用绿化带分隔开，火车站布置在工业生产区附近，各个区域通过铁路连接起来，城市内部交通主要采用高速公路。

工业城市规划方案中各类用地按照功能进行划分的思路十分明确，工业城市设想的基本出发点是"各种基本要素都互相分割以便于各自扩建"，这一思想直接孕育了《雅典宪章》中的功能分区原则，这一原则对于解决当时城市中工业区和居住区混杂而带来的种种弊端具有重要意义。

工业城市理论出于解决城市造成的压力问题的需要，其中包含的城市分区以及城市功能组织的观点影响最为深远。嘎涅的工业城市以重工业为基础，具有内在的扩张力量和自主发展能力，较之于以前的城市规划理论更具有可行性与现实性，对后来的城市发展与城市规划具有很强的启发意义。嘎涅书中的这座理想城位于法国中部，并没有真正建成。然而 100 多年来，数不清的嘎涅式工业城市却在世界各地遍地开花。

二、柯布西耶的机械理性主义城市规划理论

勒·柯布西耶（Le Corbusier）是现代建筑运动与城市规划的激进分子与主将，是现代城市运动的狂飙式人物，毫无疑问，他也是影响现代建筑运动、现代城市规划的最重要的巨人，对于西方建筑与城市规划中"机械美学"思想体系和"功能主义"思想体系的形成、发展具有决定性的作用。[①]

柯布西耶 1922 年出版了他著名的《明日城市》（The City of Tomorrow）一书，并于 1922 年在巴黎秋季美术展上提出了他对现代建筑与城市规划的创造性设想。在美术展上他提出了一个取名为"300 万人口的现代城市"的极具理性的城市规划方案，这个规划堪称现代城市规划范式的里程碑，也是世界上第一个完整的现代城市规划的观念展示。

柯布西耶关于机械理性主义城市规划方案的主要思想如下：柯布西耶反对传统式的街道和广场，转而追求由严谨的城市格网和大片绿地组成的充满秩序与理性的城市格局，通过在城市中心建造富有雕塑感的摩天大楼群来换取公共的空

---

① 张京祥. 西方城市规划思想史纲 [M]. 南京：东南大学出版社，2005.

地，并体现集合形体之间的协调和均衡。这一切都透露出一种纯粹的"几何秩序美"、"功能主义理性美"，体现了时间与空间、空间与运动交互影响的现代艺术观。与空想社会主义者和霍华德以来有关通过分散主义来解决"城市病"的主导思想相反，柯布西耶并不反对大城市的集聚效应和现代化的技术力量，主张用全新的规划和建筑方式来改造城市，因此，人们又把他的设想统称为"集中主义城市"。

在"明日城市"的规划方案中，柯布西耶充分阐述了从功能和理性的角度出发对现代城市的基本理解和基本构思。在一张 300 万人口规模的城市规划模式图中，中心除了必要的公共服务设施外，周边还规则地分布了 24 栋 60 层高的摩天大楼，可容纳近 40 万居民。在摩天大楼围成的地区内及其周围是大片的绿地，建筑仅占总基地面积的 5%。再外围是环形居住带，大约 60 万居民住在多层连续的板式住宅内，在最外围规划的是容纳 200 万居民的花园住宅区。整个城市平面呈现出严格的几何形构图特征，矩形和对角线的道路交织在一起，犹如机器部件一样规整有序。这个规划模式的核心思想是通过全面改造城市地区尤其是提高市中心区的密度来改造交通，提供充足的绿地、空间和阳光，以形成新的城市发展概念。

柯布西耶城市改造的基本原则包括以下四个方面：第一，减少市中心的拥堵；第二，提高市中心的密度；第三，增加交通运输的方式；第四，增加城市的植被绿化。

在关于城市发展的基本走向上，柯布西耶与霍华德的思想是完全不同的：霍华德是希望通过建设一组规模适度的城市来解决大城市模式可能出现的问题，主张遏制大（特大）城市的出现；柯布西耶则希望通过对既有大城市内部空间的集聚方式与功能改造，使大（特大）城市能适应现代社会发展的需要。

柯布西耶城市规划理论既有贡献也存在争议。柯布西耶作为现代城市规划原则的倡导者和执行这些原则的中坚力量，是现代主义城市规划的集大成者。他的理性主义、功能主义的城市规划思想集中体现在由他主持制定的《雅典宪章》之中。柯布西耶的机械理性城市规划思想在战后西方国家以及广大发展中国家被广泛采用，特别是强烈地影响了"二战"后西方城市的大规模重建，如贫民窟的清理、城市的更新和摩天大楼的建造，从这个意义上来讲，柯布西耶为现代城市发展做出了巨大的贡献。20 世纪 60 年代以后，很多西方城市规划评论家从社会立场、设计的社会性等方面对柯布西耶的城市规划理论展开了猛烈的批评，批评他的规划思想中常渗透出"专制"、"独裁"的特征。柯布西耶提出的城市规划方案受到了广泛的学术批评，后来基本上被西方规划界所否决。

三、《雅典宪章》中的城市规划理论

20 世纪 20 年代末，国际现代建筑会议（CIAM）第一次会议的宣言表明了对城市发展的新认识，"城市化的本质是一种功能秩序"。1933 年召开的第四次国际现代建筑会议的主题是"功能城市"，并通过了由柯布西耶倡导与亲自起草的《雅典宪章》。《雅典宪章》依据理性主义的思想方法，对当时城市发展中存在的问题进行了全面的分析，其核心是提出了功能主义的城市规划思想，并把该宪章称为"现代城市规划的大纲"。

《雅典宪章》最为突出的内容就是提出了城市的"功能分区"思想，而且对以后的城市规划发展、实践影响深远。《雅典宪章》认为，城市中的诸多活动可以被分为居住、工作、游憩和交通四大基本类型。

（1）居住问题主要是人口密度过大、缺乏空地及绿化；生活环境质量差；房屋沿街建造，影响居住安静；公共设施太少而且分布不合理等。建议住宅区要有绿带与交通道路隔离，不同的地段采用不同的人口密度。

（2）工作问题主要是由于工作地点在城市中无计划地布置，远离居住区，并因此造成了交通拥堵。建议有计划地确定工业与居住的关系。

（3）游憩问题主要是大城市缺乏空地，城市绿地面积少而且位置不适中，无益于居住条件的改善。建议新建的居住区要多保留空地，增辟旧区绿地，降低旧区的人口密度，并在市郊保留良好的风景地带。

（4）交通问题主要是城市道路大多是旧时代留下来的，宽度不够，交叉口过多，未能按照功能进行分类。并且局部放宽、改造道路并不能解决问题。建议从整个道路系统的规划入手，按照车辆的行驶速度进行功能分类。另外，《雅典宪章》还指出，办公楼、商业服务、文化娱乐设施等过分集中，也是交通拥挤的重要原因。

《雅典宪章》诞生的背景是西方发达国家的工业革命已经发展到顶峰，城市快速发展中的种种弊端已经到了非解决不可的地步。在历史的长河中进行客观的考察，该宪章提出的功能分区思想有着极其重要和深远意义的创见。

但是，后来许多城市规划评论家批评《雅典宪章》所倡导的理性的城市规划是"将一种陌生的形体强加到有生命的社会之上"，事实证明，《雅典宪章》并没有能够有效地解决现代城市的种种问题，其根源在于对理性主义的过分强调。所以到了 20 世纪 20 年代末以后，《雅典宪章》的主体思想受到越来越多的怀疑和批判，并最终导致《马丘比丘宪章》的诞生。

四、赖特的广亩城市理论

美国建筑师弗兰克·劳埃德·赖特（Frank Lloyd Wright）在 20 世纪 30 年代提出了"广亩城市"的思想。赖特处于美国社会经济和城市发展的独特环境之中，从人的感觉和文化意蕴中体验着对现代城市环境的不满和对工业化之前的人与环境相对和谐状态的怀念情绪。他在《宽阔的田地》一书正式提出了"广亩城市"的设想。

赖特关于"广亩城市"思想的主要内容包括以下四个方面：

（1）随着汽车和电力工业的发展，已经没有把一切活动集中于城市的必要；分散（包括住所和就业岗位）将成为未来城市规划的原则。

（2）"广亩城市"理论的思想基础是：赖特希望保持自己所熟悉的、19 世纪 90 年代左右在威斯康星州那种拥有自己宅地的移民们的庄园生活。在他所描述的"广亩城市"里，每个独户家庭的四周有一英亩土地，生产供自己消费的食物；用汽车当作交通工具，居住区之间有超级公路连接，公共设施沿着公路布置，加油站设在为整个地区服务的商业中心内。这种主张分散布局的规划思想同柯布西耶主张集中布局的"现代城市"设想是对立的。

（3）赖特认为，现代城市不能适应现代生活的需要，也不能代表和象征现代人类的愿望，是一种反民主的机制，因此，这类城市应该取消，尤其是大城市。他要创造一种新而分散的文明形式，汽车作为"民主"的驱动方式，成为他的"广亩城市"构思方案的支柱。这是一个把集中的城市重新分布在一个地区性农业的方格网格上的方案。

（4）赖特认为，在汽车和廉价电力遍布各处的时代里，已经没有将一切活动都集中于城市中的需要，而最为需要的是如何从城市中解脱出来，发展一种完全分散的、低密度的生活居住就业结合在一起的新形式，这就是"广亩城市"。

20 世纪五六十年代，在美国一些州的规划中，曾把"广亩城市"思想付诸实践。赖特对于"广亩城市"的现实性一点也不怀疑，认为这是一种必然，是社会发展的不可避免的趋势。应该看到，美国城市在 20 世纪 60 年代以后，普遍的郊区化在相当程度上是赖特"广亩城市"思想的体现。正如很多其他城市规划理论一样，"广亩城市"的理念引发了后来者对城市规划理论进行新的探索，后来的很多城市规划理论都是根据这一理论改写而来的。

五、沙里宁的有机疏散理论

芬兰裔美籍建筑师埃罗·沙里宁（Eero Saarinen）在他 1942 年出版的《城市，它的生长、衰退和将来》一书中对有机疏散论做了系统的阐述。他认为今天趋向衰败的城市，需要有一个以合理的城市规划原则为基础的革命性的演变，使城市有良好的结构，以利于健康发展。沙里宁提出了有机疏散的城市结构的观点。

沙里宁认为城市的发展既要符合人类聚居的天性，便于人们过共同的社会生活，感受城市的脉搏，而又不脱离自然。有机疏散的城市发展方式能使人们居住在一个兼具城乡优点的环境中。沙里宁有机疏散理论主要包括以下内容：

（1）城市作为一个机体，它的内部秩序实际上是和有生命的机体内部秩序相一致的。如果机体中的部分秩序遭到破坏，将导致整个机体的瘫痪和坏死。为了挽救今天的城市免趋衰败，必须对城市从形体上和精神上全面更新，再也不能听任城市凝聚成乱七八糟的块体，而是要按照机体的功能要求，把城市的人口和就业岗位分散到可供合理发展的离开中心的地域。

（2）有机疏散论认为没有理由把重工业布置在城市中心，轻工业也应该疏散出去。当然，许多事业和城市行政管理部门必须设置在城市的中心位置。城市中心地区由于工业外迁而腾出的大面积用地，应该用来增加绿地，而且也可以供必须在城市中心地区工作的技术人员、行政管理人员、商业人员居住，让他们就近享受家庭生活。挤在城市中心地区的日常生活供应部门将随着城市中心的疏散，离开拥挤的中心地区。挤在城市中心地区的许多家庭也将疏散到新区去，以得到更适合的居住环境，中心地区的人口密度也就会降低。

（3）有机疏散的两个基本原则是：①把个人日常的生活和工作地，即沙里宁称为"日常活动"的区域，做集中布置；②不经常的"偶然活动"的场所，不必拘泥于一定的位置，则分散布置。日常活动尽可能集中在一定的范围内，使活动需要的交通量降到最低限度，并且不必都使用机械化交通工具。往返于偶然活动的场所，虽路程较长但也无妨，因为在日常活动范围外缘绿地中设有通畅的交通干道，可以使用较高的车速迅速往返。

（4）个人的日常生活应以步行为主，而偶然活动应充分发挥现代交通手段的作用。这种理论还认为，并不是现代交通工具使城市陷于瘫痪，而是城市的机能组织不善，迫使在城市工作的人每天耗费大量时间、精力做往返旅行，且造成城市交通拥挤堵塞。

有机疏散论在第二次世界大战后对欧美各国建设新城、改建旧城，以及大城市向城郊疏散扩展的过程都产生了重要影响。20世纪70年代以来，有些发达国家城市过度地疏散、扩展，又产生了能源消耗增多和旧城中心衰退等新问题。

六、佩里的邻里单位理论

"二战"后，美国的传统步行城市空间尺度逐步被塑造成汽车尺度。城市形态也逐步被塑造成郊区无序蔓延的汽车尺度的城市形态。这种城市发展模式，在满足中产阶级梦想的同时，却带来了无节制的"城市蔓延"问题。1929年，美国人克拉伦斯·佩里（Clarence Perry）创建了"邻里单元"（Neighborhood Unit）理论，其目的是要在汽车交通开始发达的条件下，创造一个适合于居民生活的、舒适安全的和设施完善的居住社区环境。邻里单位社区规划模式适应了美国汽车时代的来临、城市大规模的郊区化。在客观上，也加速了美国传统城市空间形态的转型。

佩里认为，邻里单位就是"一个组织家庭生活的社区的计划"，因此这个计划不仅要包括住房，还包括它们的环境，而且还要有相应的公共设施，这些设施至少要包括一所小学、零售商店和娱乐设施等。他同时认为，在当时快速汽车交通的时代，环境中的最重要问题是街道的安全，因此，最好的解决办法就是建设道路系统来减少行人和汽车的交织和冲突，并且将汽车交通完全地安排在居住区之外。

根据佩里的论述，邻里单位由六个原则组成：

（1）规模。一个居住单位的开发应当提供满足一所小学的服务人口所需要的住房，它的实际面积则由它的人口密度来决定。

（2）边界。邻里单位应当以城市的主要交通干道为边界，这些道路应当足够宽以满足交通通行的需要，避免汽车从居住单位内穿越。

（3）开放空间。应当提供小公园和娱乐空间的系统，它们被计划用来满足特定邻里的需要。

（4）机构用地。学校和其他机构的服务范围应当对应于邻里单位的界限，它们应该适当地围绕着一个中心或公地进行成组布置。

（5）地方商业。与服务人口相适应的一个或更多的商业区应当布置在邻里单位的周边，最好是处于交通的交叉处或与邻近相邻邻里的商业设施共同组成商业区。

（6）内部道路系统。邻里单位应当提供特别的街道系统，每一条道路都要与它可能承载的交通量相适应，整个街道网要设计得便于单位内的运行同时又能阻止过境交通的使用。

第四节 "二战"后至20世纪80年代城市规划的理论与实践

第二次世界大战爆发后，先是欧洲，继而是美国及全球大部分地区都被卷入战争之中，各个国家的城市建设基本上都处于停顿状态。西方各国的所有事物都是围绕为战争的胜利而展开的。随着战争的推进，很多专业人士和政府机构开始筹划如何展开战后的建设和发展，尤其是战争中被破坏的城市的修复和建设。"二战"结束以后，随着经济的快速恢复和增长，西方国家的一些大城市、特大城市急剧膨胀起来，各种大城市病接踵而至，如何实现特大城市发展形态的优化又在理论界展开激烈的争论。与"二战"前关于采用"分散主义"还是"集中主义"喋喋不休的争论相比，"二战"以后在西方城市规划界"适度分散"已经基本成为共识。

一、阿伯克隆比的大伦敦规划

1937 年英国政府为了研究、解决伦敦人口过于密集的问题，成立了以巴罗爵士为首的巴罗委员会。1940 年提出的《巴罗报告》建议：要通过疏散工业和人口来解决大伦敦的环境和效率问题；1943 年，英国政府任命阿伯克隆比、福尔肖展开大伦敦地区规划的研究。1944 年伦敦国土委员会采纳了由阿伯克隆比与福尔肖编制的大伦敦规划，并准备在战后立即按照此方案重建和重组伦敦。

在这个闻名遐迩的"大伦敦规划"中，阿伯克隆比吸收了霍华德田园城市理论中分散主义的思想，以及盖迪斯的区域规划思想、城市群的概念，采纳了恩温的卫星城建设模式，将伦敦城市周围较大的地域作为整体规划考虑进来。当时被纳入大伦敦地区的面积为 6731 平方千米，人口达到了 1250 万。该规划体现了《巴罗报告》中提出的分散工业和人口的核心思想，建议伦敦密集地区迁出工业，同时也迁出 100 万人口。通过规划，在距伦敦中心城区 48 千米的半径范围内划分四个圈层并配合放射状的道路系统（见图 2-1），对每个圈层实现不同的空间管制政策，特别是控制并降低中心圈层的人口密度，并通过绿化带实行强制隔离以阻止市区连片蔓延的局面。在这个规划中，最早提出了"分区管制"的思想。

大伦敦规划总体上是很成功的，在与相关法规的共同作用下，它有效地控制了伦敦无序蔓延的势头。大伦敦规划吸收了 20 世纪初期以来西方城市规划理论中的许多精髓，提出的方案对当时控制伦敦的规模、改善混乱的城市环境起到了一定的作用，所以为后来许多国家的大城市，如日本的东京、韩国的汉城（现为首尔）等城市所效仿，但是这些城市基本上都没有再现"大伦敦的辉煌"。但是在后来的实践中发现，大伦敦同心圆封闭式的布局模式也造成了许多问题，如人口疏散效果不明显、外围卫星城镇功能欠缺而缺乏引力、通勤距离过大、配套不足、新城投资巨大、环城交通负荷过大等。

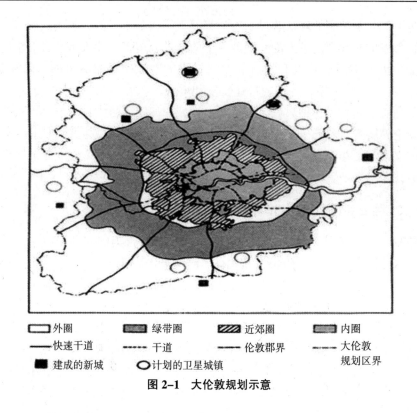

图 2-1　大伦敦规划示意

二、卫星城理论与新城运动

（一）卫星城理论

"卫星城"模式是霍华德当年的两位助手恩温和帕克对田园城市中分散主义思想的发展。1912 年雷蒙德·昂温（Raymond Unwin）和理查德·巴里·帕克（Richard Barry Parker）在合作出版的《拥挤无益！》（Nothing Gained by Over-crowding!）一书中，进一步阐述、发展了霍华德田园城市的思想，并在曼彻斯特南部的 Wythenshawe 进行了以城郊居住为主要功能的新城市实践，进而归纳总结为"卫星城"的理论。[1] 1924 年，在阿姆斯特丹召开的国际城市会议上，提出了建设卫星城是防止大城市规模过大和不断蔓延的一个重要方法，从此，"卫星城"便成为一个国际通用的概念。[2]

在这次阿姆斯特丹会议上，对卫星城进行了明确的定义，认为卫星城是一个在经济上、社会上、文化上具有现代城市性质的独立城市单位，但同时又是从属

---

① Benevolo, B.The Original of Modern Town Planning [M]. Cambridge: MIT Press, 1981.
② 沈玉麟. 外国城市建设史 [M]. 北京: 中国建筑工业出版社, 1989.

于某个大城市（母城）的派生产物。

卫星城理论虽然在 20 世纪 20 年代就已提出，但是其作用的真正发挥还是在"二战"以后，特别是被广泛地应用于伦敦等大城市战后空间与功能疏散以及新城建设之中。1944 年，阿伯克隆比在其主持的大伦敦规划中，就计划在伦敦周围建立 8 个卫星城，以达到疏解伦敦的目的。"二战"以后至 20 世纪 70 年代，西方大多数国家都进行了大规模的卫星城建设，尤以英国最为典型。

（二）新城运动

所谓新城，按照《英国大不列颠百科全书》的解释是：一种规划形式，其目的是在大城市以外重新安置人口，设置住宅、医院和产业，设置文化、休憩和商业中心，形成新的、相对独立的社会。英国在 1944 年大伦敦规划中就开始进行新城规划，"二战"以后的"新城运动"几乎被英国政府视为一项国策，获得了国家行政、法律与经济方面的全面支持。

英国新城运动的成功在很大程度上是由于 1946 年《新城法》的实施，这个法规是专门为新建设的城镇而制定的，它促进了英国一系列新城市的产生，也给予地方城镇当局以很大的自决权。英国的新城运动主要发生在战后至 20 世纪 70 年代中期以前，先后经历了三代卫星城的建设过程，其中在 1946~1955 年建设的是第一代新城，1955~1966 年建设的是第二代新城，1967 年以后建设的是第三代新城。

始于英国的新城运动，对西方国家随后到来的郊区化产生了广泛的影响。"二战"以后，新城已经成为分散大城市过于集聚的功能和人口，在更大的范围内优化城市空间结构、解决环境压力、实现功能协调的重要手段。然而，在这些环境优美的新城里，如何维系与创造传统城市中人们向往的"邻里关系"、"社区氛围"，以尽快让人们产生认同感并消除隔膜，却是几乎所有新城建设难以解决的一个首要问题。

三、后现代主义城市规划思想

20 世纪 60 年代末以后，西方社会发生了深刻的变化。从根本上讲，这种深刻的转变与经济发展的阶段、产业结构的转型、社会结构的变动、人民需求的转变和国际形势的变化等都密切相关，集中体现为社会生活的各个领域变化节奏加快、冲突加剧、不确定性增强，西方资本主义社会矛盾异常复杂。[1]战后二十多年的发展并没有从根本上建立起人们所期望的稳定、和平的社会秩序，社会依然不时地处于动荡的边缘，冷战的铁幕越来越沉重，社会分化加剧，道德沦丧，文化

---

① 章士嵘. 西方思想史 [M]. 北京：东方出版社，2002.

与种族冲突此起彼伏，资源的枯竭威胁着人类社会的发展。这种局面造成了西方社会人群中普遍产生了愤怒、抗议、恐惧、悲观甚至是绝望的心理，同时也引发了西方思想家们对人、对社会、对未来的深切关注和认真思考。[①]正是在这一背景下，西方各国形成和发展了丰富多元的后现代社会思潮，西方城市规划界也深受这一思潮的影响，涌现出一些新的城市规划的思想和理论。

（一）后现代主义思潮及其对城市规划的影响

"二战"以后，因为经济转型、社会转型、政治转型以及传播媒介、电子技术、信息技术等的发展，西方国家进入了一种不同于工业化社会的新时代，人们通常把 20 世纪 60 年代末以后的社会称为"后现代社会"。形成于 20 世纪 60 年代的后现代思潮在 20 世纪七八十年代席卷了西方的艺术、建筑、哲学和社会文化等领域。美国著名建筑学家罗伯特·查理·小文丘里（Robert Charles Venturi, Jr.）在 1966 年发表的《建筑的复杂性和矛盾性》一文中拉开了批判现代主义、提倡后现代主义的序幕，被称为是"后现代主义的宣言"。

现代主义城市规划在第二次世界大战后的城市重建过程中也暴露了一系列的问题。后现代城市规划理论在后现代思想的引导下对现代主义城市规划进行了反思，即从后现代的角度对现代主义城市规划进行了重新认识。

20 世纪 80 年代，美国出现了"洛杉矶学派"，并形成了后现代新的城市规划理论，呼吁城市规划者们重新思考现代主义城市规划思想的合理性与科学性。这标志着战后城市规划工作重点开始由工程技术向关注社会问题转变。后现代主义思潮并非一个明确的、统一的流派或者理论，而是一种强调所有文化和思想平等自由、并存发展的文化运动。

后现代主义的目标不在于提出一组替代性假说，而在于"消解所有占统治地位的法典的合法性"。这一西方思想史上的重大变化，导致了文化思想和价值观念上的颠覆性变化，对城市规划产生了深远的影响。后现代主义规划观正是建立在与现代主义理念相对的立场上，通过提出理性规划到底能否将城市变得更好的质疑，从而展开了对理论效果的讨论。后现代主义规划者表达了对由现代化运动促进的艺术和设计风格的反抗，拒绝现代"实用型"、功能至上主义建筑的质朴，寻求"回归时尚"来丰富当代建筑的审美内涵。

（二）后现代主义城市规划思潮的特征

后现代主义城市规划对于现代主义规划思想指导下的刻板的工业化大都市面貌非常不满，希望通过规划的转变来改造这种面貌，使城市从唯理性、唯物质的现代主义中走出来。后现代主义摒弃逻辑思维的规划过程，其每一步都是探寻性

---

① 言玉梅. 当代西方思潮评述 ［M］. 海口：南海出版社，2001.

的，而非终极式的，它强调规划师应做到"自我消除"，努力避免因个人主观价值与逻辑判断而影响规划设计。

后现代主义城市规划倡导个性的解放，用多元的含义把城市各部分、各单元组合起来，并将城市描述为一个含混折中、复杂性、矛盾性、不确定性的城市综合体系。后现代主义城市规划以有机思想来理解城市的生长发展与空间组织，强调城市中多元文化与精神并存，并尽可能"自给自足"，以反映城市的宽容性、功能的叠合性、结构的开敞与灵活性。

后现代主义城市规划崇尚文脉主义的规划情感，强调城市为了保持它的持久魅力，必须实现历史的延续，重新链接起来被现代主义所割裂的历史情感。后现代主义强调的文脉主义，并非是片面复古的历史情结，而是更加体现了现代、未来社会对于传统文化、历史生活以及人类情感回归的渴求。

（三）后现代主义城市规划的多元表现

后现代主义城市规划思想始于建筑学领域的研究和实践，后来又得到后现代社会思潮的强化。建筑学领域的后现代理论与设计为城市规划思想潮流的转变提供了依据，社会思潮的多元论全面革新了城市规划的技术方法，而这些思想和方法在20世纪80年代以后的西方城市发展过程中得到了全面的展示：

（1）城市决策机制的多元。城市规划过程历来都是以规划师为编制主体，以政府为决策主体的自上而下的过程，这一过程反映了规划师及政府官员对未来状态的基本思想和价值判断，并将这些思想和判断贯穿于城市的建设发展过程当中。作为城市建设和城市活动主体的广大民众，却无以表达他们的利益要求、价值观以及实际的行为方式，而只能听从、执行和贯彻城市规划。后现代城市规划提倡从社会价值观的多样性角度提出规划选择的可能，规划师的工作就是要表达众多不同的价值判断并为不同利益集团提供技术帮助，在此基础上建立"倡导性规划"。这样，城市规划既能成为各类群体意志的表达，又是他们必须遵守的规章。

（2）城市形态的多元。传统的城市规划观念认为城市是围绕中心核而组建的，而后现代城市主义则将城市边缘组织成中心。后现代城市规划在进行城市空间的创造中，形式往往追随想象，现实与虚拟之间的界限变得越来越模糊。

（3）城市土地使用的多元。在现代城市当中，功能分区的清晰化与土地使用的均质化割裂了城市生活的连续性，磨灭了丰富的城市生活场景，歪曲了城市生活的实际状况。后现代城市规划强调城市空间的划分和组织应以人的活动范围和社会组织结构的网络来进行，这大大增强了空间使用的混合性。

（四）对后现代城市规划的评价

毫无疑问，后现代城市规划思想中对社会、文化问题表现出普遍和深入的关注是必要的，但是也有一些学者意识到，如果城市规划因此所涉及的领域越来越广，那么最终规划将变得没有意义。

四、文脉主义与拼贴城市

（一）文脉主义与拼贴城市的含义

在后现代城市规划思潮中最突出的是关于文脉主义的理论，最早是 1971 年由舒玛什在《文脉主义：都市的理解和解体》中首先提出。

文脉主义者认为城市在历史上形成的文脉应是建筑师设计的基础，它展示着特定场所的识别性。在城市方面，注重城市文脉，即从人文、历史角度研究群体，再研究城市，强调特定空间范围内的个别环境因素与环境整体应保持时间和空间的连续性与和谐的对应关系。文脉主义在强调传统生命力的同时，不仅是单纯对过去的模仿，还包括结合新的元素。

科林·罗（Colin Rowe）和弗雷德·克特尔（Fred Koetter）在《拼贴城市》（Collage City）中提出的"拼贴城市"模式和理论是文脉主义的城市规划理论的最杰出的代表。他们提出未来城市应是采用多元内容的拼合方式，造就丰富的城市内涵，认为城市结构的拼合类型是城市具有生气的基础，坚持反对按照功能区分区域，割断文脉和文化的多元性、连续性。

文脉城市的核心思想是：对于城市中已经存在的内容，尽量不要破坏，而应该尽量设法使之能够融入城市整体中，使之成为整个城市的有机内涵之一。

（二）文脉主义与拼贴城市规划理论的实践

从规划实践来看，文脉主义的城市规划方案主要有两种不同的表现形式：一种是采用古典的方法和城市尺度来改变工业化城市的景观，从而加强城市的亲和力，增加城市的历史文化含量。比较著名的有比利时城市列日的"霍斯—沙拖区域"的改造、巴黎哈尔斯地区的改造。另一种方式则是采用美国通俗文化的方法，使城市的趣味性增加，最典型的案例是美国拉斯维加斯城市的规划设计。

五、城市更新运动与社区规划

第二次世界大战后，西方国家一些大城市中心区的人口和工业出现了向郊区迁移的趋势，原来的城市中心区开始逐渐衰落（主要表现为税收下降、房屋和设施失修、就业岗位减少、经济萧条、社会治安和生活环境恶化等）。为解决该问题，西方国家开始广泛兴起城市更新运动，并出台了一系列政策法规以规范和引导更新运动。

当时西方城市规划领域主流思想仍然是《雅典宪章》所倡导的功能理性。20世纪 60 年代以后，以简·雅各布斯（Jane Jacobs）为代表的西方规划界精英对这种简单、粗暴、大规模的城市更新进行了猛烈的抨击。在这种背景下，1974 年美国国会通过了《住房及社区发展法》，停止了大规模城市改造计划，转向对社区的渐进式更新和改造。

这个时期还出现了一种"自下而上"的所谓"社区规划"（Community Based Planning）。这是由社区内部自发产生的"自愿式更新"（Incumbent Upgrading），它的实际情况是，在社区里长大的第二代和第三代人，接受教育以后社会地位有所提高，有一定的经济实力，渴望改善原有的居住条件，同时又希望保护社区文化以获得个人认同（Self-identify）。他们不再满足于对规划提出修改意见，要求直接参与规划的全部过程，希望由自己来决策如何利用政府的补贴和金融机构的资金。"社区规划"通常规模较小，以改善环境、创造就业机会、促进邻里和睦为主要目标，这已成为 20 世纪 80 年代以来西方城市更新的主要方式。

从本质上讲，城市更新运动不同于简单的"旧城改造"，它所关注的不仅是城市物质空间的改善，而且更注重一系列政策的整合行动来促进经济发展、提高人口素质、改善城市生活环境和居住条件等。

20 世纪 70 年代以后，西方城市更新运动的趋向是：城市更新政策的重点从大量贫民窟清理，转向社区邻里环境的综合整治和社区邻里活力的恢复振兴；城市更新规划由单纯的物质环境改善规划转向社会规划、经济规划和物质环境相结合的综合更新规划，城市更新工作发展为制定各种不同的政策纲领；城市更新手法从急剧的外科手术式的推倒重建，转向小规模、分阶段和适时的渐进式改造，强调城市更新是一个连续不断的持续过程。20 世纪 80 年代末以后，随着城市更新任务与手段的日益多样化、综合化，城市更新的概念逐渐被取代和遗忘。

六、芒福德：人本主义规划思想的巅峰

刘易斯·芒福德（Lewis Mumford）是 20 世纪最具声望的城市规划思想家，是一位激进的社会改良主义者，他主张对美国的社会体制进行一场革命以建立一种新的社会、经济体系。芒福德坚持从历史发展观的角度来认识城市，他更倾向于研究文化和城市的相互作用。他于 1938 年出版的《城市文化》和 1961 年出版的《城市发展史：起源、演变和前景》都是从文化的角度来阐述城市的发展过程。

（一）芒福德的城市观

芒福德认为，城市无论在物质上还是在精神上都是人类文化的沉积。因而，他始终倾注全力于研究文化和城市的相互作用。他的两部力作《城市文化》和《城市发展史》都集中地反映了这一思想。芒福德认为：

城市是大地的产物。乡村生活的每一个方面都影响着城市。牧人、樵夫、采矿者的知识通过城市精化为人类历史中的持久要素：纺织品、奶油、护城河、堤

坝、管乐器、车床、金属、珠宝……最终都成为城市生活的内容。

城市是时间的产物。在城市中，时间变成可见的东西。时间结构上的多样性使城市部分避免了当前的单一刻板管理以及仅重复过去的一种韵律而导致的未来的单调。通过时间和空间的复杂融合，城市生活就像劳动分工一样具有了交响曲的特征：各色各样的人才、各色各样的乐器形成了宏伟的效果，无论在音量上还是音色上都是任何单一乐器无法实现的。

城市起因于人类的社会需要，并使这些需要的表达方式和方法变得更强烈。在城市中，外来的力量和影响相互交融，它们的冲突和协调对于推进城市的发展都一样重要。

芒福德根据他对西方城市的考察、研究，把城市的发展概括为六个阶段：

第一阶段：原始城市（Eopolis）。农业村庄是城市的原形，城市产生前有村庄，城市消亡后还有村庄。

第二阶段：城邦（Polis）。村庄或血缘集团聚集在一起有助于防止掠夺。劳动的系统分工和部分功能的专业化使产量增长，于是有了剩余的手工产品和粮食，发展了商业和手工业。剩余的能量和剩余的时间使人们从仅为了活命的劳动中解放出来，从而有可能发展科学、艺术、医疗卫生和理论研究，开始有了数学、天文学和哲学。然而，城邦依然是家庭的集合体，家庭组织不仅盛行于农业，也同样盛行于手工业。生活方式虽已分化，但还是同质的。

第三阶段：中心城市（Metropolis）。在差别不大的村庄或村镇群中，个别有特殊优势的地方成功地吸引了大量居民，发展成为中心城市，或称"母城"。该城市和其他区域进行贸易和文化交流，大大释放出文化的力量。新的社会形态的缺点也相伴而行，贸易的发展促进了工业却损害了农业，出现了无土地的劳动力出卖者，工业所有者和劳动者之间的阶级斗争日益尖锐。商人和银行家发挥着越来越大的作用，个人主义破坏了原有的社会凝聚力而未能在更高的层次上建立新的社会秩序（如柏拉图时代的雅典）。

第四阶段：巨型城市（Megalopolis）。城市在资本主义神话的作用下，规模和权力越来越大，生产和分配手段的拥有者使生活的其他特征都从属于他们的获利和财富，使城市开始衰退。用军事手段掠夺物质财富，用贸易、法律程序取得财政控制。离农业基地越来越远，供应线越来越脆弱。权欲削弱了生活其他方面的魅力，道德感已无足轻重。城市从一种联合的手段、一种文化避难所变成瓦解的手段，并日益构成对文化的威胁。较小的城市也被纳入巨型城市的网络，它们仿效巨型城市的恶习，甚至有过之而无不及（如20世纪的纽约）。

第五阶段：专制城市（Tyrannopolis）。政治变成了各个集团对财源的争夺。掠夺性的手段取代了贸易和平等交易：赤裸裸地剥削殖民地和腹地；商业萧条周期加快，军事工业大发展。经济和政治的统治者已经顾不上仅有的行政礼仪：争官、争权、搜刮钱财、吹牛拍马、裙带关系，贪污、勒索在政府和商务中盛行。道德全面沦丧，不负社会责任。统治者的行为犹如罪犯，出现暴徒专政（如希特勒、墨索里尼）。

第六阶段：死城（Nekropolis）。战争、饥荒和疾病破坏了城市和乡村。城市只剩躯壳，继而居民离散，废墟被沙土覆盖（如巴比伦、尼尼微）。

芒福德认为，如果说今天的社会已经瘫痪，这不是因为没有改变的手段，而是因为没有明确的目标。没有目标，就没有方向，没有一致，也就没有有效的实际行动。要重构大城市靠制定当地的交通规划或建筑法规等是不够的，必须改变大城市的基本经济模式，必须制止人口增长和建成区的不断蔓延。城市最好的运作方式是关心人和陶冶人。

（二）芒福德的区域观

芒福德认为，人类社会和自然界的有机体有许多相似之处。有机体为了维持自身的生命形态，就必须不断更新自己，与周围的环境建立积极的联系。人类社会也是这样，必须和周围的自然环境、社会环境在供求上积极地相互平衡，才能持续发展。芒福德通常把城市社区赖以生存的环境称为区域。他认为，所谓区域，作为一个独立的地理单元是既定的，而作为一个独立的文化单元则部分是人类深思熟虑的愿望和意图的体现。芒福德所理解的区域实际上是人文区域，是地理要素、经济要素和文化要素的综合体。

（三）芒福德的规划观

芒福德认为，城市和区域构成一个完整的有机生态系统。因而，在进行城市规划和区域规划时，必须认真研究这一生态系统，做出科学的分析，提出实事求是的措施，切忌形式主义。芒福德对现代西方城市规划中的许多理论和思想持批判态度（包括高速公路与小汽车支持下的城市形态和方式以及大都市区等区域形式），他对现代城市规划中所充斥的种种形式主义的表现予以坚决的批判，把那些不考虑社会需要的城市布局称为"非城市"，这样的规划也因而被称为"非规划"。

芒福德对城市的许多论述还是相当精辟的，特别是他提出的"城市最好的运作方式是关心人、陶冶人"这一崇高的思想命题对后世影响深远。

七、《马丘比丘宪章》中的城市规划理论

20世纪60年代以后，西方国家的经济转型、社会转型都使得城市空间形态、人们的需求结构发生了根本的变化。西方经济、社会环境的巨大变化，对传统的《雅典宪章》所制定的许多规划原则产生了巨大的挑战和冲击，人们迫切需

要在城市规划的主体纲要方面进行新的思考。1977 年，国际现代建筑会议（CIAM）在秘鲁利马的玛雅文化遗址地马丘比丘召开，制定了著名的《马丘比丘宪章》，这是一个在新的时代背景下以新的思想体系来指导城市规划的纲领性文件。

《马丘比丘宪章》并不是对《雅典宪章》的取代，而是修正了《雅典宪章》的一些缺陷，是《雅典宪章》的一种补充、发展和提升。其主要观点有：

（1）不要为了追求分区清楚而牺牲了城市的有机构成。

（2）城市交通政策应使私人汽车从属于公共交通运输的发展。

（3）区域和城市规划是一个动态的过程，不仅包括规划的制定，也包括规划的实施。

（4）规划中要防止照搬照抄不同条件、不同文化背景的解决方案，因为不同的国家和民族、不同的历史文化、不同的经济发展水平，对解决城市问题的方案应该是不同的。

（5）城市的个性和特征取决于城市的体型结构和社会特征，一切能说明这种特征的有价值的文物都必须保护。保护必须同城市建设过程结合起来，以保证这些文物具有经济意义和生命力。

（6）宜人生活空间的创造重在内容而不是形式。在人与人的交往中，宽容和体谅的精神是城市生活的首要因素。

（7）不应着眼于孤立的建筑，而要追求建筑、城市、园林绿化的统一。

（8）科学技术是手段而不是目的，要正确运用。

（9）要使公众参与城市规划的全过程。城市是居民的城市，不是当权者或者规划师的城市。

《马丘比丘宪章》摒弃了功能理性主义的思想基石，倡导社会文化论的基本思想，强调物质空间只是影响城市生活的一项变量，而且这一变量不能起决定性的作用，真正起作用的应该是城市中各类人群的文化、社会交往模式和政治结构。[①]

总之，"二战"后至 20 世纪 80 年代，国际政治经济格局巨变，多极化的趋势在全球范围内展开。政治经济环境的变化导致西方各国在社会生活、文化场景、意识形态等方面逐渐向着多元化的方向发展，后现代主义思潮的来临，标志着人类正迈向一个气象万千的新世界。

---

① 孙施文. 城市规划哲学 [M]. 北京：中国建筑工业出版社，1997.

第五节 20世纪90年代以来的城市规划理论与实践

20世纪90年代初苏联解体以后，两极冷战格局终结，整个国际政治格局开始呈现多极化发展的趋势。在经济全球化与政治多极化格局的共同作用下，世界各国都在忙着应对经济全球化带来的历史机遇与挑战，经济相互依存下的国际合作与单边主义并存发展，不同文化之间的冲突和融合不断加剧。经济全球化在地域空间结构上表现为世界城市体系的变化。在世界城市体系当中，城市逐渐形成了由管理与控制、研究与开发、生产与装配三个基本层面构成的垂直地域分工体系。其中，管理与控制层面的城市占据了世界城市的主导地位，而制造与装备层面的城市处于从属地位。

20世纪末，全球人口达到60亿，随着城市化进程的加快，2007年年底全球已有33亿人生活在城市，超过全球人口总数的50%，预计到2030年，城市人口比重将扩大到60%，城市人口总数将达到50亿。全世界尤其是在特大城市、大城市中，人口、资源和环境的压力持续加重。在发达国家和部分新型工业化国家与地区，形成了一系列全球性和区域性的经济中心城市，对于全球和区域经济的主导作用越来越显著，这些城市影响甚至决定着世界经济的运转。

国际环境的转变、生产方式的转型、生活方式的变化等都使得城市问题极其复杂、变幻莫测，已经没有一种理论、方法能够被用来整体地认识城市、改造城市，多元思潮蓬勃兴起，城市规划的理论与实践探索已经进入了一个更为广阔的背景之中。

一、新城市主义理论的产生与实践

"二战"以后，一些西方国家尤其是美国经历了不受节制的郊区化蔓延过程，出现了高成本低效率、生态环境恶化、内城衰败、城市结构瓦解、发展不可持续等矛盾。20世纪80年代末以后，在美国等西方国家中形成了对郊区化增长模式进行反思的思潮，"新城市主义"领导了这个潮流，并成为20世纪90年代以后西方国家城市规划中最重要的探索之一。

1993年J.康斯特勒出版了《无地的地理学》，严厉指责"二战"以来美国松散而不受节制的城市发展模式造成了城市沿着高速公路无序向外蔓延的恶果，并由此引发了巨大的环境和社会问题。1993年10月，在美国的亚历山大市召开了第一届新城市主义代表大会（CNU），1996年第四届CNU签署了《新城市主义宪章》，标志着新城市主义的宣言和行动纲领正式得以确立。

新城市主义的基本思想包括以下三个方面：

（1）新城市主义以"终结郊区化蔓延"为己任，倡导"以人为中心"的设计思想，努力塑造多样性、人性化、社区感的城镇生活氛围。[①]

（2）新城市主义者把蔓延归纳为五个主要原因：①缺少区域规划造成生态和经济上的损失；②缺少邻里设计，缺少社区感；③分区规划政策和其他政府政策，促进了功能的分离；④专业化和标准化促进了城市蔓延，缺乏全面的城市发展纲要；⑤汽车和高速公路改变了城市发展模式。新城市主义主要是通过重新改造那些由于郊区化发展而被废弃的传统的旧市中心区，使之重新成为居民集中的地点以及建立新的密切的邻里关系和城市生活内容，后来又进一步发展到对有关郊区城镇采用紧凑开发模式的探索。

（3）新城市主义规划理论的核心思想，是以现代需求改造旧城市市中心的精华部分，使之衍生出符合当代人需求的新功能，但是又强调保持旧的面貌（美国的巴尔德摩、纽约时代广场、费城"社会山"以及英国道克兰地区等的更新改造）。但是，新城市主义与简单的"文物保护"规划不同，它具有发展、改造、提供新的内涵等更为明确、更为宽泛的动机。在城市的郊区，新城主义提倡采取一种有节制的、公交导向的"紧凑开发"模式。在小尺度的城镇内部街坊规划视角，安德烈斯·杜安尼（Andres Duany）和伊丽莎白·兹伊贝克（Elizabeth Zyberk）夫妇提出了"传统邻里发展模式"（Traditional Neighborhood Development，TND）。从整个大城市区域层面的角度出发，彼得·考尔索普（Peter Calthorpe）提出了"公交主导发展模式"（Transit Oriented Development，TOD）（见图2-2）。TND、TOD是新城市主义规划理论提出的有关城市空间重构的典型模式，它们共同体现了新城市主义规划的最基本特点：紧凑、适宜步行、功能复合、可支付性以及珍视环境。

在西方有关新城市主义的规划思想论述中，有两个术语被新城市主义者常常提及，即Highway66和Main Street。Highway66是贯穿美国东西的主要干道，它代表了当年由东向西推动的城市扩张、蔓延精神，是美国现代主义城市的代名词；Main Street是大多数美国城市中心主要干道的名称，以它来代表历史的、温情的、具有人情味的新城市主义规划模式。

如今，新城市主义在城市与区域规划的各个领域中都已形成了广泛的影响。在区域规划层面，美国新城市主义的主要实践活动有：俄勒冈州波特兰市区域规划、波特兰2040年规划、芝加哥大都市区面向21世纪区域规划项目、纽约大都

---

① 洪亮平. 城市设计历程［M］. 北京：中国建筑工业出版社，2002.

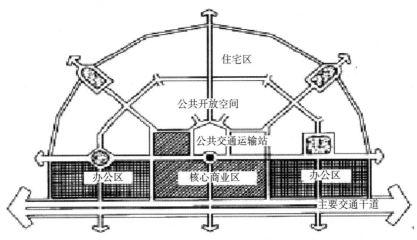

图 2-2 社区型 TOD 结构

市区"拯救危机中的区域"、盐湖城区域规划项目。更多的新城市主义规划实践集中在城镇层面和邻里社区尺度,具有代表性的有:佛罗里达州的"海滨社区规划"、芝加哥的"West Garfiled Park"重建、弗吉尼亚州 Diggs Town 改造、纽约曼哈顿 Bryant Park 再生项目等。[①]

也有一些学者批评新城市主义的规划思想和设计手法与霍华德的"田园城市"、欧洲老城改造、环境保护主义等活动相比,并没有多少"新意"。对此,新城市主义者坦诚他们并无意去创建一种前所未有的奇思妙想;相反,他们认为应当把目光转向那些早已存在的、历经时间考验而生命力依旧的东西,去探究蕴藏在其中的持久不变的特质。[②]

二、精明增长规划理论

与西欧许多国家在"二战"后就已经确立了控制大城市无序增长的做法不同,长期以来,在美国,城市的增长或者郊区化都被认为是正面的、可以引以为荣的,其结果是导致美国在战后城市增长的高峰、放任的郊区化造成了畸形的城市蔓延。这种增长方式由此导致了低密度的城市无序蔓延、人口大量涌向郊区建房、大量农田被占、城市越"跑"越远等许多负效应,使得美国规划界不得不开始检讨这种传统的不受限制的城市增长方式。与此相对应的是西欧在"紧凑发展"思想主导下,许多城镇保持了其紧凑而高密度的形态,为居民提供了居住和

① 洪亮平. 城市设计历程 [M]. 北京:中国建筑工业出版社,2002.
② 王慧. 新城市主义的理念与实践、理想与现实 [J]. 国外城市规划,2002(3):35-38.

工作的理想环境。美国规划界因此效仿欧洲，提出了"精明增长"（Smart Growth）的概念。

1997 年美国马里兰州州长帕里斯·伦德宁（Parris Lendening）首次提出了精明增长（Smart Growth）的概念，后来被戈尔副总统作为总统竞选纲领的重要内容。1999 年，美国规划师协会在联邦政府资助下花了 8 年时间完成了对精明增长的城市规划立法纲要。到 2000 年，包括佛罗里达州、佛蒙特州、华盛顿州等在内的 20 个州建立了"精明增长法"或者"增长管理法"。

（一）**精明增长理论的定义与思想**

作为应对城市蔓延的产物，精明增长并没有确切的定义，不同的组织对其有不同的理解。环保主义者认为精明增长是"一种服务于经济、社区和环境的发展模式，注重平衡发展和环境保护的关系"；农田保护者认为精明增长是"通过对现有城镇的再开发保护城市边缘带的农田"；国家县级政府协会（NACO）认为精明增长是"一种服务于城市、郊区和农村的增长方式，在保护环境和提高居民生活质量的前提下鼓励地方经济增长"。总的来说，精明增长是一种在提高土地利用效率的基础上控制城市扩张、保护生态环境、服务于经济发展、促进城乡协调发展和人们生活质量提高的发展模式。2000 年，美国规划协会联合 60 家公共团体组成了"美国精明增长联盟"（Smart Growth America），确定精明增长的核心内容是：用足城市存量空间，减少盲目扩张；加强对现有社区的重建，重新开发废弃、污染的工业用地，以节约基础设施和公共服务成本；城市建设相对集中，密集组团，生活和就业单元尽量拉近距离，减少基础设施、房屋建设和使用成本。

（二）**精明增长的目标**

精明增长最直接的目标就是控制城市蔓延，其具体目标包括四个方面：一是保护农地；二是保护环境，包括自然生态环境和社会人文环境两个方面；三是繁荣城市经济；四是提高城乡居民生活质量。通过城市精明增长计划的实行，促进社会可持续发展。另外，精明增长是在拓宽容纳社会经济发展用地需求途径的基础上控制土地的粗放利用，改变城市浪费资源的不可持续发展模式，促进城市的健康发展。城市增长的"精明"主要体现在两个方面：一是增长的效益，有效的增长应该是服从市场经济规律、自然生态条件以及人们生活习惯的增长，城市的发展不但能繁荣经济，还能保护环境和提高人们的生活质量；二是容纳城市增长的途径，按其优先考虑的顺序依次为现有城区的再利用——基础设施完善、生态环境许可的区域内熟地开发——生态环境许可的其他区域内生地开发。通过土地开发的时空顺序控制，将城市边缘带农田的发展压力转移到城市或基础设施完善的近城市区域。因此，精明增长是一种高效、集约、紧凑的城市发展模式。

毫无疑问，实行精明增长的措施在美国取得了一定的成功，在一定程度上限制了城市的蔓延，保护了土地和生态环境；有助于保护和改善社区生活质量，保证老街坊和商业区的活力；政府借此拓展了住房和就业机会等。

但是，也有人反对精明增长的政策，有学者指责由于实施空间管制造成了土地供应紧张、房价上涨，加重了中低收入者的负担；也有学者通过成本—利润、土地压力、发展潜力、社会公平等方面的分析，认为紧凑发展的开发是不可取的等。[①]

三、生态城市规划理论

（一）生态城市的起源与发展

生态城市，从广义上讲，是建立在人类对人与自然关系更深刻认识基础上的一种新文化观、新发展观，是按照生态学原则建立起来的社会、经济、自然协调发展的新型社会关系，是有效利用环境资源实现可持续发展的新的生产和生活方式；从狭义角度讲，生态城市就是按照生态学原理进行城市规划，以建立高效、和谐、健康、可持续发展的人类聚居环境。[②]

生态城市虽然是在 20 世纪 80 年代后才迅速发展起来的一个概念，但实际上从霍华德的"田园城市"、欧洲国家的城市美化运动、盖迪斯的综合规划理论中都可以找到生态城市的萌芽。伊安·麦克哈格（Ian McHarg）在 1969 年发表的遗作《与自然一起设计》（Design with Nature）中提出了在城市生态平衡中建立人与自然和谐关系的方法。

生态城市作为对传统的以工业文明为核心的城市化运动的反思、扬弃，体现了工业化、城市化与现代文明的交融与协调，是人类自觉克服"城市病"、从灰色文明走向绿色文明的伟大创新。它在本质上适应了城市可持续发展的内在要求，标志着城市由传统的唯经济增长模式向经济、社会、生态有机融合的复合发展模式的转变。它体现了城市发展理念中传统的人本主义向理性的人本主义的转变，反映出城市发展在认识与处理人与自然、人与人关系上取得新的突破，使城市发展不仅追求物质形态的发展，更追求文化上、精神上的进步，即更加注重人与人、人与社会、人与自然之间的紧密联系。

（二）生态城市的规划原则与规划实践

生态城市思想在城市规划实践领域主要是在三个层面上展开的：首先，在城市—区域层面上，生态城市强调对区域、流域甚至是全国系统的影响，考虑区域、国家甚至全球生态系统的极限问题；其次，在城市内部层次上，提出应按照

---

① 王宏伟，袁中金，侯爱敏. 城市增长理论评述与启示［J］. 国外城市规划，2003（3）：36-39.
② 陈敏豪. 生态文化与文明前景［M］. 武汉：武汉出版社，1995.

生态原则建立合理的城市结构，扩大自然生态容量，形成城市开敞空间；最后，生态城市最基本的实现层次是建立具有长期发展和自我调节能力的城市社区。

一些学者经过多年的实践探索，提出了许多关于生态城市设计的具体原则，其中最有代表性也最全面的是加拿大学者罗斯兰德（Roseland）提出的"生态城市十原则"，即：

（1）修正土地使用方式，创造紧凑、多样、绿色、安全、愉悦和混合功能的城市社区。

（2）改革交通方式，使其有利于步行、自行车、轨道交通以及其他除汽车外的交通方式。

（3）恢复被破坏的城市环境，特别是城市水系。

（4）创造适当的、可承受得起的、方便的以及在种族和经济方面混合的住宅区。

（5）提倡社会的公正性，为妇女、少数民族和残疾人创造更多的机会。

（6）促进地方农业、城市绿化和社区园林项目的发展。

（7）促进资源循环，在减少污染和有害废弃物的同时，倡导采用适当技术与资源保护。

（8）通过商业行为支持有益于生态的经济活动，限制污染及垃圾产量，限制使用有害材料。

（9）在自愿的基础上提倡一种简单的生活方式，限制无节制的消费和物质追求。

（10）通过实际行动与教育，增加人们对地方环境和生物区状况的了解，增强公众对城市生态及可持续发展问题的认识。

20世纪90年代以来，西方国家包括一些发展中国家都积极进行了生态城市规划、建设的实践，具有国际影响力的著名案例有巴西库里帝巴、澳大利亚怀阿拉、澳大利亚哈利法克斯、丹麦哥本哈根、美国克利夫兰等。

四、《北京宪章》中的城市规划理论

在1999年于北京召开的国际现代建筑协会第20届世界建筑师大会上通过了由中国的吴良镛起草的《北京宪章》。与以前的《雅典宪章》和《马丘比丘宪章》不同的是，《北京宪章》并不是专门针对城市及城市规划问题所提出的，而是继承了自道迪亚斯以来有关人居环境科学的成就，站在人居环境创造的高度，倡导建筑、地景、城市三位一体的规划思想。《北京宪章》主张在新世纪中，建筑师要重新审视自身的角色，摆脱传统建筑学的桎梏，走向更加全面的广义建筑学。

《北京宪章》概括地回顾了20世纪的"大发展"和"大破坏"，对新世纪所面临的机遇与挑战给予了可观的估计和中肯的警告。《北京宪章》通篇贯穿着辩证的思想，针对变与不变、整体的融合与个体的特色、全球化与地方化等问题做出了独到的、精辟的论述，将景象纷呈的客观世界与建筑学的未来归结为富有东方哲学精神的"一致百虑，殊途同归"。[①]

这一宪章被公认为是指导 21 世纪建筑发展的重要纲领性文献，标志着吴良镛的广义建筑学与人居环境学说已被全球建筑师普遍接受和推崇，从而扭转了长期以来西方建筑理论占主导地位的局面。

总之，在全球化背景下，西方各国连同整个世界的发展打破了国家与地区的界限，使得人类在经济、政治、文化及社会等各个层面实现了全球范围内的互动。全球化导致了世界城市体系格局的新变化，造就了一批影响并主导全球经济的世界城市，并不同程度地影响了大批城市的职能分工与产业性质的定位。这对于城市规划的影响是突破性的，城市规划也因此要求应将城市置于全世界的范围内来展开研究。

20 世纪 90 年代以来，伴随着"可持续发展理念"越来越为人们所接受，城市规划的思想理念也产生了极大的变化，可持续的空间资源配置与利用管理也被各国日益提升到战略高度，并由此涌现出了一些新的城市规划理念与思想，这些规划设计的理念与手法以及实践经验引领全球的城市迈向 21 世纪的万千世界。

第六节　21 世纪最新的城市规划理论与实践

进入 21 世纪，伴随着各国间频繁的经济往来与网络信息技术更广泛的应用，全球化程度不断加深。与此同时，全球城市人口增加的速度更快，尤其是在发展中国家更为明显。21 世纪短短的十几年发生了一些具有全球影响力的事件，这些事件深深地影响了城市规划理论，促使其进行改变。2001 年发生在美国的"9·11"事件、2003 年的伊拉克战争以及 2008 年由美国开始的波及全球的经济危机等事件都让人们看到了城市的脆弱，由此产生了旨在替代之前的"可持续发展理念"的城市弹性理论。此外，由于城市集聚力的增强，城市中的创新活动逐渐增加，城市居民对于精神文化的需求也不断提高，使得在城市规划中必须突出创新与文化的元素。

---

① 谭从波. 城市规划［M］. 北京：清华大学出版社，2005.

一、城市弹性理论

2013 年，ACSP/AESOP（美国和欧洲规划院校联盟）召开了主题为"规划弹性的城市和区域"（Planning for Resilient Cities and Regions）的联合年会。在这次会议上，正在替代"可持续发展理念"的城市弹性理论成为了新的规划理论热点。城市弹性理论由于其强大的包容性和相对中立的态度，得到了经济和社会中左右两派的接受，因此受到了广泛关注。

城市弹性理论产生的背景有三个：①全球经济和社会背景，包括 2001 年的"9·11"事件、2008 年后的全球经济危机以及全球气候变化的挑战等。具体来说，在经济方面，从基本依靠服务业到向多元经济转型；在政治方面，不同党派政治理念的不同，解决问题的途径也不同，使得难以达成共识；在环境方面，环境因素作为政治问题涉及不同的利益集团，作为经济问题涉及环保成本代价，而日本核泄漏事件后绿党的兴起，代表了环境问题有转为政治问题的趋势。②城市发展的不确定性突出，成为普遍性的问题。应该说，所有城市都会面临不确定性，而经济和自然环境、国内和国外政治环境的不稳定和不确定性加剧了城市的不确定性，如曾经声势浩大的曹妃甸近来的发展面临债务危机。③城市规划基本功能是应对不确定性，需要不断寻找新的规划方法来应对。于是，弹性城市作为一种新的规划理论被提出，而其相对应的新规划方法为情景规划。

城市弹性可以从三个方面衡量，即经济、环境与社会。从经济方面来看，城市应该具有应对外部经济动荡的能力，以多元经济结构为新的发展目标；从环境方面来看，城市应该具有应对外部自然灾害的能力，体现为城市空间及城市基础设施留有余地，灾害来临后有复苏能力；从社会方面来看，城市应该具有应对社会变化的能力，具备通过社会整合实现自我振兴的能力。

城市弹性表现的三个阶段可以概括为从"承受"到"弹性"再到"再造"。具体来说，具有弹性的城市在遇到外界变化时会表现为以下三阶段：第一阶段"承受"，外部出现某些变化时，由于现有城市系统本身已留有余地，可以承受一定程度的变化，对变化进行消化，而不必马上做出系统调整；第二阶段"弹性"，随着外部变化加大，城市系统能进行一定的自我调整，从而适应这种变化；第三阶段"再造"，在外部变化更大的时候，城市有能力再造新的城市系统，在新的外部条件下继续发展。

那么，在进行城市规划时，就需要考虑尽可能地提高城市的弹性。要提升城市的弹性，可以遵循以下七个原则：①实现多元化，即促进并保持经济、社会、土地使用及生物系统的多元化；②鼓励模块化经济，即为减少和吸收不确定性的危机所带来的影响，城市经济应分为若干模块，力求每个模块相对独立地运行，这样使得针对特定模块的调整不会影响其他模块运作，也会减少"牵一发而动全身"的影响；③积累社会资本，促进社会诚信，发展社会网络和社区领导能力，使城市基层具有应对社会变化的能力及活力；④鼓励创新，强调学习、实验那些适于地方特色的发展规划及其内在动态变化；⑤允许复合性，即允许不同机构对公共及私有土地具有相应的开发权，使得土地开发与城市建设可以有多种可能，其目的是不会因为某个部门衰退而停止对城市的建设及经济发展；⑥建立信息反馈机制，即建立良好的信息交流网络，使系统内部有良好的信息流通，能及时自我调节，尽早纠正错误；⑦提供生态系统服务，实现地方生态系统的管理及评价体系。

二、城市规划中对创新与文化的重视

美国著名的城市规划学家萨斯基娅·萨森（Saskia Sassen）认为，控制型的经济跨国公司集团需要集聚以实现信息的高效调控，以信息制造、传递和消费为特征的新服务业需要方便可达的劳动力，这些都是空间集聚存在的源泉。源泉既存，中心城市的生命即在，但空间的发展永远存在竞争，技术进步同样带来城市、社会和经济活动的此消彼长。远程通勤、远程工作等会使多中心边缘城市的开发成为可能，传统城市中心将依靠历史基础与之长期竞争，而新文化产业的时空分离性将决定这场竞争的结果，即不同层次的商业中心、边缘城市、远距离边缘城市和专业化的城市（以体育、会展、主题公园等为核心）将构造新的富于活力的多中心城市。[①]

这与彼得·霍尔（Peter Hall）的观点不谋而合。他认为，通信技术的发展虽然降低了人类联系通勤的成本，但同时也大大刺激了人类经济活动中进行直接交往的欲望和面对面的需要，使得集聚效应大于分散效应。[②]正是基于这一点，霍尔从创新和文化的角度出发，将城市历史划分为三个时代，即技术—生产创新时代（Technological-Productive）、文化—智能创新时代（Cultural-Intellectual）以及文化—技术创新时代（Cultural-Technological）。技术—生产创新的城市代表包括在18世纪末期英国工业革命中崛起的城市，文化—技术创新的城市代表包括20世纪20年代以好莱坞等文化产业的出现而崛起的美国洛杉矶。技术与智能创新曾经造就了一座座伟大的城市，但是当前新的文化工业正成为城市发展的新动力和创新方向。目前，新一波的城市创新表现为艺术与技术的结合，以互联网技术为

---

① Sassen, S. The Globe City: New York, London, Tokyo [M]. Princeton: Princeton University Press, 2001.

② Hall, P. The End of the City? "The Report of my Death was an Exaggeration" [J]. City, 2003, 7 (2): 141-152.

物质基础，以新的含有高附加价值的服务业（New Value-Added Service）为支撑。霍尔预测新的创新性中心城市将出现在三种城市中：历史悠久的大都市，如伦敦、巴黎、纽约等；阳光地带怡人适居的都市，如温哥华、悉尼等；复兴中的老城市，如格拉斯哥、纽卡斯尔等。彼得·霍尔在他的城市学专著《文明中的城市》中提出了城市"黄金时代"的概念，并在书的结尾预言了城市的"黄金时代"即将来临。在《文明中的城市》一书中，霍尔爵士提出了城市"黄金时代"的重要条件：一是全球化的城市，即专业城市或特色城市作为独立的经济体参与全球化分工，取代原有的分散型小综合城市的独立发展；二是城市文化的崛起与复兴，即城市由功能城市向文化城市过渡；三是城市资源的占有和利用更为优化，即城市在全球范围内配置和利用资源，而且特质资源向专业化城市集中；四是城市的全球化推广所带来的城市利益最大化，即通过城市品牌的世界化来为城市获取更多的资源与收益。世界城市化的趋势发展到今天，已经不是多建几座大厦、多规划几个中央商务区的问题，而是城市的文化与经济的高度融合，城市的精神文化、物质文化、管理文化的高度统一，城市的文化产业化同产业文化化的双向促进，城市必须成为构建在主题文化基础上的有形生命体。通过城市主题文化的系统构建达到城市的物质文化高度发展、精神文化极度光大、特色文化无比鲜明。城市主题文化是实现霍尔爵士这一预言构想的唯一途径。

同一时期在这一方面提出了完整理论的是另一位英国城市规划学家——格雷姆·埃文斯（Graeme Evans）。他首先通过对古罗马、中世纪、文艺复兴以及工业化时期的城市文化进行研究，分析了英国文化规划的产生背景及发展历程，包括从标准化的规划准则到动态性的基于社区调研的文化规划。同时，通过对多伦多、柏林、巴黎等城市的研究，提出当前城市规划中的文化规划应该进行转变，即规划重点逐渐由精英规划转向普通市民，由大规模的艺术中心转向与文化生产、消费相关的基础设施，并以此解决就业、旧城衰落等问题，实现城市复兴。[1]

在这种城市发展的大背景下，就要求当今的城市规划必须更多地去考虑城市中的创新与文化元素，对城市创新与文化进行专门的规划设计，而不是像之前的城市规划中主要以形体物质规划为特征。正如2000年7月6日在德国柏林召开的"21世纪城市"会议上提出的关于城市未来的《柏林宣言》中强调的那样，"城市应该拥有信息和通信技术，使所有市民有机会接受终生教育，变为知识型城市，具有国际竞争力"，同时，"既要注意保持和保护自己的历史遗产，也要使它变成美丽的地方，让它的艺术气息、文化氛围、建筑和风景为市民带来欢乐和灵感"。

----

[1] Evans, G. Cultural Planning: An Urban Renaissance? [M]. London: Routledge, 2001.

第三章　城市土地利用

在我国历史上，土地问题一直都是社会的核心问题。土地作为一种不可再生资源，对我国城市和农村的发展有着至关重要的作用。一方面，城市的空间发展需要土地资源作为支撑，而对土地的正确利用是我国城市进一步发展的基础；另一方面，我国目前面临着严峻的粮食问题，这就要求我们必须严格地实行耕地保护政策。基于这两点，城市土地利用可以被认为是城市战略规划中不可回避的问题，并且近年来，随着我国城市的迅速发展，围绕着土地的各种问题已经成为了社会关注的热点和焦点。本章对土地征用、土地评估及土地占补平衡问题进行了系统、详细的分析。

第一节　土地征用问题

工业化、城市化使得农地非农化成为不可避免的现象。近年来，随着我国经济高速发展，城市化进程越来越快，城市规模也在不断扩大，对非农建设用地需求持续增加，农民集体用地被征用的现象十分普遍。

土地征用是政府的一项重要权能，是保证国家公共设施和公益事业建设所需土地的一项重要措施。土地征用是指国家为了社会公共利益的需要，按照法律规定的批准权限和批准程序，将农民集体所有的土地转变为国家所有，并对农民集体和个人给予补偿的制度。征地就是国家为了公共利益需要，依照法定程序将集体土地转为国有，并给被征地的农村集体和个人合理补偿和妥善安置的法律行为。

一、农用地转为城市用地的现行制度安排

我国实行土地社会主义公有制度。《中华人民共和国宪法》（简称《宪法》）第十条规定，城市的土地属于国家所有。农村和城市郊区的土地，除由法律规定属于国家所有的以外，属于集体所有；宅基地和自留地、自留山，也属于集体所

有。任何单位或者个人不得侵占、买卖或者以其他形式非法转让土地，但土地使用权可以依照法律的规定转让。《中华人民共和国土地管理法》（简称《土地管理法》）第二条规定，国家为公共利益的需要，可以依法对集体所有的土地实行征用。

根据《宪法》规定的土地制度安排，《土地管理法》第四十三条规定，任何单位和个人进行建设，需要使用土地的，必须依法申请使用国有土地。这里所说的"国有土地"，包括"国家所有的土地和国家征用的原属于农民集体所有的土地"；原来属于农村集体经济组织所有的土地转变为国有土地，是通过"国家征用"来实现的。因此，要将农村用地转变为建设用地，必须先由国家将原来集体所有的土地征用为国家所有的土地，然后用地单位或个人再向国家申请使用国有土地。

由于现行土地制度允许地方政府以低价征用农民集体所有的农村耕地，然后以较高的价格有偿出让其使用权，以及由于城市经营性开发用地的回报率大大高于农业用地的回报率，所以农村用地转化为城市用地可释放巨大的经济效益。

二、土地征用程序

按法律程序，土地征用通常遵循如下步骤：

第一步：预先通告；

第二步：政府方对征收财产进行评估；

第三步：向被征收方送交评估报告并提出补偿价金的初次要约，被征收方可以提出反要约；

第四步：召开公开的听证会说明征收行为的必要性和合理性；

第五步：如果政府和被征收方在补偿数额上无法达成协议，通常由政府方将案件送交法院处理；

第六步：法庭要求双方分别聘请独立资产评估师提出评估报告，并在法庭当庭交换；

第七步：双方最后一次进行补偿价金的平等协商，为和解争取最后的努力；

第八步：如果双方不能达成一致，将由普通公民组成的民事陪审团来确定"合理的补偿金"数额；

第九步：判决生效后，政府在30天内支付补偿价金并取得被征收的财产。

我国的土地征地程序为：

第一步：由县级人民政府申请征用土地，制定耕地补充方案、征地补偿安置方案、供地方案。

第二步：建设占用土地，涉及农用地转为建设用地的，应当办理农用地转用审批手续，按建设用地审批权限进行审批，交纳有关规费。其中，经国务院批准农用地转用的，同时办理征地审批手续，不再另行办理征地审批；经省、自治区、直辖市人民政府在征地批准权限内批准农用地转用的，同时办理征地审批手续，不再另行办理征地审批，超过征地批准权限的，应当另行办理征地审批。

第三步：向当地农民公布上级批地情况，就征地补偿安置方案征求农民意见。

第四步：征地补偿安置方案经县级人民政府批准后，付清被征地单位的各项补助费。

第五步：实地划转土地，交付施工施用。

（一）土地利用总体规划

《土地管理法》第四条规定，国家实行土地用途管制制度。国家编制土地利用总体规划，规定土地用途，将土地分为农用地、建设用地和未利用地。严格限制农用地转为建设用地，控制建设用地总量，对耕地实行特殊保护。使用土地的单位和个人必须严格按照土地利用总体规划确定的用途使用土地。第十八条规定，地方各级人民政府编制的土地利用总体规划中的建设用地总量不得超过上一级土地利用总体规划确定的控制指标，耕地保有量不得低于上一级土地利用总体规划确定的控制指标。在土地利用总体规划中确定的城市和村庄、集镇建设用地规模范围内，为实施该规划而将农用地转为建设用地的，按土地利用年度计划分批次由原批准土地利用总体规划的机关批准。

一个地方的土地利用总体规划，必须向社会公开，它的编制和修改，必须经过严格的法定程序，政府不能随意突破，不能来了项目想要哪块地就征哪块地。

（二）审批

《土地管理法》第四十五条明确规定了征用土地的审批权限：征用基本农田、征用基本农田以外的耕地超过35公顷的、征用其他土地超过70公顷的由国务院批准。征用上述以外的土地，由省、自治区、直辖市人民政府批准，并报国务院备案。按照法律规定，国家征用的土地，依照法定程序批准后，由县级以上地方人民政府予以公告并组织实施。

（三）征地补偿

征地补偿安置问题是征地工作的难点，也是推进城市化进程中必须解决好的问题。随着城市的不断发展，建成区将逐步扩大，那就不可避免要征用农民集体土地，从而形成一批失地农民。

《土地管理法》第四十七条规定，征用土地的，按照被征用土地的原用途给予补偿。征用耕地的补偿费用包括土地补偿费、安置补助费以及地上附着物和青苗的补偿费。征用耕地的土地补偿费，为该耕地被征用前3年平均年产值的6~10倍。征用耕地的安置补助费，按照需要安置的农业人口数计算，每一个需要安置的农业人口的安置补助费标准，为该耕地被征用前3年平均年产值的4~6

倍，但是每公顷被征用耕地的安置补助费，最高不得超过被征用前 3 年平均年产值的 15 倍。在征地补偿标准中，一般市政工程和公共、公益事业等用地按低限标准补偿，国家用于划拨土地的按中限标准补偿，属于房地产开发的用地，根据商品房和保障房的区别，按高限范围或中限幅度标准补偿。

现行法律规定的征地补偿费，是按照土地原有用途的年产值倍数进行测算的，这种测算方法没有体现土地的潜在收益和利用价值，没有考虑土地对农民承担的生产资料和社会保障的双重功能，更没有体现土地市场的供需状况，不符合市场经济规律和国际惯例。在实际操作中，作为补偿费用测算基数的年产值，因农作物的不同、物价波动、人为因素等影响，很难科学、合理地确定，特别是在城市发展涉及征用土地时，群众往往不接受按年产值倍数测算的征地补偿费用。在实际工作中，一些地方已改变了这种测算方法，各地测算和确定征地补偿费主要有以下几种做法：

（1）确定综合年产值。这种做法仍然以产值倍数作为测算费用的办法，但确定年产值标准时，不仅考虑农用地的实际产值，同时还考虑了当地经济发展水平、被征用土地所在地段等因素，综合年产值标准已经明显高于实际产值。例如，苏州市曾规定耕地前 3 年平均年产值，按市和县级市分别确定，市区 2000 元/亩，县级市、苏州工业园区和苏州新区 1200 元/亩。

（2）按地域确定征地补偿标准。这种做法不再以年产值倍数作为测算征地补偿费的办法，而是综合考虑土地原用途、土地区位条件、当地经济发展水平和土地供求关系等因素，按照土地所在的不同区域分别确定征地补偿标准。如南京市曾规定，土地补偿费和安置费的测算标准按地理位置分为三个层次，第一层次为南京市主要范围以内的区域，第二层次为主城范围以外、市区范围以内的区域，第三层次为所辖五县范围。每个区域内征用土地的土地补偿费、安置费标准都做了相应的统一规定。

（3）货币补偿以外附加实物补偿。这种做法是在进行货币补偿的同时，对被征地农民集体进行实物补偿，大多采取留地的方式。即在符合规划的前提下，优先安排部分土地，由被征地农民集体和农户进行开发经营。留用地使被征地农民集体和农户可以通过合法经营，取得稳定的收益。留用地所隐含的土地价值往往高于支付的征地补偿费，本质是对法定补偿标准测算费用不足的补充。例如，温州市曾规定"安排一定的用地计划，优惠用于解决被征地单位从事开发经营、兴办企业"。优惠用地计划按人均占用面积计算，最高不超过 120 平方米/人，并对留用地指标中第二产业、第三产业的比例做出了规定。台州市规定在符合土地利用总体规划的前提下，留出征地总面积的 5%~10% 的土地，用于被征地村发展符合国家产业政策和规划的项目。

（4）协议确定征地价格。这种做法也被称作"市价补偿"，完全由用地单位与被征地农民集体直接协商，参照当地形成的不同地段的市场价格确定征地补偿标准。如广州市，目前的征地补偿标准为 25 万元/亩，基本上与地类、产值没有关系，而是直接与土地供求关系和区位因素有关，接近生地交易价格。这种做法实际上使农民集体获取了几乎全部的土地增值收益，而政府失去了应得的土地收益。同时，用地单位直接与被征地单位自行协商，政府调控土地市场的能力减弱，用地协调难度大，也会影响到政府对城市土地的统一管理。

上述四种做法，可以说都是为解决现行法律规定的征地补偿标准偏低而采取的改进或者变通的做法，其中一些已经体现出按市场经济规律进行征地补偿的改革思路，在实际工作中也得到了农民群众的认可。

（四）利益分配

征地作为经济行为，是把原来属于农民的财产低价转为政府的财产，政府再把它用于各类建设项目的用地，这就产生了一个利益的分配问题。

有人认为，农村用地转化为城市用地所产生的巨大收益，来源于政府对基础设施建设投资的外部效应，所以土地增值应该归公。但这只是一个因素，而不能成为增值部分全部归政府的理由。

由于我国《宪法》和其他法律对征用土地的目的界定较为模糊、征用程序不够公开透明、补偿标准过低等原因，农民的合法权益经常被无端侵扰，并引发了激烈的社会冲突。为了有效地解决这些社会问题，保障被征地农民的合法权益，有必要对土地征用过程中的有关问题进行探讨。

征地补偿安置落实难，根本原因是农民的土地财产权长期处于隐形状态和无保护状态。法律规定土地为农民集体所有，实际工作中往往被一些基层干部误认为归乡级集体、村级集体所有，农民的土地财产权得不到保障。长期以来，大量低价征用农民的土地，使农民的土地财产被剥夺。要切实维护农民的合法权益，就必须尊重农民的土地财产权，明确农民集体土地所有者对耕地保护、土地资源利用的责任，改革征地制度，逐步建立以市场为导向的补偿安置机制。

针对目前城郊集体对农地变市地升值中的过多侵占，为确保城市化中农民权益的保障，需采取以下一些对策措施：

（1）城郊土地非农化征用不得私下交易，凡属地下交易的一律不承认其土地产权。对城郊用地要实行宏观调控，各市可根据发展规划建立城市土地储备制度，严格控制农地的非农化。这是有利于城市扩张、保护农民权益的前提条件。

（2）在法律上完善农村集体土地制度。农村是以土地为纽带的集体组织，土地是社区内所有农业户口成员的共同财产，人人享有，不可以由法人代表实行股权控制。因此，对待集体土地的处置权必须经全体社区成员或其代表参与表决，其收益也应归社区集体的全体成员享有。

（3）从土地非农化使用升值中拿出大部分用作对失去土地农民的失业保险、最低生活保障和医疗卫生保障等，以确保这些失去土地农民的基本生活和生存，绝不能将失地农民没有保护地抛向市场。

（4）改变农地征用方式，改目前的一次性土地购买为多年的收益权。今后除对外商仍采取多年一次性出卖的土地出让金外，国内项目建设中应尽可能地改土地出让金为年租金，在项目建设中让农民以集体土地折价入股，这样做可以让农民能够在多年中分享建设项目的收益。目前对城郊土地征用采取一次性买断方式，看起来是保护了农民利益，实则弊端甚多：一是使用土地者加大一次性投入，不利于城市化进程的加快；二是对农民来说一下失去土地，就业风险大，加之社会保障的不完善，很容易引起社会的动乱和不稳定，而这点恰恰是城市化中需要避免的一大社会问题；三是集体在卖地中一下子拥有过多资金，而又缺乏经营能力，难以选择好投资方向。

第二节　土地评估

一、地价的影响因素

城市地价的高低直接影响该城市在经济活动中的竞争能力。美国学者查尔斯·温茨巴奇（Charles H. Wurtzebach）比较系统地总结了影响城市土地价格的一般因素，他们将影响城市土地价格的一般因素分为行政因素、人口因素、经济因素、社会因素和心理因素等，如表3-1所示。

表3-1　城市土地价格的一般影响因素

	区域因素	个别因素
住宅用地	日照、温度、风向等气象状态	地势、地质、地盘等
	街道的宽度、构造等状态	日照、通风及干湿
	离市中心的距离及交通设施状态	宽度、深度、面积、形状等
	商业街的配置状态	高低、街角地、与道路的临街关系
	水道、煤气等供给处理设施状态	临街道路的宽度、构造等状态
	公共设施、公益设施等配置状态	临街道路的系统及连续性
	变电站、污水处理场等危险设施或嫌恶设施的有无	与交通设施的距离
	洪水、滑坡等灾害发生的危害性	与商业街的接近程度

续表

	区域因素	个别因素
	噪声、空气污染等公害发生的程度	与公共设施、公益设施等的接近程度
	各宗地的面积、配置及利用状态	与污水处理场等嫌恶设施的接近程度
	眺望、景观等自然环境的良否	临街不动产等周围的状态
	公法上关于土地利用的管制程度	上下水道、煤气等供给处理设施的有无及其利用的难易
商业用地	商业设施或业务设施的种类、规模、聚集程度等状态	地势、地质、地盘等
	商业腹地的大小及顾客的质和量	宽度、深度、面积、形状等
	顾客及从业人员的交通状态	高低、街角地、与道路的临街关系
	营业种别及竞争状态	临街道路的宽度、构造等状态
	该地区的经营者创意与资力	临街道路的系统及连续性
	繁荣的程度及盛衰状况	与商业地区中心的接近性
	街道的同游性，走廊等状态	与顾客流动状态的适合性
	商品搬入及搬出的便利性	临街不动产等周围的状态
	公法上关于土地利用的管制程度	上下水道、煤气等供给处理设施的有无及其利用的难易
工业用地	干线道路、港湾、铁路等运输设施的建设状况	地势、地质、地盘等
	确保劳动力的难易	宽度、深度、面积、形状等
	与产品贩卖市场及原材料采购市场的位置关系	高低、街角地、与道路的临街关系
	动力资源及用水排水费用	临街道路的宽度、构造等状态
	与关联产业的位置关系	临街道路的系统及连续性
	水质污染、空气污染等公害发生的危害性	与从业人员通勤所需交通站点的接近性
	行政上的辅导与管制程度	与干线道路、铁路、港湾、飞机场等运输设施的位置关系

资料来源：俞明轩.房地产评估方法与管理［M］.北京：中国经济出版社，1999.

可见，影响城市土地价格的因素繁多且复杂。在城市经济发展的过程中，城市土地价格的影响因素会随着社会经济技术的发展和人们需求的变化而变化，各国学者对城市土地价格影响因素的分类也多种多样。

二、评估原则

对城市土地价格的评估遵循以下原则：

（一）替代原则

地价水平由具有相同性质的替代性土地的价格所决定，地价可以通过比较地块之间的条件及使用价值来确定。如果某一地块的价格具有替代可能，就可以确定与该地块产生同等收益的其他地块的价格。

（二）效用原则

同一块土地由于用途不同而取得不同的经济效益，应在服从城市规划的前提下，选择取得最大使用效益的用途或项目来评估其价格，地价应以该宗地效用的最有效发挥为前提。由于目前我国城市的土地利用存在不合理的情况，进行估价时不应被现实的使用状况所限制，如市区的农田，其最佳利用方式并非农业，因此不能用农田的估价方法来估价。

（三）预期收益原则

对城市土地价格进行评估时，必须了解过去的收益状况，并对地产市场现状、发展趋势及相关政策规定进行细致的分析，以准确预测该地块未来能给权利人带来的收益。

（四）变动原则

形成土地价格的影响因素处于不断变动之中，因此在土地估价中，不仅要对将来的地价变动做出预测，同时也要对所采用的地价资料按变动原则修正到估价时点的标准水平，才能合理估价。

（五）多种方法比较原则

对于城市土地价格的评估，国际上有几种通用的估价方法，如成本法、市场比较法、收益还原法、剩余法及路线价法，每种方法都有各自的适用范围及局限性。因此，在进行价格评估时，必须以一种方法为主，用其他方法加以验证与比较，得出的价格才更为合理。

三、评估方法

为适应土地使用制度改革深化的需要，特别是土地出让、转让及土地市场管理的需要，1993 年颁布的《城镇土地估价规程（试行）》确立了适应中国土地市场不发育条件下，以土地区位条件评价为基础、以土地收益为依据、以市场交易价为参考的城镇地价评估原则和方法体系。经过几年的实践，国土资源部在全面总结全国各地城镇地价评估方法发展经验的基础上，于 2000 年修订了《城镇土地估价规程》，以进一步完善中国城镇地价评估方法体系。地价评估由四个步骤完成：

第一步：根据影响土地价格的因素，如商务服务中心繁华程度、交通条件、基础设施状况、环境质量、自然条件等，运用多因素加权平均法综合评价土地使用价值，以划分城市土地级别；

第二步：根据土地市场交易资料，用收益还原法、剩余法等方法评估样本地价；

第三步：用样本地价均值法、成本逼近法、因素比较法和级差收益测算法等方法评估基准地价；

第四步：以基准地价为基础，建立宗地地价因素修正体系，通过基准地价修正评估宗地地价。

《城镇土地估价规程》确立的城镇地价评估方法在地价体系方面包括基准地价和宗地地价两个层次以及商业、住宅、工业三个类型的地价评估。此外，地价评估过程采用了土地市场交易样本，并引进了市场经济国家和地区通用的估算方法，如剩余法、收益还原法等，评估价格在一定程度上反映了土地市场的地价水平。

（一）成本法

土地估价的成本法也叫成本逼近法，是以开发土地所耗费的各项费用之和为主要依据，再加上一定的利润和应缴纳的税金来确定土地价格的估价方法。其基本思路是把对土地的所有投资（包括土地取得费用和基础设施开发费用）作为基本成本，运用经济学中等量资金获取等量收益的投资原理，加上这一投资所应产生的相应利润和利息，组成土地价格的基本部分，同时加上土地所有权应得收益，求得土地价格。

1. 适用条件

首先，一般适用于新开发的土地的估价；其次，特别适用于土地市场不发育、土地成交实例不多、独立或狭小市场上无法利用市场比较法等方法进行估价时采用；再次，特别适用于既无收益又很少交易的学校、图书馆、医院、政府办公楼、军队营房、公园等公共建筑、公益设施基准地价的评估；最后，适用于工业用地评估，不适宜对商业及住宅用地评估。

2. 公式

土地价格＝土地取得费＋土地开发费＋税费＋利息＋利润＋土地增值收　　(3.1)

通过上述公式计算得出的土地价格，还应根据评估对象的具体情况和评估目的，对其进行修正，最终确定估价结果。例如，根据待估宗地在区域内的位置和宗地条件，进行个别因素修正；在求取有限年期的土地使用权价格时，进行土地使用权年期修正；根据土地开发程度进行宗地成熟度修正等。

3. 评价

成本法的优点在于它包含了建设用地价格的基本部分，即包括了征地拆迁费和地产开发费，因此它可以当作建设用地价格的最底线，即实际的出让价格应高于"成本法"得出的价格。国外许多地方工业用地的价格往往也是按照土地征用和开发成本计算的，这是成本法运用最多的地方。

但是由于增值地租难以确定，完全取决于开发改良后土地的收益，因此成本法构成中的增值地租无法准确估算，成为成本法的缺陷。一般而言，由成本法计算出的土地价格都偏低，需要用其他方法进行修正或调整。

（二）市场比较法

市场比较法是在同一市场条件下，根据替代原则，以条件类型或使用价值相同的土地交易实例与待估宗地加以比较，在两者之间就影响该土地的交易情况、日期、区域及个别因素等进行修正，求取待估宗地基准地价的方法。

1. 适用条件

市场比较法主要用于地产市场发达，有充足的具有替代性的土地交易实例的地区。市场比较法是以价格求价格，在不正常的市场条件下，如市场低迷或过度炒作，估价结果容易偏离土地资产的本身特征，而无法与收益价格相协调。

2. 步骤

首先，收集交易资料。其次，确定比较交易案例。所选择的比较交易案例的用途与交易类型应该与待估土地相同，区域特性及宗地的个别条件应该与待估土地相近，交易时间与待估土地的估价期日应接近或可以进行比较修正，交易案例必须为正常交易，或可修正为正常交易。再次，因素修正。因素修正是市场比较法的核心内容，具体修正包括情况修正、期日修正、容积率修正、区域因素修正、个别因素修正以及使用年限修正等。其中，情况修正、期日修正、区域因素修正、个别因素修正为基本修正，若还要强调特殊情况的修正，可以增加若干修正项目。最后，确定合理的试算价格。

3. 基本公式

$$PD = PB \times A \times B \times C \times D \tag{3.2}$$

其中，PD 表示待估宗地价格；PB 表示比较案例宗地价格。

同时，A = 待估宗地情况指数/比较案例宗地情况指数；

B = 待估宗地估价期日地价指数/比较案例宗地交易日期地价指数；

C = 待估宗地区域因素条件指数/比较案例宗地区域因素条件指数；

D = 待估宗地个别指数/比较案例宗地个别因素指数。

4. 评价

比较法的最大优点在于"有据可依"，利用的都是现有的资料，不至于像其他方法需要做数据的多次整理和比较主观的判断来获得数据。比较法确定了因素的修正系数及其方案，就可以很从容地得出比较理想的结果。比较法的缺点在于其应用时需要具备丰富的市场交易资料，而从中找出与待估地块相似的已交易地块并不是易事，且其各种因素的修正也存在误差。但总的来说，比较法是一种比较客观的方法。

（三）收益还原法

收益还原法认为，土地作为一种重要的生产要素和最基本的经济活动条件，通过与劳动力、资本及其他生产要素的结合而创造出经济收益。与其他生产资料不同的是土地具有利用的永续性，只要土地连续出租，土地所有者就可以年复一年地获得土地收益。因此，土地使用权出让过程中土地经济收益的表现形式——地价，应是一段时期内土地所创造的未来收益系列的折现值。收益还原法测算土地价格，就是将土地在未来所创造的每年预期纯收益，通过一定的土地还原利率，折算为现价的总和，从而测算出土地价格的方法。

1. 适用条件

收益还原法是以求取土地纯收益为途径评估土地价格的方法，它仅适用于有收益（如出租、商业、工业用地）或有潜在收益的土地、建筑物和房地产的估价，尤其是房屋租赁的估价。对于没有收益的不动产则不适用。

2. 估价方法与公式

遵循地价是地租的资本化原则，用公式表示为：

地价＝地租/还原利率　　　　　　　　　　　　　　　　　　　　　（3.3）

假设某块土地出让后，年纯收益值为 I，土地还原利率为 r，每年纯收益 I 不变，r 也不变且大于零，则可得到：

第一年该块土地收益折现值：$P_1 = \dfrac{I}{1+r}$

第二年该块土地收益折现值：$P_2 = \dfrac{I}{(1+r)^2}$

第 n-1 年该块土地收益折现值：$P_{n-1} = \dfrac{I}{(1+r)^{n-1}}$

第 n 年该块土地收益折现值：$P_n = \dfrac{I}{(1+r)^n}$

如果土地使用权出让年限为 n 年，那么土地出让时的土地出让价格就为：

$$P = P_1 + P_2 + \cdots + P_{n-1} + P_n$$

$$= \frac{I}{1+r} + \frac{I}{(1+r)^2} + \cdots + \frac{I}{(1+r)^{n-1}} + \frac{I}{(1+r)^n}$$

$$= \frac{I\left(1 - \dfrac{1}{(1+r)^n}\right)}{r}$$

如果土地出让年限趋于无限，则土地价格 $P = I/r$。

3. 评价

收益还原法仅作为一种经营性物业的估价方法，其具有很多优点：首先，租金与售价同时受相同的市场力影响，利用同一个市场、同一个标的物，受同一个市场供需力影响的条件，是最具环境一致性的最可信的方法；其次，如果收益和还原利率确定合理，这种方法是比较公平合理的；最后，它能使收益直接、轻易地还原为土地价值。

收益还原法主要适用于收益性土地，而关于收益性土地的稳定的纯收益和适当的还原利率的求取，还要受经济行情和工商业以及房地产市场的发展、变化的影响，难以确定。因此这也是土地估价中慎用收益还原法的原因。

由于土地的纯收益和还原利率的确定存在误差，所以由收益还原法算得的土地价格可能与实际价值相差较大，必须通过与其他方法的对比进行修正。

(四) 剩余法

剩余法又称倒算法、残余法、假设开发法等，它的基本思路是：把土地及其地上的建筑物的价值进行分离计算，它是把包含在建筑物价格中的地价剥离出来的一种地价测算方法，即地价等于土地及其地上建筑物的共同出售价格减去建筑物本身价格的剩余部分价格。

1. 适用条件

首先，适用于对具有潜在开发价值的土地的估价；其次，适用于现有新旧房地产中的地价或房价的单独评估，即从房地产价格中扣除建筑物的价格，剩余之数即为地价。

2. 基本公式和步骤

根据剩余法原理，用剩余法估算地价的基本公式为：

地价 = 房屋的预期售价 − 建筑总成本 − 利润 − 税收 − 利息　　　　(3.4)

剩余法估价的步骤：①查清待估宗地的基本情况；②选择最佳开发利用方式；③估计开发完成后的不动产总价；④估计建筑费、专业费、利息、税费、租售费用和开发商应得的利润；⑤预测土地价格。

3. 评价

剩余法的优点在于当土地价格不能明确时，其是有效的方法。剩余法能比较客观地得出土地的价格，即剩余法计算出的土地价格一般与土地实际价值相比偏差不大，而且与市场比较法相比，它所需要的数据量较少。剩余法不仅适用建造完成和待建房地产的估价，而且还广泛应用于成片待开发土地的价格评估，是除成本法以外比较实用的估价方法。

但剩余法仅当建筑物比较新且处于最有效使用状态，同时在求取其经济租金时，才是最有效的方法，否则运用这种方法不一定能保证求得公平、公正、合理的价格，这是剩余法的局限。

(五) 路线价法

路线价法是城市土地估价的主要方法之一。路线价法基于土地价值高低随距街道距离增大而递减的原理，在特定街道上设定单价，以这个单价配合深度百分率表及其他修正率表来评估同一街道的其他宗地的地价。在同一路线价区段内的宗地,虽然可及性基本相等,但由于宗地的深度、宽度、形状、面积、位置等仍有差异,适用性相差很大,所以需要制定各种修正率,对路线价进行调整。根据上述原理,路线价法的应用关键是路线价的辐射和深度修正率的确定。

1. 适用条件

路线价法适用于市街地,主要用于商业繁华区土地价格的评估。其前提条件是必须有可供使用的科学合理的深度指数表和其他各种修正率,有完善的城市规划和系统完整的街道,并且土地排列比较整齐。

2. 路线价法的设定方法

首先要选定标准宗地,确定标准宗地形状、大小,然后评估标准宗地地价,根据标准宗地价格水平及街道状况、公共设施的接近情况、土地利用状况划分地价区段,附设路线价。标准宗地价格计算适用宗地地价的计算方法,如收益还原法、市场比较法等方法,或依实例评定其价格。因此,对评价区域调查的买卖实例宗地进行地价影响因素分析,实例宗地条件如果与标准宗地条件不同,应对不同条件部分进行因素修正,由此求得标准宗地的正常买卖价格。不同地段标准宗地价格应能反映区位差异,相互均衡。

3. 基本公式

宗地总价 = 路线价 × 深度百分率 × 其他条件修正率 × 宗地面积   (3.5)

4. 评价

路线价法对于量大且要求迅速的宗地估价很有帮助,运用这种方法可以比较轻松地求得同一街道的其他宗地的地价。路线价法的缺点是深度价格递减的比率不易确定,系数的确定受主观因素的影响,因此用路线价法得出的数据有可能与实际价值相差较大。

第三节 土地占补平衡

近年来,随着我国城市化进程的加快,建设占用耕地的需求增加,大量土地被征用,耕地出现锐减的形势。如果完全由市场机制进行配置,耕地就会不断地被转为建设用地,国家的粮食安全就得不到保障。因此地区政府应该从实际出发,严格控制城镇用地盲目扩张。从征地和供地两方面规范政府行为,严格规定各级政府的征地权,杜绝各级政府以公共利益为借口滥用征用权,同时提高征地成本,保障被征地农民的合法权益;还要求各级政府严把土地供应关,完善土地的有偿使用制度,严格执行招标、拍卖、挂牌,增强土地出让的透明度,减少土地出让中的出租、寻租行为。

此外，土地管理要找到"吃饭"与"建设"两者之间的最佳结合点，坚持"一要吃饭、二要建设"，树立保护耕地和城市化协调发展的观念。既不能忽视当前经济建设的合理用地需求，一味为了保护耕地而保护耕地，也不能只单独考虑城市经济发展，而忽视耕地保护。要坚持在保护中发展，以发展促进保护，通过集约用地、科学用地、规划用地来协调城市扩张与耕地保护之间的关系。在1996年6月全国土地管理厅局长会议上，正式提出了实现耕地总量动态平衡的战略目标。1996年7月25日，时任总书记江泽民发出"保证耕地总量只能增加，不能减少"的指示。

《土地管理法》第三十一条规定，国家实行占用耕地补偿制度。非农业建设经批准占用耕地的，按照"占多少，垦多少"的原则，由占用耕地的单位负责开垦与所占用耕地的数量和质量相当的耕地；没有条件开垦或者开垦的耕地不符合要求的，应当按照省、自治区、直辖市的规定缴纳耕地开垦费，专款用于开垦新的耕地。

耕地面积减少情况如表3-2所示。

表3-2 耕地面积减少情况

单位：千公顷

年份	年末实有耕地面积	年内新增耕地面积	年内减少耕地面积	年内净减耕地面积
1998	129642.1	309.4	570.4	261.0
1999	129205.5	405.1	841.7	436.6
2000	128243.1	603.7	1566.0	962.3
2001	127615.8	265.9	893.3	627.4
2002	125929.6	341.2	2027.4	1686.2
2003	123392.2	343.5	2880.9	2537.4
2004	122444.3	345.6	1146.0	800.4
2005	122082.7	306.7	594.9	288.2
2006	121775.9	367.2	582.8	290.8
2007	121735.2	195.8	236.5	40.7
2008	121716	229.6	248.9	19.2

资料来源：《中国农业发展报告2010》。

一、占补平衡的实施规定

为堵住耕地占补中的漏洞，国土资源部于2006年6月8日通过了《耕地占补平衡考核办法》，占补平衡开始由"区域平衡"细化为"项目平衡"，把占补平衡由以前的总量控制精确到图斑上，实行以项目为单位，一对一、实打实地考核。

耕地占补平衡是指县级以上国土资源管理部门按照"占多少，垦多少"的原则执行，实行占用耕地的建设用地项目与补充耕地的土地开发整理项目挂钩制度。补充耕地的责任单位应当按照经依法批准的补充耕地方案，通过实施土地开发整理补充耕地。实施补充耕地的土地开发整理项目，应当与被占用的耕地等级相同或者高于被占用耕地的等级，按照占用耕地面积确定补充耕地面积；确实无法实现等级相同，难以保证补充耕地质量的，应当选择等级接近的项目，并按照数量和质量等级折算方法增加补充耕地面积。[①]

所在市、县人民政府为补充耕地的责任单位，由当地人民政府提供补充耕地资金，通过实施土地开发整理项目先行落实补充耕地。

二、占补平衡实施所存在的问题

中央每年对土地开发整理投入巨大。据国土资源部的数据，2001~2006年，国家向各地下达了土地开发整理项目2320个，预算总额已达到297.9亿元。

2007年1~6月，国土资源部组织抽查了全国30个省（区、市，除西藏外）及新疆生产建设兵团2006年度建设用地项目的耕地占补情况。结果显示，9省（区、市）低于全国抽查总合格率。另外，从全国情况来看，补充耕地的数量总体上平衡有余，但质量方面和项目管理方面工作较差。很多地方补充耕地分布在交通偏远、不便耕作、农田生态系统脆弱或有生态障碍的地方，农田基本条件较差，耕地质量不高；不少地方还出现抛荒现象，补充的耕地普遍缺少后期管护。

"占优补劣"的背后显示出土地开发整理项目管理制度的不健全。长期以来，很多地方都把眼睛只盯在土地开发整理资金的争取上，而对加强项目管理和土地开发整理效益考虑不周。占去一亩良田，补的却是一亩劣地，耕地的隐性流失不言而喻。建设占用的地大多是城镇周围和交通沿线质量高、长期投入积累多、设施好的良田，而开垦荒地主要集中在自然条件和灌溉条件差的边远丘陵山区，或保水、保肥条件差的荒地，多为限制因素较多的劣质低产田。一些地方新增耕地的生产能力不到被占用耕地的30%，有的甚至被抛荒。这样，坚守18亿亩耕地"红线"也就出现了问题。

占补机制的完善针对的只是年度土地利用计划内的建设用地项目，而目前大量耕地被占用却是由于非法建设用地所致。目前各地违法违规用地主要有以下几种方式：

（1）利用"以租代征"、"农村集体土地流转"等方式，擅自将农用地转为建设用地；

---

①《耕地占补平衡考核办法》，国土资源部第33号令。

（2）不按程序修改土地利用总体规划，违规调整和占用基本农田；

（3）有些地方以农村建设为名，将腾出的土地置换为城市建设用地；

（4）政府利用农民宅基地，与开发商联合进行房地产开发；

（5）有些地方政府违规越权批地，默许或支持违法用地，甚至成为违规用地的主体。

三、占补平衡改进方向

针对比较严重的耕地占优补劣现象，国土资源部早在 2005 年就部署开展了补充耕地数量、质量实行按等级折算的基础工作，要求各地制定本行政区的等级折算系数，在补充耕地的土地开发整理项目初步设计阶段，增加对补充耕地等级进行评定的要求。目前，除西藏外的全国其他省（区、市）都编制了等级折算系数表。有了折算系数表，各地在建设用地项目审批时就要确定被占用耕地等别，评定补充耕地等别，查找等级折算系数，确定补充耕地面积。这样做，不是提倡通过增加补充耕地数量来折顶质量，也并不允许以补充高质量耕地为由减少补充耕地的数量，但当由于各种因素，补充耕地的等级确实无法达到被占用耕地等级时，就必须按照等级折算增加补充耕地面积。试行补充耕地数量、质量按等级折算考核，将为全面推行这一制度奠定坚实的基础。在条件成熟时，将等级折算纳入年度耕地占补平衡考核内容，到那时，建设占用耕地在补充耕地后就可达到耕地生产能力的平衡。

政府必须进一步明确责任，负责本行政区内的耕地占补平衡，通过土地开发、整理、复垦落实耕地占用补偿的法定义务。建立包括经济发展与耕地占用数量的关系、耕地质量评价、耕地的食物生产潜力评价，以推动土地开发整理产业化。对土地开发、整理的项目实行严格管理，建立从事土地开发、整理的专门机构，采取招标的方法推行企业化经营。鼓励开发整理机构多方面、多渠道筹集资金，按照谁投资、谁经营、谁受益的原则，充分利用优惠的税费政策调动各方开展土地开发整理工作的积极性，确保各地区耕地占补平衡。

第四章　城市功能分区研究

城市功能分区（Urban Functional Districts）是指实现城市内部相关资源空间聚集、有效发挥特定城市功能的地域空间，是城市系统的有机组成部分。它是城市整体功能在空间上的具体分布，是城市中同类经济社会活动按照自身发展规律在空间上高度聚集的结果，受自然、社会、历史、经济等因素影响，随城市的发展而变化。城市功能分区导致城市各区域产生明显的功能分异，如形成住宅区、商业区、工业区、政务区等功能各异的区域。但是，各功能分区之间并没有明确的界限，每种功能区均是以某种功能为主，并兼有其他功能。

随着城市的发展，城市功能从简单到复杂、从单一到多元、从低级到高级的发展趋势越来越明显。因此，深入研究城市功能分区具有重大的理论意义和实践意义。本章对城市功能分区的理论基础、基本类型、基本原则及特殊功能分区问题进行了探讨。

第一节　城市功能分区的理论基础

城市功能分区古来有之。在我国，成书于春秋战国时期的《周礼·考工记》中就有"左祖右社，面朝后市"的记载。隋以后历代的都城，大都采取以宫城为中心的功能分区布局形式，如隋大兴城、明清北京城等，市场以及王公贵族和平民百姓的居住区明显分开。

产业革命后，随着工业经济的大发展，城市规模不断扩大，城市功能日趋复杂，但是由于城市建设的无规划性，城市中往往是工厂、住宅、商场、仓库等混杂分布，对城市生活、生产都造成极大的不便。于是，城市功能分区问题开始受到重视。19世纪末以来，一些学者开始对现代城市的功能分区进行探讨，提出了各种理论构想。第二次世界大战后，一些国家对重建被战争破坏的城市和新建城市都比较重视按照合理的功能分区原则来规划和建设，如伏尔加格勒、鹿特丹、平壤、巴西利亚等城市。

一、城市聚集经济理论

城市经济作为经济活动高度集中的空间经济形态，聚集经济是其本质属性之一。聚集经济是指由于经济活动主体的空间集聚所带来的经济利益或成本节约。一般来说，聚集经济有三种类型：[①]①企业聚集经济，即企业内部规模经济，是企业内部生产要素规模扩张导致企业产出数量增加或产出品种增加，从而带来企业运营成本降低、利润上升的经济；②产业聚集经济，即地方化经济，是企业外部、行业内部的聚集经济，同行业企业在某一空间上的集中有利于专业化的深化、行业的竞争与创新，促使城市主导产业优势的增加；③城市化经济，即不同行业的企业在空间上的集中，这种集聚所产生的结果是促使城市产生多元化的经济结构，形成具有综合经济实力的城市。

英国城市经济学家巴顿（K. J. Button）在 1976 年出版的《城市经济学：理论和政策》一书中，研究了聚集与城市经济功能的关系，从一定意义上来说，是从城市聚集经济的角度研究城市功能分区的形成机制，主要有以下十个方面的论述：[②]

第一，本地市场潜在规模是造成聚集经济的最初原因。人口和产业的集中产生了大量的消费需求，为产品提供了市场，能刺激生产的发展。

第二，大规模的本地市场能减少实际生产费用，促进较高程度的专业化。在城市里生产，生产者确信自己的商品有足够的市场，因而能够使用大型的效率更高的机器，并将生产效率和自动化程度更高的技术引入企业，使企业获得规模经济效益。

第三，集聚有利于提高公共服务的效率和水平，人口与企业的集聚能使公共服务达到或跨过门槛规模，节约服务成本，提高效率和效益。

第四，产业的空间集聚有利于分工的深化。某种工业在地理上的集中，有助于促进一些辅助性工业的建立，以满足其生产的需要，并为成品的推销和运输提供方便。

第五，同类企业在地理上的集中，会带来熟练劳动力的集中，并产生适应当地经济发展的就业制度，产生进一步的聚集经济效益。

第六，企业家和经营专家的集聚与城市经济增长相互作用。

第七，金融和商业机构的集中，能为经济发展提供更多的投资和投资管理

---

① 冯云廷. 城市聚集经济 [M]. 大连：东北财经大学出版社，2001.
② [英] K. J. 巴顿. 城市经济学：理论和政策 [M]. 上海社会科学院部门经济研究所城市经济研究室译. 北京：商务印书馆，1984.

服务。

第八，集聚能使城市提供多样化的娱乐、教育和交往服务设施，提供更舒适的生活环境，这对于经营管理者来说有很大的吸引力。

第九，工商业者在城市的集中，有利于其直接相互交流，有效地进行管理，增加信任。

第十，地理上的集中能给予企业很大的刺激去进行创新，这得益于城市中良好的基础设施条件、相互交流和竞争所带来的创新源泉等。

以巴顿的结论为基础，近来很多学者的研究对聚集经济效益进行了更加深入的研究，综合归纳，城市聚集效应归结为以下几种：[1]

（1）邻效应，指由于城市人口和各种活动的集中分布和相互作用所产生的效益。主要表现为：①共享经济利益。这是指集聚的企业由于共同利用公共产品和公共服务所获得的外部经济利益。②劳动力市场经济效益。大量集聚在城市中的劳动力提供了丰富的劳动力资源并形成劳动力市场，由于劳动力的供求双方都集中在城市，有利于相互提供更多的选择机会，降低选择成本。

（2）分工效应，指由于集聚而分享的专业化分工的效益。主要体现为单个企业规模的扩大所产生的规模经济效益；也体现为同行业企业的集中所产生的分工细化，以及不同活动的集聚所产生的相互需求，推动了专业化与分工的程度，并引起城市经济结构的演进和发展水平的提高。

（3）结构效应，指集聚要素的集聚方式和要素间的聚合程度对城市集聚的影响。主要表现为：①结构关联效应，即地方化集聚和城市化集聚，形成同类或不同行业因经济联系而产生不同的专业化部门和产业群。②结构成长效应，即空间要素的时空配置和结构调整及转换的过程。城市的不断集聚能吸引新资源，形成新的资源配置，诱发城市创新，促进经济结构的演进。③结构开放效应，即城市集聚使城市经济系统更具有开放性，使城市生产要素选择的范围更广。

城市聚集经济在空间上的表现就是城市功能分区的形成。城市功能分区的本质就是使人才、信息、资本、物质要素、技术等经济社会资源在空间上的集聚成为可能，以产生巨大的集聚经济效益。

二、城市地租理论

地租是经济学中的一个重要概念。英国古典经济学家大卫·李嘉图（David Ricardo）首先提出了一般的地租概念，指出地租的含义是任何一块土地经过利用

---

[1] 冯云廷. 城市聚集经济 [M]. 大连：东北财经大学出版社，2001.

而得到的纯收益。[①]古典区位理论的创始人——德国经济学家杜能（Johann Heinrich von Thünen）则提出了位置级差地租的概念。位置级差地租理论认为，一定位置、一定面积土地上的地租的大小取决于生产要素的投入量及投入方式，只有当地租达到最大值时，才能获得最大的经济效果。城市土地使用类型的分布在很大程度上是根据对不同地租的承受能力而进行竞争的结果。某类特定使用所能承担的地租比其他活动所能承担的租金高，则该使用便可获得它所要求的土地。也就是说，按照位置级差地租理论，在完全竞争的市场经济中，城市土地必须按照最高、最好也就是最有利的用途进行分配，这就是经济学范畴内合理性的思想基础。[②]

由于级差地租的存在，在城市中的区位成为了决定土地租金的重要因素，比较重要的地租理论是威廉·阿隆索（Walter Alonso）于1964年提出的竞租理论。[③]这一理论出现的直接动因是城市问题的日益突出引起人们对城市地租问题的关注，经济学家们试图从经济学的角度解释城市空间结构的演变规律。阿隆索在其城市地租理论中将空间作为地租问题的一个核心进行了考虑，同时成功地解决了城市地租计算的理论方法问题。阿隆索的理论模型认为，随着土地价值从市中心向外逐渐下降，市中心至郊外的用地功能依次为商业区、工业区、住宅区、城市边缘和农业区。

阿隆索的区位分析更多的是建立在杜能的农业区位论的基础之上。更为准确的说法是，阿隆索的模型是再现了杜能的农业区位论中的土地利用模型，并且成功地将杜能的核心理论，即竞租曲线（Bid Rent Curves）应用于城市空间内。在阿隆索的模型中，通过用通勤者代替农民、用中央商业区代替孤立的城市，从而对杜能的模型重新做出了解释。在这个模型中，阿隆索假设城市处于一个均质的平原中，以到市中心的距离来表示区位，越接近市中心交通费用就越少，这与杜能的模型十分相似。但是，在阿隆索的模型中包括微观经济学中标准的家庭效用函数及预算约束，其中以到市中心的距离、消费的土地数量及商品数量作为影响家庭效用函数的变量，通勤距离增加导致的交通成本的增加会被土地消费量的减少所抵消。阿隆索试图通过该模型去构建城市活动的地租竞价曲线和在土地供求均衡下决定地价和土地利用。作为城市经济学开创者的阿隆索，其单中心城市模型（Monocentric Model）为城市经济学的发展提供了相应的理论基础，并且其所开创的对城市内部结构的研究在今天仍然发挥着重要的作用。

---

① ［英］大卫·李嘉图. 政治经济学及赋税原理［M］. 郭大力等译. 北京：商务印书馆，1962.
② ［德］约翰·冯·杜能. 孤立国同农业和国民经济的关系［M］. 吴衡康译. 北京：商务印书馆，1986.
③ ［美］威廉·阿隆索. 区位和土地利用［M］. 梁进社等译. 北京：商务印书馆，2010.

　　图 4-1 可以清晰地说明阿隆索的土地竞租理论的核心思想。在图 4-1 中，当不存在土地、资本等要素之间的替代时，[①] 商服业、工业、住宅与农业的竞租曲线都是向下倾斜的，但是它们具有不同的斜率。也就是说，它们对于与市中心具有一定距离的土地所给出的租金是不同的，并且随着与市中心距离的增加，它们愿意付出的租金都是下降的。同时，从更接近市中心的区位中，它们所获得的利益也是有所不同的。以商服业为例，相比于其他产业，越靠近市中心，商服业的获利越高，所以它能够对靠近市中心的土地给出最高的租金，并且随着远离市中心，它的成本迅速增加，导致获利下降。所以，根据不同产业的竞租曲线，就形成了城市中土地利用的均衡。在图 4-1 中体现为，在市中心与 A 点之间，商服业所愿意给出的租金最高，这部分土地由商服业占有；在 A 点与 B 点之间的土地，工业所给出的意愿租金最高，这部分土地由工业占有；在 B 点与 C 点之间，住宅所给出的意愿租金最高，这部分土地由住宅占有；在 C 点之外，由于远离市中心，以上三个产业都无意占有任何土地，所以其由农业占有。

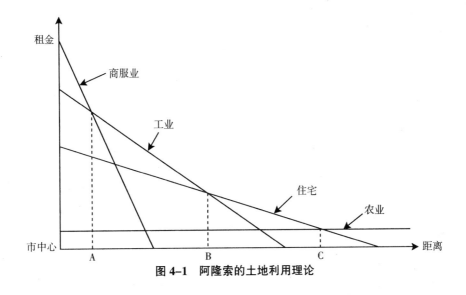

图 4-1　阿隆索的土地利用理论

三、城市功能分区空间模式理论

　　城市功能分区是城市经济社会活动布局在空间上的表现，也就是对城市土地利用的模式，它直接决定着城市运转的效率及环境质量。由于受研究出发点、研究地区城市特征和发展阶段的制约和影响，城市土地利用模式，也就是城市功

[①] 当允许这些要素之间存在替代时，竞租曲线不再为一条直线，而是为凸向圆点的曲线。

能分区的空间模式有众多的学说，比较有代表性的是同心圆理论（Concentric Zone Theory）、扇形地带理论（Sector Theory）、多核心理论（Multiple-Nuclear Theory）。[①]

（一）同心圆理论

1925 年，美国社会学家帕克（R·E. Park）与伯吉斯（E. W. Burgess）等通过对美国芝加哥市的调查，总结出城市各地带呈同心圆式的扩散。[②] 在图 4-2 中，第一个同心圆带是中心商业区，它是整个城市的中心，是城市商业、社会活动、市民生活和公共交通的集中点；第二个同心圆带是过渡带，最初是富人居住区，后来因商业、工业等经济活动的不断进入，环境质量下降，逐步成为贫民集中、犯罪率高的地方；第三个同心圆带是工人居住区，其居民大多来自过渡带的第二代移民，他们的社会和经济地位有了提高；第四个同心圆带是高级住宅区，以独户住宅、高级公寓和上等旅馆为主，居住中产阶级、白领职员和小商人等；第五个同心圆带是通勤居民区，沿高速交通线路发展起来的一些高档居住区，还有一些小型的卫星城，居住在这里的人大多在中央商务区工作，上下班往返于两地之间。

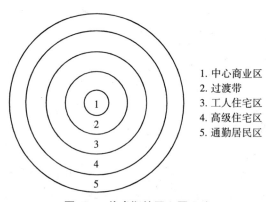

1. 中心商业区
2. 过渡带
3. 工人住宅区
4. 高级住宅区
5. 通勤居民区

图 4-2 伯吉斯的同心圆理论

这个简单模型说明了城市土地市场的价值区分：越靠近闹市区，土地利用集约程度越高，越向外，土地利用越差。这一理论特别关键的一点是，这些环并不是固定的和静止的，在正常的城市增长条件下，每一个环通过向外面的一个环的侵入而扩展自己的范围，从而提示了城市功能扩张的内在机制和过程。

---

① 周一星. 城市地理学 [M]. 北京：高等教育出版社，1995.

② Park, R. E., Burgess, E. W. & Mckenzie, R. D. The City: Suggestions for the Study of Human Nature in the Urban Environment [M]. Chicago：University of Chicago Press, 1925.

（二）扇形地带理论

扇形地带理论又称楔形理论，指城市土地利用功能分带是从中心商业区向外放射，形成楔形地带。美国土地经济学家赫德（R. M. Hurd）在研究了美国200个城市的内部资料后，于1903年首次提出城市发展形态理论，认为所有城市都体现了"轴线式"与"中心式"两种基本发展形态。轴线式形态是基础设施与交通运输发展的必然结果，从基础设施集中的城市中心沿交通运输线路向外扩张；中心式形态则以轴线式形态为基础，在发展的同时不断产生新的轴线。[①]

1936年，霍伊特（Homer Hoyt）在研究了美国64个中小城市房租资料和若干大城市资料后，又对赫德的理论加以发展。霍伊特在赫德研究的基础上提出了扇形理论，指出城市发展的轨迹基本是沿着阻碍最少的线路由中心向外扩散。扇形地带理论在保留同心圆模式的经济地租机制的同时，加上了放射状运输线路的影响，即线性易达性（Linear Accessibility）和定向惯性（Directional Inertia）的影响，使城市向外扩展的方向呈不规则式。霍伊特把中心的易达性称为基本的易达性，把沿着辐射运输路线所增加的易达性称为附加的易达性。轻工业和批发商业对运输路线的附加易达性最为敏感，所以呈楔形，而且不是一个平滑的楔形，它可以左右隆起。至于住宅区，贫民住在环绕工商业土地利用的地段，而中产阶级和富人则沿着交通大道或河道、湖滨、高地向外发展，自成一区，不与贫民混杂。当人口增多，贫民区不能朝中产阶级和高级住宅区发展时，也会循着不会受阻的方向做放射式发展，因此城市各土地利用功能区的布局呈扇形或楔形（见图4-3）。[②]

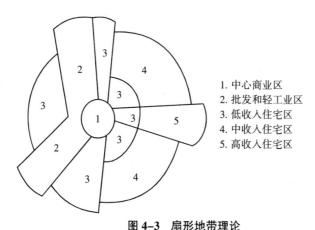

1. 中心商业区
2. 批发和轻工业区
3. 低收入住宅区
4. 中收入住宅区
5. 高收入住宅区

图4-3　扇形地带理论

① Richard M. Hurd. Principle of City Land Values ［M］. The Record and Guide, 1903.

② Homer Hoyt. The Structure and Growth of Residential Neighborhoods in American Cities ［J］. Journal of the American Statistical Association, 1940, 35（209）：205-207.

（三）多核心理论

伯吉斯、霍伊特等城市的内部结构模式均为单中心，而忽略了重工业对城市内部结构的影响和市郊住宅区的出现等现象。因此，哈里斯（C. D. Harris）和厄尔曼（E. L. Ullman）通过对美国大部分大城市进行研究，于1945年提出多核心理论，并提出了影响城市中活动分布的四条基本原则：①有些活动要求设施位于城市中为数不多的地区；②有些活动受益于位置的互相接近；③有些活动对其他活动容易产生对抗或有消极影响，这些活动应当避免同时存在；④有些活动因负担不起理想场所的费用，而不得不布置在不是很合适的地方。[①]

在这四个因素的相互作用下，大城市不是围绕单一核心发展起来的，而是围绕几个核心形成中心商业区、批发商业和轻工业区、重工业区、住宅区和近郊区，以及相对独立的卫星城镇等各种功能中心，并由它们共同组成城市地域，从而构成了整个城市的多中心（见图4-4）。因此，城市并非是由单一中心而是由多个中心构成的。

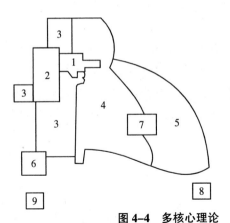

1. 中心商业区
2. 批发与轻工业区
3. 低收入住宅区
4. 中收入住宅区
5. 高收入住宅区
6. 重工业区
7. 公共设施
8. 郊外住宅区
9. 产外工业区

图4-4　多核心理论

以上三种理论具有较为普遍的适用性，但是没有哪种单一模式能很好地适用于所有城市，它们能够在不同的程度上适用于不同的地区。1956年，谢夫基（E. Shevky）和贝尔（W. Bell）根据因子生态学原理，使用统计技术进行综合的社会地域分析表明，家庭状况符合同心圆模式，经济状况趋向于扇形模式，民族状况趋向于多核心模式。[②]

---

① Harris, C. D. &Ullman, E. L.The Nature of Cities [J]. Annals of the American Academy of Political and Social Science, 1945, 242（11）: 7-17.

② Shevky, E. & Bell, W. Social Area Analysis [J]. Journal of the American Statistical Association, 1956, 51（273）: 195-197.

第二节　区位价值与功能分区

城市在发展过程中，随发育规模的变化，其地价在不断抬升，与之相伴的是房价也在不断变化。而且，城市不同区位，其地价也有明显的差异。这样，现实就给我们提出了这样一个问题，即针对特定城市，怎样从理论上去把握其不同区位的价值，从而给城市功能分区和产业定位提供依据。

一、城市区位价值的新阐释

城市因资产的积累而导致地价的变化，规模越大的城市，其地价一般也就越高，这就出现两个问题需要我们去解决：一是如何衡量城市资产的积累，二是怎样划定城市的不同区位。

（一）城市资产的积累衡定

城市的发展是资产不断累加、不断变化、不断增长的过程。不断累加是指城市每年都有大量的建设投资；不断变化是指投资形成的资产既有贬值的（如建筑、设备的折旧），也有升值的（如文物古迹）；不断增长是指城市资产总体上是不断增加的。

限于资料、计算方法等，城市在漫长发展历史中，其形成的资产积累要准确计量是很困难的，或者说基本上是不可能的。因此，我们要借助于其他的方法和手段。

根据经济学中投入和产出的关系，我们可以通过产出去间接地衡量资产的积累。虽然因宏观区位、自然条件等的不同（如东部和西部），不同地区投入和产出的比值有一定的差异，但这一比值还是有相对稳定的区间。因此，从能掌握系统数据的角度，取 GDP 作为衡量城市资产积累的间接指标。实际的情况也应该是城市资产积累越多，城市的 GDP 也就越高。

（二）城市不同区位的划定

城市在发展之初，都有一个相对繁华的中心，而城市基础设施规划一般也围绕着中心展开，欧洲国家的城市交通都采取从城市中心向外围呈放射式的规划方式，而我国的城市交通规划则大多围绕中心采取棋盘式和环路相结合的方式，如北京市有二环、三环、四环、五环、六环等。

但随后在城市的快速发展过程中，因城市发展规划的主方向不同，城市重心也会从原来的中心向外转移。重心转移的表现是各区的经济发展状况会出现严重的不平衡，如北京近些年发展最快的就是朝阳区和海淀区，因此城市重心明显北移，现在，北五环的发展状况和南三环基本相当。

资产的影响效应与距离密切相关，所以，就整体资产而言，我们一定要找城市重心，即离城市重心最近的区域，其区位价值就越高，具体表现就是地价和房价就越高。

怎么来确定城市重心呢？如果把城市各区本身看作均匀发展状况（实际发展状况也不是均衡的），那么我们可以首先求得各区的几何中心，而后依各区的经济总量确定权重，最后在给各区几何中心坐标加权重的基础上，我们就能算出城市重心。[①]

城市重心是城市资产影响力最强的地区。以城市重心为核心，我们按等差数列取不同的半径画圆（如 1 千米、2 千米、3 千米等），这样我们就可以清晰地取得城市资产影响力的波及区域，而这些区域的区位价值是由内向外是逐渐递减的（见图 4-5）。

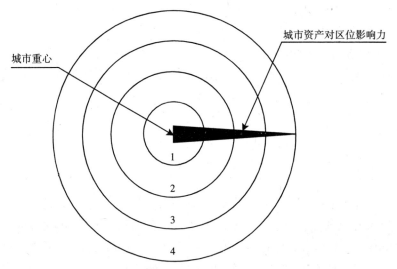

图 4-5　城市资产对不同区位的影响力自内向外递减

（三）城市不同区位价值的衡定

确立了城市资产的间接衡定，我们又依资产对区位的影响力划分不同区域。那么，接下来如何确定不同区位的价值呢？

借用物理学支撑受力的原理，可算出不同区域面积下所承载的总 GDP，并把它称为资产匀质影响度。假设一个城市的 GDP 值为 A，那么我们就可以算出不

---

① 侯景新. 论城市重心转移规律——以北京市为例 [J]. 北京社会科学, 2007 (5)：46-53.

同半径形成区域的资产匀质影响度（见表4-1）。有了这个指标，不仅城市内部的不同区域可以做比较，且不同城市的不同区域也可自由比较，这就为商家投资的区位选择提供了重要的理论依据。

表4-1　城市不同区域的资产匀质影响度

区　域	1	2	3	……	m
半径（千米）	1	2	3	……	n
面积（平方千米）	3.14	12.56	28.26	……	$3.14 \times R^2$
资产匀质影响度（万元/平方千米）	A/3.14	A/12.56	A/28.26	……	$A/(3.14 \times R^2)$

以上的论述我们可以形象地用图4-6表示，即用一个固定的椭圆来代表城市的总资产，而支柱的大小则代表区域面积，支柱越大，受力面越大，支柱越小，受力面也就越小。

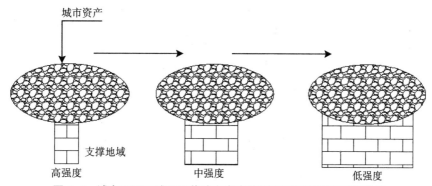

图4-6　城市不同区域因承载城市资产的强度不同而具有不同价值

二、城市区位价值的衡定实证

城市有大、中、小之分，因此不同城市不同区位的价值是各不相同的。城市核心区域的资产匀质影响度为峰值，这是城市规划的标杆。我们对上海、北京、深圳和河北省11个地级市做中心区价值（区域的资产匀质影响度）的对比分析，如表4-2所示，我们取各城市市辖区的地区生产总值，而后计算核心区域的资产匀质影响度。可以看出，特大城市和一般地级市有非常大的差别，如2012年，上海市核心区的资产匀质影响度竟是衡水市核心区资产匀质影响度的92.82倍，这也就是说，同是城市的核心区域，因其价值不同，规划产业的形态及投资强度有巨大的差异。

表4-2 2012年我国部分城市核心区域的资产匀质影响度对比

城市	地区生产总值 （万元）	核心区域面积 （平方千米）	资产匀质影响度 （万元/平方千米）
北京	176169998	3.14	56105094.9
上海	199453700	3.14	63520286.6
深圳	124549279	3.14	39665375.5
石家庄	15735386	3.14	5011269.4
唐山	29545708	3.14	9409461.2
秦皇岛	6184159	3.14	1969477.4
邯郸	6603457	3.14	2103011.8
邢台	2760602	3.14	879172.6
保定	7639216	3.14	2432871.3
张家口	4330616	3.14	1379177.1
承德	2632023	3.14	838223.9
沧州	5829221	3.14	1856439.8
廊坊	4493096	3.14	1430922.3
衡水	2148826	3.14	684339.5

资料来源：《中国城市统计年鉴2013》。

若计算某一城市不同区域的资产匀质影响度，以北京为例，则计算其10级区域的资产匀质影响度（见表4-3）。表4-2和表4-3做一对比，可以发现，衡水市核心区的资产匀质影响度甚至不及北京市9级区域资产匀质影响度的水平。

表4-3 北京10级区域的资产影响度

区域	半径（千米）	面积（平方千米）	资产匀质影响度（万元/平方千米）
1	1	3.14	56105094.9
2	2	12.56	14026273.7
3	3	28.26	6233899.4
4	4	50.24	3506568.4
5	5	78.50	2244203.8
6	6	113.04	1558474.9
7	7	153.86	1145001.9
8	8	200.96	876642.1
9	9	254.34	692655.5
10	10	314.00	561050.9

资料来源：《中国城市统计年鉴2013》。

当然，以上的计算与实际情况是有一定差距的，这是因为城市资产的分布不是均衡的，就像山脉有不少的山峰一样，城市也是如此。例如，北京有金融街、中关村、朝阳的中央商务区、奥运村等，这些就形成了资产的山峰。因此，对这些区段的资产匀质影响度计算我们可以相同的原理做计算微调，这样最后的评定结论才会正确。

三、城市区位价值的衡定与功能定位

城市因资产的积累状况不同而导致区位价值的差异，而不同的区位价值，其规划利用的功能也有很大的差异。

（一）商服区的功能定位研究

按照阿隆索的城市租金梯度理论，城市的中心区应适合布局商服产业，但商服产业的形态和规模还是有很大差异的，如在一般的县级市，市中心有两三个大的商场就够了，而在超大城市，中心区都有金融街、中央商务区的规划等。但什么区位（也就是说区位具有怎样的价值）达到了金融街及中央商务区的规划要求呢？从对北京、深圳、上海、郑州等城市的研究看，这些城市在建设中央商务区或金融街等功能区时，其核心区的资产匀质影响度都达到2600000万元/平方千米时。例如，1993年经国务院批准，北京西起东大桥路，东至大望路，南自通惠河，北达朝阳路约4平方公里的区域，被规划为北京CBD中央商务区。时年北京的GDP为8635300万元，核心区的资产匀质影响度为2750096万元/平方千米。深圳1995年开始实施位于福田中心区的中央商务区基础设施建设，当年深圳的GDP是8270000万元，核心区的资产匀质影响度为2633758万元/平方千米。上海市1991年实施陆家嘴中央商务区设计招标，当年上海市的GDP为8930000万元，核心区的资产匀质影响度为2843949万元/平方千米。这三个城市可以说是最典型的，他们筹建各自中央商务区的时点按资产匀质影响度竟是惊人的接近。因此，我们可把2600000万元/平方千米这一核心区资产匀质影响度数值列为中央商务区建设的时点值，但是对某一城市在某一时期的情况进行具体研究时，要考虑货币的价格变动。

（二）居住区的功能定位研究

处在城市商服区外圈的居住区因城市规模的不同也产生巨大的差异，这就是因地价的不同而导致房价的变化，而房价的变化又导致城市居民产生阶层分异。

以北京市为例，其重心大约位于北京师范大学偏西南的位置，而计算其15~20级区域的资产匀质影响度，再统计该区域住房的价格区间，我们大致可找到资产匀质影响度和房价之间的一种特殊吻合关系。如表4-4所示，北京2012年建成区的面积是1261平方千米，这样，我们算到20级区域就可以了。

表 4-4   2012 年北京市 10~20 级分级区域的资产匀质影响度

城市分级区域	区域面积 (平方千米)	资产匀质影响度 (万元/平方千米)
10	314	561050.9
11	380	463605.3
12	452	389756.6
13	531	331770.2
14	615	286455.3
15	707	249179.6
16	804	219116.9
17	907	194233.7
18	1017	173225.2
19	1134	155352.7
20	1256	140262.7

北京市因规模而导致的地价及房价的变化会对市民进行有序的空间配置和动态变化的筛选：一是相对低收入阶层均到城市边缘区域购房；二是留京和进京均增加了门槛高度。每年北京高校毕业生中总有部分人因北京的高房价而放弃留京机会，所以，相对于其他城市的住宅区，北京的居住小区都可谓是"富人区"或"潜富人区"（指有能力和志向的奋斗者）。

（三）工业区的功能研究

同是工业圈，但由于城市规模不同、资产匀质影响度不同，工业产业的层次也有很大的差异。例如，小规模城市，其工业带由于资产匀质影响度低、地价低，发展的多是劳动密集型产业，这是低地价（当然还有其他因素）使该类企业仍有利润空间。大城市，其工业带（或圈）多发展资本密集型企业，这是因大城市的工业带（位于住宅带之外）资产匀质影响度高，而企业的生存只能以规模效应去抵消高地价。特大城市，由于高层次居民对环境的要求及同级区域资产匀质影响度进一步抬升，使城市不得不发展技术和智力密集型企业，从而通过产品的高附加值和对土地较高的使用率去抵消地价。

对于同一城市，在其快速发展过程中，由于资产的快速积累，其同一区位的资产匀质影响度也在快速发生变化，这一变化导致了区位功能的变化。一类是工业区成为商服区，如 1998~1999 年在深圳做规划课题的过程中了解到，20 世纪 90 年代中后期，位于福田周边的工业区（八卦岭、车公庙、上步）都陆续实现了向商服功能的转化，而原来属于劳动密集型的加工企业均全部外迁。还有一类是工业的升级转型，如东莞现在就面临这样的问题，这里过去发展的大部分都是劳动密集型企业，以致现在这里的外来人口占到城市总人口的 80% 之多。但现在东莞经济高速发展，城市资产快速积累，区位价值急剧变化，所以产业升级势在必行。2007 年 10 月以来，东莞制鞋、家具等传统企业，出现鲜见的大批量撤退。近两年，号称世界制鞋中心的东莞，关门或外迁的鞋厂不少于几百家；相反，在东莞企业关门与撤退躁动中，石龙、石碣等电子信息产业重镇则反应趋淡、波澜不惊，这与产业层次有关。此外，有些大型企业还在以规模固守，1991 年，全国台湾同胞投资企业联谊会会长、巧集集团总裁张汉文到此开办了富华鞋业有限公司。经过多年发展，现在的富华已经成为拥有 7 条生产线、2000 名员工，月产量 15 万双鞋的大厂，因此，富华鞋业有限公司有可能还能在此坚守。另外，随着产业升级，东莞城区也逐渐聚集起越来越多的知识型人才，而这部分人不可能再去住农民房，于是，近来东莞城区里农民房开始出现大量空置，住宅圈的升级也在相伴进行。

这就像是一个人，富与不富其形象和层次会有巨大差异。因此，做城市的概念规划，我们一定要研究城市的财富积累，通过重心的确立而划出级区，而后准确计算区位的资产匀质影响度，这样，城市规划才不会出现败笔，城市发展才会少走弯路。

四、违背城市区位价值的案例分析

很多城市都由于对区位价值缺乏正确的判断，而出现"建了拆、拆了建"的现象，这给城市建设带来巨大的浪费。下面我们就来剖析北京城市规划建设中的两个案例。

（一）王府井规划——"中心"当"重心"的误判

北京王府井大街，南起东长安街，北至中国美术馆，全长约三华里，是老北京城中心最有名的商业区。20 世纪 90 年代，随着北京二环、三环，乃至四环附近很多新市级商业中心的兴起，王府井感受到竞争压力，于是其改造提上议事日程。至今王府井已经历四次改造，投资数额巨大，几易定位（如最初提出要打造"北京商业第一街"等），应该说，现在的王府井商业街与十几年前相比有了翻天覆地的变化，但问题是商家营业额增长却出现下降趋势，且从新开街至今，这种局面一直没有得到改变。实际上，这就是对区位价值的误判，因发展快速的北京，其重心已迅速北移。因此，规划应重新审视区位价值，一切还应顺从自然规律。

从全国范围来看，王府井大街所出现的现象也并不是个案，很多大城市中传统核心商圈的商业街都面临这种情况，如大连天津街、武汉汉正街、重庆解放碑、天津和平路等。很多大街改造后硬件设施、形象档次都得到了很大提高，对增加人流量能起到一定吸引作用，但商流却没有得到大幅增加，这都是城市重心转移导致区位价值变化的结果。

（二）回龙观规划——"贵地贱开"

北京回龙观位于北五环之外，但按分级区域，回龙观和天坛及朝阳公园等同在一级，且其处北京的上风上水之处，又近中轴线，所以，其位置还是非常优越的。但若以旧城中心衡量，则这一区位甚为偏远，如图4-7所示。

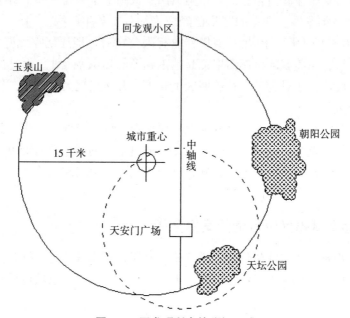

图4-7　回龙观所在的分级区域

回龙观的最早开发正是以偏远区域定位的，即20世纪90年代中后期，这里建设了大量的经济适用房，配套设施非常不健全，且档次很低，住到这里的居民都抱怨孩子上学难、就医难、购物难。发展到现在，在开发用地所剩无几的情况下，回龙观镇才意识到这一问题，于是又请各路专家做升级规划的论证。

2007年，回龙观升级规划全面展开，当年由24万平方米的东亚·上北中心、近10万平方米的北店时代广场、5万平方米的回龙观体育公园这三大城市地标共同构成的"金三角区域"使回龙观形成强大人流聚集力。

以上的案例说明，城市规划只有研究客观规律，才能提高城市建设的效率。所以，城市区位价值研究应该是城市功能分区及产业定位的重要前提。

第三节　城市重心转移规律

在城市内部，各区发展是不平衡的，有的区发展基础好、发展速度快，而有的区发展则相对滞后。所以，依城市内部发展的不平衡规律我们建立城市重心的概念，并研究城市在动态发展过程中的重心变化，以期为城市的动态规划找到相关的理论依据。

一、城市重心的界定和确立

由于城市发展不平衡，各区的权重有很大的差异。我们以三角形各顶点的物体重量来形象地说明这个问题，如图 4-8 所示，在 A、B、C 三点所坠的物体重量不同，O 点的位置也不同，或者说会产生位移。据此原理，我们可以给城市重心下这样一个定义：城市重心即不同区权重导致的拉力平衡点。说是一个点，但实际还是一个区的概念，由于它接近城市最发达的区域，同时又趋近城市重心，所以该区域可以说是最充满活力的地区，其繁华的程度、发展的速度、建设的规模、开发的强度等都是明显标志。

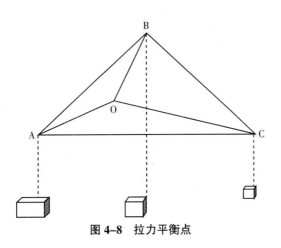

图 4-8　拉力平衡点

那么，城市重心到底怎么确定呢？现假设城市有 m 个区，我们可首先确立各区的几何中心。具体的计算方法是我们先建立一个直角坐标系，之后查出各区图形内典型布点的横坐标（x）和纵坐标（y），最后对这些坐标求算术平均值就可以了。公式为：

$$\bar{x} = \frac{1}{n} \sum_{i=1}^{n} x_i \tag{4.1}$$

$$\bar{y} = \frac{1}{n} \sum_{i=1}^{n} y_i \tag{4.2}$$

找到了各区的几何中心就等于确定了 m 维图形的各个顶点，然后我们再确定各区权重。确定城市重心应根据城市产业结构及发展阶段等选取不同的指标。为简化起见，这里我们选择城市经济指标中综合性最强的国内生产总值作为因子，然后再依如下公式计算加权中心坐标，以此点为核心的区域即为城市重心。

$$\bar{X} = \frac{\sum_{i=1}^{m} X_i W_i}{\sum_{i=1}^{m} W_i} \tag{4.3}$$

$$\bar{Y} = \frac{\sum_{i=1}^{m} Y_i W_i}{\sum_{i=1}^{m} W_i} \tag{4.4}$$

在计算重心坐标的基础上，我们可以以各区面积的平均半径来画圆，此圆即为城市重心区域，如图 4-9 所示。

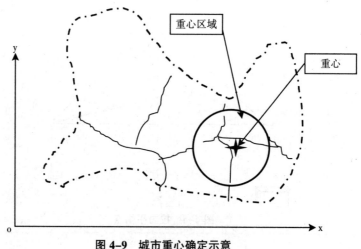

图 4-9　城市重心确定示意

以北京市为例，近十几年来北京城市重心不断向北移动，如以 2005 年的数据进行计算，北京市城市重心应是在北三环以里的北京师范大学以西的地区，以其为核心的重心区域大致由海淀的中关村、朝阳的亚奥区和西城的金融街所组成的三角形的外接圆。如图 4-10 所示。

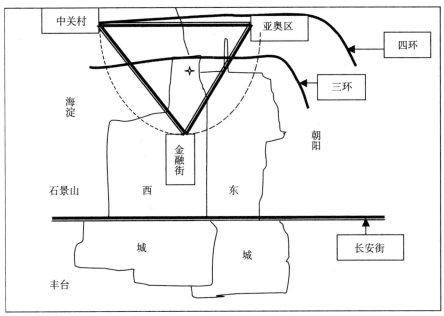

图 4-10　北京的重心区域示意

二、城市重心转移的机理及表现

城市重心转移是客观存在的现象，目前我国许多大城市都存在明显的城市重心转移现象，如青岛、唐山、贵阳、东营、深圳等城市都是很典型的代表。

（一）城市重心转移的机理

1. 自然因素导致的城市重心转移

由于地质、气候等原因，较大的自然灾害可促使城市重心发生转移。这类城市重心转移的典型例子如我国的唐山市。唐山是河北省东部沿海的一座重工业城市，素有"北方煤都"、"北方瓷都"和"中国近代工业摇篮"的美称，但 1976 年唐山发生了历史上罕见的 7.8 级大地震，顷刻之间，百年城市化为一片废墟。考虑重建成本，在重建新唐山的规划中，市区不得不向西、向北发展，同时在丰润县城关东面建了一个新区，与原市区及东矿区一起组成一座三足鼎立的新城市。于是作为老市区的路南区便开始衰落了，唐山也就借机实现了城市重心的转移。

还有某些城市因洪灾、泥石流、环境严重污染等出现城市重心的位移，但这种转移不具有普遍性。

2. 老城区的改造成本过高导致城市重心转移

随着城市规模的不断扩大，各种各样的城市病也随之而来，但对于已经成形的老城区来说,其改造成本是巨大的。这时,建造新城就可以通过城市低成本扩张,增加城市的有效供给。相反,老城区由于很多建筑和基础设施在没有完成折旧还很新的时候就进行改造甚至拆除,其巨大的残值就必然要转移到新建设的成本中。同时,城市规模的急剧扩大形成的回波效应导致老城区地价迅速上升,在这两方面因素的共同作用下,老城区用于拆迁补偿的费用在总建设投资中的比重急剧增加。在老城改造中,拆迁所占的成本可达50%~60%甚至更高。北京平安大街改造的20多亿元中,只有不到1亿元是真正用于道路本身投资,其余除建设煤气等市政管线外,大部分用于拆迁补偿。济南中心广场11亿元的投资中,直接用于拆迁补偿的高达7亿元。厦门鹭江道改造的2亿元投资中,有1.5亿元左右实际上是用于拆迁的。很显然,同样的基础设施投资,在新城和老城中存在着巨大差异,这个差异的累积效果在城市宏观层次反映得更明显。浦东建设10年,基础设施投资约1800亿元,所有到过浦东的人,无不为其壮丽的城市景观所倾倒。北京的投资远在浦东以上,仅新中国成立50周年大庆一年的投资就以千亿元计,可是没有人感觉到有什么大变化。虽然这其中有一些是不可比的因素,但投资效率的差异是主要原因之一。假设北京投资1000亿元,有800亿元是用于拆迁补偿,仅200亿元用于建设;而浦东投资1000亿元,只有200亿元用于征地,800亿元是用于建设,那么几年下来,投资的效果就会高下立判。

3. 城市在某一阶段呈现飞跃式发展也会导致城市重心转移

人口在城市中既是生产者,又是消费者。城市经济的高速发展必然伴随人口数量的急速上升。因此,城市人口的分布也必然导致大规模住宅小区建设的位移,这种位移的明显标志就是优势近郊区位的发展。北京市2012年常住人口的相关数据显示,各区常住人口的数量比原来发生了很大的变化,即内城区常住人口占总常住人口的比重下降,而外城区常住人口则迅速上升。由表4-5我们可以

表4-5 北京市各区常住人口分布变动情况

地区	2000年(万人)	2012年(万人)	占总人口比例(%)	人口增长数(万人)	人口增长率(%)
全市	1363.6	2069.3	100.0	705.7	51.8
东城区	88.2	90.8	4.4	2.6	2.9
西城区	123.3	128.7	6.2	5.4	4.4
朝阳区	229	374.5	18.1	145.5	63.5
海淀区	224	348.4	16.8	124.4	55.5
石景山	48.9	63.9	3.1	15	30.7
丰台区	136.9	221.4	10.7	84.5	61.7

注:2010年,东城区、西城区分别与崇文区、宣武区合并,形成新的东城区、西城区,此处按照新的东城区、西城区数据进行计算。相应地,2000年东城区、西城区的数据中也包括崇文区、宣武区。

资料来源:《北京统计年鉴2013》。

看出，2012 年两个内城区，即东城区与西城区的常住人口分别为 90.8 万人与 128.7 万人，占总常住人口的 4.4％与 6.2％。四个外城区常住人口增长迅速，朝阳区、海淀区及丰台区的常住人口增长率甚至超过了 50％。2012 年，四个外城区常住人口总和达到了 1008.2 万人，占总常住人口的 48.7％，也就是说全市近一半的人口生活在外城区，这个比重比 1990 年第四次人口普查提高了 11.8 个百分点。外城区人口的大幅度增长，主要是外地来京人员的大量涌入和内城区人口的外迁造成的。

（二）城市重心转移的表现

一个城市的重心发生转移，其形式是多种多样的。不同的城市，所处的区位不同，发展阶段不同等等，其城市重心发生转移的形式也不相同。一般来讲，城市重心转移的形式大致有以下几种具体的表现：

（1）中心百货商场的位移。著名历史学家胡如雷在一本专著中对中西方的城市中心研究中指出，从形态上看，西方的每个城市都是以市场为中心的，这种说法是有一定道理的。随着我国社会主义市场经济的进一步发展与完善，我国的城市格局也大都在形态上有此变化，即市场中心的转移带动了城市重心的转移（或者更确切地说，市场中心的转移反映了城市重心的转移）。具体也就是城市中心百货商场的位移成为城市重心转移的重要表现形态。

（2）城市交通建设重点的位移。城市交通是城市主要的基础设施，其在城市经济、社会活动中具有特别重要的地位和作用。城市交通的发展状况，是城市活力和经济社会发展水平的重要标志。城市某区域的经济越发达，社会活力越足，其对交通设施的要求也就越高。但是，城市交通设施建设是一项投资巨大的项目，只有当该地区的经济实力或社会活力达到一定程度时，或者是政府希望该地区成为城市新的重心时，政府才会把基础设施的建设资金投到该地区。因此，城市交通建设重点的位移也是城市重心转移的一种表现。

（3）开发区的建设。开发区一直是经济最具活力的热点地区，在城市建设中起着重要的作用。开发区的建设，一般都反映了城市发展的方向。

（4）大规模居民小区的建设。大规模居民小区的建设是人气集聚的前提，而人气的不断增长必然会吸引其他如服务业、金融业等的投资。于是，从消费拉动的角度看，小区建设也是城市重心转移的一种表现形式。

（5）高校校区建设。21 世纪是一个知识经济的时代，在这一时代，知识特别是科学技术在经济发展和社会进步中起着越来越重要的作用。因此，一个城市要提高竞争力，其产业发展与高校的结合是必不可少的，高校的集中布局规划就成为一种时尚。

（6）市政府的搬迁。在中国城市规划中，市政府常常位于城市的中心区位。

近些年来，城市随其经济的高速发展，市政府的搬迁已习以为常。而且，实际上市政府的搬迁也极大地带动了城市重心的转移。所以说，市政府的搬迁也是城市重心转移的一种形式。

另外，从现代化城市规划的要求来看，新区也以其自由弹性的优势而迅速成为城市内部的增长极。试想，宽阔的马路、有序的绿地、现代化的建筑、成规模的住宅小区等，其自由规划也只能在城市新区。因此，城市重心的转移随城市的发展而不断演化，研究城市重心的转移轨迹是制定城市未来发展战略的重要依据。

三、城市重心转移研究的意义

城市重心转移规律与城市规划有着密切的联系。首先，城市重心的转移决定着城市规划重点的转移。城市规划并不是在主观意志的基础上做出的天马行空的想象，它必须是在现有城市发展布局的基础上，在正确认识城市经济发展阶段及所处的区域位置前提下，对城市发展及布局所做的具有前瞻性的规划，这个规划必须符合城市的发展规律。城市重心转移规律是城市发展过程中客观存在的一种规律，因此，城市规划的制定必须尊重这一规律，否则，城市规划就有可能出现败笔。其次，城市规划对城市重心转移也有反作用，当城市规划客观反映了城市重心转移这一规律时，城市规划可以加速城市重心的转移，继续推动城市的高速发展；反之，当城市规划违背了这一客观规律时，城市规划就会延缓城市重心的转移，进一步抑制城市的发展。

城市重心转移是一个新问题，它与城市规划、房地产开发及企业布局决策等密切相关，因此，对这一问题我们还将做更深入的研究。

第四节　城市功能分区的基本类型

城市功能分区在本质上是城市功能在城市内部空间上的具体分布，而城市功能是指城市在国家或者地区的政治、经济、文化生活中所承担的任务和所起的作用，以及由于这种作用的发挥而产生的效能。[①] 在城市发展的进程中，城市的功能不是一成不变的，而是随着城市的发展、人类社会的演进而不断发展变化。现代城市复杂多样的功能，是历史上城市功能的不断积累、叠加、优化的结果，其发展经历了一个从单一功能到多元功能、从简单功能到复杂功能、从低级功能到高

---

① 王菲. 城市功能初探 [J]. 经济问题探索，1997（7）：22-23.

级功能的发展过程，使得现代城市成为多元功能的集合体，从而构成一个完整有序的系统。① 城市功能发展的叠加性规律必然导致现代城市功能分区的出现。

随着城市功能的日益复杂化、多样化，学术界对于城市功能的分类也给予了极大的关注。在西方，1921 年英国学者奥隆索（M. Auronsseau）从对城市形象的定性描述入手，将城市功能分成六大类型，即行政、防务、文化、生产、交通和娱乐。② 在我国，学术界对城市功能的研究起步较晚，且多以借鉴西方城市经济、城市规划理论为主，对城市功能的类型划分还没有形成一个完整的理论体系，但也取得了许多重要的成果。2004 年程道平等学者编著的《现代城市规划》一书，专门讲了城市功能区的类型。③ 该书将城市功能区主要划分为商业区、工业区、居住区、仓储区、生态绿化区等类型，并对大城市的商业区进行了细化，分为中心商务区、城区商业区、街区商业区三类。

通过对城市功能分区发展规律的研究，综合运用历史发展的观点和系统发展的观点，对影响城市功能分区的因素进行具体分析，主要有以下四个因素：

（1）历史原因。一个城市的历史背景，对城市功能分区可能产生重大影响，城市早期的土地利用对日后的土地功能分区有着深远影响。尤其是在我国，由于城市发展背景复杂，经历了封建社会时期、半殖民地和半封建社会时期、社会主义计划经济时期和市场经济时期的发展过程，历史因素对于城市功能分区的作用更明显。

（2）经济因素。交通的通达度和距离市中心的远近影响了不同活动的地租水平，从而影响了城市功能的分区。城市的功能用地类型取决于付出租金的高低，而影响地租高低的有交通通达度，如市中心的通达度最高，其租金也最高，适用于做商业区；位于市中心延伸出来的主要公路的两边和公路的交会处，具有较好的通达度，租金相对较高，适用于做住宅区；位于远离公路的地区，其通达度较低，其租金也相对较低，适用于做工业区。

（3）社会因素。城市中各个阶层的收入水平不同，由此形成了不同级别的居住区，如富人区、贫民区等，同时知名度和宗教信仰对居住区的选择也有很大影响。在高收入阶层的住宅区里居住，往往被认为是身份和地位的象征，对于上层阶级来说也颇有吸引力，所以这里租金也高。另外，种族因素对住宅区分化的影响也很大。

（4）行政因素。在有些城市，政府采取行政手段制定政策和城市规划，干预

① 孙志刚. 城市功能论 [M]. 北京：经济管理出版社，1998.

② M. Auronsseau. The Distribution of Population：A Constructure Problem [J]. Geographical Review，1921（11）：563.

③ 程道平等. 现代城市规划 [M]. 北京：科学出版社，2004.

城市社会经济的发展，也可以引导或划定不同的功能区。

这四个方面的因素，在不同程度上深刻影响着不同类型城市功能分区的形成。同时，城市功能分区也因城市的性质、规模、类型不同而不同。发达国家大城市内部一般分为中心商业区、行政区、文化区、居住区、游憩区、郊区等。中小城市特别是不发达地区的小城市功能分区相对简单或不明显，但综合归纳并结合目前城市的发展趋势，我们可将城市功能分区具体划分为居住区、商业区、工业区、物流园区、政务区、休闲绿化区、文化区等类型。

一、居住区

居住区是指以住宅为主体，有一定的建筑规模，并有与之相配套的公共设施以及室外绿化，能产生一定的社会效果和经济效果的居住集合体，它是一个集居住、社会、服务和经济功能于一身的综合体。

工业革命以前，城市中工业、交通都不发达，工厂里工人少，人们的活动范围很小，居住单元与工作场所常常混合在一起，工业区和居住区之间并没有明显的地域分工。工业革命以后，工厂逐渐集中成片分布，工业规模不断扩大，工人数量增多，工厂对居民的影响也随之增大。随着人们生活水平的提高，对居住区的要求不仅是使用方便，还对居住环境有了更高的要求，从而促使居住区从工业区中独立出来，在远离工业区以及交通方便、环境较好的地方形成居住区。

作为城市居民休养生息的场所，居住区是承载城市最基本的居住功能的功能区。目前，在大多数的城市中，居住区面积往往要占到城市空间的一半甚至一半以上，远远大于商业区和工业区。这主要是由于居住区内不但要容纳城市的所有人口，而且城市人口在家里的时间要大于在城市内其他场所时间之和。

近年来，由于人们的收入水平差距不断扩大，居住区的档次也出现了分化，居住社区阶层化现象十分严重。这主要是因为城市中人口多、职业构成复杂、贫富差别较大，所以在房屋的建筑质量上和地域分布上有着明显的反差，形成高级居住区和低级居住区。在建筑质量上，高级居住区房屋面积大，有些是高楼或独立庭院、别墅，配套有相应的学校、医院、商店和绿地等公共设施，生活方便，环境优美；低级居住区房屋面积狭小，在内城和工业区附近，多为低矮破旧的平房，十分拥挤，而且配套设施差，周边环境也相对恶劣。在位置上，高级居住区与低级居住区反向发展，即低级住宅区若在东侧集中，高级住宅区则向城市西侧发展。同时，低级住宅区多接近商业区、市中心、工业区，位于低地；高级住宅区则多在城市外缘或郊区、高坡，接近文化区。

在我国，高级、低级居住的划分并不明显，这主要是因为我国人口众多、土地有限，在我国的城市中高级居住区往往表现为一座座高耸的现代化的住宅楼群，而低级住宅区多数表现为拥挤的低矮平房。随着社会经济的发展，在一些城市的远郊，也开始出现独立庭院和高级别墅。在一些特大城市里，在距母城较远的交通干线上兴建了卫星城以分散大城市的部分人口和职能，这使得一些职工的工作地点和居住地点发生分离，他们在母城上班，却生活在卫星城的居民点里。

二、商业区

商业区是指城市中商业网点比较集中的地区。它既是本市居民购物的中心，也是外来游客购物的中心。

商业活动是城市的重要功能之一。现代城市商业区是各种商业活动集中的地方，以商品零售为主体，与它相配套的有餐饮、旅馆、文化及娱乐服务，也可有金融、贸易及管理行业。商业区内一般有大量商业和服务业的用房，如百货大楼、购物中心、专卖商店、银行、保险公司、商业办公楼、宾馆、娱乐场所等。

商业区一般呈条状分布。我国从周到唐的1000多年时间里，城市内商业活动不发达，实行的基本形式是"里坊制"，到唐末宋初，城镇商品经济有了较大发展，"里坊制"因市场过分集中而且用地紧张、不适应商业对扩大活动空间的要求而被逐渐废弃。北宋东京汴梁即取消了坊墙，开始实行"街巷制"，使街坊完全面向街道，沿街设商店，呈开放型布置，商业分布在城市各主要街道上。此后，带状商业街一直是我国城市商业活动分布的主要形式。

商业区一般占城市用地总面积的很小一部分。城市的发展与商业活动是分不开的，商业是城市发展的重要标志，因此，各城市都有商业区。商业区的区位需求是交通最优或市场最优，因为商业区的主要活动是商品的交换，而影响商场销售额的直接因素是商业区所服务的人口，只有在交通便捷的地方，通常是城市地租水平最高的地段，才是商业活动最佳的选择。

在空间布局上，商业区一般位于市中心、交通干线的两侧或街角路口处。由于市中心有着便捷的交通和大量消费人口，往往成为布置商业区的最佳区位。交通干线两侧及街角处流动人口较多，也往往成为商业的聚集地，从而形成商业区。

商业区的分布与规模主要取决于居民购物与城市经济活动的需求，人口众多、居住密集的城市，商业区的规模就较大。根据商业区服务的人口规模和影响范围，大、中城市可有市级与区级商业区，小城市通常只有市级商业区，在居住区及街坊布置商业网点，其规模不足以形成商业区。

三、工业区

工业区是指将小型的、分散的工业企业按其性质、生产协作关系和管理系统组织成综合性的生产联合体或按组群分工相对集中地布置形成的区域。

工业是现代城市发展的主要因素。工业的大规模发展推动城市向现代城市发展，并带动城市各项事业的发展。工业区的形成主要是由于工业企业之间的协作或者共享基础设施等导致工业集聚的结果。工厂集聚在同一工业区内，有利于彼此间的信息交流和协作，能降低运费和生产管理成本，从而提高企业的竞争力。同时，由于现代工业生产专业化程度高，企业之间的协作和竞争性都很强，城市中的大部分工业，尤其是重工业，相互靠拢布置，有很强的集聚性。这种工业的集聚既加强了城市的经济实力，又拓宽了原有城市的地域范围。

工业区在城市中的空间分布，从总体上看表现出两个特点：一是不断向市区外缘移动。在城市中，工业区的区位发生变化，主要是从环境和社会因素来考虑的。城市发展的初期，以市场、资本、劳动力、交通网等优越条件吸引了工业。这些老工业区都是自然集聚而成的，布局较乱，存在诸多不合理之处。随着工业发展到一定规模和第三产业的兴起，城市土地日益紧张，大多数工业企业的环境污染问题日渐突出。为了降低生产成本，提高经济、社会效益，且保护城市环境，工业企业纷纷向市区外缘移动。二是趋向于沿主要交通干线分布。工业生产中原料的运进和产品的运出，均需要有便利的交通条件，从而决定了工厂企业寻求近河流、近铁路、近公路的低平地带，来布置厂房、仓库等设施。

四、物流园区

物流园区是一家或多家物流配送中心在空间上集中布置的场所，一般以仓储、运输、加工等功能为主，是具有一定规模和综合服务功能的物流集结点。

物流园区最早出现在日本东京，近些年来逐渐在我国的一些城市出现。它是政府从整体利益出发，为解决城市功能紊乱、缓解城市交通拥挤、减轻环境压力、顺应物流业发展趋势、实现货物快速流通，在郊区或城乡边缘地带主要交通干道附近专辟用地，通过逐步完善各项基础设施、服务设施，提供各种优惠政策，吸引大型物流配送中心聚集而形成的。

物流园区一般具有产业性质一致性、物质空间相对独立性和形态完整性等特点。在结构组成上，作为物流企业集中布局的场所以及多种物流功能的空间载体，物流园区一般是由货运场站、仓库、批发市场、配送中心以及其他配套服务设施构成的，其中仓储用地比重最大。国外物流园区的建筑覆盖率一般为40%~50%，其中仓储设施占物流园区建筑面积的85%，其余为信息、汽车维修、旅馆、餐饮等配套服务设施。

在类型划分上，物流园区可分为配送中心型和货运枢纽型。配送中心型物流园区以配送功能为主，为连锁商店、零售商以及消费者组织配货供应，以执行实物配送为主要职能的流通型物流结点，具有集货、存储、分货、加工、配送、信息处理等综合物流功能。货运枢纽型物流园区则是围绕交通枢纽建成的，以服务于物流的转运为核心功能。货运枢纽型物流园区是以连接不同运输方式为主要职能的转运型物流结点，除了具有转运、仓储等主要功能外，还包括拆拼箱、再包装等加工功能，如围绕大型港口、铁路、货运场等建设的货运枢纽、卡车终端等都属于该类型。

五、政务区

政务区是指政府机构集中办公的地方。在城市的发展进程中，每个城市都是作为不同层级的行政中心而存在，因此，政务区是城市功能分区中十分重要的组成部分，是城市行政功能的中枢。政府在这里制定整个城市的发展战略、总体规划等，同时也是政府机构对外办公的地区。如果政府办公机构布局得过于分散的话，企业及个人办事就会花费较多时间。近年来为了提高政府的办事效率，政府机构在空间分布上倾向于集中布局在某一区域，这样可以节省企业及个人的时间。政务区规模不大，一般也就2平方千米左右，但位置优越、布局规范。例如，市委、市政府大楼前往往都有剧场、城市规划展览馆，周边还有高档次的星级酒店等。而且，政务区往往依山傍水，加之周边的高档次服务，很多高级住宅区也常相伴而建，因此其对城市发展的带动力是很大的。现在很多城市开发都采取政务区带动的模式，如深圳、贵阳、东营、信阳等，即政务区带动城市形成新的格局框架。

六、休闲绿化区

休闲绿化区是指城市中在居民区附近的广场、绿地、公园、游园等，专供人们在闲暇时间休憩游玩的地方。由于我国普遍实行双休日，人们的工作时间相对减少，闲暇时间增多，从而对各种广场、绿地、公园、游园等有了大量的需求，这就使得休闲绿化区在城市的功能分区中占有越来越重要的地位。休闲绿化区对美化环境、减轻废气和噪声污染也有着不可忽视的作用。

除了上述的功能区外，在一些城市可能还会形成其他的一些功能区，如在大城市，尤其是特大型城市的功能分区中形成的中央商务区、大学城等，而这些功能在中小城市，由于人口规模、经济发展水平等因素的限制，往往难以形成相应的功能区，而只能是呈点状分散布局在城市中。

第五节 城市的特殊功能区

随着城市的不断发展，在一些城市特别是特大、超大型城市中出现了中央商务区（CBD）、大学城等特殊功能区，它们的发展对于整个城市的发展有着不可忽视的作用，近年来受到越来越多的关注。下面将具体分析这两类特殊功能区。

一、中央商务区（CBD）

中央商务区（Central Business District，CBD）是城市中全市性（或区域性）商务办公的集中区，集中着商业、金融、保险、服务、信息等各种机构，是城市经济活动的核心地带。[1]

近年来，CBD 几乎成为了我国城市经济最时尚的用语，甚至一些中等规模的城市也在策划 CBD 的建设，但这一现象无疑是具有盲目性的。西方发达国家 CBD 的建设相对成熟，因此，梳理西方国家 CBD 演化和开发的规律，对我国建设 CBD 有重要的意义。

（一）CBD 概念的演化及其特征

CBD 的概念最早由美国地理学家伯吉斯于 1923 年提出，伯吉斯在其同心圆理论中指出城市的社会功能环绕中心呈同心圆结构，其中的核心区为中心商务区，这成为了对于 CBD 描述的雏形。在其理论中，伯吉斯赋予 CBD 三方面的性质：首先，CBD 是城市结构的核心，容纳了功能层次最高的行业并行使与之相关的职能，是城市交通骨架的枢纽地区；其次，它与城市发源地紧密相关，甚至是城市最早的建成区；最后，在仍将继续由内向外的同心圆城市扩展中，CBD 将在较长时期内保持其中心和控制地位。由伯吉斯的定义可以看出，CBD 概念在初创时是指普遍意义上的发达工业社会的城市中心区。

"二战"后至 20 世纪 70 年代以前，CBD 在原有基础上呈现垂直发展态势，明显表现为强度上的增长，CBD 逐渐发展为城市内建筑容量、交通强度、白天人口数量及地价等的峰值地区。CBD 的研究方向也由起初的与城市宏观结构的关系转向对 CBD 的界定及内部结构的分析。这一时期对 CBD 功能构成的界定概括起来包括三方面：中心零售业、事务办公、其他辅助职能（包括服务、娱乐等）。办公只是 CBD 的主要职能之一，并非唯一。

---

① 程道平等. 现代城市规划 [M]. 北京：科学出版社，2004.

20 世纪 80 年代以来，伴随着 CBD 功能的转换以及经济全球化的影响，现代意义上的 CBD 概念开始形成，其内涵发生了根本性的变化，表现在：①市中心的概念与 CBD 的概念出现了分化，CBD 不再是伯吉斯提出的城市中心区或是接近市中心；②CBD 的功能转变成以中央商务为主、以高档零售商业为辅，同时配套各种休闲娱乐设施；③CBD 的区域意义发生根本的变化，它不再只是某个城市的中心，而是成为了区域甚至世界的中心。总之，现代 CBD 是大城市中金融、贸易、信息等商务办公活动高度集中，并附有高档商业、文娱、服务等配套设施的综合经济活动的核心地区。它包含两个因素：一是金融、贸易、信息等商务办公活动高度集中，并且在区域内还有购物、文娱等配套设施的一个综合经济活动中心；二是它必须是国际性或区域性的，在全球或区域经济活动中有重要影响力，是全球或区域经济的管理和控制中心。现代 CBD 与传统 CBD 的区别如表 4-6 所示。

表 4-6　传统 CBD 与现代 CBD 的比较分析

	传统 CBD	现代 CBD
区位	城市中心区	城市中心区或接近市中心
功能	以零售商业为主或零售商业与中央商务均衡发展	以中央商务为主、以高档零售商业为辅，同时配套一定休闲娱乐设施
区域意义	主要是城市中心，区域意义有限	区域或全球的经济中心，对区域或全球经济起到管理和控制中心的作用
形成	经过长时间形成，代表城市特色	不依赖旧城，可在新区建设
参与者	城市居民为主	工作职员、外地商务人员
交通特征	城市交通的一部分，城市交通网核心，强调人的尺度	相对独立的交通单元，强调交通效率
活动方式	以商业行为为导向的公共活动	以"人—机"对话方式进行信息交换
活动特征	强调人与人的交往	强调运转效率
建设方式	逐步扩大、积聚	一次性建设或大规模重新改造

一般认为，CBD 具有如下基本特征：①CBD 具有区域中最高的中心性，CBD 所提供的所有货物和各种服务具有最高的水准，CBD 是各类精华最集中的所在，在 CBD 所从事的交易和交流都是最高档的。②CBD 具有最高的可达性和拥挤程度，即 CBD 具有城市和区域中最发达的内部交通和外部交通联系，CBD 给予办事者以单位时间内最高的办事通达机会，与此同时，CBD 的拥挤程度（客流、车流、建筑）在城市和区域中又是最高的。③CBD 具有最高的人际和信息交流量，它的 24 小时人口拥有量最高，但 24 小时人口变化的对比值也最高，即白天繁华，夜晚却成为"鬼城"。④CBD 具有最高的土地价格，其中，商业用地价格通常超出金融、保险等经济性服务和大公司总部、政府各部等管理性服务的用地价

格。⑤CBD 具有最集中和最高档的零售业，而且，为了满足高密度人口的流动，常相应设置有最多的交通管制（步行区、单行路等）。⑥CBD 具有最高的服务集中性。CBD 所提供的服务涵盖经济、行政、管理、娱乐和文化等多个方面。

（二）CBD 的计量界定

1954 年，美国学者墨菲（Murphy）和万斯（Vance）提出了一个比较综合的方法，即将人口密度、车流量、地价等因素综合考虑，那些白天人口密度最大、就业人数最多、地价最高、车流和人流量最大的地区即为 CBD。此方法必须建立在对城市的土地利用进行很细致的调查基础之上。

墨菲和万斯认为，地价峰值区（the Peak Land Value Intersection，PLVI）是 CBD 最明显的特点，在此区的用地称为中心商务用地，其中包括零售和服务业，如商店、饭店、旅馆、娱乐业、商业活动及报纸出版业（因为它对商业的影响远大于对制造业的影响），不包括批发业（除少数外）、铁路编组站、工业、居住区、公园、学校、政府机关等。他们在对美国 9 个城市 CBD 的土地利用进行细致深入的调查后，提出下面的界定指标：

（1）中心商务高度指数（Central Business Height Index，CBHI）：

$$CBHI = 总中心商务建筑面积/总建筑基地面积 \qquad (4.5)$$

（2）中心商务强度指数（Central Business Intensity Index，CBII）：

$$CBII = 总中心商务建筑面积/总建筑面积 \qquad (4.6)$$

墨菲和万斯将 CBHI>1，CHII>50% 的地区定为 CBD。

然而，各国城市中心商务用地的划分是不同的。戴蒙德（Daimond）于 1962 年对英国格拉斯哥调查发现，英国的批发业与顾客关系紧密，常布局在地价峰值区内，属于中心商务用地。美国城市中的批发业与铁路、高速公路更加密切，但在墨菲和万斯的分类中，不属于中心商务用地。于是，后来的学者开始弥补这些不足。1959 年戴维斯（Davies）在其对开普敦的研究中认为，墨菲和万斯定义的 CBD 范围太大，应将电影院、旅馆、办公总部、报纸出版业、政府机关等用地排除在外，他提出了"硬核"（Hard Core）的概念，即 CBHI>4，CBII>80% 的地区为"硬核"，也就是真正具有实力的 CBD，其余地区则称为"核缘"（Core Fringe）。

（三）CBD 开发的规模和内部结构

CBD 的占地面积并不大，一般在 1~4 平方千米左右，建得较早的 CBD 一般面积偏小，而新建的 CBD 往往规模偏大。

当今城市中心商务区主要由商务办公、金融和服务三类职能设施构成，同时也不同程度地包括一定量的传统的商业零售类和居住职能设施。在 CBD 中，这三大职能的比例关系一般为 2 : 1 : 1，即以办公职能为主，兼有金融和服务类职能。如巴黎拉德方斯三大职能分别占 50%、25%、25%，而世界其他商务区的功能比例也大致如此。

一般来讲，活力较强的 CBD 内写字楼建设量应占到约 50%，商业设施及酒店、公寓住宅等应各占 20%，其余分配给各种必要的配套设施。

(四) 我国 CBD 发展的现状

CBD 在我国城市中的发展尚属初级阶段，但已经开始显示出它对城市发展的巨大推动作用。20 世纪 80 年代以来，北京、上海、广州、重庆、武汉、沈阳、深圳、大连等中国一批大都市相继筹建或规划了 CBD，如上海的陆家嘴和北京的建外商务中心都非常典型。

近 20 年我国城市商务中心的发展以波动式非均衡增长方式进行。进入 20 世纪 90 年代，金融、贸易等综合办公类建筑的开发量迅速上升并成为城市中心发展的主要内容，而比重下降较多的是行政办公和文化娱乐用地。商务空间大量增加，导致城市中心由行政、文化、商业中心演变为以商务功能为主的商务中心区。当前国内的区域经济竞争首先表现为中心城市间的竞争，而中心城市的竞争很大程度体现在 CBD 的功能和水平上，也可以说区域经济的竞争集中体现在 CBD 之间的竞争上，CBD 将成为国内区域经济竞争的制高点。

2002 年 11 月，建设部委托深圳、广州两家城市规划设计单位，在全国范围内对人口 20 万以上的 359 个城市的 CBD 建设情况进行调查。调查结果是：全国有 36 个城市提出和正在实施 CBD 发展计划，这些城市中除了省会城市、直辖市外，还有襄樊、无锡、淮南、温州、晋江、义乌、黄石、绍兴、佛山 9 个地级市和县级市在申请建设 CBD。

总体上讲，北京、上海在写字楼市场供应等硬件设施上已经具备了国际 CBD 的条件，但是不容忽视的是在软件服务、商业氛围和特色营造上存在不足。其他规模比较小的城市因财力不足，其 CBD 的建设状况也就可想而知了。

目前，我国 CBD 建设中主要存在如下问题：

(1) 政府为提升形象急功近利，贪大求全。CBD 是一个城市经济发展程度的象征，而对一届政府做出考核、评价的一个重要指标就是城市经济发展状况。因此，各政府为了提升自身形象、创造政绩，纷纷上马 CBD 项目。另外，在 CBD 的定位上，一些城市没有经过反复研究，未根据城市的现有条件，提出了超越自身发展能力、不切实际的目标。因无力开发，造成资源浪费、土地荒芜，有的采取变通措施，却带来更严重的后果。目前还有一些城市将新区和 CBD 混同起来，做出十分庞大的规划，其前景令人担忧。

(2) 开发商为牟取暴利，炒作概念。在 CBD 的建设上，开发商为牟取暴利，常常炒作 CBD 概念，一哄而起，这边详细规划还没出台，那边项目规划已纷纷出笼；这边刚签了土地转让协议，那边已把地圈上；项目还没批，就已是重点工程；土地出让金还没交，就有开发商开始放炮炸楼。炒作概念无形中抬高了地价，地价过高、过快上升，使 CBD 成为一座"空中楼阁"。

（3）各城市 CBD 各自为政，盲目借鉴，重复建设，结构单一。目前，在建 CBD 的各城市，都没能够根据自身城市情况与特点规划适合自己的 CBD 模式，只是在盲目地借鉴国外 CBD，如纽约曼哈顿、巴黎拉德方斯区、东京新宿等 CBD 的构建模式，结果是没有突出自身特色，在规模、环境、硬件及软件服务上没有竞争优势，造成简单的重复建设和相互间的恶性竞争，没有形成错位经营，造成很大的资源浪费。

（4）CBD 建设存在体制不顺、管理不力的情况。在不少城市的 CBD 建设中，管理体制没有理顺：一方面，不少 CBD 管理组织处于临时负责状态，不能行使完整的管理权；另一方面，方方面面机构都干预 CBD 建设，个别 CBD 因此失败。此外，还有土地管理体制问题，本来 CBD 内划拨用地不能直接进入市场，但由于土地使用权可以转让，一些 CBD 内的企业单位都各自为政，自行招商引资、自我配套、自行组织建设，CBD 开发处于无序状态。

（5）CBD 建设结构不合理，功能失衡。在 CBD 内部结构上，CBD 的形成离不开各产业的协调发展，按照国际惯例，CBD 的建筑比例应是以商务为主。但不少城市在建设过程中，一方面，政府和开发商寻求短期利益，由于住宅项目的资金投入量相对少些，成本低，因此 CBD 主要以开发商住公寓为主，致使其变成了居住中心区，从功能定位上不能将金融、办公、商贸等功能设施集中或吸引到这个区域来，从空间发展上不容易形成商务的大气候；另一方面，开发商只考虑公司利益，不顾公共利益，绿地等公共空间少，导致生态环境功能失衡等一系列问题。

二、大学城

大学城，顾名思义，是指多所大学集聚而成的具有一定规模的城镇或城市社区，具有开放性、共享性、综合性和生态性等内涵特征。它的主要任务是提供高等教育资源，伴随着教育人口的集中，一方面带来了经济活动的活跃，促进了周边商业服务业和房地产业的繁荣；另一方面众多优秀的人才资源和前沿的科学技术研究吸引了众多科研机构和高新技术企业，带动了高新产业的发展，使大学城始于教育又不止于教育。鉴于大学城的特殊功能，它已成为城市空间布局的重要内容。

（一）国外大学城发展特点

从中世纪大学的诞生开始，大学已经经历了近八百年的历史，在发展过程中，大学的功能也不断变化，从最早的教师行会培养少量牧师传授经典知识，发展到后来成为集教学、科研和社会服务于一体的中心，在这一过程中，大学本身的规模也越来越大，有的大学聚集在一地，大学周围或大学校园本身形成了具有一定规模的城镇，常常被人们称为"大学城"或"大学区"。著名的大学城有英国的牛津大学城、剑桥大学城，美国波士顿市坎布里奇镇的哈佛和麻省理工学院大学城等。

20世纪50年代，美国依托斯坦福大学成功地建设了斯坦福研究园，并最终发展成为世界著名的"硅谷"。之后，各种冠以"科技城"、"科技园"、"技术城"等名称的高科技知识产业园区迅速涌现。法国、德国、英国等一些欧洲国家于20世纪60年代末和70年代初期开始建设各具特色的大学科技园区。日本则在20世纪60年代提出了经济发展的倍增计划，于1973年开始建设筑波大学城。新加坡、韩国、印度、中国台湾等国家和地区，也从20世纪70年代开始相继建立了大学园区，比较著名的如中国台湾的新竹科技园。总结国外大学城建设的特点主要有：

（1）大学城规模大，形成城镇化，与所在社区（城镇）之间相互融合、互动发展。大学城作为一种高等教育现象，学校的规模往往都较大，人口常常达到数万。如美国波士顿地区就集中了包括哈佛大学、麻省理工学院等世界著名大学在内的50多所高校，这样庞大的"大学群"构成了一个规模较大的大学城，其中哈佛大学和麻省理工学院所在的坎布里奇镇就有10万人。英国著名的剑桥大学城与牛津大学城规模大致相当，城内有人口约10万人。大学城区别于一般的高校的主要特征就是规模较大，通常由几所大学组成，以教师和学生为主要成员，在校学生人数占城市人口的比例很大。

伴随大学城的规模不断扩大，出现了大学城城镇化现象。大学城一般位于大城市的周围或郊区，目前大都已发展成为"卫星城"。在大多数国家中，高等教育机构主要是大都市现象，传统的大学一般位于大城市中，而在以美国、英国为代表的一些教育发达的国家，大学城一般位于居民人数在10万人以下的城镇或小城市中，而且城镇中流动人口比例比较大，师生人数甚至超过城镇中其他居民的数量，可以看作一个独立的城市社区。

大学城与所在社区（城镇）之间的关系表现为相互融合、互动发展。大学依靠自身的条件与优势，为社区提供各项服务，如开展成人教育和继续教育，开展技术推广和培训服务；向社会开发图书馆、博物馆、实验室等教育资源，实行共享。社区则为大学提供以生活服务为主的各种支持，包括提供合适的住房供出租，提供各种饮食服务、公共交通服务等。这种服务显然是双向参与的，最终达到二者相互依存。

（2）通过集聚效应提高科技研发能力。大学和科研机构相对集中于一个地区，有利于科学思想和科技成果的交流，研究和开发的协作，图书、情报、信息设施等研究资源的共享，如同，一所综合大学一样，大学园区产生的这种聚集效应，可以提高科技研发能力。例如，法兰西岛科学城集中了法国60%的大学和43%的科研机构，共有3万多名科研人员和8000多家高新技术企业在科学城中进行电子、生物技术、新材料、机器人、办公室自动化、医药等高新技术的研究开发。日本的筑波科学城集中了日本国立科教机构46所，占全国这类机构总数的30%，其专业人员约占总数的40%，年度科研经费约占全国总数的50%。

（3）研究型大学是国外大学城建设的核心，是实现教育、科技与经济互动发展之本。科学的优势地位是大学城繁荣的根本，美国和英国绝大多数的大学城以研究型大学为主，研究型大学以研究作为其主要功能，具有较强的发展科学和技术创新的能力。如哈佛大学、麻省理工学院、牛津大学和剑桥大学都是世界著名的一流大学，它们吸引了无数的学者、优秀的学生和大量的高科技公司。美国加利福尼亚大学教授卡斯特斯认为，研究型大学在知识经济时代是经济发展的动力源，是知识创新的"发电机"之一。从学产关系来看，研究型大学与产业是一种联系密切的伙伴关系，且多以科技园工业为纽带。大学城作为大学与工业企业之间互相需求的产物，为研究型大学高新技术成果迅速商品化、产业化提供了合适的环境和条件。这种学产的互动，既是大学与企业单位之间的，又是大学教授、学生与企业人际之间的，它大大强化了企业精神以及对技术转让是一种"身体接触运动"的认识。所以，大学城建设强调以研究型大学为核心，这也正是体现教育、科技与经济互动的根本。

（二）大学城发展规划的区位选择

很多学者研究影响大学城空间布局的因素，肖玲[1]认为区域经济社会发展、聚集、文化、规划、自然环境及建设运作构成了大学城的六大区位因素；王成超和黄民生[2]则从城市层面上，提出大学城空间模式的影响因素包括城市的规模及城市地域形态、基础设施的完善程度、城市的发展战略、政府和政策的引导、大学城的形成基础、高科技产业的布局、旅游资源的分布及其他条件（自然条件、用地条件、建设成本等）。综合分析，适合建大学城的区位应具备如下的条件：

（1）环境宜人、交通便利。大学城是一个适应现代社会要求的集学校、生活区、经济园区为一体的生态小城，它作为高等教育及科技创新的基地，高素质人才是其发展的主要推动者及载体，而这部分人群往往对自然环境有较高的要求。

① 肖玲. 大学城区位因素研究 [J]. 经济地理，2002，22（3）：274–276.
② 王成超，黄民生. 我国大学城的空间模式及影响因素 [J]. 经济地理，2006，26（3）：482–486.

同时，大学城不能是一座高等教育的"孤岛"，它需要与中心城区之间保持及时有效的联通，因此，大学城一般选址在借助现代交通1小时内能到达中心城区的地方，为了节省投资，往往选择在原来基础设施较完善并能利用中心城基础设施的近郊地区，或在城市的总体规划中即将建设大型基础设施的地区。

（2）经济发展水平较高。大学城的规划建设需要大量的资金和人才，只有经济发展水平高的地区才有能力提供强有力的财政支持和广泛参与的社会资金，进行大规模的大学城项目，并通过大量优越的条件吸引高层次人才，满足高等教育所需的人力资源。另外，经济发展水平较高的地区需要解决的前沿问题往往较多，迫切需要大学培养各类高层次人才、设立研究机构进行科学研究，以解决经济发展过程中遇到的问题和各种生产实践难题，改善地区产业结构和经济增长方式。因此，大学城与经济发展水平之间互为条件、相互促进。

（3）社会文化积淀丰厚。大学城最具魅力之处在于其营造的大学精神，它既是校园历史文化的沉淀，也是朴实高尚的学风品德和对崇高理想目标的追求,[1]与地区历史文化积淀息息相关。北京、南京、杭州、广州都是国家级历史文化名城，上海是中国广义的南方文化区中吴越文化圈上的文化核心城市，依托城市的文化积淀办大学，有取之不尽的精神财富和用之不竭的人文资源，可以取得事半功倍的效果。大学城的建设又可以加强和深化这种文化氛围，提升城市的文化品位和对外形象，扩大知名度，因此，城市有规划建设大学城的动力。

（4）科研资源基础较好。大学城具有科学研究和高新技术产业发展等功能，且高科技园区与大学城的人力资源可在一定程度上互通，因此，现代大学城的规划建设与高新科技园区紧密相连，在地域空间上呈现临近或重叠的趋势。科研机构的存在，一方面，表明该地的区位条件相对优厚，而大学城与科研机构的某些要求类似，大大提高了大学城规划投资成功的可能性；另一方面，科研机构具备一定的科研成果生产转化能力，可推动大学城实现产学研一体化的目标，加强高校研究与市场、社会需求的契合，推动高校学科设置的优化和市场运作效率的提高。

（5）迎合城市发展战略。大学城作为城市的功能区，是城市社会经济文化大系统中的一个子系统，应与政治、经济、科技等子系统协调发展。从空间和产业两方面进行要求：①满足城市空间拓展的要求。城市空间拓展是城市在空间形态上的跨越和空间结构的调整优化，需要大学城作为其新发展战略的先驱，实现城市功能升级和城市空间重构；而大学城结合城市空间拓展方向，在一定程度上能降低政府的基础设施投资风险。②满足城市产业结构升级的要求。现代城市鼓励

---

① 邓剑虹. 文化视角下的当代中国大学校园规划研究 ［D］. 华南理工大学博士学位论文，2009.

高新技术产业的发展，大学城的建设将提供丰富的人力资源和基础科研，能最大限度地在高校和高科技企业间谋求结合点，从源头上促进科技与经济的结合，促进城市产业结构升级和经济增长方式的转变。

（三）我国大学城发展现状分析

我国第一个大学城——河北廊坊东方大学城产生于 1999 年，之后各地区纷纷建设大学城，根据不完全统计，截至目前，我国建成以及在建的大学城有 50 多个。大学城产生的背景是 1999 年开始并延续至今的全国大规模的高校扩招，以及由此而引起的高校教育资源的极度紧缺。但大学城的产生还有其他方面的原因，尤其是随着近几年来全国经济结构调整的逐步推进，创新型人才和其他高素质人才已经成为许多城市持续发展的制约，而大学城作为由一定数量的高校集聚在一定地域内而形成的以高等教育为主导功能的、以资源共享为特色的、以产学研为一体的智力资源高度密集的城市社区，可以从根本上解决当前知识经济时代我国城市经济持续发展所面临的关键问题。另外，大学城是继开发区、工业区之后的一种新型的城市化地域形式，能有效地增加城市的存量空间，是城市空间拓展的一个重要步骤。

与国外的大学城略有不同，我国大学城一般都建立在城市中心或城市周围地区，大学城的功能也有不同的侧重，有以高等教育为主要功能的大学城，如河北廊坊大学城、北京沙河大学城等；有以高等教育、科学研究以及高新技术产业发展为主要功能的综合性大学城，如上海杨浦大学城、深圳大学城等。

不过，客观分析，我国大学城的发展规划也存在如下的问题：

（1）大学城占地规模大，投资大。据国土资源部的一项专项调查表明，我国大多数省份都在兴建和拟建大学城，其中以经济发达的东部为多。各地兴建的大学城不仅用地面积比较庞大，投资也较大。例如，广州大学城占地多达 4330 公顷，投资多达 300 亿元；南京仙林大学城规划面积 7000 公顷，相当于目前的 26 个北京大学的面积，投资 50 亿元。

（2）区域内高等教育资源分散。东部地区大学城发展过快，一个区域内建设多个大学城。以南京为例，南京目前在建和拟建的大学城就有四个，即浦口大学城、亚东大学城、江宁区将军路大学城和方山大学城，这种分散型发展形态，不利于区域经济的快速发展，既增加了建设投资，又弱化了地方的教育实力。

（3）各高校"大学城共同体意识"缺乏。从目前国内的大学城建设现状来看，大学城中各大学之间在地域上还存在严格的地域划分，管理上各自为政，显现出简单聚集的趋势。各入驻学校过多关注自身利益，不能从大学城整体出发，给大学城的统一管理带来了阻力。事实上，大学城并不是几所大学的简单集合与拼贴，大学城的发展要"聚"（聚集大学、科研院所），要"融"（各大学、科研院所之间的交融），更要"合"（大学、科研院所的整合）。

第六节　城市功能分区的基本原则

城市功能分区的目的是通过优化配置城市的居住区、商业区、工业区、政务区、休闲绿化区等功能区，保证作为一个开放、复杂的系统城市的人口、政治、经济、科学、文化、社会等各项活动有序正常进行，促进城市整体功能的优化和经济社会全面协调可持续发展。为此，城市功能分区的形成及其优化要遵循以下几个方面的基本原则：

一、以优化城市整体功能为出发点，增强城市的吸引力和辐射力

城市作为一个有机系统，在国家或地区的政治、经济、文化生活中承担着重要的任务，发挥着重要的作用。城市功能分区的根本目的就是为了使城市的整体功能得到最大限度的发挥。因此，在城市功能分区时，必须以优化城市整体功能为出发点，按照专门化分区原则和各功能区之间相互协调的原则，统筹规划、合理布局城市各功能区，包括居住区、工业区、商业区等功能区的布局以及配套的基础设施建设布局，使各功能区组成一个布局合理、分工有序、互相联系、协调发展的有机整体，为城市的各项活动创造良好的环境和条件，从而使城市整体功能得到优化，增强城市的吸引力和辐射力。

二、遵循城市经济功能的形成机制与演化规律

城市作为经济社会发展到一定阶段的产物，经济功能是城市最基本的一个功能，这一功能决定着城市的其他功能，从而决定着城市的整体功能。因此，在城市功能分区时，必须遵循城市经济功能的形成机制与演化规律。城市经济功能的形成是市场诱导、产业集聚、要素扩散的复杂过程，也是一个渐进的过程。就主要经济功能而言，只有当推动城市成长的主导产业或主导经济部门的规模和集聚度达到一定程度以后，才会对城市以外地区产生辐射力和吸引力。城市经济功能的发展与完善，取决于城市社会生产力的发展水平。随着城市社会生产力水平的不断提高，城市经济功能必然会从单一走向多元、从简单趋于复杂、从低层次上升为高层次。具体地说，城市经济功能具有以下发展规律：

（1）主要经济功能沿产业链延伸，并刺激相关功能的发展。城市主要经济功能是以主导产业作为其产业基础的，随着主导产业规模的扩大、产业层次的升

级，主要经济功能将沿产业链延伸，并产生对相关产业的强大功能需求，刺激相关功能的发展。

（2）创新功能将主导城市经济功能的走向，并促进其升级换代。创新功能是城市经济功能转换的推进器。在创新功能的作用下，城市经济分工的专业化程度会越来越高。这不仅会促进城市生产力的发展，并且会使一个城市取得其他城市所不具有的优势，并发挥更独特的作用。进入知识经济和信息时代后，必须因势利导地顺应经济全球化和科技迅猛发展的要求，及时调整产业结构及附着之上的城市功能，才能增强城市发展的优势和竞争力。

（3）城市主要经济功能与辅助经济功能应讲求时空配合和互动，并增强整体的能效。城市主要经济功能和辅助经济功能是城市经济功能的两大组成部分，缺一不可。二者在时空上的合理配合能使整个经济功能发挥最佳作用。一般来说，城市新区的建设可以是辅助功能开发先行，等具备了相当的基础条件以后，可集中精力开发主要经济功能。在城市旧城改造中，主要功能的转换和辅助功能的再开发可以并行，以取得互动互利的效应。在空间组合上，主要功能的配置应相对集中，形成一定规模的集聚点；辅助功能的开发则要形成网络，保证主要功能的渗透和辐射。辅助功能的开发具有阶段性，要适度超前，以满足城市发展的需要，并为今后主要功能的升级提供必要条件。

三、主导功能与辅助功能相结合

城市用地功能组织的核心问题就是城市各功能用地的合理划分，即将城市用地区分为不同的功能区。由于城市各项建设用地的特点和要求不同，从而有必要按照各种功能的不同要求，将城市用地划分成若干个不同的功能地带，使其协调发展。当然，城市用地功能分区只是一个相对的概念。城市某一部分或某一局部用地可能是很"专业化"的，如商业街、酒吧街、河滨公园、道路等，但作为一个功能区，则只能是以某一种功能为主，兼有其他方面功能的地区。如工业区内，以工业建筑和工业设施为主，同时也布置一些居住建筑和公共服务设施；而在生活居住区内，主要以居住建筑和公共建筑为主，也可能布置一些不妨碍居住环境、便于居民就近工作的生产性或服务性企业；在中心商务区，除写字楼、饭店、宾馆以外，也布置一定的居住建筑、服务性设施及花园绿地。城市的功能分区要掌握好一个度，即只要以一种功能为主就行，可以同时兼有与主导功能不相矛盾的辅助功能。

四、正确处理各功能区的关系

城市各功能区作为城市整体功能在空间上的具体分布，是城市整体功能的有机组成部分，各功能区之间必然有着千丝万缕的联系，这就要求在对城市功能区进行布局时，必须正确处理城市各功能区之间的相互关系，包括工业区与居住区之间的关系、交通线路与居住区及工业区的关系、交通线路与物流园区的关系等，以便促使各功能区相互协调、分工合作，从而形成一个高效的生产环境和舒适、便捷、优美的居住环境。

例如，在城市功能分区中最为普遍、关键性的一个问题，就是要正确处理工业区与居住区之间的关系。一般来说，考虑到缩短职工上下班出行距离、方便生产、便利生活等因素，应该把工业区与居住区就近布置。但必须注意以下三点：一是工业区应具有一定规模。只有工业区达到一个最低规模，才能配套规划建设一个相应规模的居住区。从合理布置一套较为完整的生活性设施的要求出发，一个居住区的人口规模应以 3 万~5 万人为宜。工业区规模过小，居住区生活性设施难以配套建设，造成职工生活不便；工业区的规模过大，又会拉大工业区与居住区之间的距离，给职工上下班带来不便。二是工业区与居住区之间的空间距离合理。目前，我国城市职工上下班主要依靠自行车、公共交通等交通工具，在一些大中城市私家车的拥有量在增加，因此，在中小城市，一般以职工上下班单程花费时间不超过 30 分钟来确定工业区与居住区之间的距离；而在大型及特大型城市中，一般以单程时间不超过 1 个小时来确定工业区与居住区之间的距离。三是工业区与居住区之间必须进行隔离。为了避免居住区的人居环境受到工业企业的污染和干扰，应在工业区与居住区之间建设人工绿化隔离带，或利用山体、河流、湖泊、荒地等天然屏障，使工业区与居住区保持一定的距离。

在处理各功能区之间的关系时，要特别注意交通对各功能之间关系的影响制约作用。城市综合交通系统是保障城市功能运行的基础设施，在维系城市经济社会各基本功能方面发挥着重要的基础作用，是城市各功能分区之间联系的桥梁和纽带。在处理各功能区之间的关系时，既要注意交通在各功能区之间的联系作用的发挥，又要避免交通对各功能区功能发挥的制约。如在居住区内，过于繁忙的交通会影响居民的正常生活，而在工业区内不发达的交通运输条件又会影响工业企业的生产运行效益。

第五章　城市产业集群规划研究

在人类发展的不同历史阶段，地理要素始终发挥着重大作用。在农业文明时代，靠近河流、湖泊等水源充足的地区成为人类文明的发祥地；在工业文明时代，从靠近原材料、能源所在地到靠近市场，再到企业布局考虑经济微观主体之间的临近和产业联系的紧密，这些现象使我们发现人类社会和经济发展在空间分布上是不平衡的。[①] 特别是工业化后期，城市中在很多有优势的地区往往都形成了大量关联企业、服务机构高度集聚的现象，它们有稳定而密切的内部组织结构，有巨大的团体创新能力和市场竞争力，这就是产业集群。

从工业发展的历史来看，英国和美国在工业化的过程中都出现了产业集群，这种集群成为工业化时期的一个典型特征。1861 年，英国伯明翰就有一个小武器制造企业群，[②] 1900 年的美国已有 15 个高度地理集中的企业集群。[③] 现在，产业集群不仅成为发达国家占据经济领先地位的重要组织形式，而且成为发展中国家实现超越发展的重要发展渠道。在我国东南沿海，不少地区依靠产业集群实现了经济的快速发展，同时也树立了一些在全国以至于全球都具有一定影响力的品牌。

产业集群对经济发展的这种重大贡献使得很多学科都对它进行了深入的学术研究。本章对产业集群规划进行了一个系统的研究，包括城市产业集群的概念和分类、产业集群的相关理论及产业集群形成的动力原理。

---

① 魏后凯等. 中国产业集聚与集群发展战略［M］. 北京：经济管理出版社，2008.
② ［美］乔治·施蒂格勒. 产业组织与政府管制［M］. 潘振民译. 上海：上海人民出版社，1996.
③ Krugman，P.Geography and Trade［M］. Cambridge：MIT Press，1991.

第一节 产业集群的概念及分类

一、产业集群的概念

对于产业集群的研究最早见于19世纪英国著名的新古典经济学家阿尔弗雷德·马歇尔（Alfred Marshall）提出的产业区理论。马歇尔从专门人才、专门机械、原材料供应、运输便利，以及技术扩散等要素分析企业的地理集中和相互依赖，同时将这种专门的工业部门地理集中区称为产业区。德国古典区位学家阿尔弗雷德·韦伯（Alfred Weber）把集聚因素引入产业集群定义。他认为，集聚可分为两个阶段：第一阶段是通过企业自身的扩大而产生集聚优势，这是初级阶段；第二阶段是各个企业通过相互联系的组织而形成地方工业化，这是最重要的高级集聚阶段。显然，高级阶段的集聚就是我们所讨论的产业集群。他的定义可以这样表述，即产业集群是在某一地域相互联系的中小企业的集聚体。[①]

此后，人们又使用不同的术语来称谓产业集群，如新产业区、企业簇、企业簇群、企业集群、小企业集群、产业簇群等。这些术语从不同的角度描述了一种促进区域竞争力形成的产业空间聚集现象。例如，1978年，意大利学者贾科莫·贝卡蒂尼（Giacomo Becattini）在对意大利东北部小企业集中的专业化生产地区的实证研究中，将新产业区定义为具有共同背景的人和企业在特定的地理空间上形成的社会地域生产综合体。1995年，斯图亚特·罗森菲尔德（Stuart A. Rosenfeld）提出了"Business Clusters"的概念，认为产业集群是大量相似的、相关联的或者有互补关系的中小企业在一定地理空间的集聚体，企业共享社会网络、销售渠道、劳动力市场以及市场机会，共同分担市场风险，它们会发生大量的正式和非正式的交流和对话。1990年，迈克尔·波特（Michael E. Porter）在《国家竞争优势》一书中首先提出用"产业集群"（Industrial Cluster）一词对集群现象进行分析，这个概念是建立在增长极理论的基础上。波特把产业集群定义为：产业集群是在某一特定领域内互相联系的、在地理位置上集中的公司和机构的集合，它包括一批对竞争起重要作用的、相互联系的产业和其他实体，经常向下延伸至销售渠道和客户，并侧面扩展到辅助性产品的制造商，以及与技能技术或投入相

[①] ［德］阿尔弗雷德·韦伯. 工业区位论［M］. 李刚剑等译. 北京：商务印书馆，2010.

关的产业公司。① 应该说，波特对产业集群的定义对集群内部结构的分析是迄今为止最为全面的。

由于各个学者都从自己的学术领域和不同的角度出发定义产业集群，如经济学家与战略管理学者侧重集群的经济层面，地理学家侧重的是集群的空间结构，社会学家则更加关注集群的社会网络关系。给复杂的产业集群做一个全面的概括非常难，所以产业集群的概念至今也不是很清晰，但产业集群有其共同的特性：一是地理特性，二是产业特性，三是社会特性。对于地理特性，主要是指某一产业或者相关产业的企业或者相关机构地理临近，这种临近可以突破行政地理边界。产业特征主要反映集群内部企业和各要素之间的联结模式，可以说是这些企业或者相关机构通过社会化分工形成的紧密经济联系。对于集群的社会特性，可以描述为这些地理上相邻关系密切的企业或者相关机构所处地域存在共同的地域文化、制度环境以及作为集群运行基础的"信任与承诺"等人文因素，这种文化和"信任与承诺"等人文因素强化了集群的强大凝聚力和竞争力，它们是维持集群内部企业形成的长期联系的纽带。值得一提的还有，在组织层面上产业集群不存在上下级的层级组织，也不存在资本纽带和契约结盟关系，它内部的企业竞争合作、共创品牌、共享知识溢出、共同创新、共享公共服务和基础设施，产生一种集体生产效率和创新力。

在时间维度上，产业集群是一个动态的不断演化的经济系统。集群核心企业由于技术和市场需求发生变化而发生变化，如果不及时升级技术和调整结构，集群的核心企业以至于整个集群都会萎缩甚至衰落；如果核心企业技术不断进步，集群会有蓬勃的生命力。

二、产业集群的分类

产业集群根据不同的划分标准又可以划分为不同的类型，主要划分标准有根据产业分布、生产要素、产业集群发展的驱动力、内部企业的联结模式、组织结构等分类。

（一）根据产业的分布分类

按照产业分布范围，集群可以分为农业产业集群、传统制造业集群、高新技术产业集群、传统服务业产业集群、现代服务业产业集群五大类型。具体来说：

（1）农业产业集群。它使农业生产更加具有组织性，如荷兰的花卉集群就比较典型。

---

① Porter, Michael E. Clusters and the New Economics of Competition [J]. Harvard Business Review, 1998, 76（6）: 77-90.

（2）传统制造业集群。这种集群现象最为明显，历史也最为悠久，比较典型的有意大利萨洛地区的陶瓷业中小企业集群、普拉特地区的毛纺业中小企业集群、中国广东虎门的女装集群、中山沙溪的休闲服装集群等。

（3）高新技术产业集群。美国硅谷是成功的典范，硅谷地区集中了近万家大大小小的高科技公司，约60%是以信息为主的集研究开发和生产销售为一体的实业公司，约40%是为研究开发、生产销售提供各种配套服务的第三产业公司，包括金融、风险投资等公司。在发展中国家，印度的班加罗尔软件集群也是一个非常成功的高新技术产业集群。

（4）传统服务业产业集群。它是传统服务企业根据差异化或者互补的服务产品为消费者提供多样化选择和一站式的服务而在城市某个交通便利的区域集聚而形成的，如餐饮业集群等。

（5）现代服务业产业集群。它是依托中心城市的产业基础积聚而成，如英国伦敦的金融产业集群、美国好莱坞的电影娱乐业集群、日本东京闻名世界的动漫集群等。

（二）根据生产要素分类

根据技术特征和要素使用情况，产业集群可以分为劳动密集型、资本密集型、技术和知识密集型三个类型。具体来说：

（1）劳动密集型产业集群。它主要是由从事纺织、服装、制鞋、家具和金属等以手工艺为基础的传统产业集群和农业产业集群组成，进入壁垒低，集群以中小企业为主体，企业之间价值链的节点上存在纵向上的社会化分工和横向上的竞争与合作关系，在这种产业集群内，专业化程度较高，市场组织网络发达。

（2）资本密集型产业集群。它主要是从事汽车制造、摩托车制造、电气机械制造、家电等以大量资本投入为特征的产业集群。这种集群一般以一个或者几个大企业为中心，价值链的节点上主要以纵向上的社会化分工为主。

（3）技术和知识密集型产业集群。这个类型的产业集群可以分为高新技术产业和现代服务业产业集群，它们以知识或技术密集为特征。这种集群内部基本没有核心，集群网络呈现出强水平竞争和弱垂直联系的特点。

（三）根据产业集群发展的驱动力分类

根据产业集群的驱动力划分为"原生型"产业集群和"嵌入型"产业集群。"原生型"产业集群是指在区域内部资金、技术、市场等资源的驱动下形成的集群。如浙江宁波的服装产业集群、永康五金的机械产业集群、义乌的小商品集群等。①这些集群的发生发展经历了一个自然选择与演化的历史过程，具有很强大的

---

① 吴德进. 产业集群论［M］.北京：社会科学文献出版社，2006.

生命力和发展潜力。原生性产业集群一般具有根植性、共生性、不易移植性的特点。"嵌入型"产业集群是指借助良好的区位优势和成本优势，以外向型经济推动中小企业群扩张的集群。这种"嵌入"型产业集群在起步阶段的资金、技术、市场都依靠境外，运作模式主要是"外商接单、区域内生产、产品全部或部分出口"，在实际的发展中体现为制造商的转移会带动上下游企业甚至服务业一起转移，形成大中小企业相互配合、相互联动的模式。中国广东省的一大批产业集群都属于这种类型的产业集群，如东莞厚街的家具、南海的内衣、里水的鞋业等。这种集群具有起步快、形成时间短的特点，很快就对当地的经济起到了巨大的推动作用。

（四）根据内部企业的联结模式分类

根据内部企业的联结模式，产业集群可以划分为垂直关联型产业集群和水平关联型产业集群。垂直关联型产业集群是以产业价值链为主导关联模式的产业集群。在价值链联结模式中，企业之间有较为明确的专业化分工，最终产品生产企业、供应商、客户形成垂直的纵向关联。传统产业集群一般都是这种类型。水平关联型产业集群是以竞争合作互动为主导联结模式的产业集群，内部的企业之间并不主要表现为专业化分工的纵向关联，而是表现为横向的竞争与合作关系。高新技术产业集群一般都属于这种类型。

（五）根据组织结构分类

集群内部的组织结构分为四种类型：中心—卫星模式产业集群、多中心模式产业集群、无中心模式产业集群、混合模式产业集群。[1]

（1）中心—卫星模式产业集群。在集群的组成企业成员中有一个核心企业，其他的成员企业围绕这个核心企业提供配套或者服务。产业上下游企业之间的专业化分工比较强，同一配套产品的生产企业之间存在强的水平竞争关系。核心企业往往具有较强的创新能力，通过知识溢出效应，带动整个集群的技术创新和产业升级，它的竞争能力决定了整个集群的竞争力。这种模式的集群较多地出现在设备制造产业中，中国浙江温岭的摩托车产业集群、日本丰田城汽车产业集群就是属于这个类型的集群。

（2）多中心模式产业集群。它与中心—卫星模式产业集群极为相似，但是它具有两个或者两个以上的核心企业，集群的组成企业成员围绕这些核心企业提供配套和服务。集群内专业化分工的纵向关联比较强，同一配套产品的生产企业存在一定的水平竞争关系，核心企业的发展决定着整个集群的发展。中国浙江温州柳市的低压电器产业集群就是这种模式，整个生产系统众多的中小企业以正泰、

---

① 魏江. 产业集群——创新系统与技术学习［M］. 北京：科学出版社，2003.

德立西和天正等大型企业集团为核心进行生产。

（3）无中心模式产业集群。它的成员企业在市场地位上是相近的，在产业链的每个环节上面都存在相互竞争的小群落，或者产业链不明显。各企业之间以水平联系为主要的联系方式，企业间激烈的产品竞争推动产业集群的升级。

（4）混合模式产业集群。它兼有中心模式的产业集群和无中心的模式的产业集群的特征，集群内部既存在几个核心企业及相关的小企业，又存在着大量没有纵向社会专业化分工关系的中小企业。例如，美国的硅谷地区既有惠普、英特尔、苹果、太阳微系统等世界领先的大公司，也有大量相关的配套和服务企业，同时还存在着许许多多微小的竞争性软件研发公司。

第二节　产业集群的相关理论

一、产业集群理论的渊源

产业集群理论最早可以追溯到马歇尔的产业区位论。1890 年，马歇尔基于英国当时斯塔尔福德郡和白金汉郡的陶器产业，在《经济学原理》中，将产业区（Industy District）定义为一种由历史与自然共同限定的区域。其中的中小企业积极地相互作用，企业群与社会趋向融合。马歇尔提出的产业区不是一般的经济区，其内的生产活动不是自给自足的，而是劳动分工不断细化，生产力迅速提高，促使区域与外部经济空间建立持久与广泛的联系。

马歇尔认为这种产业区有这些特点：①与当地社区同源的价值观念系统和协同创新环境；②生产垂直联系的产业群；③最优的人力资源配置；④产业区理想的市场——不完全竞争市场；⑤竞争与协作关系；⑥富有特色的本地信用系统。

由于产业区具有上述特点，所以产业区具有"外部经济"的特征，外部经济包括三种类型：劳动力市场的共同分享；中间产品的投入与分享；技术外溢。马歇尔还细致地分析了产业区内知识量的增加以及信息技术的传播导致的技术外溢。他指出，在产业区内，行业的秘密不再成为秘密，而似乎是公开了，同行们在不知不觉中学到很多，优良的工作受到正确的赏识，机械上以及制造方法和企业的一般组织上的发明和改良成绩得到了迅速研究。如果一个人有了新思想，就为别人所采纳，并与别人的意见结合起来，因此，它就成为更新思想的源泉。①

---

① ［英］阿尔弗雷德·马歇尔. 经济学原理 ［M］. 陈良璧译. 北京：商务印书馆，1965.

马歇尔对产业集群理论的主要贡献在于把某一区域原本无关的经济、社会、文化等方面结合起来，将之称作一种适合企业生存、发展的外部氛围。这种氛围也就是提到的"外部经济"促使中小企业的集聚并最终形成产业集群，推动区域经济的发展。但是马歇尔对产业区这种产业集群形式的研究是初步的和不完全的，如对产业区的功能、度量和效应等问题没有触及，也没有考虑区内企业的成长、企业的迁入或者迁出等动态因素的变化等。就方法论而言，由于缺少严格的数理表述方法，马歇尔的产业区理论长期游离于主流新古典经济学之外。[①] 在现实中，随着新技术革命和全球化趋势的到来，技术改良和技术升级、柔性生产以及面对全球竞争等问题成为企业集群必须解决的新课题，这些都是马歇尔的理论难以解释的。

但不管怎样，这种对产业集群开创性的研究使马歇尔的产业区理论成为了产业集群的理论渊源。

二、产业集群理论的全面发展

(一) 新产业区理论

新技术革命极大地推动了生产力的发展，而生产力的发展又推动了生产方式的转变，人类社会开始进入了一个信息时代。信息时代的制造业与传统的制造业有许多不同的特点，如产品的生命周期越来越短、产品的技术含量越来越大、同类产品的竞争越来越激烈、品种越来越多以及中小批量的产品在生产中占的比重越来越大。制造业的这些新特点迫使它寻求一种更好的生产方式来解决这个问题，而强调专业化分工的灵敏企业的动态集成的柔性生产方式正是这样的一种新的生产方式，这也必然导致新的产业空间组织形式的诞生。这种空间组织不同于传统的产业区或工业区，是以中小型企业为主导的，在专业化分工基础上的既竞争又联合的一种新型的产业区。这种新型产业区从一诞生就产生了非凡的生命力，20世纪70年代和80年代初，世界性的经济危机导致发达国家绝大部分地区的经济衰退，但是，美国的硅谷、意大利、德国的某些地区却与大经济环境相背，出现了经济增长稳中有升的现象。

新产业区的研究始于20世纪70年代初对意大利东北部和中部地区中小型企业分布区的研究，该研究揭示了这些产业区发展的内在动力以及作为动力源的区域社会经济特性。意大利学者阿纳尔多·巴尼亚斯科（Arnaldo Bagnasco）在1977年首先提出新产业区的概念，认为新产业区是具有共同社会背景的人们和企业在一定自然地域上形成的"社会地域生产综合体"。贝卡蒂尼在1990年进一步指

---

① 吴德进. 产业集群论 [M]. 北京：社会科学文献出版社，2006.

出，新产业区是一个社会和地域性的实体，它是由一个在自然和历史所限定的区域中的人和企业集合的特征所决定的。真正让新产业区理论引起关注的是迈克尔·皮奥里（Michael Piore）和查尔斯·萨贝尔（Charles Sabel）提出的弹性专精理论，他们二人在合著的《第二次产业分工》（The Second Industrial Divide：Possibilities For Prosperity）一书中首次对 19 世纪的产业区再现的现象进行了重新解释，并提出了这种发展模式的特点是"弹性专精"，在这种模式下，通过分工和协调，小企业集群可以参与大企业的竞争。他们认为，20 世纪 70 年代中期以来，工业生产已经从大批量、少品种、机械化的福特制时代进入到以小批量、多品种、灵活生产为特征的柔性专业化时代。[①] 1996 年，安·马库森从集群中企业规模比例和性质的角度，将产业区分为四类：①马歇尔式产业区，即有众多小企业构成的集群；②轮轴式产业区，即由大型的核心企业和众多关联企业集群形成的产业区；③卫星平台式产业区，即外部大企业的直接投资集中的区域，一般多见于发展中国家；④国家力量依赖性产业区，主要是围绕军事设施或大型研究机构形成的集群。马库森认为，现实中的产业区很可能是介于上述几个类型之间的混合形式。[②] 1998 年，王缉慈等人通过研究后对新产业区进行了定义，即新产业区是一种以地方企业集群为特征的区域，弹性专精的中小企业在一定地域范围内集聚，并结成密集的合作网络，根植于当地不断创新的社会文化环境。[③]

新产业区具有几大特性：一是因企业集聚而形成的高度专业化分工。新产业区理论强调了产业区内部企业通过高度专业化分工或转包合同结成一种长期的稳定关系。这种稳定的关系是基于企业之间的依赖和信任而形成的。二是本地结网。这是新产业区的核心内容，网络是指区内行为主体，包括企业、大学、科研机构、政府机构等，有选择地与其他行为主体进行长期正式的或非正式的合作，在此基础上所结成的长期稳定关系。这种网络是企业发展和区域经济发展的一种制度性手段，它可以活化资源、扩大信息交流、增强柔性、减少不确定性。在高技术时代，在独立企业之间的这种网络，又是技术创新的需要。三是植根性。一般来讲，企业的竞争力取决于国家环境，但更取决于企业所在的区域和地方环境，任何经济活动都离不开当地的社会文化环境。在新产业区里，人们虽然在不同的企业里工作，但由于区域的一种氛围，人们都具有相同的价值观和行为规范。四是行为主体的对称关系。在新产业区各企业都是相对独立和平等的，没有

---

① Piore，M. and C. Sabel. The Second Industrial Divide：Possibilities For Prosperity [M]. New York：Basic Books，1986.

② Markusen，A. Sticky Places in Slippery Space：A Typology of Industrial Districts [J]. Economic Geography，1996，72（3）：293-313.

③ 王缉慈等. 创新的空间：企业集群与区域发展 [M]. 北京：北京大学出版社，2001.

支配和依附关系，都以平等的地位参与本地结网。[①]

总之，新产业区理论的核心就是依靠内源力量来发展区域经济，与单纯依靠外力（主要指外来资本）和与通过凯恩斯式的政府干预来发展是不一样的。新产业区的内源力量来自区域内各行为主体通过中介机构建立起来的创新网络，这种网络一旦形成，通常会出现一个自我强化的循环系统，在系统内进行着大量的知识、信息和技术的良性循环流动，使系统不断保持着生命力、创造力和竞争力，促进区域经济的发展。[②]

新产业区理论的提出为人们构建区域发展的增长极找到了一个有力的理论支撑，它属于经济地理的理论范畴。对该理论的批评主要集中于其概括性和普遍使用性上，尤其是在发达国家的新产业区模式能否被成功移植到发展中国家的问题上尚无定论；另一种批评认为柔性专业化并不能完全取代福特制生产，在多数地区后者仍然占据主要地位。

（二）新经济地理理论

20 世纪 90 年代，美国经济学家保罗·克鲁格曼（Paul Krugman）相继发表和出版了《递增收益和经济地理》（1991）、《地理与贸易》（1991）、《发展、地理学与经济地理》（1995）以及《空间经济：城市、区域与国际贸易》（1999）等论文和著作，对产业集群的理论做了精辟而深入的研究。

克鲁格曼以规模报酬递增、不完全竞争的市场结构为假设前提，借用报酬递增的分析工具，通过其新贸易理论，把经济地理理论研究纳入主流经济学。克鲁格曼认为，产业集聚是由企业的规模报酬递增、运输成本和生产要素移动通过市场传导的相互作用而产生的。他在分析中引入地理区位等因素，分析了空间结构、经济增长和规模经济之间的关系，提出了新的地理经济理论，发展了集聚经济的思想。克鲁格曼的中心—边缘模型证明了工业活动倾向于空间集聚的一般性趋势，阐明了由于外在环境的限制（如贸易保护、地理分割等原因），产业区集聚的空间格局可以是多样的。[③]特殊的历史事件将会在产业区形成的过程中产生巨大的影响力，现实中的产业区的形成是具有路径依赖性的，而且产业空间集聚一旦建立起来，就倾向于自我延续下去，产生"锁定"效应。[④]克鲁格曼的垄断竞争模型在融合传统经济地理学理论的基础上，综合考虑收益递增、自组织理论、向

---

① 安虎森. 新产业区理论与区域经济发展 [J]. 北方论丛，1998（2）：2–26.

② 吴德进. 产业集群论 [M]. 北京：社会科学文献出版社，2006.

③ Krugman，P.Increasing Return and Economic Geography [J]. Journal of Political Economy，1991，99（3）：483–499.

④ Krugman，P.Increasing Return and Economic Geography [J]. Journal of Political Economy，1991，99（3）：483–499.

心力和离心力的作用，证明了低运输成本、高制造业比例和规模有利于区域集聚的形成。

克鲁格曼的研究与传统经济地理学有明显不同。克鲁格曼更多的是关注市场规模效应，而传统经济地理学更为强调企业与当地网络的相互作用。

克鲁格曼将经济区位理论与贸易理论相结合，用模型化的方法，通过严密的数学论证，从深层次上揭示了产业集聚的经济机制，弥补了已有的产业集群理论的不足。[①] 在现实中，克鲁格曼的集聚理论也为产业政策扶持地方产业集聚发展提供了理论依据。但是，他在论述外部性时，仅强调了中间投入品和劳动力市场所产生的外部性，而因为建模难以量化的原因忽视了技术、知识外溢产生的外部性。此外，中心—外围模型是从更一般的意义研究人口与经济活动的集中现象，不是严格意义上的"集群"分析，尽管是以马歇尔的理论为基础，但实际上是扩大了马歇尔的研究对象。从产业范围看，该理论是研究制造带和农业带这种最一般的分工形式，而不是研究细分行业中相关企业的聚集。[②]

（三）新竞争经济理论

美国哈佛大学商学院教授迈克尔·波特把产业集群纳入竞争优势理论的分析框架，创立了产业集群的新竞争经济理论。1990 年，波特在考察了大量发达国家竞争力状况的基础上，出版了《国家竞争优势》一书，阐述了创新是企业竞争优势获得的根本途径，也是企业保持持续竞争能力和国家保持竞争优势的核心，而产业集群则正是企业实现创新的一种有效途径，因为产业集群本身就是一种良好的创新环境。竞争优势是通过高度本地化过程而产生并持续发展的，没有一国能在所有领域都获得国际竞争成功，各国只能在本国有特色的产业中获得国家竞争优势，而产业的发展往往是在国内的几个区域内形成有竞争力的产业集群。在该书中，他引入了"产业集群"（Cluster）这一概念，提出了产业国家竞争优势的"钻石模型"。"钻石模型"的构架主要由四个基本的因素构成，分别是生产要素，需求条件，相关及支撑产业，企业的战略、结构与竞争，它们组成一个完整的系统（见图 5-1）。

地理集中性使得各个关键要素的功能充分发挥，在互动的过程中，推动产业集群的出现。波特认为，产业集群的产生过程必然会有市场竞争的参与，集群的产生和发展关键在于其竞争优势，但同时他又强调地区禀赋的作用和地区政府战略的影响。

---

① 吴德进. 产业集群论 [M]. 北京：社会科学文献出版社，2006.

② 魏剑锋. 国外产业集群理论：基于经典和多视角研究的一个综述 [J]. 研究与发展管理，2010，22 （3）：9-18.

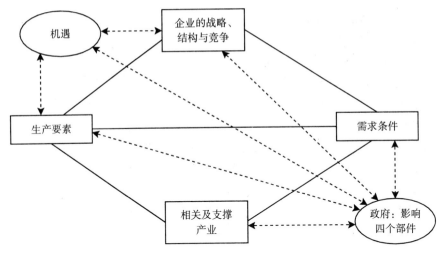

图 5-1　国家竞争力分析钻石模型

资料来源：Michael E. Porter（1990）。

1998 年，波特又在《哈佛商业评论》上发表了《集群与新竞争经济学》一文，系统地提出以产业集群为主要研究对象的新竞争经济理论。波特认为集群优势是多方面的：①集群通过增强公司的生产力、推动创新的方向和步伐、鼓励新企业的形成三种方式影响竞争；②企业加入集群将使他们在寻求投入、获得信息技术等方面运作起来更加有效；③集群为企业获取雇员、供应商和投入要素提供了更好的途径，可以降低交易成本；④集群是取代垂直一体化的更好选择；⑤产生互补性效益，一个集群成员之间广泛联结而产生的总体力量大于其各部分之和；⑥集群是获取机构和公共物品的途径；⑦集群使当地的竞争更具动力，集群通常可以使衡量和比较公司业绩更为便捷。[①]

以波特为代表的战略管理学派从"是什么影响了国家竞争优势"这一问题出发，通过经验总结，发现了产业集群在竞争优势获得中的关键作用，而且将产业竞争优势决定因素与地理集中因素结合起来研究，并比较全面地探讨了集群的竞争优势，对产业集群的研究和应用做出了很大贡献。但是，波特的理论仍然是不完全的。一些学者对波特理论的批评主要有如下几点：①忽视生产的社会根植性，因为不同国家或者区域有不同的文化和社会网络；②有竞争优势的区域不一定有竞争优势的集群；③理论的应用部门有限，也许只适合以资源为基础的工业经济；④"钻石"模型没有考虑外国直接投资；⑤研究的产业集群是国家层面

[①] Porter, Michael E. Clusters and the New Economics of Competition [J]. Harvard Business Review, 1998, 76（6）: 77-90.

的；⑥模型的微观变量作用不清。

（四）交易费用理论

与经济地理理论不同，产业集群交易费用论强调，企业空间行为是由其内部和外部环境共同作用的交易性质所决定的。①科斯、威廉姆森和斯科特是这一理论的典型代表。

罗纳德·科斯（Ronald Coase）在 1937 年发表的《企业的性质》一文中提出，交易费用是在人们靠市场来交易产权时运用资源的费用，包括收集市场信息的成本、缔约成本监督成本和强制履约的成本。企业或其他组织作为一种参与市场交易的单位，其经济作用在于把若干要素所有者组织成一个单位参加市场交换，这样减少了市场交易者的单位数，从而减少信息不对称的程度，有利于降低交易费用。

在科斯的研究之后，奥利佛·威廉姆森（Oliver E. Williamson）等经济学家进一步对交易费用理论进行了发展和完善。在威廉姆森分别于 1975 年和 1985 年出版的 Markets and Hierarchies：Analysis and Antitrust Implications② 和 The Economic Institutions of Capitalism③ 两本著作中，他提出交易费用的大小与不确定性、交易频率和资产专用性之间有很大的关系，并界定了交易费用的市场组织分析方法，用交易的不确定性、交易频率和资产专用性解释了经济活动的规制结构的决定。一般来说，当交易的不确定性、交易频率和资产专用性都处于较低水平的时候，采用市场这种有效率的组织形式；当交易的不确定性、交易频率和资产的专用性都处于较高水平的时候，科层组织是有效率的组织形式。当上述三个因素处于中间状态时，市场和科层组织相互渗透形成的中间性组织往往是最有效率的。这些组织的存在，是组织本身从效率的角度或"生存能力"的角度内生性决定的。因为科层组织可能会带来协调成本过高导致层级组织失灵的风险，而市场交易成本过大也会存在市场失灵的风险，所以中间性组织是克服市场失灵和科层组织失灵、节约交易费用的一种有效的组织形式，产业集群就是这样的一种中间性组织结构。

斯科特是将交易费用分析方法具体运用到区域产业集群发展中比较成功的学者。他运用交易费用理论较好地解释了区域产业集聚降低地方企业交易费用的机理：产业集群内众多企业可以增加交易频率、降低区位成本，使交易的空间范围

① 吴德进. 产业集群论 [M]. 北京：社会科学文献出版社，2006.

② Williamson, O. E. Markets and Hierarchies：Analysis and Antitrust Implications [M]. New York：Free Press，1975.

③ Williamson, O. E. The Economic Institutions of Capitalism [M]. New York：Free Press，1985.

和交易对象相对稳定，这些均有助于减少企业的交易费用；同时，聚集区内企业地理上接近，有利于提高信息的对称性，克服交易中的机会主义行为。此外，产业集群的经济活动根植于地方性社会网络，各个企业在某种程度上具有共同的价值观和文化背景，可加强企业间的合作与信任，促使交易双方达成并履行合约，节省企业搜寻市场信息的时间和成本，大大降低交易费用。这种产业集聚降低交易费用的机理在当今社会有着极其重要的意义，因为当今社会全球化和信息化速度加快，劳动分工日益深化，企业间交易频率大大增加，交易总费用随之大大上升，企业在附近寻找交易伙伴能够大大减少交易费用，从而也促成产业集群这种特殊的中间性组织的形成。

实际上，新制度经济学提出的中间性组织的观点并不能完全解释产业集群的形成机理和发展的内在机制的作用。因为，一个较为成熟的产业集群内部结构涉及众多因素，绝不是只用"中间性"组织的概念就能阐述清楚的。[①]

第三节　产业集群形成的动力原理

发达的通信和交通技术给经济分散化发展创造了有利的条件，但现实的经济却不断呈现出集聚发展的趋势。在市场竞争日趋激烈的信息化社会中，产业集群能够发挥出如此巨大的竞争力是有很多复杂因素在共同发挥着作用，其中主要因素可以分为如下四种：①产生集聚经济；②获得良好的配套条件；③有效促进创新；④产生巨大的品牌效应。针对一个典型产业集群的形成有可能是其中的一种因素发挥了作用，也可能是四种因素都起了非常重要的作用。

一、产生集聚经济

集聚经济从广义上来讲是由于各种相关的经济活动集聚而带来的利益或者费用的节约。产业集群中众多相关企业以及机构在一定的区域聚集发展，会节约大量的成本从而带来巨大的经济利益。一般来讲，产业集群产生的集聚经济可以包括两种类型：第一，企业内部规模经济。单个工厂生产规模因集群集聚规模的扩大而增大所带来的单位产品生产成本下降和利润增加。第二，企业外部集聚经济。集群内相互关联的企业由于合作或者功能互补、集聚规模的扩大所带来的经

---

① 尤振来，刘应宗.西方产业集群理论综述［J］.西北农林科技大学学报（社会科学版），2008，8（2）：62-67.

济利益。它们可以通过三种方式得以实现：①节约内生交易费用与外生交易费用；②降低服务机构和设施的使用成本；③形成共同的市场。

（一）节约内生交易费用与外生交易费用

1. 内生交易费用与外生交易费用的概念

交易费用的概念最早出现在科斯等人的著作中，他认为交易费用至少包括两项内容：①运用价格机制的成本，即在市场交易中发现相对价格的成本，其中主要包括获取和处理市场信息的费用；②为完成市场交易而进行谈判和监督履约的费用，包括讨价还价、订立合约、执行合约并付诸法律规范而必须支付的有关费用，这是交易过程中发生的费用。

后来又有其他的一些经济学家对交易费用进行了深入研究和探讨，发现交易费用按其来源可以分为内生交易费用和外生交易费用。所谓内生交易费用，是指在经济活动中，具有有限理性的经济主体（个人、企业或者政府）往往会出于最大化自身利益，在某种特定的信息不对称或者信息不完全的条件下采取机会主义行为①而引致的效率损失；外生交易费用，是指在整个交易过程中不可避免的直接或者间接发生的费用，如交易过程中所使用的交易物品如计算机、信用卡、合同文本等都可以归为外生交易费用。

2. 产业集群对内生交易费用的降低

众多关联企业和相关支撑机构能够部分克服或者在理论上完全克服企业间的信息不对称，这样就可以相应减少人们以及企业的机会主义行为，内生交易费用也随之大大减少直至理想的消除状态。

（1）集群特殊的信任机制降低了内生交易费用。处于产业集群中的企业不仅存在比较紧密的产业关联和产业互补关系，由于互相邻近，也会产生频繁的正式和非正式的面对面交流，这不仅加大了它们内部之间的互相竞争，而且也有利于它们形成紧密的合作关系，企业间由于不断地进行博弈，会形成一种信任自律机制。

假如一个新企业加入了这个社会，它在与其他企业进行交易时实施了机会主义行为，一旦被合作方发现了，会实施相应的惩罚，内容包括基于交易契约约定的惩罚、改变合作方以及警告等。由于集群各个企业和相关机构空间邻近，这个事件会成为一个信息，通过不断的市场交易以及快速、广泛的信息交流渠道在整个集群内部广泛传递。因为集群中生产类似产品、与之竞争的企业还有许多，这个新企业在集群中会处于极为不利的位置，在日益激烈的市场竞争中容易败下阵

---

① 机会主义行为是指人们在交易过程中，存在用各种投机取巧的办法如说谎、蒙骗、窃取等向交易对方提供歪曲事实的信息来实现自身利益最大化的动机和行为。

来。在这种情形下，集群企业间的"集体惩戒"机制会演变成一种信任自律机制。

这种信任自律机制使得集群内的企业和企业、个人和个人之间容易产生相互信任，降低交易成本。

（2）集群内共享的劳动力市场降低了内生交易费用。在一般的劳动力市场上，由于雇主和劳动力的信息不对称，机会主义行为也容易产生，从而导致效率损失。产业集群的劳动力市场因为具有下列特征，从而大大减少了效率损失。具体来说：一方面，集群是由一个产业或者几个关联产业和相关机构组成的，生产的产品的相似性或者互补性使集群内的劳动力市场具有比较大的专业性。劳动力在集群内企业与企业之间的流动更加容易，这使得劳动力在集群内的替代性更强，加大了劳动力利用信息不对称而采取欺骗、偷懒等机会主义行为的风险。另一方面，集群的劳动力市场的信息流动非常便捷，显示各类劳动力相关特征的信息企业会得到相当程度的了解。而且，一旦某个劳动力个体实施了机会主义行为被发现后，这个信息会迅速传递到整个集群，最后的结果很可能是被整个集群企业所抛弃。

从上面的论述可以看出，集群的劳动力市场在降低交易费用、配置劳动力资源方面具有很大的效率。

（3）集群的专业市场降低了内生交易费用。专业市场指集贸市场发展到一定阶段的产物，指某类或者某几类相关或相近产品集中交易的场所。这种专业市场不仅具有一般市场的特点，而且也具有一般市场所不具备的特点。

首先，专业市场提供充分的市场信息。因为专业市场集聚了大量的相似商品以及互补商品，厂商、批发商、零售商、客户通过这些商品紧密联系在一起。在这里，客户可以比较充分地了解商品，货比三家，使得整个市场近似于古典的完全竞争市场。在这种条件下，虚假、欺瞒的信息会比较容易被识别，实施机会主义的风险会很大，在交易中一旦发现，很可能被迅速传播到整个市场。

其次，专业市场上商家摊位固定。在这种情形下，商家为了自身的声誉和长远的收益，会尽量客观地把商品的真实信息展现给客户，也会将客户的意见反馈给厂商，大大降低了由于信息不对称造成的机会主义发生的可能性。用博弈理论来解释，就是专业市场上商家摊位固定使商家跟客户的交易从单次博弈过程变成了多次重复博弈过程，加大了相互合作的可能性。

再次，专业市场的承办者起到交易监督者的作用。专业市场的承办者可以对交易的公正以及进行交易的商品质量进行监督，对交易双方特别是卖方有很强的约束力，有效地降低了交易双方因互不信任而产生的交易费用。

最后，集群特定的制度和人文因素降低了内生交易费用。因为历史或社会制度的长期孕育，一些地区存在一种共同的文化传统、行为规则和价值观，这种社会文化环境氛围与相关制度能够促使集群中的企业形成社会网络关系，这是非常重要的社会资本。[①]

现实的经济行为脱离不开社会网络，在一定的社会网络中发生市场交易会更加强化交易双方的信任感。集群文化传统、行为规则、共同的价值观、相关的制度都会促使交易更加顺利地进行，大大减少机会主义发生的可能性。

3. 产业集群对外生交易费用的降低

外生交易费用是在交易过程中发生的间接或直接的费用，这种费用的产生是客观的，跟交易主体双方对相关信息了解的对称程度并没有多少关系。例如，在交易前搜寻相关合作者的费用、交易中订立合约的费用、订立合约后监督或者执行交易所产生的费用等均属于外生交易费用。产业集群对外生交易费用减少的主要原因有下面三点：①共享的市场信息降低外生交易费用。集群中支持机构提供的交流平台、集群中基于"信任和承诺"的社会网络、企业间的生产网络为企业间提供了大量的信息交流机会，大量的市场信息近距离地在企业间扩散，成为一种共有的资源。正因为如此，企业决定生产时因为掌握了各种差异化上游产品的质量、型号、美感、价格的相关信息，找到生产合作伙伴较孤立布局的企业容易得多。②交易双方签订相关合约一般来说需要面对面进行交流，空间的邻近提供很大的便利，可以节约大量的时间成本和物质成本。③在合约签订后，企业的集聚不仅方便需求方的监督执行，而且节约了大量执行交易的时间成本和供应方相关的运输费用，原材料、中间产品的运输费用得到很大节省。

对于孤立布局的企业来说，不仅外生交易费用大大增加，而且不容易达成一致协议。例如，1999 年美国超过 40%的汽车购买商通过互联网搜索信息，却只有 3%完成了网上交易就很好地说明了这一点。

（二）降低服务机构和设施的使用成本

从正面说，大量相互关联的企业聚集发展，可以大大增加市场中介服务机构以及规制管理机构的服务对象，提高服务所带来的效用，为更加专业地服务于企业生产提供有力保障，同时对基础设施的高效利用也可以产生另外的经济效益。

1. 提高服务机构的服务效用

这些机构为生产商、供应商、客户提供运输、保险、金融、信息咨询、教育、培训、研究、技术等服务，大大提高了集群内生产部门的生产效率以及商品

---

① "社会资本"一词最早出现在社会学研究中，它强调人们之间频繁且交错的关系网络对社会发展的重要性。目前，随着社会资本理论的发展，它已被广泛地用来解释许多社会现象和一个地区和国家的经济增长。哈佛大学社会学教授 Robert D. Putnam（1993）将社会资本定义为一种组织特点，如信任、规范和网络等，它使得实现某种无它就不能实现的目的成为可能。社会资本通过合作的促进提高了社会的效率。

交易效率,这些服务企业都具有一定的服务门槛值,即让企业盈利的最低服务数量。如果低于这个门槛值,服务企业没有盈利的空间;反之,它们服务对象的数量越多越能提高服务产品产生的服务效用,盈利的空间也就越大,不仅有利于自身的发展,而且有利于提高服务质量,从而推动整个集群企业的良性发展。规制管理机构则是为集群内各种企业以及机构提供公共服务的行业协会等民间团体以及相关政府部门,这些部门虽然是非营利性机构,但是提供的公共服务也需要一定量被服务的企业共同享有才能尽可能发挥它的效用。

2. 增加基础设施的使用率

集群中的基础设施的建设也有类似的情况。水、电、煤气、道路、通信、污水处理等基础设施一次性投入很大,但它们一旦建成,使用的边际成本很小。集群中大量的中小企业共同分享着这些基础设施,降低了它们的使用成本,提高了资源的利用率。

(三) 形成共同的市场

集聚的企业容易形成共同的市场,包括集群区域内部市场和区域外部市场。市场对于产业集群的产生和发展起到非常重要的作用。

当最终产品的生产企业经过初始阶段在一定的区域内集聚时,区域内部市场需求不断扩张,从而诱使从事中间产品的企业因为能够获得利润而在附近出现。集聚中各类企业专业化分工的进一步深化最后将导致产业集群的产生。

集群的各类企业会通过有形的载体如专业化市场、大量的销售企业,或者无形的载体如互联网与外界的市场紧紧联系在一起,这样就容易形成共享的营销网络,不断扩大共同的区域外部市场。

二、获得良好的配套条件

这种配套条件可以从生产企业和集群网络两方面进行分析。

一方面,集群区域内众多生产企业在纵向上进行社会专业化分工合作,横向上也存在大量合作关系。这样的共生关系使企业获得下列五项好处:①专注于自己的擅长领域,不断创新提高生产效率;②在生产旺季和淡季通过外包这种形式减少生产波动;③降低新企业的资本进入门槛,降低生产风险;④通过合作减少来自市场的不确定性,共同应对来自整个市场的冲击;⑤共同建立生产供应链、开发新产品、开拓新市场,克服其内部规模经济的劣势。

另一方面,从集群网络来看,众多大中小企业、各种服务机构、行业协会等中间组织以及政府机构形成集生产、销售、服务、制度保障等功能于一体的完整的生产协作配套体系。通过这些配套体系,企业能够以较低的成本便捷地获得生产必要的零配件、中间投入品、信息、技术、专业化的劳动力以及资本,同时可以将产品及时提供给客户，大大减少生产的不确定性和降低交易成本。例如，在获得专业劳动力方面，关联企业大量集聚会吸引大量的专业化人士的集中，他们正式或者非正式的交流以及在企业间的流动不断提高其专业化技能，而且集群的教育培训机构也能够为这些专业化的劳动力提供不断学习的平台，所以极大地方便了企业通过当地的劳动力市场或者社会网络搜寻到合适的专业化劳动力。

由于集群的灵活专业化以及良好的配套条件，企业生产产品品种数多、时间短，可以缩短产品交易期，适应了国内外市场的激烈竞争和各种不确定性的特点，满足了瞬息万变的市场需求。最为重要的是整个集群在社会人文环境、规范制度的约束下和规制管理机构监管或引导下，知识产权得到有效的保护，从而得到合理有序的发展，减少由于企业之间的低水平恶性竞争而导致集群走向衰落的可能性。

三、有效地促进创新

创新是企业发展的灵魂，也是一个国家竞争力的集中表现。大量相关企业集聚在一起发展，创造了一个良好集群创新的环境。集群创新的环境包括两个方面：一方面是知识溢出，另一方面是企业的竞争和合作机制。

这种特殊的创新环境发挥作用也是要有前提的，因为集群内部环境给企业带来了共享知识溢出的好处，一些企业便会在知识创新方面搭乘"便车"，通过创新模仿降低成本与从事创新研究的企业进行低价竞争，导致创新者因为创新创造的超额利润很快消失而不愿意继续新的创新。这样的企业博弈的结果是集群区域将没有企业愿意对创新进行投资，整个集群也将进入低水平价格竞争，导致渐渐衰退甚至消亡。但集群如果有对知识产权进行有效保护的体系，在一定的时间内使进行创新投资的企业获得超额利润，弥补投入的成本以及进行持续扩张，便会形成创新发展的良性循环。创新能力强的企业可以成为集群中的主导企业，而创新能力弱的企业形成协作配套的附属企业，它们共同利用知识的溢出、竞争和合作机制有效地进行不断创新。

（一）知识溢出

大量集聚的相关企业可以共享知识溢出，特别是默会知识（Tacit Knowledge）。①经过一些经济学家的经验研究，知识的溢出效应随着企业空间距离的加大而减弱。例如，波特对大量发达国家竞争力状况进行研究后发现，创新是企业

---

① 默会知识是波兰尼在 1958 年首先在其名著《个体知识》中提出的。它主要是相对于显性知识而言的，是一种只能在行动中展现、被觉察、被意会的知识，却又不能通过语言文字符号予以清晰表达或直接传递的知识。

保持持续竞争能力和国家保持竞争优势的核心，而产业集群则正是企业实现创新的一种有效途径。他们的研究表明，大量邻近的相关企业享有知识溢出，这些知识对于创新特别是集成创新、引进消化吸收再创新起到了非常重要的作用，从而形成集群创新的优势。

探究其原因主要有两点：第一，地理接近使企业间可以通过正式渠道或者非正式渠道进行面对面的合作交流，同时，产学研的结合、行业协会或者政府机构搭建的内外交流平台、各种人才在集群内的流动都成为知识溢出的重要途径。第二，共同的文化传统、行为规则和价值观促进了知识的溢出。知识中很大一部分是没有进行编码的默会知识，这些知识的传递不仅需要有相似的知识结构、企业组织基础等，更需要共同的人文背景做支撑。集群内共同的文化传统、行为规则和价值观形成了维持集群内部企业长期联系的纽带，有效地促进了默会知识在集群内部传递。例如，美国"硅谷"就存在着共同学习、相互竞争、勇于创新的价值观，有效地促进新思想、新观点、新知识的交流和共享。大量具有创新能力的企业不断涌现，"硅谷"高新技术经济的不断发展，引领世界技术发展潮流。

（二）企业的竞争和合作机制

集群特殊的竞争机制和合作机制对于创新也起到了非常重要的作用。

（1）竞争机制。生产链中的每一个环节上众多企业相互竞争，在这种环境下，为了获取产品的垄断竞争优势，集群中的企业将不断进行技术创新。由于产业集群内企业间相互邻近，一旦新的技术创新诞生后，会随着技术不断成熟通过各种渠道渐渐向周围企业扩散，尽管会存在专利的保护，但是从长期来看企业只有不断进行创新活动，才能具有持续的竞争力而不断获得超额利润。

（2）合作机制。集群中同类企业之间还存在着技术和产品设计的合作关系，同时，中小企业可以共享集群内技术、信息以及培训方面的服务，维持中小企业灵活、创新的能力。

这两种创新机制能够形成产业集群的强大竞争力并向增值环节的上端攀升。

四、产生巨大的品牌效应

品牌竞争是市场经济运行的必然产物。品牌特别是知名品牌在人们心目中往往意味着一流的产品、一流的技术和高额的附加值。

产业集群就是创造品牌发展的优良"孵化室"，产业集群发育充分的地方，必然会诞生一些具有竞争优势和持续创新能力的骨干企业。这样的优秀企业越多，品牌储备数量就越庞大，知名品牌的诞生也自然会水到渠成。

越来越多的实例揭示了产业集群带动经济腾飞、促进品牌发展的规律。如美国的硅谷，诞生了 Google、惠普、英特尔等众多 IT 业名牌；在我国，北京中关村的微电子产业集群拥有联想、方正、紫光、华旗资讯等民族 IT 业名牌。

工业化与城市化往往是同步进行的，产业集群这种富有生命力的产业空间组织推动着生产要素的集聚、城市基础设施的供给、服务部门的产生等，这一切导致大量的农村人口进入到城镇，不断融入现代的生产、生活当中，大大加快城市化的进程。米尔斯和汉密尔顿把这个过程分为两个层次：假如规模经济存在于某种经济活动中，那么从事这种经济活动的经济主体为了获得规模经济就必须在某地（具体的区位选择取决于经济活动的性质和内容）进行大规模生产，这就是经济活动的地方化或本土化（Localization）过程。这个经济主体的雇员为了避免通勤成本而在附近定居，这样就引起了人口（需求）的集中。在需求指向下，一些相关的经济活动及其从业人员也就近选址（克服运输成本和通勤成本）。聚集在一起的人口和经济活动又会产生积极的外部效应。聚集经济甚至吸引了那些与最初活动无关的人口和经济活动的进一步聚集，从而开始了城市化（Urbanization）过程。城市空间的集聚还增强了城市持续演进的自增强动力机制，导致城市地域的外延与扩展。

我国浙江省在改革开放后发展起来的集体和个体私营企业有相当一部分最初散布在城镇边缘的农村，具有了产业集群的雏形，为了推动集群的健康发展和升级，各级政府主要通过建设特色工业园来作为集群的载体，大大加快了当地工业经济的快速发展，同时也集聚了大量的非农人口，形成了一个个设施配套、功能完善、环境优美、经济发达的城镇。

第六章 城市住房的规划研究

与土地问题相类似，住房问题也是我国经济社会发展中的核心问题，尤其在近几年城市化迅速推进的大背景下，住房问题已经成为政府工作与人民生活中的头等大事。一方面，住房规划直接决定了政府政策执行的成败；另一方面，它也对人民的日常生活有着基础性影响。同时，房地产业在目前我国的国民经济中属于支柱型产业，其关系到许多其他产业的发展，如银行业、钢铁业及水泥业等。所以，对于住房规划问题的研究在城市战略规划中占有十分重要地位。本章从城市住房的总体规模、城市住房的优化结构及城市公共住房的规划建设这三个问题出发，对城市住房的规划进行具体的研究。

第一节 城市住房的总体规模

一、住房和居住区的概念

（一）住房

住房是供人们日常生活居住的房屋，它主要由墙、窗和屋顶构成，是供人们在其中居住、用于满足居住需要的房地产。在人类社会早期，住宅只单纯具有避风雨、挡野兽的功能，但是在今天，住房不仅是最必要的生活资料，而且也是发展资料和享受资料。

住房属于不动产，它不仅具有不可移动性，而且具有耐用性和异质性等自然属性。此外，住房还是一种特殊的商品，因此它还有许多特殊的社会属性：①高值性。无论从单个家庭还是从一个国家来说，住房的价值都高于一般商品或财产的价值。②供给有限性。由于城市土地的稀缺和建筑技术的限制，住房的供给是有限的。③长期性。在住房的开发建设中，从土地的获取或使用权的取得，到资金的投入、开发建设，直至房屋建成，一般要历时两年左右。

（二）居住区

居住区是以住房为主体，在特定地域建立的居住生活环境，它是城市居民的居住生活聚居地。居住区按照用地可以分为住宅用地、为本区居民配套建设的公共服务设施用地、公共绿地，以及把上述三项用地连成一体的道路用地。根据国家标准《城市用地分类规划与规划建设用地标准》规定，居住用地组成的主要内容有：①住宅用地，即住宅建筑基底占地及其四周合理间距内的用地（含宅间绿地和宅间小路等）的总称；②公共服务设施用地，一般称公建用地，是与居住人口规模相对应配建的、为居民服务和使用的各类设施的用地，应包括建筑基底占地及其所属场院、绿地和配建停车场等；③道路用地，那居住区道路、小区路、组团路及非公建配建的居民小汽车、单位通勤车等停放地；④公共绿地，即满足规定的日照要求、适合于安排游憩活动设施的、供居民共享的游憩绿地，应包括居住区公园、小游园和组团绿地及其他块状、带状绿地等。

二、城市综合承载力、城市规模和城市住房总量规模

（一）城市综合承载力

1. 承载力

承载力就是在一定条件下，承载物对被承载物的支撑能力。在这里有三个关键因素。第一是承载物，它是承载力的基础因素，承担着发出承载力的主动作用。第二是被承载物，它是在承载物的基础上才能得以发展的事物，是受力物体。承载物与被承载物之间的联系不是孤立存在的，它们还要受到周围事物的影响，这就是承载力的第三个关键因素，即环境因素，它包括时间、空间、生态、社会和经济环境等一切承载物和被承载物所处的背景条件。

承载力是一个内容丰富的概念，很多学科都根据自己的研究特点赋予承载力不同的内涵。例如，在工程学中有桥梁结构承载力、隧道承载力和桩基承载力等。生态学中有种群承载力概念，表示一个特定的生态区域内所有资源能够维持的某一种群的最大数量。在旅游学科中，为了保护旅游景区的可持续发展、防止过度开发，研究者又提出了景区承载力的概念。此外，还有水资源承载力，它指在一定流域或区域内，其自身的水资源能够支撑经济社会发展规模，并维系良好生态系统的能力。

2. 城市综合承载力

2005年1月，建设部下发了《关于加强城市总体规划修编和审批工作的通知》，要求各地在修编城市总体规划前，着眼于城市的发展目标和发展可能，从土地、水、能源和环境等城市长远的发展保障出发，组织空间发展战略研究，前瞻性地研究城市的定位和空间布局等战略问题；要客观分析资源条件和制约因

素，着重研究城市的综合承载能力，解决好资源保护、生态建设、重大基础设施建设等城市发展的主要环节。

由此，在城市经济学科领域提出了城市综合承载力的概念。城市综合承载力主要包括：①城市的地理基础承载能力，如水和土地等，这是最根本的承载能力，决定了城市能建多大；②城市的功能，即城市的发展动力问题，决定了一个城市能有多大。城市综合承载力要从三个方面考虑：一是基于粮食安全底线的土地承载力问题，这实际上是我国城镇化规模非常重要的一个约束条件；二是环境资源承载力，即生态或环境的安全格局问题，这个承载力也是我国城镇化模式（包括规模和速度）的一种约束条件；三是就业岗位的承载力。

综合分析，所谓综合承载力，主要应该包括资源承载力、环境承载力、经济承载力和社会承载力，这是一个有机的结合，而不是简单相加。

（二）城市规模

城市规模指的是城市人口规模和用地规模。城市规模应当与城市综合承载力相适应，不能超过城市最大的综合承载能力。虽然城市规模扩大，会产生"聚集效应"，它可以带来土地、基础设施利用效率的提高，可以形成产业链条，但是城市规模的过度膨胀，也会带来额外的代价，如交通拥挤、生态恶化等。因此，想要扩大城市规模，就要增加城市的综合承载力。

（三）城市住房总量规模与城市综合承载力和城市规模的关系

城市住房的总量规模主要是指一个城市适宜建设的住房总量，它可以用套数表示，也可以用建筑面积或者占地面积表示。在当前城市规模未超过城市综合承载力的前提下，城市住房的总量规模主要应该与当前的城市规模相适应，并以城市的综合承载能力为限。如果城市住房的总量规模没有满足当前的城市规模，则会有城市人口无家可归的情况出现。如果城市房屋的总量规模超过了当前的城市规模，则会带来房屋的空置。只有随着城市的不断发展，吸引更多的人口到城市定居，控制房屋的问题才会得到解决。

假如城市住房的总量规模大到超出了城市的综合承载力，则超出的住房建设量将带来极大的浪费。如果城市人口也超过了城市的综合承载力，则超出的住房建设量可以使超出的人口在城市定居，这在一定程度上加重了城市的负荷。

当然，城市规模和城市综合承载能力不是一成不变的，随着城市环境的改善、基础设施的建设，城市规模和城市综合承载能力都可以不断扩大。一个城市住房最终的总量规模是以城市最大的综合承载能力为限的。

三、城市住房总量规模的影响因素

如前所述，影响城市住房总量规模的因素主要是城市的规模和城市综合承载力，因此影响城市规模和城市综合承载力的因素都对城市住房的总量规模有所影响，它包括社会经济因素、资源环境因素等。此外，城市本身的规模，包括用地规模和人口规模，以及建筑技术等因素实际上也影响着城市住房的总量。

（一）资源环境因素

自然环境是自然界中的一部分，是人们生产和生活所必须依赖的，如生物圈、岩石圈、水圈、大气圈等。自然资源是自然条件中可以被利用的部分，是在当前生产力水平条件下，为了满足人类对生产和生活的需要，可以被利用的自然物质和自然能量。自然资源是人类生存发展必不可少的物质条件，自然资源通过数量、构成、质量、相互关系和分布制约着城市的规模和城市的承载力。

1. 土地资源

土地作为一种资源，具有三个基本特征，即位置固定、面积有限和不可替代，其中与城市住房总量关系密切的是面积的有限性。城市中的土地资源更多的是作为一种空间资源，是一种能够为城市居民提供生活、居住、工作等各项活动所需场所的空间资源。由于城市居住、经济活动的高密度特性和城市不可能无限外延的规定性，城市土地资源具有短缺特征。

2. 水资源

水是一种既不可替代又不可缺少，极为宝贵的自然资源。它不仅是世界上一切生命赖以生存的源泉，而且是人类远古文明发展的摇篮。人类最早的文明就是流域文明，河流哺育着人类，人类依水而居。历代著名城市无不傍水而建，并依靠必要的可供水源逐渐发展起来。水在城市发展中占有极其重要的地位和作用，是城市生存的首要条件，同时也是城市经济持续增长和人口容量多少的决定性因素，还是改善城市生态环境的必备前提。

3. 城市生态环境容量

环境容量是指在人类生存和自然生态不致受害的前提下某一环境所能容纳的污染物的最大负荷，即环境所能接受的污染物限量或忍耐力的极限。城市环境容量指城市特定区域环境所能容纳的污染物最大负荷量，即城市自然环境对污染物的净化能力或为保持某种生态环境质量标准所允许的污染物排放总量。如果污染物排放数量超过了城市生态环境容量，就会造成城市生态系统的恶化。

（二）社会经济因素

构成对城市住房总量制约的社会经济因素有多个，主要有经济发展水平和城市设施的承载能力两大项。

1. 经济发展水平

经济发展水平的承载能力又可以分为三个方面：

（1）就业岗位数量。处于不同经济发展阶段的城市所提供的就业岗位总量是不同的，而就业岗位数量是直接影响城市人口容量乃至城市住房总量的首要社会经济因素。作为一个城市居民，首先必须有经济来源，产生对衣、食、住、行等方面的需求，才能在城市中生存。同时，只有当城市失业人员数量控制在低于一定比例之下时（通常认为应低于 5%），社会才能够保持较为稳定的状态。

（2）生活水平。生活水平不同对资源环境所造成的压力不同，消费能力也不同。生态系统中的每一种生物都要对其生存环境产生一定的生态作用，城市人口也同样要对城市生态系统产生一定的生态作用。一般地，城市单位人口的生态作用强度与该城市的经济发展水平、消费水平呈正相关关系。这说明，如果生活水平提高，但城市对与人口生态作用有关的商品供应能力和废弃物处理能力没有相应提高，则会使城市人口容量减少，从而带来城市住房需求的减少。

（3）产业的发展。产业结构是城市综合承载力的综合表现。因为不同的产业结构决定了同样土地面积的产出完全不同，因此实现产业结构的改造、升级和转换，可以有效增强城市综合承载能力，从而可以带来城市住房总量的提高。

2. 城市设施的承载能力

城市各项设施的承载能力严格地说也受制于城市的经济实力，如果经济实力强，则有能力提高设施承载能力，从而增加城市的住房容量。

（1）交通设施。交通设施包括道路和车辆两个方面。以北京为例，目前北京的机动车总量是北京城市现有道路空间资源条件无论如何也难以承受的，这也造成了北京十分严重的交通拥堵现象。可见，城市交通设施的承载力也是决定城市规模、城市人口和住房总量的一个重要指标。

（2）商业服务、教育、医疗设施。商业服务业有本身的规律性，一定的营业面积最多可以接待多少顾客是有一定限度的。如果商业服务设施不足，将使市民感到生活不便，也会使城市人口容量减小，从而减少住房需求量。同理，如果不能提供足够的教育、医疗设施，也将使城市人口容量和住房需求减少。

（3）其他基础设施。供水、供电、排污处理、城市防灾等基础设施的承载能力也决定了城市人口和住房的多少。例如，突发公共卫生灾害、工业事故等人为因素造成的损害，以及地震、台风、暴雨等自然灾害，都可能对城市综合承载能力形成威胁。

（三）制度与政策因素

1. 制度因素

制度是一个社会的游戏规则，[1] 组织制度包括正式约束和非正式约束。正式约束包括政治规则、经济规则和契约，具体形式有各种法规和经济人之间的契约

---

① 毕世杰. 发展经济学［M］. 北京：高等教育出版社，1999.

等。非正式约束主要包括各种价值观念、伦理规范、风俗习惯、意识形态等因素。科学完善的制度激励着经济健康快速发展，也促进城市环境的建设与完善，从而提高城市的承载力和城市住房容量。

2. 政策因素

政策也是影响城市住房总量的重要因素，一项政策可能促进也可能阻碍城市的发展，影响城市的规模、人口、用地和住房总量。例如，对某一地区实行特殊的倾斜性政策，可能极大地促进城市基础设施建设，从而提高人口容量。又如，一个城市如果对住宅产业的发展实行限制，这在一定时期就会导致住房供应量的减少，从而使住房总量得不到应有的增加。

(四) 城市规模因素

当前的城市规模是影响城市住房总体规模的直接因素。如前所述，城市规模包括城市人口的规模和城市用地的规模。

1. 城市人口规模

城市人口规模指生活在一个城市中的实际人口数量。如果一个城市的人口规模小于人口容量，则人口规模还有一定的扩张余地，而不至于引起资源生态环境系统或社会经济系统的危机；如果城市人口规模大于人口容量，则说明城市人口对资源生态环境系统或社会经济系统的综合压力已超出两系统的最大承载能力。城市人口的规模决定了城市住房的总量，随着人口的增加，城市住房的需求量增加；反之亦然。根据《城市用地分类和规划建设用地标准》，在人均单项建设用地指标中，居住用地指标为 18~28 平方米/人。

2. 城市用地规模

城市用地规模决定了城市住房的建设总量，用地规模大，城市住房可用地就多；反之亦然。在《城市用地分类和规划建设用地标准》中，要求城市编制和修订城市总体规划时，居住建设用地面积占总建设用地面积的 20%~32%。

(五) 其他因素

其他因素，如心理、政治、技术等因素也决定了城市住房的总体规模。特别是建筑技术，它决定了城市住宅总量能否匹配城市最大的综合承载力。城市的土地不可能一味地向外扩张，因此城市的土地是有限的、稀缺的，在有限的土地上建设的住宅总量能否满足城市人口的需求，在很大程度上取决于建筑技术的发展，也就是建筑是否能够无限向上扩展的问题。因此，建筑技术的发展也是制约城市住房总量规模的重要因素。

第二节　城市住房的优化结构

建立与社会主义市场经济运行机制相适应的城镇住房供应体系，必须优化住房供应结构，使住房的开发建设规模和结构与住房的需求量和需求结构相适应。国务院〔1998〕23 号文件明确提出："对不同收入家庭实行不同的住房供应政策。"如何根据国家制定的住房供应政策细分城镇住房市场、测算住房市场需求结构，从而确定城市住房供应结构，对于指导城市住房的开发建设、建立和完善我国城市住房供应体系有着较大的指导意义。

一、城市住房供应结构的分类

城市住房结构是由各类不同性质的住房构成的完整的、统一的住房结构体系，可有如下分类：

（1）按住房建筑结构的不同，可分为钢结构住房、钢筋混凝土结构住房、砖混结构住房、木结构住房等。

（2）按住房的层数或高度来划分，可分为高层住房、多层住房和低层住房。

（3）按住房样式的不同，可分为别墅式住房、公寓式住房、传统四合院式住房等。

（4）按住房档次的不同，可分为高档住房、中档住房和低档住房等。

（5）按居民的收入水平和我国政府对不同收入家庭实行不同的住房供应政策来划分，又可分为市场价商品住房与公共住房。

二、影响城市住房供应结构的因素

供应结构是住房制度的重要内容，其合理性程度直接关系住房保障功能的实现程度，影响因素是多方面的，主要的影响因素有家庭收入及住房消费支出、人口、城市规模和地区因素等。

（一）收入及住房消费支出

家庭收入及住房消费是影响住房供应结构的重要因素，国家统计局按收入水平将城镇家庭分为 7 类，即最低收入（10%）、低收入（10%）、中低收入（20%）、中等收入（20%）、中高收入（20%）、高收入（10%）和最高收入（10%）。

以 2012 年为例，全国城镇家庭收入及住房消费如表 6-1 所示。

表 6-1　2012 年全国城镇家庭收入及住房消费

指　标	全国	最低收入	低收入	中低收入	中等收入	中高收入	高收入	最高收入
人口比重（%）	100	10	10	20	20	20	10	10
户均人口（人）	2.86	3.3	3.21	2.99	2.8	2.67	2.58	2.52
人均收入（元）	26958.99	9209.49	13724.72	18374.8	24531.41	32758.8	43471.04	69877.34
人均可支配收入（元）	24564.72	8215.09	12488.62	16761.43	22419.1	29813.74	39605.22	63824.15
人均消费支出（元）	16674.32	7301.37	9610.41	12280.83	15719.94	19830.17	25796.93	37661.68
人均住房消费（元）	463.64	177.46	168.83	279.33	354.81	543.48	798.49	1520.36

资料来源:《中国统计年鉴 2013》。

我们把不同收入水平居民的住房消费量在居民住房消费总量中的比重简称为不同收入水平居民的住房消费比重，这个比重对于我们研究住房需求结构和住房供应结构有重要的参考价值。因为如果抽掉住房价格、物价总水平等因素对住房需求和住房供给的影响，那么，决定城镇住房需求结构从而决定住房供给结构的主要因素就是不同收入水平居民的住房消费量在居民住房消费总量中的比重。

（二）人口因素

住房具有居住、社会、文化等功能，应考虑人口属性及其需求对住房结构的影响。当前城镇家庭人口呈现如下特点:

（1）人口自然增长放缓。我国人口自然增长已由 1991 年的 12.98‰持续下降到 2012 年的 4.95‰，其中，北京和上海出现了负增长，并呈现北低南高和东低西高的格局。

（2）人口进一步向全国及区域中心城市、省会及重点城市等地区迁移，长三角、珠三角、京津冀等区域成为人口主要迁入地。

（3）家庭规模小型化趋势明显，2010 年全国家庭规模平均为 3.02 人/户，二代三人户、两人户和四人户核心家庭占近 60%，并出现了空巢家庭、丁克家庭、单亲家庭、单身家庭等非核心化小家庭。

（4）2012 年，全国 65 岁以上人口为 12714 万人，占总人口的 9.4%，已有 21 个省区步入老龄地区。未来 100 年我国将经历加速老龄化、快速老龄化和重度老龄化三个阶段，2050 年老龄化程度将达到 30%。

为此，应多关注"住房成套化、套型多样化和小型化、关注老年住宅"等，实现住房结构与家庭人口结构的匹配。

（三）城市规模因素

城市规模指的是城市人口规模和用地规模，它表示了城市人口和用地的数量。城市住房的供应结构与城市规模息息相关。

（1）城市人口规模与城市住房供应结构。如果城市人口规模大，那么住房供应应该向小型化发展，在有限的土地上建造适宜城市人口居住的住宅。如果城市人口规模比较小，则可以适当考虑建造居住密度低、户型偏大的住宅。

（2）城市土地规模与城市住房供应结构。城市土地规模决定了城市土地的稀缺性，如果一个城市土地较为稀缺，则应当使住房供应小型化；反之亦然。例如，我国香港地区土地十分稀缺，如果想要扩展城市用地只能填海，因此中国香港的城市住宅小型化趋势十分明显，所谓"千尺豪宅"指的就是一千尺的房屋（100平方米）在中国香港就应该称为豪宅。

（四）地区空间因素

不同用途和价格承受水平的土地将在空间上产生分化并形成较为明确的居住、工作、游憩、交通等城市功能用地分区。但是，过分强调城市功能分区会削弱城市各组成部分之间的有机联系。

（1）合理确定居住、工作、游憩、交通等各类用地的比例，完善城市功能和保障各类用地的发展空间。

（2）正确处理各类用地的相互关系，优先安排自然条件和社会环境良好的土地作为居住用地，工业用地不能影响居住区，配备完善的市政公用和商业服务设施，各分区之间配置安全、高效、便捷的交通。

（3）避免设置大规模且功能单一的居住区，营造和谐、互助、理性的社区和社会氛围。

三、优化我国城市住房供应结构的改革对策

目前，世界各国的住房模式都是多元化的，既有以美国、日本等国家为代表的以住宅商品政策为主的国家，以德国、法国等国家为代表的实行住房商品政策兼有福利政策的国家，也有以苏联、朝鲜为代表的实行住宅福利政策的国家，还有以匈牙利、罗马尼亚为代表的实行住宅福利政策兼有商品政策的国家。从世界各国的住房模式看，虽然有所不同，但基本上都兼有商品住宅和福利住宅两种，国家对低收入阶层实行着不同程度的保障政策，并实行分类供应。我国的住房分类供应已经运行了近十年的时间，取得了很多成绩，但是目前城市住房的供应结构也存在着不少问题，仍然需要相应的措施来进行优化。

（一）开展廉租住房的租金补贴，鼓励更多城市发展廉租住房

从国外公共住房的发展来看，只有在住房短缺时期，政府才会直接投资建造住房，当住房短缺期过后，政府就会实行租金减免、税收减免等方式，鼓励居民到市场上寻找合适的住房购买或租用。在当前我国城市旧房存有量较高的情况

下，我们也应建立全面的差额的货币化租金补贴形式，以形成完善的、公平的廉租住房体系。这样不仅可以使更多的人享受廉租房，有利于建立轮候配租制度，而且可以避免"贫民窟"的出现，并可以在短时期内使更多城市建立起较为完善的廉租住房供应体系。

关于货币化租金补贴模式的运行机制，可以按照图 6-1 的模式进行。一是由廉租住房供应主体，也就是廉租房办公室制定相关政策、组织管理并进行资金的融通。二是由廉租办界定受益家庭，并确定不同标准的补贴限额，制定差额补贴标准。三是由受益家庭自主到市场上寻找合适的房源，政府认定后，由政府给予出租者补贴，并由廉租家庭交纳自己应承担的那部分租金。四是待租约期满，或一定时期后，由政府重新界定受益家庭。一方面是界定原对象以外新的受益家庭；另一方面是对原受益家庭进行重新界定，以确定此后一段时期内的新受益家庭，并使不符合条件的原受益家庭退出廉租房体系。

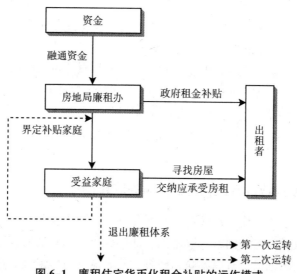

图 6-1　廉租住宅货币化租金补贴的运作模式

（二）培育中产阶级，对部分中低收入者也进行"人头补贴"

（1）扩大中等收入者比重。目前，我国的社会财富分配如果按个人可支配收入算，大致表现为 15% 的人拥有 85% 的财富，另外 85% 的人拥有 15% 的财富，这种结构称为"双金字塔"结构。在这种结构下，低收入者占社会的大多数，是塔基，而高收入者是塔尖，中等收入阶层还未充分发育。这样，社会贫困阶层面比较大，中等收入家庭的财富占有量不高，因此这会表现为很多家庭收入虽处于中等水平但却无力支撑较高的房价，因此我们应该不断提高居民的收入水平，培育出庞大的中产阶级，实现收入分配正常的"橄榄形"结构。

（2）对部分收入相对较高的中低收入者实行"微保"，变"补砖头"为"补人头"。目前，我国多数地区处于"双金字塔"结构，城镇居民总体收入水平和居住水平较低，他们中的很多人都需要一定的社会帮助才能解决居住问题。因此，我们可以采用货币补贴的方式对之进行"微保"，这样不但可以减少了"砖头补贴"的保障层面，适当减轻政府的财政负担，而且如前所述，"补人头"的方式还有利于实现我国住房体制改革的目标——住房商品化和分配货币化，可以避免由于对象模糊、受惠面广而造成的效用损失，并能减少政府的监督和管理费用。特别是人头补贴可以避免效率的缺失，有关研究表明，政府给投资建设福利房的开发商补贴 1 元带来的好处，等同于政府直接给困难户补贴 0.75~0.80 元带来的好处。在"补人头"的方式选择上，我们可以把一部分用于建设经济适用房的财政资金、住房消费贷款贴息，专门用于个人长期住房消费贷款的利息补贴，而不再对中等收入阶层运用"补砖头"的方式进行补贴。

（三）变换"砖头补贴"的形式，鼓励发展住宅合作社，以满足部分低收入者的住房需求

在经济适用房的建设过程中，运作主体是追求利润最大化的开发商，因此开发企业是不会愿意为社会无偿贡献的，政府的目标也就很难实现，而且会造成财政补贴效用的损失。住宅合作社却是城镇居民在人民政府或单位的组织下，自愿建立的、不以营利为目的、公益性的合作经济组织。因此，用住宅合作社代替经济适用住房的建设，可以在一定程度上避免经济适用房房价失控、面积失控以及质量低下等问题，更好地保障低收入者的利益。由于住房合作社得到国家的支持，免交土地出让金，又减免有关的税费，房屋售价是以建造成本和相应的费用为基础制定的，因此，社员购买负担较轻，能够承受。此外，由于住宅合作社建房是根据社员需求建设的，物业管理一体化，计划性强，不会出现滞销，能够形成住宅建设的良性循环。因此，我们应大力推行合作建房机制，解决好现在住宅合作社存在的问题。例如，我们应该疏通住宅合作社的融资渠道，允许住宅合作社使用一定额度的公积金作为启动资金，而且还应该充分运用公积金贷款或组合贷款来支持住宅合作社的社员购房、建房。此外，我们应该切实落实住宅合作社的优惠政策，并加快住宅合作社的立法步伐。

（四）大力发展住房二级、三级市场

首先，应该降低门槛，减低交易税费。如果降低政府的税费，更多地让利给消费者，那么住房二级、三级市场就可以得到快速发展。其次，要简化手续，提高办事部门效率。提高主管部门的办事效率是增加住房交易数量的关键。众所周知，上海的二手房市场比较火爆，这与上海市的办事效率是分不开的。

（五）鼓励开发中小户型住宅，促进老年住宅的建设

政府应该综合运用城市和土地利用规划、住房规划、税收、补贴、利率、价格等手段积极推动中小户型、中低价位及老年住宅的建设，对大户型、超大户型住宅进行必要的限制和调控，严格限制豪华住宅及别墅住宅的建设。目前，政府已经要求住宅建设的 70% 为 90 平方米以下户型，对 120 平方米以上的住宅不实行契税优惠政策，而征收 3% 的契税，并禁止开发别墅项目，这都在一定程度上促进了中小户型的建设，并取得了良好的成效。

第三节　城市公共住房的规划建设

一、公共住房概述

（一）公共住房的界定、分类与特征

1. 公共住房的界定

公共住房指为了解决中低收入的住房问题，由中央或地方政府直接投资建设住房，或者通过对建房机构（如房地产公司）提供补助、税费减免，再由建房机构建设，然后按政府规定的价格、租金或由政府出资购买后再以规定的价格、租金向中低收入阶层出售或出租的住房。

顾名思义，公共住房带有公共性，但公共住房并不是纯公共物品。纯公共物品具有非竞争性和非排他性，如国防。准公共物品只具备其中某一个条件，可将其分为两类：第一类具有非竞争性和排他性的物品称为俱乐部物品，第二类具有非排他性和竞争性的物品称为公共资源。从产权界定的角度来看，居民入住公共住房后，可以拥有经济适用房的产权，但是不能取得廉租房和公共租赁房的产权。经济适用房是带有商品性质的物品，而廉租房属于公共资源。对于公共租赁房，当产权属于政府时，其性质就为公共资源；当产权属于私人或是其他团体时，其性质为普通的商品。

2. 公共住房的分类

公共住房主要包括经济适用房、廉租房、公共租赁房与限价房。

经济适用房是指在国家的计划范围内，由城市政府组织房地产开发商或者集资建房单位建造，政府以略高于建设成本价的价格出售给中低收入家庭的住房。从上述定义可以看出，经济适用房是特殊的商品房，明显具有保障的性质，同时具有经济性和适用性的特点。其中，经济性是指其价格低于普通的商品房价，对

于中低收入家庭价格比较适中，和他们的收入水平、购房承受能力相匹配；适用性是指在住房面积、房屋设计和建筑标准上更多地重视实用效果，通常以中小户型为主，不提倡大户型住房。

廉租房是指国家和当地政府为了解决城市中最低收入家庭住房困难而建的普通住房，具有社会公共福利和住房社会保障性质。中国目前的廉租房只出租给最低收入的居民，实行只租不售的政策。廉租房主要有两种实现形式，一是政府把租金直接发给符合条件的中低收入者，由他们自己去租适合居住的住房；二是政府直接出资建立廉租房，通过一定的标准和规定，以低价出租给中低收入者。需要取得廉租房居住权的困难户，首先要通过申请，获得相关部门的审核批准，然后才能对廉租房实行租或是补。

公共租赁房是解决新就业职工等夹心层群体住房困难的一种住房。公共租赁住房不是归个人所有，而是由政府或公共机构所有，用低于市场价或者承租者承受得起的价格，向新就业职工出租，包括一些新的大学毕业生，还有一些从外地迁移到城市工作的群体。目前我国尝试了公共租赁房，它的发展虽然处于初期阶段，但是速度较快，今后有望得到长远发展。

限价房又称限房价、限地价的"两限"商品房，主要解决中低收入家庭的住房困难问题，是限制高房价的一种临时性举措。限价商品房按照"以房价定地价"的思路，采用政府组织监管、市场化运作的模式。与一般商品房不同的是，限价房在土地挂牌出让时就已被限定房屋价格、建设标准和销售对象，政府对开发商的开发成本和合理利润进行测算后，设定土地出让的价格范围，从源头上对房价进行调控。

对于上述四种住房，它们的区别主要在于以下几个方面：从产权上讲，经济适用房和限价房拥有有限产权，略不同于完全产权，廉租房和公共租赁房没有产权。从提供对象上讲，经济适用房和限价房供应给收入在中等收入以下的中低收入人群；廉租房的供应对象是城市特困家庭；公共租赁房供应给"夹心层"，这类人群的主要特征是买不起经济适用房，又不能租住廉租房，收入不低但没有积蓄，买不起房又租不到便宜、稳定的房。从发展状况来看，经济适用房在我国的起步较早，经过十几年的发展，已建成了大量的经济适用房，但由于它主要倾向于经济性而忽视了保障性，给广大的中低收入者带来了沉重的负担，没有把住房提供给真正需要的人群，目前出现了继续建设还是停止建设的争议；廉租房的发展也经历了十几年的历史，由于其带有浓厚的福利性特点，开发和运作面临很多困难，特别是资金和土地缺乏落实机制，造成廉租房建设很缓慢，但是廉租房是解决低收入者的最好方式，处于中国住房保障体系的核心地位，今后应该是住房发展的重点；公共租赁房从 2007 年才开始建设，发展较快，但是在供应对象、建设标准和收入标准等方面没有统一的规定，各个城市发展都有差异，需要继续探索其发展模式。从户型上来讲，一般情况下，经济适用房不大于90平方米，廉租房控制在50平方米以下，而公共租赁房不大于60平方米。

2013年，北京市建设、收购各类公共住房16.2万套，竣工8.5万套，超额完成2013年计划新开工16万套、竣工7万套的建设任务。同时，截至2013年12月25日，2013年北京市公共住房共公开配租配售47221套，其中公租房12118套、经济适用房12621套、限价房22482套，北京市4万套公共住房的分配任务超额完成，16区县全部完成2013年分配任务。截至2013年年底，北京市已落实公租房项目17万套。公共住房供应结构不断优化，"以租为主"的保障方式正逐步形成。

3. 公共住房的特征

从以上的分析可以看出，公共住房不同于普通的商品住房，其具有特殊的性质，具体来说有以下八点：

（1）公共福利性。当前我国的发展立足于建设和谐社会，而和谐社会的重要表现是"居者有其屋"。在城镇社会保障体系中，教育、医疗、卫生和住房是最重要的几个部分。在住房制度中，住房保障体现在很多方面，而住房保障最突出的表现就是公共住房。公共住房能够保证居民的居住权，是政府义不容辞的职责。当前我国商品房价格高居不下，中低收入居民根本买不起住房，形成了尖锐的社会矛盾和冲突。政府必须把解决公共住房放到房地产业的首要位置，着力解决公共住房缺口，缓解公共住房的矛盾。因此，政府在制定和执行住房政策中，会充分体现出公共住房的公共福利性，切实解决中低收入居民的住房问题。

（2）政府干预性。从公共住房的供应角度来看，当前政府主要通过两种方式实现供应。一是政府直接出资，委托相关的建设部门修建公共住房；二是政府给相关的企业、部门或是团体提供资金支持，由它们来负责公共住房的修建，且拥有房屋的所有权，同时规定它们可以合理的价格对房屋进行出售或者是出租。这两种方式，政府都是起到主导和策划的作用。公共住房从土地审批、资金投放、招标、兴建、监督、审核等环节都有政府的涉入，所以公共住房带有明显的政府干预性。

（3）享用对象限制性。从公共住房的需求对象来看，它主要的供给对象是中低收入者。目前，我国对于中低收入人群的划分并没有一个统一的标准，但是各个省市都根据自身的实际情况出台了具体的规定，以作为界定可申请公共住房者的标准之一。

（4）经营目的非营利性。公共住房是为了解决中低收入者的住房问题而建造的，带有显著的公共福利性。公共住房虽然属于房地产业的范畴，需要大量的资金投入，需要人力进行经营管理，但是公共住房供应的主体是政府，政府是公共住房政策的策划者、执行者，这就决定了政府在经营公共住房的过程中不能过多考虑营利问题，而应该以保障中低收入者的居住权利为目的。这也很好地体现了政府的公共服务职能，促进了社会公平。

（5）价格低廉性。从公共住房的价格角度来看，公共住房最大的特点就是公共性，目的是解决中低收入家庭的住房困难问题。中低收入者无力通过正常途径购买适合自己居住的商品房，只能靠政府主导的公共住房来实现"居者有其屋"。公共住房的价格都低于市场价格，其差价主要源于政府在土地供应、购房或房租及税金等方面的政策性补贴。如果其价格等同于普通商品房，那么完全成了房地产的正常开发，其销售、资金回收都会成为很大的问题。

（6）流通限制性。公共住房的目的就在于保障中低收入者的住房问题，因此从公共住房的流通角度来看，无论是住房的出售、转售还是出租，政府对每一个步骤都做出了明确的规定。目前，公共住房正经历着变革，中间的法律法规还不完善，一些不法分子会利用空隙来获取不正当利益。所以政府部门要严格地限制，尽量实现保障的目的。

（7）分配过程复杂性。从公共住房的分配角度来看，需求者要想获得房屋的所有权或是居住权，首先要经过申请，然后由政府相关部门根据申请的具体情况进行综合审核，包括户籍、居住年限、家庭人口数量、人口结构、收入水平和享受的特殊福利等。如果上述标准达到申请的条件，还要在现在的供给状态下进行轮候等待。自己从申请到能够入住，可能经过很长的时间，与购买普通的商品房相比，存在很大的时间成本。

（8）社会积极性。公共住房政策是在我国的房价比较高、中低收入者无法通过正常的市场手段购买到住房的背景下提出的，公共住房能对社会产生很多积极的作用。通过对公共住房的投资建造，能在短时间内提供大量的住房，从源头上解决供给不足的问题。公共住房使保障对象实现了居住权利，改善了居住条件和生活环境，有利于提高他们的生活水平、教育水平和降低犯罪率，也有利于改善城市面貌。同时，大力发展公共住房事业，也有利于推动经济的增长。公共住房能够解决很多社会问题，具有多方面的正外部性。

（二）公共住房的相关理论

1. 社会保障理论

社会保障理论的发展经历了三个阶段：①社会保障理论的产生阶段，它经历了一个从否定社会救济到主张社会福利的思想发展过程，具体内容包括三个方面：英法古典经济学家否定社会救济制度作用的社会保障思想、德国历史学派提倡国家福利的社会保障思想、福利经济学关于福利保障的思想。②社会保障理论的形成阶段，它标志着福利型社会保障思想的确立，具体内容包括两方面：凯恩斯主义的福利保障理论、"福利国家"论者的社会保障理论。③社会保障理论的多样化发展阶段，它表现为当代西方福利型社会保障制度理论，具体内容包括三个方面：新自由主义学派的社会保障理论（现代货币主义学派、社会市场经济学派、公共选择学派等关于社会保障制度的理论）、其他经济学派的社会保障理论（新制度经济学派、经济增长学派、未来学派等关于社会福利保障理论）、1998年诺贝尔经济学奖获得者阿马蒂亚·森的福利经济理论。

社会保障理论是围绕政府与市场、公平与效率两大主题构建起来的。该理论承认市场作为社会资源分配机制的高效性，但同时强调市场经济中的利润最大化原则会破坏其应有的效率，会出现"马太效应"、社会不公和对立，进而导致社会动荡，阻止社会经济发展。为避免这种现象出现，该理论认为：①国家和政府应该构建一种社会保障机制来调节市场行为，维护市场的稳定正常运行。如果说市场经济领域是由各个经济主体构成的利益合作共同体，那么社会保障领域则是由政府主导的社会利益再分配系统。②社会保障的主要对象是那些难以在市场中获益的"弱势群体"，政府作为保障主体要充当他们的"保护伞"，满足他们的基本需求和权利。社会保障与经济发展可以形成良性互动关系。③不同于市场经济以"效率"为基本原则，社会保障要以"公平"为基本准则，且一个地区的社会保障水平应当与该地区经济发展水平相一致。

社会保障理论在其形成之初，住房供给就与社会服务设施、养老金、免费教育、失业保险和医疗保险等一同被列为政府应当提供的保障项目。也就是说，住房保障是社会保障的一部分，政府有责任为买不起房也建不起房的公民提供公共住房。

2. 公共物品理论

所谓公共物品，是指用于满足社会公共消费需要的物品或劳务。著名经济学家萨缪尔森提出了两个经典的标准，即非排他性与非竞争性。公共物品的非排他性和非竞争性使其在生产和消费上有两点特别要求：首先，公共物品的生产必须由公共支出予以保证；其次，公共物品的经营管理必须由非营利组织承担。

根据具备两种特性的程度，可将公共物品分为纯公共物品和准公共物品。纯公共物品是指完全具备非排他性和非竞争性特点的产品，如立法、司法、国防、行政管理、基础科学研究、环境保护等；准公共物品是指不完全具备非排他性和非竞争性特点的产品，介于纯公共物品和私人产品之间，情况比较复杂。

准公共物品构成了纯公共物品与私人产品之间广阔的中间地带，使得准公共物品在一个社会的产品总量中占据多数的地位。准公共物品具有两种正外部性：一是生产的正外部性，即生产的社会成本小于私人成本，表现为生产成本的下降；二是消费的正外部性，即消费的社会收益大于私人收益，表现为社会对该产品的需求下降。准公共物品的这两个特点表明，如果准公共物品完全由市场供给，就会产生消费不足的问题。

那么，根据公共物品理论，公共住房就应该属于准公共物品，其生产和消费都具有正外部性。在分类上，公共住房可归为"具有非竞争性且非排他性不充分"之属。因此，政府必须介入公共住房的供给。

3. 公平理论

伦理学公平理论强调在涉及社会成员的基本权利时，应按照绝对公平的原则进行分配，人人均等，不允许人为地造成社会成员之间的差异；而在涉及非基本权利（如高品质的生活、较高的社会地位和声望等）时，则应按照比例平等的原则进行分配，即贡献越多者获得也越多，贡献较少者获得也较少，二者在贡献与索取的比例上保持相等。

同时，该理论认为，涉及基本权利分配的绝对平等原则优先于涉及非基本权利分配的比例平等原则，而前者实现的基础是由后者所派生出来的补偿原则——从社会利益合作共同体中获益较多者应给予那些构成这一共同体却因能力不足未能从中多获益的成员一定的利益补偿。

伦理学上的公平理论为公共住房分配和市场性住房分配分别提供了理论依据。政府应当利用按照市场原则获得住房的人所提供的"补偿"来满足较为贫困者的基本住房需求，履行社会保障职能。

4. 住房过滤理论

过滤理论最早是由伯吉斯（Burgess）于1925年提出的，他在研究芝加哥土地利用空间结构时提出了过滤模型。但过滤原理的优势并不只是用来描述城市格局，它可以对住宅市场的经济运行链条进行模拟分析。1960年，劳瑞（Lowry）第一次对过滤现象进行了概念性的解释。他指出，过滤的主体是住宅而非各收入阶层，过滤产生的原因在于住宅老化及新建。通俗地说，过滤现象就是住房随着时间的推移逐渐老化，原先的居住者会选择条件更好的住房，而空出的住房就由收入相对较低的住户继续居住。可见，过滤现象描述了住宅在其生命周期中的使用过程，这为后者研究住宅的过滤现象对中低收入阶层住房的影响奠定了基础。斯威尼（Seweney）在1974年提出了一个住房过滤模型，在静态分析的基础上，他重点分析了住房耐久性问题，并假定住房的维护水平决定了以后质量的变化，他还着重强调了把住房保障体系分为不同的等级。

根据住房过滤理论，城市住房供应体系建设应满足如下要求：城市住房应分层供应进行结构化梯度消费，为不同收入阶层提供"不等质"住房；富有阶层住房应远离市中心，穷人的居住区应靠近城市中心区；城市住房供应体系应从新建住房为主转向长期利用旧房为主；政府提供的公共住房应尽量建在靠近市中心，并逐步实现以旧房为主渠道；政府对居民住房的补贴应从"补砖头"为主转向"补人头"为主，逐步提高补贴效率。

（三）公共住房的供给

公共住房的供给包括合理的供给量及供给方式，而要对这两方面进行分析，需要对一个地区具体的经济社会发展水平、居民住房支付能力及政府财政支出能力进行综合考虑。在此将以北京市为例来进行分析。

据统计，2012 年北京市常住人口已经达到 2069.3 万人，[①] GDP 为 17879.4 亿元，而城镇人均可支配收入为 36469 元。相对应的是，2012 年北京市新房成交均价为 20745 元/平方米。也就是说，一套 90 平方米新房的总价为 1867050 元。那么，根据不同收入群体的具体情况，就可以估算出北京市不同收入群体家庭的房价收入比，如表 6-2 所示。

表 6-2　2012 年北京市不同收入群体家庭的房价收入比

	全市平均	低收入户	中低收入户	中等收入户	中高收入户	高收入户
各收入群体占比（%）		20	20	20	20	20
人均可支配收入（元）	36469	16386	25506	32196	40846	65966
每户平均人口数（人）	2.7	3.1	2.9	2.7	2.7	2.4
家庭可支配收入（元）	98466.3	50796.6	73967.4	86929.2	110284.2	158318.4
一套住房（90 平方米）总价格（元）	1867050	1867050	1867050	1867050	1867050	1867050
房价收入比	18.96	36.76	25.24	21.48	16.93	11.79

资料来源：2013 年《北京统计年鉴》。

从表 6-2 中可以看出，2012 年北京市家庭的房价收入比巨大，尤其是中低收入群体和低收入群体的情况十分严峻，甚至高收入户家庭的房价收入比也远远未达到国际上对房价收入比不应高于 7 的要求。

再来看不同收入群体的家庭住房消费支出比（家庭住房消费支出与家庭可支配收入之间的比），2012 年北京市低收入户家庭和中低收入户家庭的住房消费支出比分别为 2.54% 和 2.1%，其中低收入户家庭的住房消费比超过了北京市的平均水平。接下来，我们就可以通过计算不同收入群体住房消费量占总住房消费量的比重来估算公共住房的合理供给量，即：

---

① 本部分的数据均来自于 2013 年《北京统计年鉴》。

$$N_i = \frac{C_i \times P_i}{\sum_{i=1}^{n}(C_i \times P_i)} \tag{6.1}$$

其中，N_i 表示不同收入群体住房消费量占总住房消费量的比重，C_i 表示不同收入群体的住房消费量，P_i 表示不同收入群体占总人口的比例，计算结果如表 6-3 所示。

表 6-3　2012 年北京市不同收入群体的住房消费情况

	全市平均	低收入户	中低收入户	中等收入户	中高收入户	高收入户
各收入群体占比（%）		20	20	20	20	20
家庭住房消费金额（元）	2349	1292.7	1551.5	1598.4	2227.5	4663.2
家庭住房消费支出比（%）	2.39	2.54	2.1	1.84	2.02	2.95
住房消费比重（%）		11.41	13.69	14.1	19.65	41.15

资料来源：2013 年《北京统计年鉴》。

从表 6-3 中可以看出，低收入户和中低收入户对住房消费的占比分别为 11.41% 和 13.69%，而公共住房主要用来满足的对象也恰恰为低收入户和中低收入户。所以，公共住房的合理供给量即为二者的加总，即 2012 年北京市公共住房的供给应该大约占到所有住房供给的 25.1%。

再来考察公共住房的供给方式。2012 年，北京市的财政收入达到了 4512.9 亿元，但同时政府也面临着严重的财政赤字，达到了 290.9 亿元。此外，由于土地出让金在政府财政收入中占了较大的比重，但是建设公共住房要无偿拨付土地势必减少土地出让金收入从而恶化财政状况，而且随着中央房地产宏观调控加紧，地方政府土地出让受限，出让金收入更是日趋减少。所以，可以看出，仅靠地方财政是无法支持公共住房的建设，以使其满足低收入户和中低收入户的需求。

二、典型国家的公共住房政策

（一）美国的公共住房政策

1. 美国公共住房政策概述

美国的公共住房政策是政府公共政策的重要组成部分，它的主要目的是解决中低收入及低收入家庭的住房问题。其主要包括两方面内容：一是鼓励建立中低收入者及低收入者可以住得起的房子；二是通过抵押贷款等方式来帮助这些家庭购买住房。美国公共住房政策主要指以下两个部分：

（1）解决低收入家庭房租问题的政策。1934 年，美国制定了第一个住房政策——《临时住房法案》，以此来解决失业人口的住房问题。1937 年，该法案修改为《公共住房法》，决定由中央出资、由地方政府建造，然后出租给低收入家庭。该政策持续了将近 30 年，1964 年，由于资金缺乏，进而采取了政府通过优惠政策来鼓励开发商建造然后出租的方式。1964~1980 年，政府主要通过给开发商提供低息贷款的方式，鼓励开发商建造了 160 万套出租房，很好地解决了低收入者的住房问题。

但是低收入家庭集聚式居住，造成了很大的负面影响。所以 1973 年以来，政府把低收入者的住房分散开来，并提高其居住质量。其具体做法是：政府向符合条件的低收入者发放房租补助券。规定家庭收入低于本地区平均家庭收入 40% 的家庭为低收入家庭，这部分家庭可以享受到补贴。受益的家庭不管收入多少，缴纳自己家庭收入不超过 30% 的部分作为房租，余下的差额由政府发补助券来补充。这种政策进行了 30 多年，极大地避免了贫富人群的隔离，总体上取得了很大的成就。

（2）鼓励中低收入家庭的购房政策。如向中低收入家庭提供低息贷款。美国在 1932 年制定了《联邦家庭贷款银行法》，此后共设立了 12 家联邦贷款银行。联邦贷款银行具有国有性质，实行会员制，规定全国具有住房贷款业务的银行和金融机构都可以入股后成为其中的会员。联邦贷款银行通过财政部发行债券，从社会上低价筹集资金，这是住房低息贷款的主要来源，然后再由其成员银行放贷给购房者。全美当前有 80% 的金融机构为其会员，这极大地促进了低息贷款的发展。

2. 美国公共住房政策的特点

美国公共住房政策的特点可以归纳为以下四个方面：

（1）住房供给多样化。在美国，公共住房的房源主要有两个方面，政府直接建造和政府补贴开发商建造。从 20 世纪 30 年代开始，联邦住宅管理局通过提供贷款和补助金来帮助地方政府建立公共住房，地方政府具有建造、拥有和经营的权利。1982 年，这类公共住房占总共住房的 1%，其中的 130 万套住房归联邦住宅管理局所有。1970 年后，政府减少了直接建房，主要通过支持私人机构来建立廉租房，然后提供给低收入家庭。其具体做法是：政府制定标准，由开发商按照标准建造廉租房，开发商有经营的权利，政府减少其相关税费，并向其提供低息贷款和低价土地，降低开发商的成本，鼓励他们开发建造。

（2）控租与补贴双管齐下。控租是指利用立法的方式来对公共住房的租金加以控制。美国当前的控租主要是地方政府通过立法进行规定，然后投票进行表决。由于控租的存在，美国公共住房的租金在很长的时间里都比较稳定，大约是低收入者收入的 25%，并且租金数额比最低市价还低了 20%。美国对低收入家庭的补贴政策主要有以下四种行式：①房东补贴。这种方式是在尼克松时期实行的，联邦政府向房东提供补贴，补贴的数额为市价租金与本地区贫困家庭收入之间一定比例的差额。②发放住房券。从 1975 年到现在，住房券的发放已经在美国普及开来。由政府向符合条件的低收入家庭发放住房券，该住房券用于领取住房补贴。拥有住房券的人群可以根据自己的情况来选择居住地，只需要自己缴纳个人收入的 30% 为房租，不足的由政府进行补足。这种方式在客观上促进了全社会人口的自由流动。③砖头补贴。从 1965 年开始，联邦政府从财政收入中拨款，直接对建房者提供资金补贴，补贴额为租户收入的 25% 和市价租金的差额。④现金补贴。这种政策开始于里根政府时期，联邦政府为了更好地解决低收入家庭的住房问题，采用了直接提供现金补贴的方式，补贴额为市价租金的 70%。

（3）支持低收入家庭购房。对于低收入家庭，联邦政府通过以下两个优惠政策来鼓励他们购买住房：①税收减免。联邦政府规定，对首次购买住房者实行个人所得税减免政策，即第一次购房的住房贷款利息（其中包括首付款和每年抵押贷款的偿还额）可以从个人所得税的税基中扣除掉。另外，地方政府还对首次购房者在若干年内减免其不动产税。②抵押贷款。美国的房地产发展成熟的表现就是拥有发达、完整的房地产金融体系。这些住房金融机构为首次购房者提供低息贷款或是抵押贷款担保。联邦住宅管理局对住房贷款的最高担保额约为 9.7 万美元，而美国中等水平的房价在 7 万~10 万美元，担保额基本满足购房者的普通住房要求。购房者一般只需要向联邦住宅管理局支付相当于总担保额 3.8% 的手续费，而房价低于 25000 美元的住房，只要支付 3% 的首付款即可。超过最高担保额的部分也只要支付 5% 的首付款，而且有长达 20~30 年的还款期，贷款利率比普通市场的低了 50%。规定还指出，提前还贷不会受到任何处罚。上述两项措施，大大增加了购房者的信心。

（4）防止贫民窟集聚。美国兴建大量的公共住房，在一定程度上解决了中低收入家庭的住房问题，改善了他们的住房条件。但是这样的公共住房大多集聚在一起，大多数低收入者集中在一个区域，使该地区发展滞后，影响了整体发展。为此，联邦政府在 1966 年的《住房法》中提出了"示范城市"的总体计划，对该现象带来的诸多问题从教育、卫生、治安、娱乐等方面同时采取措施，进行综合治理，改变过去地方政府分散行动的状况。

3. 美国公共住房的财政政策

美国联邦政府提供专项拨款用于公共住房的建造，地方政府的住房局负责具体住房的建设，并通过一定的政策标准来公开、公平地分配住房。据相关数据显示，联邦政府每年拨款 180 亿美元作为专项资金来建设公共住房，同时为了减轻资金压力，政府鼓励开发商建造低价住房，向这些开发商进行一对一的免税优惠政策，并且提供贴息贷款。虽然开发商拥有房屋的所有权，但是政府同时也规定，开发商建造的廉价住房不得少于总开发面积的 20%，并且租期必须大于 15 年。在土地的开发利用上，美国政府通过法规来确定长期规划，包括总体和局部规划。很多开发商不愿意开发建设公共住房，但是联邦政府规定，地方政府在规划土地时，必须留存13%的土地来建设中低收入家庭能够负担得起的房屋。同时为了鼓励开发商建造公共住房，允许地方政府提供一定的土地优惠政策。

在美国，家庭收入占该地区家庭平均收入的80%以下，都可以申请住房补贴。通常有两种补贴方式：一是政府提供低价的公共住房，然后以低于市场价20%~50%的价格出租给低收入家庭，这样的补贴主要针对申请居住公共住房，并且收入只占美国家庭收入不足37%的最低收入家庭。二是对低收入家庭进行房屋租金的补贴。政府先制定补贴对象的标准，申请的住户除了满足该条件外，还要用家庭收入的30%来支付租金，不够的部分由政府来补足。

美国政府支持公共住房建设而进行的补贴主要有两方面：地方政府建设的补贴和私有营利或者非营利机构建设的补贴。对地方政府建设公共住房的补贴有四种方式：①建设资金补贴，联邦政府通过发行免税的债券来筹集资金，当联邦政府还清债券后，地方政府就完全拥有了公共住房。②对公共住房的运营进行补贴。地方政府以几近成本价的租金向低收入者提供住房，但公共住房在运行的过程中，需要资金来维护相关的运营费用，所以公共住房仍需要补贴。20世纪60年代，联邦政府对公共住房的补贴为25%，到1981年高达30%。③现代化的补贴。联邦政府在1984年拨款14亿美元由于旧公共住房的更新和修缮。④租户选择。联邦政府先确定一定的标准，家庭收入占本地区平均水平的80%以下才能申请公共住房。对私有性质的建房机构进行的补贴主要包括两种方式：①政府与私有建房机构签订合同，政府每年向私有机构支付房租和建房及运营成本的差额。②由私有建房机构向联邦政府申请住房补贴，符合条件的，与联邦政府签订20年的合同，联邦政府来支付低收入家庭收入的30%与合理市场租金的差额。

1968年，美国通过了《住房和城市发展法》，其规定家庭收入水平只有不高于公共住房标准的35%才有资格申请联邦住宅管理局进行担保的贷款来购买公共住房。按照这一标准，大多数家庭只需要支付200美元的首付，实际还款额限制在家庭收入的20%，剩余的由联邦政府向投资者支付。在公共住房的购买、建造和租售等方面对低收入者提供大量的优惠政策：对于利用抵押贷款建造、修缮和购买住房的家庭，在征收个人所得税时减免抵押贷款的利息支出；对各州发行的用于鼓励居民购房的抵押债券利息，免除投资者的个人所得税；对已经有自己住房的住户，减免所得税、财产税等；对于提供房屋出租的家庭减免其税收，减免出售自有住房所获得收益的所得税；对低收入家庭提供购房和租房税收的优惠。

4. 美国公共住房的金融政策

美国政府大力支持私人机构和个人来建造廉价房，向私房所有者提供低息贷款和税收信贷，鼓励他们扩建和改建住房。政府还在一定程度上放宽对建筑容积率和建筑密度等的限制，以促使开发商在其开发范围内建造一定比例的低价房。另外，美国政府积极引进私人资本参与公共住房的建设，通过公私合作的方式建立和各方的伙伴关系。例如，向工程公司的贷款，原来主要由专业性保险公司负责，现在允许私人银行作为联邦家庭住房贷款银行的会员参加。

美国住房金融市场已经发展成为市场体系独立的、多种住房信用工具并进的、政府调节的以及完善的且世界上规模最大的住房金融市场。其中，抵押贷款是住房金融市场的重要工具，它主要包括一级市场和二级市场。

在一级市场中，抵押贷款种类很多，常见的形式主要有固定利率抵押贷款、浮动利率抵押贷款、退伍军人管理局担保贷款、联邦住房管理局担保贷款和逆向抵押贷款。同时，政府和私营机构共同合作参与抵押保险的担保。针对抵押贷款的信用风险问题，美国政府为住房抵押信贷设立了专项的住房抵押保险，这种方式很好地保护了银行债权人的利益。

在住房抵押贷款的二级市场上，主要实行证券化的措施。它是一种债权证券化的形式，以住房抵押贷款为基础，由特定的证券机构或是金融机构对这样的债权进行投资组合，由信用机构担保，在资本市场上进行投资。抵押贷款的票据可以自由买卖，然后从中收回自己的资金，从而进行再投资。联邦住房贷款抵押公司和政府国民抵押协会可以发行和买卖转付证券，其中转付证券指的是投资者购买这种证券后可以获得抵押贷款的本息。美国这种证券化的二级市场，极大地利用了社会上的资金，为住房贷款打下了坚实的基础，同时也促进了资金的自由流动。

（二）日本的公共住房政策

1. 日本公共住房政策概述

以政府为背景的住房公团、公营住宅和金融公库是日本的三大住房保障支柱，都是以国家财政支持为主，地方政府的职责主要是提供土地、组织建设和管理。三大住房保障支柱对城市低收入及中低收入家庭的住房保障发挥了重要作用。

"二战"后，日本住房短缺达 420 万户，约 2000 万人无房可住，占到当时的1/4。日本政府想方设法缓解严峻的住房短缺问题，通过设立住宅金融公库、制定《公营住宅法》、设立为大城市低收入及中低收入家庭提供住宅的日本住宅公团等措施，确立了以公共资金提供住宅体制的三大支柱。这也就是开始了"二战"后日本政府参与住房建设，直接向居民提供住宅的历史。

1966 年开始，国家和地方公共团体制定了《住宅建设规划法》，对住宅建设进行长期的综合规划，将每五年作为一期来实施住宅建设计划。在住宅五年计划中，制定了居住水平目标和住宅建造户数目标，尤其是针对低收入及中低收入家庭的公营住宅、公团住宅及公库贷款住宅等"公共资金住宅"，并分别规定了各区建造的数量。

1970 年以后，日本进入经济高速发展时期，经济的飞速发展造成了产业结构的变化，土地价格暴涨，城市中心区的人口向郊外转移，出现了居住用地枯竭的问题。日本在住宅政策及供给方式上采取了提高建筑容积率、非购买方式获得建设用地、非住宅建筑与住宅结合开发、国家资金补助、旧城改造制度等降低土地成本和造价等措施进行解决。

2. 日本公共住房政策的特点

日本公共住房政策的特点可以归纳为以下五个方面：

（1）投入大量资金到住房建设。日本政府通过多种途径来筹集资金，采用很多政策，如资助各种住房机构和团体建造住房、统管房租和提供住房补贴等，而提供住房补贴是整个住房政策的核心政策。上述资金的主要来源是通过政府的财政拨款和投资性贷款。除了以上的筹资方式，政府还为部分建房机构提供担保，这些机构可以通过发行债券的方式筹集资金。这种方式有效地解决了资金短缺的难题。

（2）进行有效的立法。日本政府为了更好地开展住房建设，制定了大量的法律、法规，住房法律体系比较完善。这些法律主要分为两种：一种是针对住房建设和交易的整个过程，包括对土地开发、建筑设计与施工、地租和房租的征收等环节的具体标准和规范，《住房金融投资担保法》和《建筑基准法》都属于这样的法律；另一种是政府直接制定和住房建设有关的计划、政策和法规，如《住房建设计划法》和《公营住房法》。日本有了这些法律，极大地保障了公共住房政策的实施。另外，日本还颁布了《住宅建设规划法》，它规定了地方政府和中央政府在住房供应等方面的责任。中央政府提供部分资金，地方要进行规范管理，在财政、金融和技术上给予中央政府援助。2005 年 6 月，日本政府又颁布了《居住基本生活法》，通过法律明确了以后 5~10 年的住宅目标和政策保障措施等，它标志着日本的住宅建设已经从重视数量转变到重视全面提高生活质量和居住环境的新阶段。

（3）重视管理住房市场。虽然日本的住房私有化比例比较高，住房市场主要以市场调节为主，但是政府仍然对住房市场的管理很重视。日本对住房管理的机构主要有建设省及其下属的住房局，另外还有相关的执行机构，如住房金融公库、宅地开发团和住房政策审议会等。建设省住房管理局对全国的住房建设进行政策、法令、计划、设计、资金、生产、技术的一体化管理，其下设住房总务科、住房建设科、住房生产科、建筑指导科和市街建筑科等。这样划分不同的科，有利于在全局范围内进行综合性的管理。

（4）财政、金融以及税收政策并用来解决公共住房问题。日本政府采用了独特的住宅金融公库模式，为广大居民提供长期低息的贷款资金，这种方式极好地解决了低收入及中低收入家庭的住房问题。居民自建或是购买的住宅只要符合国家的标准，都可以向住宅金融公库申请低息贷款，其利率比普通商业银行贷款还要低30%左右。财政补贴和融资制度是日本建设省管理住宅建设的主要方式，不但个人可以申请，地方政府在资金不足时也能向公库或是公团申请。不仅如此，民营企业也能够通过向公库申请中长期的贷款进行住房建设。一些特殊用途的住宅，如老龄住宅、节能住宅等，还可以申请到财政补贴或是低息贷款。财政的融资主要通过三种方式，主要是政府发行的债券、各种退休金和邮政储蓄归集的资金。

（5）发挥市场和政府两种机制的作用。日本政府对于中等收入以上的家庭主要通过市场方式解决其住房问题，主要是私营房地产开发商提供住房，政府尽量做到不干涉。对于中等收入以下的居民，政府主要提供资助。同时，在这一方面，中央和地方政府的分工也有所不同。中央政府建设省所属的住宅都市整备公团在不同地区均设有支社，主要负责向中等收入家庭提供公共住房；地方政府住宅局主要负责向低收入者、单亲家庭或是特困户提供住房。政府向各地进行政策性的投资贷款。财政部通过邮政储蓄、民国年金和保健年金来筹集资金投向公团、公库住宅，并给予1%~2%的利息补贴。另外，住宅金融公库和住宅公团还可以在政府的担保下发行住宅债券。

3. 日本公共住房的财政政策

日本政府为了更好地实施公共住房政策，采用了很多积极的财政政策，主要有直接投资建房、补贴建房、补贴房租和税收优惠几个方面。

（1）资助公共住房建设的政策。日本的公共住房主要是通过政府建造公营住房。公营住房是指地方政府在中央政府的资助下建造的、由地方住房供应公社经营并专门出租给住房困难户的住房。日本政府在1966年制定了第一个比较完整的住房法规，即《城市住房计划法》。这个法规的颁布，加快了日本有计划地建设住房、改善住房状况的步伐。随后日本制定了八个五年计划，每个五年都根据本国本地区具体的需求和经济情况来制定，并要求所建的住房必须达到标准。

（2）公共住房的补贴政策。日本政府对建房、购房和租房都不同程度地进行补贴，同时还进行低息贷款。补贴政策主要包括政府的财政拨款和财政投资性贷款。其中，直接拨款主要用于补贴公营住房的建设和对于低收入家庭的购房、租房上的补贴。财政投资性贷款主要有两种途径：一种是对公团建房的投资贷款，该贷款也是公团运作资金的主要来源；另一种是先把资金贷给住房金融公库，然后由其向低收入及中低收入家庭发放贷款，并且还可以直接建设公共住房。

（3）公共住房的税收优惠政策。日本的房地产税优惠主要有不动产取得税、土地保有税和土地转让收益税三个方面，另外还有部分特殊优惠的税收政策。在不动产取得税中，规定了将新建住房转让给雇用的从业人员的雇主以及根据《劳动者财产形成促进法》向公务员等转让新建住房者等情况下，可以取消其不动产取得税。在特殊优惠方面，主要表现在三个方面：鼓励增加住房数量、鼓励私人购买住房和支持更好地利用现有的住房税收优惠政策。

4. 日本公共住房的金融政策

日本政策性金融机构为公共住房的发展起到了巨大的推动作用，虽然日本的住房金融市场远不如其他欧美国家发达，私有金融机构较少，但政策性金融机构很好地弥补了这些空白。政府住房金融机构主要有住房金融公库、住房公团和住房合作社。民间住房金融机构主要是住房金融专业公司、住房社团和劳动金库等。此外，还存在兼营住房金融业务的银行和金融机构，如日本信托银行和商业银行等。

（三）新加坡的公共住房政策

1. 新加坡公共住房政策概述

虽然新加坡的市场经济比较发达，但在住房建设和分配上主要采用了市场出售和政府分配相结合的方式。也就是说，高收入者的住房由市场来提供，政府通过投资建设和有偿提供等方式来解决低收入及中低收入家庭的住房问题。新加坡的公共住房政策采取了以政府计划供应为主、私有住宅市场供应为辅的供应形式，并且经历了公共住房市场化和私有化的过程。新加坡的公共住房制度主要表现在两个方面：组屋制度和中央公积金制度。

（1）组屋制度。组屋是指建屋发展局在政府的支持下为广大低收入及中低收入家庭提供的、供屋主长期自住的、廉价的公共住房。新加坡的住房供应主要由组屋和私宅组成，总体上说，新加坡的住房供应属于"政府强制干预下的市场调节补充型"。

新加坡的建屋发展局是全国最大的建筑开发商，这就形成了以计划为主、以市场为辅的住房供应体制。1960年2月，政府为了解决居民住房条件差等问题，建立了建屋发展局，其作为新加坡的法定机构，隶属于国家发展部。其后，建屋发展局制定并实施了多个"五年建屋发展计划"，主要是向居民以廉租房的方式提供政府的组屋。在过去的几十年里，建屋发展局具有明显的政府计划性，其在建屋的目标、住宅类型、房屋的定价原则等方面都有严格的规划，这些计划保证了公共住房政策的实施。1968年，新加坡政府又提出了"居者有其屋"计划，逐步从出租廉租组屋为主过渡到出售廉租组屋为主。新加坡政府很重视国民的住房福利，采用了以售为主、以租为辅的住房消费形式。住房发展和分配模式遵循了"抓中间，带两头"的原则，即对最低标准线以下的居民提供出租组屋；对中等收入以下的居民，支持和鼓励他们购买组屋；对高收入者进行"有益的疏忽"，鼓励他们购买私房。

（2）中央公积金制度。该制度在 1955 年开始实施，中央公积金局负责公积金的管理。它的基本内容为：向雇主和雇员强制性地征收其收入的一部分上缴给中央公积金局，通过中央公积金来为雇员和雇主提供全面的社会福利保障。规定 55 岁以下会员的个人账户分为三个部分：普通账户、医疗账户和特殊账户。普通账户中的公积金主要用于住房、保险、获准的投资和教育支出。规定雇主和雇员统一向中央公积金缴费，目前缴费率在 40%，其中雇主缴纳 17%，雇员缴纳 23%。政府规定公积金普通账户和医疗账户的存款利率是新加坡四家主要的国内银行的一年期定期存款利率的算术平均值。中央公积金制度是以个人账户为标志的，强制储蓄的保障模式。这种制度很好地解决了新加坡居民的住房、养老和医疗问题。在微观上，公积金会员不但可以提取公积养老金，还可以用来购买廉价房，同时也可以用于教育和投资；在宏观上，该制度有效地整合了资金在不同住房用户之间的转移，可以很好地解决部分人群的住房问题，大大减小了贫富差距，实现经济社会的长期稳定。

2. 新加坡公共住房政策的特点

新加坡在解决中低收入者的住房问题上取得了巨大的成就，成为亚洲国家的榜样。这种成功也源于其自身独有的特点，主要有以下五点：

（1）通过解决住房问题来促进经济发展。住房建设是一个很大的行业，其上游和下游连接很多相关产业，它能推动建材业、建筑业等产业的发展，同时能够为国民提供大量的就业机会。在新加坡住房发展的高峰期，建筑业占 GDP 的 11%，在正常时期也基本占到 8%~9%。如果算上住宅业在所有行业中的乘数效应，那么住宅业能占到 GDP 的 25%。从上述数据可以看出，建筑业对新加坡 GDP 的增长有巨大的推动作用。为此，新加坡政府大力向建房发展局提供支持，促进建筑业的发展，使其成为国民经济的支柱产业。

（2）政府强力干预。新加坡主要通过建屋发展局对公共住房进行管理和建设，包括征地、拆迁、城镇规划、建筑设计、工程、建筑材料生产和供应、住房分配及物业管理等。政府对建屋发展局在各方面进行大力支持，主要在土地和资金两个方面。例如，在 1966 年，政府颁布了《土地征用法令》，这使得建屋发展局可以用远低于私人发展商的价格获得土地。如果是用于公共住房的建设，那么允许其在任何地方征地。当前，新加坡国家所有的土地占全国土地的 80%，而建屋发展局已经占有全国 40% 的土地。

（3）住房分配相对公平。新加坡的公共住房采取政府建设，最终归个人所有的模式。政府很看重居民的居住权利，因此在住房的分配过程中尽量体现住房的福利性和公平性。世界上大多数国家公共住房的分配，既不是完全商品房的性质，也不是完全福利房的性质，都是在两者之间，新加坡也不例外。新加坡的公共住房虽然由政府统一兴建和管理，但是分配仍然没有采用福利方式，而是在有一定补偿费用的基础下进行的分配，其实质上是政府垄断的市场模式。另外，政府很好地定义了自己的职责，采取"高收入者福利成分少、低收入者福利成分多"的分配方式，这很好地体现了政府的公共服务职责，维护了全社会住房分配的公正。同时，相对收入低但是绝对收入已经达到一定水平的家庭，仍然可以享受到国家的住房福利。新加坡政府在住房问题上尽量做到了国进民进，让国民充分获得经济进步所带来的利益。

（4）强调公积金制度的作用。新加坡的公积金制度有 40 多年的发展历史，最初的目的是养老防病，现在它已经扩展到医疗、教育、住房、投资等诸多方面。公积金制度是新加坡最重要的社会保障，它的范围已经超过了一般意义上的社会保障，其地位已经上升到了国家的基本社会制度，它对新加坡的经济、政治和社会产生了巨大的促进作用。在经济上，公积金的缴存率成为政府进行有效调控的重要手段；在政治上，政府是公积金信用的担保者，公积金会员和政府通过公积金制度紧密地联系起来，有利于国家的政治稳定；在社会上，该制度很好地解决了中低收入者的住房问题，缩小了贫富差距所引起的住房差距，实现了社会住房的相对公平。

（5）采取集权化管理模式。公共住房大多是集聚的单元楼，资源共用、设备的管理和维修是比较难处理的问题。为解决这样的问题，新加坡采用了以建屋发展局为中心、吸引居民和社会公共参与的新型集权式的管理模式。1960~1989年，建屋发展局主要负责公共住房的维修和管理，该局在全国设立很多区办事处，各区和办事处具体执行相关工作。1989 年以后，建屋发展局将公共住房的维修管理工作交给了市镇理事会，使住房的维修管理趋于专业化和社会化。同时，政府很重视住房和城市管理的结合，对城市内的建筑、道路、绿化等进行统一规定标准，以保证居民的居住质量。

三、我国公共住房的发展历程与存在的问题

（一）我国公共住房的发展历程

近二十多年，我国公共住房的发展共经历了五个阶段：

1. "安居工程"起步阶段（1995~1997 年）

1995 年 1 月 20 日出台的《国家安居工程实施方案》标志着"安居工程"在我国全面起步，其计划在原有住房建设规模的基础上，新增安居工程建筑面积 1.5亿平方米，用五年左右的时间完成。安居工程住房直接以成本价向中低收入家庭

出售，并优先出售给无房户、危房户和住房困难户，在同等条件下优先出售给离退休职工、教师中的住房困难户，不售给高收入家庭。这一阶段我国住房的主要模式为集资合作建房和"安居工程"两种方式，同时实物分房还没有完全取消。

2. 公共住房体系初步确立阶段（1998~2001年）

1998年7月3日国务院出台《国务院关于进一步深化城镇住房制度改革加快住房建设的通知》，标志着以经济适用住房为主的多层次城镇住房供应体系已经全面建立起来。新的住房保障体系主要分三个层次：一是面对最低收入家庭的廉租住房。这是救济性的。基本不需要贫困家庭出钱，完全依靠政府救济。廉租住房的核定标准是"双困标准"，即收入和现有住房面积的双困。二是为中低收入家庭提供的经济适用住房。这是援助性的，即政府补贴一部分，个人掏一部分。三是面向中高收入阶层的商品房，是完全市场化的。这一阶段主要以商品住房的供应为主。

3. 公共住房安居工程全面萎缩阶段（2002~2006年）

2001年年底开始，部分城市提出了经营城市的理念，以出让土地获取政府收入，导致建设经济适用住房的积极性逐步减弱。从2002年开始，经济适用住房投资占房地产投资比例大幅下降，2005年更达到了历史最低点，仅为3%（2005年经济适用房投资额为519亿元，同期房地产开发投资15909亿元），一些城市甚至停止经济适用住房的建设。

4. 公共住房体系重新确立阶段（2007~2009年）

2007年国务院出台《国务院关于解决城市低收入家庭住房困难的若干意见》（简称《意见》），提出了住房保障制度的目标和基本框架，即以城市低收入家庭为对象，进一步建立健全城市廉租住房制度，改进和规范经济适用住房制度，加大棚户区、旧住宅区改造力度，力争到"十一五"（2006~2010年）期末，使低收入家庭住房条件得到明显改善。《意见》中要求城市新审批、新开工的住房建设，套型建筑面积90平方米以下住房面积所占的比重，必须达到开发建设总面积的70%以上；廉租住房、经济适用住房和中低价位、中小套型普通商品住房建设用地的年度供应量不得低于居住用地供应总量的70%。

2008年年底，国务院提出争取用三年时间基本解决城市低收入住房困难家庭住房及棚户区改造问题。计划2009~2011年，全国平均每年新增130万套经济适用住房。到2011年年底，基本解决747万户现有城市低收入住房困难家庭的住房问题。

2009年，国家制定保障性住房发展规划，计划2009~2011年解决750万户城市低收入住房困难家庭和240万户棚户区居民的住房问题。

5. 公共住房体系逐步完善阶段（2010~2015 年）

2010 年国务院出台《国务院关于坚决遏制部分城市房价过快上涨的通知》，要求加快保障性安居工程建设，公共住房、棚户区改造和中小套型普通商品住房用地不低于住房建设用地供应总量的 70%，并优先保证供应；房价过高、上涨过快的地区，要大幅度增加公共租赁住房、经济适用住房和限价商品住房的供应；确保完成 2010 年建设公共住房 300 万套、各类棚户区改造住房 280 万套的工作任务，我国公共住房体系已经逐步趋于完善。

"十二五"规划明确提出加大保障性安居工程建设，计划每年新建公共住房 500 万套，力争还清 3000 套公共住房的历史欠账。

（二）我国公共住房建设存在的问题

1. 公共住房供应存在的问题

首先，公共住房供应量严重不足。有的地方削减经济适用住房建设用地，甚至停止经济适用住房的建设计划，导致经济适用住房的建设规模和供应总量明显不足。2003 年以来，全国经济适用住房投资占房地产开发投资的比重持续下降，由 2003 年的 6.1% 下降到 2004 年的 4.6% 和 2005 年的 3.3%，虽然到 2006 年小幅回升至 3.6%，但 2007 年已下降到 3.2%，供应规模在持续缩小。其次，一些地方为了降低成本、减少政府负担，将公共住房项目安排在基础设施不配套、交通不便利的城郊或城郊接合部，带来了一系列医疗、就业、养老及子女上学等新的问题和矛盾。

2. 公共住房分配存在的问题

（1）分配对象的确定存在缺陷。按照目前国内的普遍做法，能够享受公共住房保障的对象，首先都必须具有当地城市户口，这就使进城务工的农民工以及市郊被征地的农民被排除在外；其次廉租房的保障对象必须是低保户，而部分不是低保户的家庭又不具备购买经济适用住房的能力，因此就被排除在保障范围外，我们通常称这部分人群为"夹心层"，这就涉及经济适用房制度与廉租房保障对象的衔接问题。目前，我国的公共租赁房制度的建设刚刚起步，该阶层的大部分人群仍旧没有纳入保障范围。同时，由于目前我国个人信用制度和居民住房信息还不健全，必然会出现部分居民的"搭便车"和钻空子的行为，因此建立完善的个人信用制度以及居民住房信息库具有相当大的必要性。

（2）廉租房和公共租赁房租金标准的确定问题。对于廉租房租金标准的确定，我国目前并没有具体的实施标准，同时也缺乏理论支持和经验指导，一些城市和地区在没有考虑到自身的经济发展水平、住房市场供需的状况等因素的情况下，采取了盲目效仿或是观望的态度，导致廉租房制度实施进度缓慢。

3. 公共住房监管存在的问题

首先，公共住房申请条件存在部分不合理的情况。在我国公共住房制度实施的过程中，公共住房在申请时，申请条件过于严苛，审查过多、审查时间过长，导致公共住房的运营和管理的行政成本增加，使得效率低下，同时让部分有意愿申请公共住房而怕麻烦的居民望而却步。

其次，缺乏有效的退出机制。虽然，对于公共住房的退出机制目前有一些相关的政策规定，但在大部分城市并未得到落实，造成公共住房制度保障资源配置效率低下。之所以会导致这种现象出现，除了由于公共住房制度在我国实施时间较短之外，我国个人申报制度尚不健全、个人信息渠道不畅通、诚信体系建设滞后、惩罚过轻或模糊等也是重要的原因。在有限的政府保障能力下，健全有效的退出机制是解决中低收入家庭住房困难问题的必要保证。目前，我国的退出机制存在一些缺陷，如退出标准单一，基本是以家庭收入的变动作为衡量标准，很少考虑由家庭人口变动及其他因素带来的变动；对于惩罚过轻或模糊，目前的相关规定，对违规的公共住房居民处理一般都是收回其住房或者停止住房补贴的发放，操作威慑力不足，使部分居民存有侥幸心理。

最后，缺乏有效的行政监管制度和法律监管体系。尽管公共住房制度已纳入各个城市政府目标责任管制的范围，但有些地方政府却对公共住房的意义缺乏认识，只是被动执行国家政策，甚至部分地方政府仅把公共住房的建设当作短期的形象建设。

（三）公共住房问题的原因分析

对于我国公共住房存在的问题，究其原因，可归总如下：

1. 导向因素

在以"经济建设为中心"的核心理论指导下，GDP 的高速增长成为政绩考核最重要的指标，带动了 50 余个相关行业发展的房地产行业在我国经济发展中扮演着重要角色。受全球金融危机的影响，我国 GDP 增速由 2007 年的 13%下降至 2008 年的 9%。在此背景下，为了完成"保八"目标，中央政府出台了一系列经济刺激计划，其中包括为房地产行业松绑等。在天量投资、银根放松、购买优惠的前提下，2009 年全国商品房销售面积 93713 万平方米，同比增长 42.1%，商品房销售额 43995 亿元，同比增长 75.5%，均创下历史新高，而经济适用房建设各项指标均在 2009 年创下四年来的最低点。2009 年经济适用房年度完成投资额增速、施工面积增速和新开工面积增速分别为 17%、3%和-5%，远低于 2006 年的 34%、16%和 25%。显然，在追求经济利益增长的前提下，公共住房这种不能带来直接经济利益的投资注定被弱化。

2. 制度因素

公共住房体系建立缺乏法律保障，保障性住房用地供应计划难以完成成为常态。我国虽然有一系列关于公共住房的相关政策，但是却没有专门或相关的法律对于公共住房用地的供给、项目的审批、项目建设和销售标准等问题予以明确的规范，这就为政府在公共住房问题上的严重缺位和"寻租"行为提供了理由。特别是在公共住房用地供应上缺乏最基本的法律保障，从而导致"计划是计划，供应是供应"，公共住房用地完成率偏低成为常态。

3. 财政因素

土地出让金是补充地方财政的重要来源，地方政府缺乏供应公共住房用地的动力。目前的财税体系使得地方政府每年都面临巨大的财政缺口，而不纳入财政范围的土地出让金自然成为各级地方政府的救命稻草。土地出让金可以在很大程度上弥补地方政府的财政赤字。2007 年，地方政府财政赤字 14766.67 亿元，当年土地出让金收入 12000 亿元，土地出让金占地方政府财政赤字的比例高达81%。公共住房用地大多是采取划拨和协议的出让方式，难以或较少产生政府收益，在财政本就紧张的前提下，地方政府对于不能带来直接经济效益的投资行为自然缺乏动力，甚至十分抵制，这也就是各级地方政府在公共住房问题上严重缺位的原因所在。

四、我国公共住房的未来

针对我国公共住房建设中存在的诸多问题，为了更好地发展公共住房并真正满足城市中中低收入群体的需要，在今后建设公共住房中应注意做到以下几点：

（一）公共住房供给的多元化

这些年我国经济发展比较快，政府财政收入增长迅速，但收入差距越来越大，形成金字塔式的收入分配结构，中低收入者在整个社会中占有很大比例，需要公共住房的人群绝对数字庞大，但现有公共住房的供给远远不能满足需求。中国从低收入到中等收入偏下的家庭大概需要 7700 万套公共住房，但是当前只有1300 万套左右，如果算上全部需要的公共住房量，当前公共住房覆盖率还不到8%，即使完成"十二五"规划目标，覆盖率仍然只有 20%，公共住房的供给远远不足。在这种背景下，公共住房供应的责任应该主要由政府来承担，同时采用优惠政策，激励民间投资建房，另外还要发掘其他方式，包括社会上的存量住房、集资房等，全方位的保证公共住房的供应量。

1. 加大政府投资建设的力度

当前我国的公共住房缺失比较严重，需求远远大于供给。我国对公共住房的需求为刚性需求，政府每年计划建造和改造几百万套，但是在巨大的需求下，仍然有很多需要保障的人群排队等待。住房供给的不足，从另一个层面上来讲，主要也是资金、土地的供应不足，政策的支持力度不够。2000~2009年，经济适用房总投资额占住房投资总额的比例由14.2%下降到4.4%。2010年政府计划建造580万套公共住房，但实际只完成了370万套。上述数据很明显地说明了政府投资建造的力度不够，政策实施不到位，只进行了局部近期的计划，缺乏全局长远的规划。

事实上，在公共住房建设的整个过程中，政府必然要承担主要责任。首先，政府拥有巨大的财政收入，所以对于密切关系到民生的保障性住房，应该也有能力投入足够的资金来建造。其次，我国城镇的土地归国家所有，城镇居民只有使用权而没有所有权。农村土地归集体所有，为了保证耕地面积，农村土地的用途受到严格的控制。新建住房用地更多局限在城镇，主要是城中村的拆迁和改造。房地产开发商、事业单位、其他团体需要向政府申请土地，得到审批后才能建设住房。政府有权力决定土地出让金、土地使用权的归属、土地的用途以及住房建造的标准等。从土地的供应方面来说，政府拥有特权，有能力、有责任为公共住房的建设提供更多的支持。最后，政府是相关政策的制定者，其他参与者只能在现有规则的基础上从事经济管理活动。政府可以通过使投资政策、土地政策、税收政策、开发建设政策等一系列政策向公共住房倾斜，最大限度地服务于公共住房政策的实施。

2. 鼓励民间投资建设

政府是公共住房建造的主力，但仅依靠政府的力量显然不足，需要更多民间资本的支持。民间资本在社会中占有相当大的比例，充分利用这部分的闲置资金，调动广大民众的积极性，更好地补充政府财力、人力等方面的不足，完善公共住房政策。

首先，民间投资建设公共住房有着充足的可能性。①收益有保证。商品房的投资建设要求条件高，受到政策因素的影响大，存在很大风险，一般投资者难以介入或者不敢介入。特别是在2010年"国八条"出台后，商品房受到打压，楼市渐渐显示出了疲软，利润率降低，很多投资者暂时没有找到合适的投资渠道。当前，公共住房发展迅速，政府又给予相关参与者贷款、税收、土地等优惠政策，公共住房面对的是刚性需求，住房的销售和出租不存在压力，这些条件保证了民间投资者的收益。②资本要求不高。公共住房的建造成本远低于商品房，对住房的标准、周围环境和所在区位等没有较高的要求，民间投资者可以根据自己资本金的情况进行灵活投资，包括户型、住房功能等，只要符合国家规定的标准即可。③有利于树立高的商誉。企业的商誉在市场经济体系下不言而喻，良好的品牌、值得信赖的声誉都是企业成功的关键所在。当前我国正在加快公共住房的建设，如果企业在该行业利润不高的情况下投资建设公共住房，更能体现出企业的社会责任，有利于提升该企业的形象，促进长远发展。

其次，民间投资建设公共住房，政府出台相关的鼓励政策。①降低土地出让金。土地是住房建造的首要因素，在目前也是最主要的因素。民间开发建设公共住房时，由于资金有限，在土地出让金方面，政府应该给予相关的折扣优惠，减小土地供应方面的后顾之忧。②提供优惠的贷款政策。民间投资可以减少政府的财力、人力和物力，但政府要向他们提供银行贷款，以弥补资金不足。同时，在贷款的申请、审批、实际到位等环节，缩短每个步骤的时间，提高贷款的效率。③提供税务优惠。民间投资建造的过程中会涉及多种税收，包括土地增值税、营业税、房产税、城市维护建设税等，政府可以减少这类税种的征收预算，将这部分收入转移给民间投资者，大力支持民间投资建造公共住房。

（二）公共住房建设投资的完善化

1. 多渠道筹集建设资金

根据国际经验，我国应建立以财政预算为主、其他多种渠道配合的资金筹集方式。对于廉租房的建设，政府需要建立稳定的财政资金予以支持。我国有不少地区现在主要利用住房公积金的增值收益来支持廉租房的建设，这种方式只能是短暂的，不可能持续。政府有责任对公共住房进行稳定的预算支出。在现实中，要明确中央和地方政府的职责和分工，建立完善的财政体制，给予地方政府一定的财权和灵活处理的权利，并且要加大地方政府用于公共住房的财政投入。

除了政府的财政资金外，还有其他多种渠道资金的筹集方式。①住房公积金。它是为了解决居民的购房问题而强制征收的，随着住房公积金制度的发展，我国的住房公积金积累量也在大幅度的增长。住房公积金直接向缴纳者提供购房资金支持，闲置的资金可以用于资助其他购房者，其增值收益还可以投入到公共住房的建设运营当中，对公共住房的资金是很好的补充。②土地出让收益。我国当前规定土地出让金的5%作为廉租房资金，但现实中可能比例更小，所以要充分利用土地收益资金。③社会捐赠和社会福利彩票。近年来，我国的福利事业发展迅速，个人、单位和团体捐款数量猛增，这些资金可以直接用于建造运营公共住房。另外，社会福利彩票具有很强的福利性质，每年也有可观的收入，这也是一种资金来源。④多套住房的房产税。收入较高的人群有能力买多套房，针对多套房，政府征收了更多的房产税，这样可以将该部分收入转移到改善中低收入家庭住房上来。⑤中长期贷款。政府还可以通过发放中长期贷款的方式，用于公共住房建造和消费的按揭。

2. 完善公共住房金融制度

我国的公共住房金融制度与发达国家相比还很不完善，政策缺乏稳定性，所以应该努力完善我国的公共住房金融制度。①建立公共住房专业性的金融机构。这种专业机构主要有两个方面的业务：一是带有政策性的业务，该机构负责代理国家的补助、补贴和提供贷款的抵押担保，不是以营利为目的；二是经营性质的业务，主要向中低收入者提供购房信贷，以及其他相关的融资活动，通过这种经营方式来营利。②建立住房信贷的风险管理制度。住房是高价值商品，在住房信贷的过程中存在很高的风险，这种风险会限制住房供需双方的正常交易。所以应该建立相关制度，尽量减少风险系数，开发新的产品，同时也要进行专门的管理，达到既分散银行风险，又能够提高对住房的购买力。③发行中长期的债券。对于有实力的公司企业，政府给予一定优惠，鼓励其通过发行债券来筹集资金，专门用于公共住房事业。发展住房信托投资基金，该基金可以很好地吸收社会闲散的资金，直接用于住房的保障。④可以通过保险金和其他方式的投资基金，在全国住房问题比较突出的大城市建设公共住房，最大限度地发挥这些资金的作用。

（三）公共住房管理的有效化

一套完整有效的公共住房制度体系，除了包括供应制度和分配制度以外，还应包括完善的管理制度。完善有效的管理制度主要包括科学合理的行政监管机制、严格的准入和退出机制和有效的物业管理机制。

1. 科学合理的行政监管机制

公共住房的行政监管机制是中央政府对地方政府有关公共住房制度执行状况的一种自上而下的监督和管理机制，其目的是促进公共住房制度的有效实施。其主要内容包括：①监管部门必须从执行机构中独立出来，形成垂直领导体制。独立性是有效监管的关键所在，若是由执行部门自行承担监管，不免会缺乏一定的公正性，同时评价结果也难以令人信服。与垂直领导体制相适应，监管部门的经费应由中央政府统一拨划，以保证其在经费方面不受地方政府约束，保持其独立性。②监管应在公平公正、客观认识、方法科学的原则下进行，将公共住房制度实施效果的评价结果纳入地方政府官员的政绩评价中，这样才能提高地方政府官员对公共住房制度的重视程度，提高政策执行人员的业务素质，以及能够较好地协调部门之间的矛盾。

2. 严格的准入和退出机制

制度的监管需要行业准入制度，在公共住房制度中也需要有严格的准入制度，这种制度是三方面的。一是公共住房享受者的准入。按照相关规定的程序及要求严格审查申请人资格，避免部分居民的"搭便车"行为，并且排队轮候期间对保障家庭的收入、人口变动等情况进行定期检查。二是非营利公益性合作建房机构的准入。对该类机构应有严格的资金管理、营运的相关制度准入，让国家利益、纳税人利益、建设者利益得到综合满足，成为公共住房制度变为现实的桥梁基础。三是公共住房建设者的准入。公共住房有着较强的公益性，而建设者即房地产开发商则又必须追求利润，但公共住房的低利润决定了此类项目是回报社会取信于民的建设，因此对公共住房建设者的信用、责任感、公益心都是一种考验，对承担这项工程的建设者必须有明确的制度准入，这样才能建好房、省资金、造福人民，使政府资源落实到真正需要保障的家庭。

退出机制是对公共住房制度的另一种保障，而公共住房的退出机制建设在我国则是薄弱环节，虽然相关政策有若干规定，如深圳市的《关于进一步促进我市住房保障的意见》、常州市的《关于加快推进我市市区住房保障工作的实施意见》等均涉及退出机制的相关问题。退出机制的建立也必须从三个方面出发：一是公共住房享受者的条件应有退出机制。条件变化，享受的利益也要有所变化。二是公共住房制度和建设主导方的退出机制。一旦这类机构不能保证制度有效实施时，相应的制度与措施也应有所调整。三是公共住房的建设方的退出机制。一旦这类机构在条件、质量、时间、资金利用等方面不能切实有效地保障公共住房建设时，应当及时启动退出方案，让公共住房制度和措施落到实处，让低收入群体及时享受到党和政府及人民对他们照顾。

目前，我国出台的相关退出机制还不成体系，存在很大缺陷，因此我们可以借鉴其他地区的成熟机制，如中国香港公屋的退出机制等。①全面考虑退出标准，使退出标准尽可能详细、完备，可操作性强，便于执行。定期审查公共住房居民家庭资产，如家庭拥有净资产超过保障标准的住户，必须迁出公共住房。若公共住房的户主去世，剩余成年家庭成员必须接受经济情况的审核，以此判断其是否拥有继续居住公共住房的标准。②罚则必须明确，如住户虚报申请资料，相关部门可收回其所住居所或停止住房补贴发放，同时处以高额罚款，情节严重者必须移交司法机关处理。③由于公共住房保障是一种有限的公共产品资源，因此，政府部门应当设立吸引住户主动退出的鼓励措施。对我国公共住房的居住者正常退出的，应该给予适当政策鼓励，使其住房条件逐步改善，同时要根据当地经济发展水平和住房供需状况随时调整和完善。

3. 有效的物业管理机制

由于我国公共住房体系属于保障体系，包括了廉租房、经济适用住房、公共租赁住房。因此，我国公共住房的物业维修与管理跟普通商品住房有着明显的不同之处：首先，要保证公共住房的物业资产盘活利用，不但不能流失还要保值增值；其次，是要让享受这类住房的人群通过优良的物业维修与管理来感受到政府对他们的关怀；最后，其物业维修与管理要遵循市场经济规律让公共住房拥有者、享受者、管理者在合法合理、互惠互利的原则下发挥更大的作用，因此有必要把公共住房的物业维修与管理纳入监管范围。但这方面的相关研究与实践还相对滞后，我们不妨借鉴和学习日本的"一专多能物业维修管理"、意大利的"互助会式物业维修管理"、英国的"个人公司共存物业维修管理"及俄罗斯的"福利型物业维修管理"等模式来丰富和完善我国的公共住房物业管理机制，使这方面的研究与相关的体制相配套，发挥出其应有的功能。

第七章　城市交通研究

城市之所以存在，就因为它是一个高效的经济空间，同时又是一个能带给人各种便利的居住场所，而城市实现这两个功能都离不开高效便捷的城市交通系统。城市的交通系统是城市天然的组成部分，任何城市都有其交通系统，但自然形成的交通系统却无法适应现代城市的快速发展。因此，近代以来随着城市的迅速扩张，作为城市规划一部分的城市交通规划就成为了一个重要的研究领域。如今，世界上大多数的城市都有自己的交通规划来指导城市的交通建设。改革开放以来，随着我国经济的飞速发展，城市也在迅速扩张，城市人口快速膨胀。伴随城市规模扩张的还有城市交通的快速机动化以及人们出行需求的迅速增加，这使得我国的城市交通涌现出了各种问题。而且，在可预见的将来，中国将继续经历一个迅速的城市化及城市交通机动化的过程，在这样一个历史时点，对城市交通规划进行深入的研究以便找到一种适合中国城市的交通规划模式就显得尤为重要。

第一节　城市内部交通

一、城市内部交通的特征与分类

城市内部交通指一定的主体（人或货物），按照一定的目的（通勤、购物、配送等），采用某种手段（步行，驾车，乘坐公共交通、货运车辆等）在城市中不同地点之间的移动。城市内部交通作为城市范围内的交通具有一些特有的性质。

（一）城市内部交通的时空特征

1. 城市内部交通在空间维度上不均匀分布

在城市的不同区域，城市交通流量差别很大，城市交通的空间分布与城市的布局关系密切。城市中不同地区土地使用的不同，造成交通生成与交通吸引不同，城市交通密度一般呈现出由市中心向外递减的规律。市中心高度开发的商务用地是城市交通密度最大的地区；城市的交通密度在呈圈层状向外下降的规律下还因一些特殊的土地利用（如区级的商业区、大的会展中心等）的影响而出现一些小的交通密度高峰区；大的住宅小区由于也是交通生成及吸引地，所以也是交通高密度区。

2. 城市内部交通在时间维度上有明显的周期性

由于城市居民活动具有很强的周期性，所以城市交通也具有很明显的周期性，包括一天内的周期性、一周内的周期性、一年内的周期性。市内交通的年周期一般不是很明显，只有城市对外客运交通表现出比较明显的年度周期，在一些重要的节假日，城市对外交通流量会有明显的上升，这也在一定程度上影响了市内交通；周周期也不是很明显，一般表现在工作日与休息日的交替，工作日交通的拥挤与周末交通的通畅对比明显，而周一早上与周五下午下班时间会出现超过平时的交通拥挤；日周期是城市交通最明显的周期性表现，早晚上下班高峰道路的拥挤与其他时段道路的畅通形成鲜明的对比。城市交通这一周期性特点使城市道路规划陷入很大的困境，要满足交通高峰期的需求就会面临非高峰期道路使用率低下的现实；要保证道路较高的使用率就会面临交通高峰期严重的交通拥堵，这个问题可以说是城市交通问题的最主要方面，解决这一问题是城市交通规划的一个重点任务。

（二）城市内部交通的分类

1. 按出行方式分类

按照出行方式来分类，城市内部交通可以分为个体交通方式和公共交通方式两大类。个体交通方式又分为个体非机动化交通方式和个体机动化交通方式，前者包括步行、自行车和其他非机动车，后者包括家庭自有汽车、公务车和摩托车等。公共交通方式主要包括轨道交通、公共汽（电）车、中小巴士、出租车、轮渡、缆车及索道等，其中最常见的是轨道交通和公共汽（电）车。

个体交通方式的优势在于灵活自由，能够实现"从门到门"的出行，从使用者的角度来看是有利的；公共交通方式的优势在于运输效率高，从交通系统的角度来看是有利的，但只能提供定点、定时的服务。快速轨道交通相对于公共汽（电）车、私人汽车、自行车等大众交通工具而言，具有运输量大、低污染、低噪声、低能耗、高速度、低成本、占地少、舒适、全天候等得天独厚的优势，应是最佳的市内交通方式。不同交通方式的比较详见表7-1。

2. 按运输对象分类

根据运输对象的不同，城市内部交通可以分为两类：城市货运交通与城市客运交通。

（1）城市货运交通。城市货运交通是城市交通的重要组成部分，它为城市实

表7-1　城市内部不同交通方式的比较

交通方式	优　点	缺　点	最佳适用范围
自行车	出行方便、安全、无污染、无噪声、节能、低成本	速度慢、舒适性差、受天气影响大	适合短距离通勤
公共汽车	密度大、线路多、安全、乘车方便、低价格、载客多	速度慢、污染大、噪声大、能耗高、受道路影响大、拥挤、舒适性差、占地多、工作人员多	适合中短距离及客流集中地方通勤
私人汽车	出行方便、舒适、速度较快	污染较大、运量少、成本高、受道路影响大、停车难、占地多	适合中长距离通勤
轨道交通	运量大、低污染、低噪声、低能耗、高速度、占地少、舒适、全天候、低价格	高投入、高维护成本、建设周期长、线路密度低	适合各种距离通勤

资料来源：郭亮.城市规划交通学　[M].南京：东南大学出版社，2010.

现各项经济活动及居民生活所需物质的空间移动。但是城市货运交通在城市中（特别是大城市中）已经比较少见，这是由于城市货运交通已经发展到了与客运交通在时空纬度上分离的阶段。为了提高城市交通系统的效率，城市货运交通往往选择客运交通流量小的时间段进行，如客运早高峰之前和客运晚高峰之后，这是货运交通与客运交通在时间维度上的分离。货运交通很大一部分都发生在工业区、仓储区及对外交通枢纽三者之间，城市中工业区、仓储区及对外交通枢纽往往分布在城市的外围，而城市客运交通则是一种由中心向外围交通密度不断减小的分布，这就造成了城市客运交通与货运交通在空间上的分离。

城市货运交通方式比较单一，一般都是使用货运汽车，由于现代物流企业的兴起，城市货运交通效率一般都很高。

（2）城市客运交通。城市客运交通是为实现城市居民空间移动服务，与货运交通相比，城市客运交通方式多样，城市客运交通可以分为城市公共客运交通和城市私人客运交通两大类。

城市公共客运交通主要包括公交汽车、轨道交通和出租汽车。公交汽车运量比较大，线路网四通八达，可达性较好，而且投资较低，线路可灵活修改，但速度中等，并且往往要面对换乘的麻烦。轨道交通包括地铁、城市轻轨、有轨电车三类，有轨电车介于公交汽车和城市轻轨之间，而更偏向于公交汽车，运量及运速均大于公交汽车，但较城市轻轨小很多；地铁和轻轨的特点是运量大，速度快，但造价昂贵，而且线路一旦确定就不能再改动。出租汽车就是一种服务大众的小汽车，它的特点与私人小汽车一致。

城市私人交通主要包括小汽车、摩托车、自行车、步行，小汽车交通是现代城市交通的一个最重要的特征。小汽车速度快、自主性强、舒适、可达性好，是城市居民最偏爱的交通方式；但是它的运输能力过小，同样的居民出行造成的路面交通量远大于公交汽车，这使得小汽车成为城市交通拥堵的最主要原因，另外小汽车的大量使用使得停车问题突出，大多交通吸引地缺乏足够的停车位，造成大量小汽车占用行车道停车，这也是交通拥堵的一个重要原因。摩托车运量大于自行车，可达性也比自行车要好，但安全系数是各交通方式中最差的，不应提倡。自行车及步行往往作为短途交通的选择，两种交通方式都比较环保、经济，但在当前快速的城市交通机动化发展过程中，变得越来越弱势，步行难是现在很多大城市的一个事实。

由于不同的交通方式运量差别很大，同样的居民出行需求采取不同的交通方式结构最终造成的交通量会差别很大（见表7-2），城市客运交通是城市交通规划的主要内容。

表7-2　城市内部各种交通方式的运量、运速及占地面积

种类	交通方式	单通道宽度（米）	容量（万人/车道/小时）	运送速度（公里/小时）	单位动态占地面积（平方米/人）
私人交通	步行	0.8	0.1	4.5	1.2
	自行车	1.0	0.1	10~12	2.0
	摩托车	2.0	0.1	20~30	22
	小汽车	3.25	0.15	20~30	32
公共交通	公共汽车	3.5	1.0~1.2	15~20	1.0
	轻轨	2.0（高架）	1.0~3.0	35	0.2
		3.5（地面）			
	地铁	0（地下）	3.0~7.0	35	0~0.2
		3.5（地面）			
	市郊铁路	3.5	4.0~8.0	50~60	0.2

资料来源：陈旭梅，童华磊，高世廉. 城市轨道交通与可持续发展［J］. 中国科技论坛，2001（1）：12-14.

二、城市内部交通对城市经济的影响

（一）点轴理论

点轴理论的理论渊源包括沃尔特·克里斯塔勒（Walter Christaller）与奥古斯特·勒施（August Lösch）的中心地理论、弗朗索瓦·佩鲁（Francois Perroux）的增长极理论以及沃纳·松巴特（Werner Sombart）的生长轴理论。在这些理论的基础上，波兰经济学家萨伦巴（Piotr Zaremba）和马利士（B. Malisz）提出了点轴开发理论，他们的理论主张在经济发展过程中采取空间线性推进方式，即点轴开发模式，它是增长极理论聚点突破与梯度转移理论线性推进的完美结合。随后，在1984年，我国著名经济地理学家陆大道教授在深入研究宏观区域发展战略的基

础上，吸收点轴开发理论的有益思想，同时结合我国的区域发展实践，创造性地提出了点轴理论。陆大道教授认为，社会经济客体在区域或空间的范畴总是处于相互作用之中，在国家和区域发展过程中，大部分社会经济要素在"点"上集聚，并由线状基础设施联系在一起而形成"轴"。①

点轴理论中的"点"是指各级中心地，即各级中心城（镇），是各级区域的集聚点，也是具有较强的创新能力和增长能力、能带动区域经济发展的各类区域增长极；"轴"是指连接各增长极的线状基础设施束，包括水陆交通干线、动力供应线、水源供应线及其沿线地带，是在一定的方向上联结若干不同级别的中心城（镇）形成的相对密集的人口和产业带，由于轴线及其附近地区已经具有较强的经济实力并且有较大的潜力，又可以称为"开发轴线"或"发展轴线"。

作为点轴体系中的"点"应该具有以下特点：①在某一方面或几个方面具有突出的优势，在区域竞争中具有明显的比较优势；②是主导产业明确、与周围地区产业关联度大的产业综合体；③科技水平相对较高，是所在区域的创新中心；④基础设施条件优越，交通、资源、水资源等供应体系完善。"轴"所具有的特点是：①资源开发以及产品和劳务生产流通的基地，这些生产流通基地可能是同一种类、同一层次的，也可能是不同种类、不同层次的。②必须处于水、陆、空交通干线上，要有相对发达而稠密的运输网，把这些流通基地连成线，缩短空间距离并节省时间。

点轴理论主要强调三点：第一，在重视"点"增长极作用的同时，还需要强调"点"与"点"之间的"轴"，即交通干线的作用。第二，从区域经济发展的空间过程看，随着区域工业化进程的加深，以制造业为代表的非农产业，先在少数"点"即增长极得到发展；随着经济发展水平的提高，工业点不断增多，点与点之间由于经济联系的加强，重要交通干线，如铁路、公路、河流及航线的建立，连接地区的人流和物流迅速增加，生产和运输成本降低，形成了有利的区位条件和投资环境；产业和人口向交通干线聚集，使交通干线连接地区成为经济增长点，沿线成为经济增长轴。第三，在国家或地区发展过程中，大部分生产要素在"点"上集聚，并由线状基础设施联系在一起而形成"轴"。

在运用点轴理论进行规划开发时，其基本思路可以归纳为：首先，在一定区域范围内，选择若干资源较好，且具有开发潜力的重要交通干线经过的地带作为发展轴予以重点开发；其次，在各发展轴上将中心城市确定为重点发展的增长极，确定其发展方向和功能；最后，确定增长极和发展轴的等级体系，集中力量重点开发较高等级的增长极和发展轴，随着区域经济实力的增强，开发重点逐渐

---

① 陆大道. 2000 年我国工业生产力布局总图的科学基础 [J]. 地理科学, 1986, 6 (2)：110–118.

扩散到级别较低的发展轴和中心城市。[①]

(二) 城市经济的点轴系统

从对点轴理论的介绍中可以看出,其主要应用于对区域发展和区域规划的研究中。但是在对城市内部的经济发展与空间布局进行研究时,点轴理论同样可以提供有效的解释。

在城市内部,点轴理论中的"点"主要是指城市内的商业密集区、行政密集区、教育密集区等人口和各种职能集中的地方。这些地点是城市发展的中心地区,集聚了大量的物质资本与人力资本,对位于城市内部的周围地区具有强大的辐射作用。城市内的"轴"主要指由市内道路、公共交通、通信干线等串联起来的"基础设施束",轴线上集中的社会经济设施通过产品、信息、技术、人员、金融等,对附近区域有扩散作用。城市内的发展轴可以解剖为以下三部分:①线状基础设施。一般情况下,都是由两种或两种以上线状基础设施组成"束",且以交通干线为主体,如地上道路地铁等。线状基础设施多数情况下是分离的、基本平行的。②发展轴的主体部分。一般直接处于线状基础设施或其交叉点上的城市中心地区,现代城市大多不再具有单一的城市中心。③发展轴的直接吸引范围。

城市内部空间结构的演化是由"点"到"轴"、由"轴"到"面"的过程,点—轴—面在空间上的融合是经济活动的空间过程在现阶段所表现出的最高形式。由于点—轴—面的相互作用,在一个经济不断发展的城市,其空间结构将逐渐从具有单一或较少城市中心转变到具有多个高度聚集和具有巨大经济潜力的城市中心。

在这一过程中,城市内部交通发挥着重要的作用。一方面,交通决定着"点"的集聚能力,更好的内部交通条件更有利于各种资源的集聚,如城市中最主要的交通干道往往汇集于市中心,同时城市内部的交通枢纽本身也可以被认为是"点";另一方面,交通也决定着"轴"的串联与扩散能力,更好的内部交通使得"轴"可以发挥更有效的串联与扩散作用。应该说,城市内部交通是城市内点轴系统的基础,对于城市经济的发展有着重要的作用。

因此,城市内部的"点轴"渐进扩散式发展,就要确定一条或几条连接城市中心的轴线,即市内交通线,对轴线地带的若干点进行重点发展。随着城市经济的进一步发展,轴线进一步延伸,新的规模相对较小的集聚点和轴线又不断形成与发展,在城市内就形成了多中心点轴等级体系,使城市形成最佳的空间结构,经济的发展得到最佳组织。

---

① 邓宏兵. 区域经济学 [M]. 北京:科学出版社,2008.

(三) 交通对城市经济发展的具体作用

居民的出行时间、企业对原材料供应商区位的距离权衡、企业对消费市场的距离权衡是影响经济活动在一定区域内集聚的最基本的因素。因此，城市区域内的经济活动越邻近，经济密度就越高，从而使得城市集聚经济的水平就越高。

经济活动的邻近性一方面体现在实际的区位邻近，另一方面也体现在借助便捷、经济的城市交通可能实现的潜在邻近。由于城市中经济活动的实际区位一旦确定，在短期内很难改变，所以由城市交通引发的潜在邻近就显得更加重要。完善的城市交通对城市聚集经济的影响可以分为以下四点：

(1) 完善的城市交通体系会降低居民的出行成本与企业的运输成本，便于相互之间经济交流的顺利进行，进而更加有利于共享、匹配，学习机制发挥作用。对企业而言，交通会影响企业的区位选择，以此决定企业自身相距投入供应商多远，而且也影响企业所维持的库存量与库存地点的选择。对居民而言，便捷的交通能节约出行时间，能更有效地进行沟通、组织生产活动、实现消费。总之，便利的市内交通使得企业与居民的运输时间与出行时间进一步缩短，各类经济活动的相互交流更为便捷、频繁，从而扩大经济活动的空间规模。

(2) 完善的城市交通体系更有利于企业的良性经营。大量原材料供应商邻近生产企业的区位时，企业选择原材料投入的余地更大，企业因此会进一步集聚，集聚态势便以一种自我增强的机制发展，使得城市区域更具经济活力。城市经济活动的邻近还有助于企业对其专用性资产的处理，大量同类企业的集聚使得单个企业更容易搜寻相匹配的企业，处理掉专用性较强的资产，进而规避了部分资本投资风险。

(3) 完善的城市交通体系会诱发城市产生更大的劳动力蓄水池，使得劳动力与匹配其劳动技能的岗位更加邻近，减少劳动力搜寻相应工作岗位的时间，同时也降低企业搜寻相应劳动力来匹配其空缺职位的时间。例如，随着城市道路的修建，居民使用的私人交通工具越发增多，在城市区域内，居民借助私人交通工具能更便捷地往返于城市工业集聚区与周边的居住区域，形成了潜在的区位邻近。劳动力在工业集聚区的周边集聚能有效促进劳动力市场的完善。同时，为了更容易地受雇于企业，经济、便捷的城市公共交通会诱使低收入居民集聚在城市区域内，以期获得更好的机会，得到更高的劳动报酬。劳动力的集聚不仅诱发了劳动力蓄水池的形成，而且也吸引了大量的企业聚集在其周围，形成工业集聚，通过共享城市交通基础设施，这些企业间的沟通协调所产生的成本便大大降低。

(4) 完善的城市交通体系可以增强城市内部的知识交流与创新。尽管近代技术革命减少了某些领域直接接触的需要，许多经济部门之间依然严重依赖于与同行、供应商、顾客等的直接接触。便捷的交通可以最大限度地缩短空间、认知和文化距离，从而成为知识交换的关键。对于管理和辅助人员来说，由于涉及各个层次的沟通、合作研究以及开发领域的工作，尤其需要面对面的频繁交流，因而相邻性在一定程度上决定了这些经济部门能否顺利开展工作。城市公共交通作为城市交通网络的重要组成部分，使得经济活动在城市的核心区域内更为集中，较高的经济密度使得在工人之间、企业之间均处于步行可达的区域内，从而有利于知识交流在企业间顺利进行。

三、城市内部交通的问题

（一）城市内部交通存在的普遍问题

城市内部交通普遍存在的问题大致有七类，即交通速度、车祸、公共交通高峰时间拥挤、公共交通非高峰时间乘客稀少、步行困难、冲击环境、停车困难，并且这七个问题是密切相关的，不能孤立地去解决其中某一个问题。尽管这些问题已经被提出三十多年了，但它们仍然困扰着世界上大多数的大城市。交通事故、空气污染与交通噪声在欧洲已经造成每年 12.5 万人的死亡。此外，驾驶小汽车除了使用者个人承担的成本外，还给社会带来了高达 3600 亿欧元的外部成本。

1. 交通拥堵

世界上几乎所有大城市，当然也包括国内如北京、上海这样的大城市（甚至中等城市），堵车这一愈演愈烈的"城市病"，正发展成为严重磨损城市运行效率的"顽症"。交通拥堵所"堵"住的，不仅是车轮的速度，还有城市的效益，以及市民的快乐。相对于城市道路网的承载力来说，汽车数量过多，诱发了交通拥挤问题。从某种程度上说，交通拥挤是汽车社会的产物。在人们上下班的高峰期，交通拥挤现象尤为明显。据统计，上海市由于交通拥挤，各种机动车辆时速普遍下降，20 世纪 50 年代初为每小时 25 千米，现在却降为每小时 15 千米左右。一些交通繁忙路段，高峰时车辆的平均时速只有每小时三四千米。交通阻塞导致时间和能源的严重浪费，影响城市经济发展的效率。

2. 停车问题

在城市中心区，人多车多空间少，停车场与汽车数量很不相称，停车也最困难。尽管近十多年来在市区建了许多多层停车场，但仍满足不了停车需求。很多城市颁布了法令，采取了很多措施，限制在市中心地区停车，如罚款或按停车时间收费等，以控制进入市中心地区汽车的数量。

有些城市制定了"停车—乘车"计划，在市中心地区外围建若干停车场，汽车司机只能将车停在这些车场内，然后乘公共汽车进入市中心地区，但这些措施并没有解决停车问题。另外，美国政府曾在 20 世纪 70 年代中期制定过一个方案，迫使个人使用公共汽车来代替小汽车，但发展公共交通需要政府大量补贴。因此，如何有效地解决停车的问题仍在探讨中。

3. 交通污染

交通带来的另一个问题就是交通污染，主要包括大气污染和噪声污染。大气污染主要由车辆排放的尾气造成，其种类主要包括氧化碳、碳化氢、二氧化碳以及铅化合物等。从世界范围来看，全球排放的氮氧化物的 60%，一氧化碳的 78%，碳化氢的 50% 是由于交通而引起的。我国城市大气污染中由交通造成的占据了 50% 以上。噪声污染也是交通污染的另一个主要方面。据统计，城市 80% 的噪声是由交通产生的，噪声引起听觉疲劳或听力损伤，严重干扰道路周围居民的睡眠，影响人的生理和心理健康。

目前，机动车的保有量快速增加使得北京市深受交通污染的困扰，在 2008 年奥运会以及 2014 年 APEC 会议期间不得不实行机动车的单双号限行政策以控制交通污染。

4. 交通事故

随着机动车保有量的稳步上升和机动车利用程度的增加（人均出行距离），城市中的交通事故频繁发生。据统计，中国每年因交通事故死亡的人数已超过 20 万人左右，发达国家每年因交通事故死亡的人数大都在 10 万人以上。此外，还有大量非致命交通事故。

（二）我国城市内部交通的缺陷

1. 城市规划、用地布局上的局限

受历史、经济、技术及认识理论上的局限，长期以来，我们对满足城市居民出行便利、舒适、迅速、安全等需求认识不足，在用地布局上造成居住与工作、生产与生活联系等居民出行的不方便，客货流动的平均空间距离增大，使得城市运转效率降低。城市用地布局一经确定，其交通形态也随之形成，且在一个较长时期内难以改变。因此，若城市用地规划布局不合理，给城市交通带来的问题将是根本性的。目前，我国城市化进程速度较快，许多城市的规模也随之快速扩大，这往往就造成了城市的交通规划与城市发展之间的不匹配。

2. 交通基础设施相对薄弱

在改革开放之前，我国经济相对落后，机动车数量少、性能差，除了有限的公共交通，城市内部交通更多的是以非机动车交通和步行等低速交通为主。人与车、车与路及交通与环境之间的矛盾并不突出，没有引起政府和社会的足够重视和关注，政府在这方面的投入也有限。但是改革开放以后，随着我国国民经济的持续高速发展，城市建设步伐加快，人民生活水平不断提高，机动车的保有量有了飞速的提升，城市交通需求大大增加，而交通基础设施因为欠账太多，建设相

对滞后，导致城市内部交通供需矛盾日益严重。

这一方面是由于历史原因造成了我国许多城市的道路没有形成连续、层次分明、功能清晰的系统，道路等级低、结构混乱，难以合理承担不同的交通需求（如长、短途交通，快、慢速交通等）的运输任务；另一方面也由于静态交通设施用地（如停车场、交通集散广场等）严重不足，反过来又挤占了动态交通空间，影响动态交通的运行，使得城市内部交通无法形成良好的体系。

3. 交通管理与控制水平有待提高

目前，我国城市内部交通的管理与控制在理论方法、设施水平、技术手段等方面还比较落后，科技含量不高。在合理调控与组织交通流，挖掘现有城市内部交通设施潜力，充分利用有限的交通资源等方面还存在着明显的缺陷和不足。我国大多数城市就其机动车保有量而言，其绝对数量和人均拥有量与发达国家相比并不高，车均拥有城市道路面积也高于许多发达国家的城市，但是我国城市交通问题的严重性并不逊于发达国家的城市，这在相当程度上反映了在科学的交通组织和控制管理水平上的差距。此外，在交通理论、新型交通工具、交通能源开发等方面，我国开展的工作也还很有限。①

四、城市内部交通的可持续发展规划

（一）城市内部交通可持续发展规划的原则

城市内部交通的可持续发展规划，就是要实现城市交通与社会、经济、资源、环境的协调发展。在满足城市社会经济发展对交通需求的同时，重视城市生态环境的保护和资源的合理作用，符合城市社会—经济—生态复合系统长期持续发展的整体需求，要求现阶段的发展不能损害未来的城市交通发展能力。

从世界银行对评价交通规划与政策必须考虑的三项补充标准来看，城市内部交通规划的优劣主要体现在可持续性的三个方面：

（1）经济可持续性：要求交通服务的高效率和基础设施运营的高效性。城市内部交通系统一方面必须获得足够的资金以维持正常的运营并使系统足以扩展，另一方面必须通过交通运输服务的使用——收费环节来实现对系统成本的回收。

（2）社会可持续性：应当制定公众认为合理的交通规划和项目实施计划，满足或者基本满足社会各个阶层用户的交通需求，把土地利用和交通结合起来，以平等的态度去对待各种交通方式，尤其是步行交通和自行车交通在城市内部交通中的恰当作用应当得到考虑和保护。

（3）环境的可持续性：必须把改善环境的政策放在首位，通过各种可能的途

---

① 沈建武，吴瑞麟. 城市道路与交通 [M]. 武汉：武汉大学出版社，2011.

径控制对机动车的使用，减少汽车燃料的消耗和废气的排放，以减少交通污染，促进交通安全，从而达到改善城市环境、保护居民身心健康的最终目的。

（二）城市内部交通可持续发展规划的目标

城市内部交通可持续发展规划的目标应包括经济可持续、社会可持续和生态可持续这三个不同侧重点。在确立城市内部交通可持续发展规划的目标时，我们必须考虑当前我国城市的社会经济发展水平和城市交通发展面临的具体困难和压力。不同规模、不同性质、处在不同社会经济发展阶段的城市具有不同的问题和发展条件，应该根据不同类型城市的具体情况，提出既有利于未来发展又切实可行的目标。我国城市发展中的不平衡性决定了城市内部交通可持续发展规划的目标应该具有区域性、层次性和阶段性特征。

确立目标是为了引导发展，从一般的指导意义而言，我国城市内部交通可持续发展规划的目标可以表述为：首先，城市交通的发展必须能够满足社会经济发展所产生的基本交通需要，支持城市社会经济的持续发展。其次，城市交通的发展模式必须符合城市的财务能力，一方面要考虑城市用于交通系统建设与管理的能力；另一方面应能够为不同的市民群体提供符合各自承受能力和选择偏好的出行方式，并在合理时间内完成出行。最后，必须最大限度地减少交通运输所造成的环境质量、社会文化、生命和财产方面的负面影响。

经济可持续发展要求城市内部交通在满足和促进城市经济可持续发展的同时，注重城市交通系统内部的经济效益，保持交通服务供给的高质量和基础设施使用的高效率，使城市交通运输系统自身得到足够的收入以维持正常的运行和扩大再生产，即城市交通系统应具备自维持能力和自发展能力。

社会可持续发展要求城市内部交通发展能够满足人民日益增长的物质和文化生活的需要，不断提高城市居民的生活质量和生活水平，改善出行方式和出行结构，使城市交通具有良好的可达性和舒适性。城市交通的发展应顾及社会公平，尤其是对于老弱病残以及社会低收入阶层，使他们也能够公平享受城市交通带来的便利和舒适。

生态可持续要求城市内部交通发展必须充分重视资源的永续作用和环境保护，实现绿色交通和生态交通，既为当代人提供方便、维护当代人的健康，又不对下代人使用城市交通的能力带来危害。

城市内部交通可持续发展的实现需要这三种目标之间的相互协调，其中最重要的是要解决它们之间存在的基本矛盾。

经济可持续与社会可持续的冲突导致资本投入矛盾，强调经济效益，势必损害城市交通的社会公益性目的。目前，很多城市存在的公共交通补贴现象，就是这一矛盾的形象体现：一方面是为了顾及社会公平，保护低收入乘客的经济利益，维护交通的公益性目的；另一方面则缓解了城市交通部门的经济亏损，保护了运营部门的经济利益，避免了交通服务质量的下降。发展汽车工业，鼓励小汽车进入家庭可以有效地拉动经济增长，但与此同时却带来了城市交通拥挤的加剧，公交服务质量下降，普通市民被迫转向非机动车和助动车，交通出行结构恶化。

经济目标与生态目标的冲突导致资源分配矛盾的产生。实现经济发展目标，就要消耗自然资源，同时产生环境污染，但保护环境的目的是要避免环境污染，实现资源永续利用，提倡经济零增长或负增长，这从一定程度上就限制了经济目标的实现。

如果说资本投入矛盾的特征是经济利益与社会利益发生冲突，资源分配矛盾是经济利益与保障自然环境持续发展产生冲突，那么，环境矛盾则同时面临这两个难题，成为可持续发展中最具挑战性的难题。

经济增长、环境保护与社会公平之间的矛盾并不是以对抗性为基础，而是相互依赖、相互协作，具有潜在的互补性，只有协调处理才符合可持续发展的思想。[①]

(三) 城市内部交通可持续发展规划需处理的关系

1. 交通与经济

在影响城市内部交通的诸多因素中，城市经济是与之密切相关的因素。它既是产生交通需求的起点，又是促进交通供应的动力。城市经济的繁荣促进了城市交通的发展，而发达的城市交通又反过来促进城市经济的发展。

城市经济发展、产业结构调整，都对城市交通产生巨大的影响。城市经济现代化也促进了城市交通工具的现代化。随着城市经济的发展、生活水平的提高，人们对出行的要求越来越高，势必选择迅速、方便、舒适的交通工具。因此，城市交通的结构、形态、方式和水平必须与客运量的增长和人民生活水平相适应，而且要不断以更加先进的交通为城市经济的现代化创造条件。城市交通由步行发展到公共马车、有轨电车、公共汽车、小汽车直到大容量轨道交通，这是发展的必然结果。

交通技术的革新克服了地域上的空间局限性，使整个城市充满生机和活力。虽然交通不像工农业生产那样能直接创造物质财富，但它们都能把社会生产、分配、交换、消费等有机联系起来，从而在整体上节约时间、缩短空间、沟通信息，为社会经济部门提高工作效率和创造财富提供条件。大量的交通与土地升值之间的关系研究还表明，一定的路网密度和公共交通水平对土地价格有直接的影

---

① 许泽成. 大都市的交通与经济发展 [D]. 上海：复旦大学博士学位论文，2004.

响，从而影响生产力布局和产业布局，起到间接影响经济发展的作用。

如果城市交通的发展水平不能适应城市的交通需求，城市经济发展就会失去支撑，从而制约城市经济的发展。例如，交通拥挤不仅会造成巨额经济损失，而且甚至会导致城市功能的瘫痪。

城市交通与经济发展应该注重在以下两个方面加强：

第一，加强城市交通基础设施投资，建立多元多渠道的城市交通投融资体制。要想实现城市内部交通与经济之间的相互推动、协调发展，就必须重视对城市交通基础设施的投入。同时，应该着重对我国城市交通投资体制进行改革。城市交通基础设施投资不足，其中一个重要的原因就是我国现行城市交通投资体制存在问题，投资主体单一、渠道单一，城市建设过分依赖于国家以及地方财政拨款。随着市场经济的发展，国家财力与建设需求差距的进一步拉大，改革现有投资体制，发展多元多渠道的城市交通融资环境，是解决城市交通基础设施投资不足的重要手段。要按照市场经济规律运作，广泛开辟多元化、多渠道的融资形式，缓解城市交通建设资金紧缺的问题。世界上很多国家对交通设施使用者征收燃油费或者从其他收入中抽取一部分用于交通建设，采取 BOT（建设—经营—转让）方式或者发行债券、建立投资基金等也是筹集资金的有效途径。为吸引私人或者国外投资，还可以采取"合作开发、利益分享"的集资手段。

第二，城市内部交通要形成以提高效率为主的发展方式。城市交通以提高效率为主，其目的就是要提高效率，实现城市交通资源利用的最优化。实现城市交通企业的市场化运作；城市交通空间吸引范围从行政区域范围转向以交通影响范围为概念的大城市交通区域；交通功能从单一的地面交通转向快速高效的立体化的综合交通系统；客运结构从地面常规公共交通转向以轨道交通为主体的大城市客运交通体系。

2. 交通与社会

城市内部交通与城市人口规模、人口密度、布局形态以及市民生活方式等城市社会因素密切相关。城市人口规模、人口密度决定了城市交通需求；反过来，城市交通基础设施的规模和水平也影响和限制着城市人口规模与人口密度。

城市布局形态对城市交通系统起着重要的影响，不同的城市布局形态需要不同的交通系统与之相适应，而有时城市布局形态的不合理就影响了城市交通的发展。发达国家大城市的空间结构特征是人口居住主要集中在城市外围，而我国大多数城市与之相反。例如，在历史上，上海市的布局形态长期保持一元化的单中心结构，市中心区建筑稠密、人口密布，导致城市交通负荷极大。

城市交通网是城市的脉络和神经。城市道路的布局形态对城市布局形态具有先驱性和诱导性。城市交通干线一般都会成为城市的发展轴，诱导城市向着一定的空间结构和空间方向发展。不同的交通方式都有最佳和最大的服务范围，城市所具有的交通方式限定了城市空间发展可能达到的规模和范围。

城市交通的服务宗旨应该是以市民的出行方便为己任，把人和物的流通作为城市交通的目的。只有这样，才能提高交通效率，构建合理的城市交通发展模式。但是，普遍的观点认为城市道路交通是为机动车服务。由此而来的交通决策之一就是一些城市热衷于建设高标准的大型交通工程，出现了许多立交桥、高架路和城市环线，以为只有大型交通工程才能彻底解决交通问题；之二就是城市交通的发展进程几乎是一个不断满足机动化发展的过程，机动化几乎成为现代化的代名词。由此导致的后果，一是道路的修建永远满足不了机动车的增长要求，只能引发更严重的交通问题；二是交通效率低下，市民出行结构不合理。

由于公共交通的运营效率和服务质量的下降，公共交通承担的客运量在城市总客运量中所占比重逐年下降，刺激了以小汽车为主的其他交通工具的膨胀，形成了新的恶性循环。

城市内部交通的可持续发展，要求交通与社会能够协调发展、相互促进，这就意味着城市交通观念应发生根本性的转变，从为机动车服务转变为为人和物的流通服务，从不重视交通效率转变到发展高效率的城市交通运输方式。因此，可达性的概念应重新成为城市交通发展的基本理念。可达性的含义非常广泛，在时空意义上，可达性概念强调应把城市的社会发展和城市的人及其活动场所作为思考问题的中心，而把交通运输作为实现其目的的工具，本着最节约、最高效、最迅速的原则选择交通方式，减少交通需求以及交通的资源消耗，提高交通系统的总体效率，实现城市与交通的均衡发展。

3. 交通与资源

与城市内部交通相关的资源主要包括能源和土地。传统的发展模式以资源消耗来达到经济增长的目的，城市内部交通亦不例外。一方面城市交通基础设施占用了大量的宝贵的土地资源；另一方面机动化的不断发展，尤其是小汽车的发展导致能源消耗剧增。然而城市交通问题却依然存在，没有得到根本的解决。

事实上，城市道路的增加和机动车数量的增长都不能从根本上解决城市的交通问题，但土地资源和能源却是十分有限的，不可能无限制地加以利用。在我国，资源短缺在一定时期内都将是基本国情，尤其是城市土地资源，尤为宝贵。因此，实现城市交通可持续发展和资源永续利用，我们必须充分考虑城市最大土地容量和资源承载力，在合理利用土地资源和不超出资源承载力的情况下，建立资源节约型的城市交通模式：

（1）节约土地资源，开发立体化的城市交通体系。提高土地利用率非常有效的办法就是建立立体化的城市交通网络体系，这样不仅可以承担大量的交通流量，而且吸引了大量行人到地下或上空，从而也减轻了地面交通的干扰和压力，大大提高了道路的通行能力和利用率，使同等面积的交通容量水平有了显著提高。因此，开发城市立体空间是提高土地利用率的有效途径。

（2）开发高效节能的城市交通工具。过去的交通工具，往往以消耗石油资源作为动力，而且能耗极大。石油资源是不可再生的稀缺资源，终会枯竭。在我国，虽然在上海、北京已禁止含铅汽油的使用，但汽车能耗却依然相当高。因此，开发高效节能、对环境友好的城市交通工具，是建立资源节约型交通的重要环节。应该充分利用太阳能等可再生资源，研制新型绿色交通工具，实现交通工具的可持续发展。

（3）发展高效率的公共交通体系。城市公共交通系统与小汽车相比，是典型的资源节约型交通方式。同样面积的土地，用作小汽车高速路，其运载能力远远低于用作公共汽车专用道和地铁线路。公共交通不仅节约土地资源，更能有效减少交通对于环境的污染，并显著降低交通事故的发生率。可见，公共交通工具的资源优势是非常明显的。因此，应重视开发高效的公共交通体系。

4. 交通与环境

城市内部交通必须跨越地域、空间，消耗大量的能源，排放"三废"，产生噪声，由此损害环境。自 20 世纪 50 年代美国洛杉矶发生光化学烟雾污染事件以来，汽车排放及其相关产物的污染已发展为世界性城市的"灾难"。

城市环境污染包括空气污染、工业污染、城市垃圾等。城市交通导致的污染在城市环境污染中扮演重要角色。在我国，城市机动车污染也已成为城市空气污染的罪魁祸首。以北京市为例，机动车的一氧化碳、碳氢化合物、氮氧化物的排放量占总排放量的一半左右。

城市交通对城市环境的污染除了排放物空气污染（主要包括一氧化碳、二氧化碳、碳氢化合物、氮氧化物以及颗粒、光化学产物等），还包括噪声污染和景观破坏。城市交通对城市景观的破坏主要表现在城市交通的屏蔽和隔障功能以及对城市生态平衡的破坏。

实现城市交通可持续发展，环境可持续是十分重要的环节。环境遭受污染和破坏的程度不可能没有限度，一旦大自然的生态平衡被破坏，就将引起世界性的环境危机。因此，环境可持续发展就是应该实现交通发展、需求满足和环境约束三者之间的协调发展，交通环境容量和交通环境承载力应成为其中关键的制约性指标。

在环境科学中，环境容量是指某环境单元所能容纳污染物的最大负荷量。那么，交通环境容量，就是指在城市社会、经济、生态环境和资源利用不受损害的情况下，城市环境所能容纳的城市交通污染量的最大极限，也就是交通环境允许交通系统使用环境资源的最大值。环境对交通系统的负载能力，就是交通环境承载力，城市交通的发展，不应该超出交通环境承载力的范围，如果一旦超过了这个范围，将不可避免地带来城市环境质量的恶化，影响城市系统整体的可持续发展。

城市交通环境容量是有限的，但城市交通环境承载力却因为城市交通结构和现代化水平而呈现动态变化的趋势。因此，发展对环境友好的城市交通方式，实施减少环境污染的政策措施，就能够在城市交通环境承载力允许范围内扩大城市交通发展规模，实现城市交通可持续发展。例如，发展公共交通可以大大减少城市机动车数量，从而减少汽车废气的排放总量；对小汽车的引导和适当限制政策对环境保护也是极其有利的；有效交通管理也是减少交通污染的一项重要手段；开辟步行街、改革收费制度、征收道路使用费、鼓励开发汽车燃料替代技术、采用清洁燃料的发动机和技术、推广无铅汽油、对含铅汽油加征税收、研制汽车尾气净化技术和装置等都有利于减轻城市交通对环境的危害。

五、城市内部交通发展与管理的特色经验

对于如何发展城市内部交通，不同国家的不同城市都根据自身的实际情况做出了不同的选择，这些选择本身也体现了这些城市的特色。这些经验当中不乏一些值得我国借鉴的有意义的经验。但是在借鉴的同时，我们还是应该清晰地认识到我国城市自身的特点，对于这些经验有所取舍地加以利用。所以，该部分只就其中的一些对我国有借鉴意义的特色经验进行有针对性的介绍。

（一）中国香港

中国香港地域狭小，市区浓缩在山脚和海湾之间的狭长地带内，街道狭窄，道路曲折，常住人口近 130 万人，加上游客云集，平均人口密度和车辆承载量均居世界城市前列。但常住中国香港和到过中国香港的人，大多对其交通赞誉有加。原因在于：

（1）基础设施好，可供选择的公交工具多。中国香港有由 7 条线路编织成的地铁网，全长 91 千米，设 53 个车站，基本覆盖香港岛及九龙市区，每天提供 19 个小时的服务，高峰时每天客流量达 240 万人次，30%的中国香港市民出门靠地铁。中国香港的专营大巴、公共小巴、居民社区巴士占全港交通客运量的64%。俗称"叮当车"的有轨电车已投入服务 102 年，成人全程票价仅 2 港元。出租车统一使用"丰田"品牌，数量多且方便。火车有从九龙尖沙咀直达深圳罗湖口岸的"东铁"，以及从九龙贯穿新界的"西铁"，还有从大屿山国际机场到市中心和贯通新界西北的"轻轨"。从港岛到九龙有三条海底隧道及数条轮渡航线过海，还有数十条大小海上客轮，从港澳码头前往中国澳门、深圳、珠海等地也

十分方便。

（2）设计理念先进，设施及服务多以人为本。中国香港基本没有自行车和摩托车，管理者把改善市民的出行环境作为重点工程，大量建设天桥、地道、空中走廊。港岛核心区域从湾仔到中环，有长达数公里的空中走廊，将许多政府部门、高级酒店、写字楼和大型商业中心联结成网，行人可自由通行。中国香港的地铁环境整洁，车体宽敞，车内扶杆和拉手多，同时使用广东话、普通话和英语进行广播。

（3）推行电子化，使用高科技多。警务处通过监视设备向市民在网上直播交通实况。公交工具上大都有电视或电子显示屏，及时提供行车路线、天气、财经及突发新闻等信息服务。公交系统推出了"八达通"自动收费系统，全港发出至少800万张信用卡状的"八达通"卡。"八达通"还可以在超市、便利店、小吃店以及自动缴费机上使用。此外，"八达通"卡的充值也极为方便。

（4）市民素质高，自觉遵守交通法规和秩序的人多。中国香港街头很少见到行人闯红灯。市民无论是坐地铁、坐巴士，还是搭出租车，都非常自觉地排队。时代广场前等出租车的人常常排出几十米长，几乎成为一道风景。有时车站只有两三个人，人们还是自觉地排成一行。

（二）美国

相对于我国来说，美国城市在发展和管理市内交通时尤其注重对于特殊车辆的限制，如美国政府通过减少公务用车来减轻道路交通压力。具体来说，美国政府的预算来自税收，购买公务用车要提请同级议会批准，每年还要向公众公布使用情况。因此，一般政府部门公务车数量控制得非常严格。联邦政府一个上千人的部，公务用车往往只有几十辆，州政府的公车数量也不多，有的市政府只有几辆甚至没有公务车。美国政府的公务车会在车牌上注明只能由政府使用，有的车身上也会喷涂"政府用车"字样，但这不是特权的象征，反而是便于接受公众监督，如果在下班时间公务车停在饭店、娱乐场所门前，往往会受到举报。

（三）伦敦

伦敦市在发展和管理市内交通时最被人津津乐道的便是其对交通拥堵进行收费。伦敦市政府认为通过向拥挤路段或拥挤区域行驶的汽车收取拥挤费用抑制交通需求的增长，可以有效地改善交通状况，缓解道路拥堵。

伦敦市从2003年2月开始实施拥挤收费。具体的收费政策包括五个主要内容：①收费区域为内环线21平方千米范围内的交通设施，共113条道路和8座桥梁；②收费对象为私人汽车、货车，对公交车、出租车、紧急救援车辆、事故车辆、消防车以及残疾人士和领取社会保障金的人员驾驶的车辆实施免费措施；③收费时间为7：00~18：30，周末和法定节假日不收费；④收费额为每天每辆车 5 英镑，根据车辆一天内是否进入收费区域来收费，对区域内的居民实行一定的折扣；⑤收费技术采用车辆自动识别技术。

根据伦敦交通局的监测报告，该政策在减少交通总量和缓解交通拥堵方面发挥了很大作用，不仅市财政增加了可观收入，而且交通拥堵状况大为缓解。方案实施后，收费区域拥挤减少 40%，区内交通量减少 16%，排队减少 20%~30%，车速提高 37%，公交出行比例增加，公交营运速度和可靠性提高。

（四）巴黎

为缓解堵车问题，巴黎市政府出台了一系列政策、法规，其中一些很值得我国的城市进行借鉴。

（1）开辟"公交走廊"，除公共汽车外，只准出租车、旅游车以及救护车、消防车、紧急维修等公共服务车辆在这种公交快车道上行驶。

（2）鼓励步行和使用自行车等对环境无负面影响的交通工具。例如，设计自行车和行人专用道，增设两轮车停车场和自行车租用网点，把市内一些街区划为无机动车区。

（3）提倡搭伴出行，以尽量避免一人开车上路的"空车"现象。

（4）限制市区企业修建停车库，督促企业制定集体出行计划，或开班车或组织搭车。

（5）调整居民区与商业网点的布局，缩短人口流动的距离，减少轿车的使用。

（五）东京

日本首都东京面积不过 2100 多平方千米，却集中了 1000 多万人口，这个城市拥有 7 百多万辆汽车，但交通却十分快捷、便利，其中可以借鉴的有很多：

（1）东京的轨道交通四通八达，很多区域可以保证行人在 5 分钟内找到一个地铁站或城铁站。

（2）东京在交通智能化管理方面下了很大的力气，如车辆导航仪的使用，可以让市民选择最佳的路径。这样，交通流就不会集中在某一个地段。在东京路面上，还有很多可变标志，告诉市民实时的交通情况。

（3）东京街头的交通信号、标志、标线非常齐全，东京有 15000 个信号控制路口，凡是有路就必有交通标志、标线；凡是交叉路口，必有信号灯、标志、标线。

（4）在人文宣传方面，东京做得比较好，如某段时间老年人的交通事故多了，街头就会出现大标语，提醒老年人注意交通安全。

（5）日本通过严格的停车收费管理措施，有效地限制了小汽车的拥有和使用。东京停车场的费用一般在每月 2 万~4 万日元，相当于一个普通职员月收入的 1/10 左右。平时停车一般 100 日元只能停 15 分钟，如果在新宿、品川等大站附近停车，费用更高。因此，日本农村家庭汽车拥有量远远超过东京等大都市的家庭汽车拥有量。东京很多经济并不算太差的家庭并没有私家车，有车的家庭利用率也不高，私家车大部分时间都停在自家车库里。

（六）新加坡

为了限制私人小汽车拥有量，新加坡人为地控制交通需求的增长，使交通需求与道路容量相符，从而有效缓解了交通拥堵。其中，值得我国城市借鉴的措施主要包括车辆数年度配额、单行道以及严厉处罚交通违规三个措施。

（1）车辆数年度配额措施。车辆数年度配额制度实施于 1990 年。新加坡政府每年根据道路网络新增容量，制定全国本年度小汽车增量的配额。配额确定后，通过每月举行的公开招标，由公众竞买"拥车权"。中标者购买拥车证后才可购买新车。拥车证的价格是非常昂贵的，若想拥有一辆排气量在 2L 以上的汽车，拥车证的投标价格达 1.68 万美元，而有效期仅为 10 年，10 年以后必须重新投标购买新的拥车证，否则所拥有的车就得送往政府指定的地方进行销毁。这项政策有效地使小汽车保有量的增长率从 6% 降至 3%。

（2）单行道措施。在新加坡，很多主要道路都是单行线，单行线占了整个城市道路的 50%，且新加坡的单行道并不窄，少的三个车道，多的四五个车道，这也是新加坡车辆通行顺畅的一个重要原因。

（3）严厉处罚交通违规。新加坡对交通违法者的处罚很厉害，新加坡街头有很多电子摄像机，对违章车辆和司机的震慑力非常强。每个司机在两年中共有24 分，根据规定，开车时打手机扣 9 分；闯红灯一次扣 4 分；不系安全带除扣 4分外还要被罚款 120 新元；酒后或在药物状态下驾车者除了扣分外，还会处以1000~5000 新元的罚款和 6 个月以下监禁。当 24 分被扣完后，驾照将被吊销，想重获驾照，除了要等待一段时间外，还要观看交通事故教育片，参加一定课时的培训班以及重新考试。

（七）荷兰

荷兰城市内部交通的一大特色便是政府推行自行车交通政策。荷兰的自行车交通非常发达。荷兰有 1600 万人口，但却拥有至少 1700 万辆自行车，人均拥有自行车远超过中国。荷兰各城镇几乎每条道路上都有"自行车专用线"，荷兰人30% 以上的旅行是靠骑自行车完成的。

为了推行自行车交通政策，政府鼓励公众骑自行车，荷兰的部长、市长等政府官员也以身作则，都骑自行车上下班。据统计，荷兰的公务员办事，70% 的外出工作量是利用自行车和公共交通工具完成的。该国对推行自行车出行有一系列"诱人"的政策，例如，公司员工购买新自行车，可三年报销一次，同时骑车人平时在交纳税收时也有一定减免。

荷兰政府的指导思想是，将自行车交通作为改善国家环境、避免国内出现"汽车灾难"的重要战略。为实现这个目标，近 20 年来荷兰完成了多达 120 项有关自行车交通的科研项目，并且国库每年提供巨额财政支持。荷兰法律规定，在城市规划中，道路设施不能截断主要自行车道，城市建设不能给自行车交通造成不便。显然，荷兰实施的是"以自行车为本"的少耗能、少排污交通政策。

第二节　城市对外交通

一、城市对外交通方式的比较

对外交通作为城市不可或缺的功能，对城市的发展具有重要的影响。某些城市借助于发达的海陆交通运输体系，在国际范围内配置和采购经济发展所需要素和原材料，在参与国际分工和全球贸易的过程中，城市的外向型经济发展迅速。

对外交通对于城市经济发展的影响主要表现在：①对外交通对城市的经济发展具有突出的贡献。对外交通对城市经济发展的突出贡献表现在直接贡献和间接贡献两方面：前者是指码头及车站等的建设、生产作业、日常管理、运输物资的代理业务、储存运输、船舶及机车维修等，后者是指与对外交通相关的金融保险企业、货主、供应商等主体生产活动的贡献。除此之外，对外交通对城市还有诱发贡献，包括直接贡献和间接贡献所产生的波及效应。②对外交通对城市经济发展的影响具有明显的乘数效应。发达的对外交通使得城市具有了便利的运输条件，不仅能够促进城市发展新兴工业，同时也会使得城市的投资结构得到优化，从而形成产业规模效益，使优势产业得到发展，拉动城市经济的迅速崛起。

反过来，城市的发展也会对对外交通产生重要影响，主要表现在：第一，城市的蓬勃发展可以推动对外交通建设和生产的发展；第二，城市经济结构的改变可以影响对外交通规划发展的方向。对外交通运输的货物种类受城市经济结构和发展方向的影响，此外，对外交通的战略目标、功能定位、服务范围、生产作业也会随之发生变化。城市经济的发展使得对外交通的运输转运的货物数量和种类迅速增多，为此，对外交通必须不断提高运输能力和生产作业能力，积极拓展业务范围，发展物流业和临港产业。

不同运输方式之间的差异是多种多样的，使得其对城市发展的影响不尽相同，首先体现在其运量的差异上。水路运输可以实现大吨位、大容量、长距离的运输。我国常用的 25000 吨级的运煤船，一艘船相当于 12 列运煤火车或上万辆运煤汽车的载货量。以国际最大油轮为例，其每次载运原油数量可以高达 56 万吨，而最大的集装箱船，每次可装载 20 吨集装箱 4000TEU。

铁路运输是当代最重要的运输方式之一。它运量大，适合于大批量商品长距离运输，车辆类型多样，几乎能承运任何商品。特别是重载铁路的修建，使铁路运输的运送能力比以前有了较大的提高。铁路车辆的平均运送能力远远大于公路运输，因此铁路运输非常适合大宗物资的陆上运输。在客运方面，速度快、载客量高的特点使得铁路一直以来都承担着我国中长途运输的主要任务，每年的客流量达到数亿人次，尤其是在春运、暑运等节假日运输上更是起到了举足轻重的作用。

航空运输也是一种现代化的运输方式，它与水路运输、铁路运输相比运量很小。因此，在货运方面，它最适宜运送急需物资、鲜活商品、精密仪器和贵重物品；在客运上，它能够很好地解决旅客对长途旅程短时间到达的要求。

为了更好地比较不同运输方式之间运量的差异，我们可以通过计算不同运输方式的货（客）运密度来进行比较。货（客）运密度指在一定时期内某种运输方式在营运线路的某一区段平均每千米线路通过的货物（旅客）运输周转量。其计算公式为：

$$货（客）运密度 = \frac{货物（旅客）周转量}{营业线路长度} \tag{7.1}$$

该指标可以反映交通运输线路上的货物（旅客）运输量运输繁忙程度，是平衡运输线路运输能力和通过能力，规划线路建设及改造、配备技术设备，研究运输网布局的重要依据。

为了能够在一个较长的时期内对不同运输方式之间的差别进行比较，还可以计算不同运输方式的平均货（客）运密度。平均货（客）运密度指在计算期内某种运输方式在营运线路上的货（客）运密度的平均值。其计算公式为：

$$平均货（客）运密度 = \frac{\sum 货（客）运密度}{应计年份} \tag{7.2}$$

根据上述公式进行计算，1996~2012 年我国不同运输方式的货运密度及平均货运密度如表 7-3 所示。

从表 7-3 中可以看出，相比于民航运输，我国的水路运输和铁路运输拥有更大的货运密度与平均货运密度，也就是两者的运量更大。其中，从 2004 年开始，水路运输的货运密度已经超越铁路运输。民航的货运密度虽然低，但是由于其在长距离运输中所耗费的时间最短，所以其在货运与客运中同样发挥了巨大的作用，尤其是对于高附加值的产品与高收入群体。综上所述，运量作为一种运输方式最基本的特征，是不同运输方式影响城市发展的基础。

表 7-3　不同运输方式的货运密度及平均货运密度

单位：万吨千米/千米

年　份	水路运输	铁路运输	民航运输
1996	1612.14	2019.45	0.21
1997	1751.82	2010.59	0.20
1998	1759.37	1891.58	0.22
1999	1825.15	1915.47	0.28
2000	1989.46	2004.44	0.33
2001	2139.00	2096.16	0.28
2002	2262.38	2177.80	0.32
2003	2315.79	2363.56	0.33
2004	3360.00	2592.58	0.35
2005	4028.57	2748.81	0.39
2006	4496.42	2847.52	0.45
2007	5205.26	3030.90	0.50
2008		3152.07	0.48
2009		2916.76	0.54
2010		3036.06	0.64
2011		3159.88	0.49
2012		2989.70	0.49
平均货运密度	2728.78	2526.67	0.38

资料来源：根据历年《中国统计年鉴》整理计算，空白处表示数据缺失。

二、不同对外交通方式对城市的影响

（一）港口对于城市的影响

我们首先来认识一下港口城市。港口城市作为一种特殊的城市类型，具有港口和城市的双重内涵，是港口和城市的有机结合体，其形成与发展遵循一定的规律。港口城市本质上是城市，港口并不独立于城市，而是城市的一项重要的特殊功能。从城市的构成上讲，它与道路、铁路、行政机构、企业等相同，是城市的组成部分之一。当然，港口强烈的外向性特征，使港口城市的发展具有显著的外部驱动特征，这在一定阶段内使得港口城市的发展偏离了克里斯塔勒的中心地理论中城市演变的一般规律，显示出港口城市强烈的个性特征，即一般意义上的门户特征。这一特征的强弱又是港口与城市之间的关系程度、模式及阶段等的反映，从而出现了不同类型及发展阶段的港口城市。总体上看，港口城市的这种门户特征的显现与港城关系这一港口城市所特有的发展机理密切相关。

港城关系作为港口城市发展的主线，是港口城市发展演进的核心机制，它贯穿于港口城市发展成长的整个过程。港城关系涉及自然、经济、社会诸多方面，如功能关系、规模关系、空间关系、组织管理关系、经济关系、人事关系、文化关系、环境影响关系等，各种关系之间相互交叉缠绕，使得港口与城市之间的关系异常复杂。国内外对港城关系的研究主要集中在港城空间结构联系与发展模型的研究、港口经济与城市经济关系的研究、港口与城市界面地区（滨水地区）这一港城关系实体空间的研究、港口建设与发展与城市环境关系的研究等方面。一般认为，港口规模和城市规模分别是港口和城市的重要的综合性特征，在港城关系中，港口与城市规模关系亦可视为港口与城市各种关系的总体体现，可从宏观和综合角度考察港口城市的特征。

在国内外有关港口与城市关系的相关研究中，RCI（Relative Concentration Index）指数是用来量化评价港口与城市关系的一个较为实用的指标。这一指数由 Vallega 于 1979 年提出并用于分析地中海地区的港区和与之关联的居民点的组织关系，他定义 RCI 为一个整体区域中某一港口吞吐量比重与同该港口关联的居民点人口比重的比值。之后，这一指标亦被应用于其他研究之中，如港口与港口所依托的城市的类型划分，港口城市的港口功能与城市功能关系的分析等。

通常，人口数量被认为是反映城市规模的一般性指标，港口吞吐量被认为是反映港口综合规模与地位的一般性指标。因此，在一般研究中，RCI 指数都用来反映港口与城市规模的相对大小，即定义 RCI 指数为港口吞吐量比重与城市总人口比重的比值，公式为：

$$RCI = \left(\frac{T_i}{\sum\limits_{i=1}^{n} T_i} \right) \Bigg/ \left(\frac{P_i}{\sum\limits_{i=1}^{n} P_i} \right) \tag{7.3}$$

式中，T_i 为城市 i 港口货物吞吐量，P_i 为城市 i 总人口，n 为一定区域内的港口城市数量。RCI 值表示一定区域港口与城市相对规模的水平，RCI＝1 表示港口规模与城市规模相当，RCI→0 表示港口城市系统中城市的地位趋于重要，RCI→∞表示港口城市系统中港口的地位趋于重要。按照 Ducruet（2006）利用 RCI 指数对世界海港城市的一般性界定，RCI 值趋近于 1（0.75~1.25）表示港口与城市规模之间处于相对平衡状态，而当 RCI＞1.25 表示港口的重要性显著，RCI＜0.75 表示城市的重要性显著，而当 RCI＞3 和 RCI＜0.33 时表示港口与城市规模严重不均衡。由此，依据这一港口与城市规模关系界定，可将港口城市划分为五大类型（见表 7-4）。

（二）铁路对于城市的影响

对于铁路对城市兴衰的推动作用，马克思曾精辟地指出，"一个生产地点，由于处在大路或运河旁边，一度享有特别的地理上的便利，现在却位于一条铁路支线的旁边，这条支线要隔相当长的时间才通车一次。另一个生产地点，原来和

表 7-4　基于 RCI 指数的港口城市类型

类型	RCI	特征
典型港城	[0.75, 1.25]	港口规模与城市规模相对均衡，港口与城市互为依托，港口城市的特征显著，按照其规模等级可划分为地区级、大区域级和世界级三类不同区域地位的港口城市
门户城市	(1.25, 3)	港口规模高于城市规模，港城互为关系中港口对城市的作用关系较强，港口是城市的关键与优势部门，城市凭借港口获得发展机会与区域地位，按其规模等级可分为地区级和大区域级门户城市
临海城市	[0.33, 0.75]	城市规模高于港口规模，港城互动关系中城市对港口的作用关系较强，城市本身自组织与自运行能力较为综合与完善，对港口的依赖相对较小，按其规模与职能可划分为两级临海城市
交通中心	(3, +∞)	港口规模显著高于城市规模，港城关系松散，港口的区域及区际流通地位显著，城市区域地位仅为海陆交通转换点
一般城市	(−∞, 0.33)	城市规模显著高于港口规模，港城关系松散，港口仅为城市的普通基础设施部门，对城市发展贡献很低，城市总体发展不以港口为依托，与一般内陆城市发展轨迹无异

交通要道完全隔绝，现在却位于好几条铁路交叉点。后一个生产地点兴盛起来，前一个生产地点衰落了"。铁路所提供便利的运输条件产生了大规模的物流和客流，使得铁路沿线的城市，特别是铁路枢纽城市商贸发达，从而沟通了区域内外的生产与消费，拓宽了商品流通的通道，加快了商品流通的速度，并且使得各种工业的建立成为可能。

从城市形成的环境条件和区位特点看，在城市经济发展中起决定性作用的是有利于工业与商业发展的种种因素，如便利的交通，丰富的资源，广阔的市场等。因此，许多城市大都位于交通的重要通道上。铁路对城市经济的发展更是具有直接的影响，主要表现在以下五个方面：

第一，铁路由客站、货站、维修、机务、物资供应、编组场等系统组成，在所处城市形成了一个庞大的运输产业，特别是铁路枢纽所在城市，铁路产业对城市的经济发展有着延伸和带动作用，并影响到城市的布局、规模与发展方向。

第二，铁路发展对所在城市，特别是对铁路枢纽所处城市的相关产业发展具有推动作用。铁路发展所形成的大规模的人流和物流，刺激和带动了仓储业的迅速发展，以及商业、服务业和餐饮业的扩展。商贸的发展使得铁路所在城市成为同周围地区社会经济联系的纽带，形成了以城市为中心的市场网络。

第三，铁路发展使得货物与产品的流动更为便利，扩大了生产要素的有效组合范围，资源的开发与利用成为可能，从而带动了一些产业（如有色金属、化工等）的发展。

第四，铁路建设与发展一方面带动了钢铁、建材、机械等相关产业的发展；另一方面为因铁路发展而延伸的主导产业（如工业和建筑业均是劳动密集型行业）提供了大量的就业机会，吸纳大量的劳动力。农村剩余劳动力不断增加，向城市转移和集中，从而使原有城市规模不断扩大，城市公共基础设施不断改善，经济活动更加有效，人们生活水平进一步改善。

第五，铁路沿线城市，特别是铁路枢纽所在城市具有良好的运输环境，使得投资成本和生产成本减少，对投资者具有强大的吸引力。便利的交通使得空间位移距离感大大缩短，城市辐射区域内的旅游资源得到有效开发。此外，铁路发展也推动着房地产、文化教育等第三产业的发展，使整个第三产业在城市经济结构中占有相当大的比重。

总之，铁路的发展促成城市经济迅速发展，城市经济所形成的强大辐射又带动了原来经济不发达区域经济的发展。同时，铁路枢纽城市由于具有物质基础较强、交通便利、辐射能力较强等特点，而成为区域的经济、政治和文化的中心。

在中国，铁路的出现对近代和现代城镇的布局和兴衰影响深远。由于铁路修建而引起城市兴衰的大致有崛起型、强化型和衰败型三种类型。

（1）崛起型。这种类型的城市，由于铁路的修筑和开通，城市从无到有急速发展起来。例如，黑龙江的哈尔滨、安徽的蚌埠、江苏的浦口与连云港、河北的石家庄、湖南的衡阳与怀化、青海的格尔木等城市都是因修筑铁路而发展起来的新兴城市。

（2）强化型。这种类型的城市，由于成为铁路枢纽后，其功能发生了根本性变化，因而城市经济迅速发展。例如，河南的郑州、甘肃的兰州、江苏的徐州与南京等城市均属于这一类型。此外，一些沿海沿江城市，在交通运输方面，有内河运输和海运的便利，铁路的修筑为其增强了集散货物的吞吐手段和运输能力，铁路的变革是促进这些城市繁荣兴盛的重要因素，如广州、上海、武汉等城市。

（3）衰败型。这种类型的城市，由于铁路的兴起，改变了原有的交通条件而趋向衰落，如大运河沿岸的山东临清、江苏的淮阴与淮安、上海附近的嘉定等。

目前，我国大力建设的高速度、大运力、高密度的高速铁路运输以其独特的优势在城市化过程中不同层次的领域内发挥着重要作用。就单个城市而言，高速铁路的建设势必提升中心城市对周边区域的辐射能力，从而带动周边地区共同发展；对于区域内城市之间，高速铁路的发展带动了城市间经济与文化的频繁交流，从而推动不同城市的协同发展；就区域与区域间的发展来看，高速铁路的建设不仅促进了不同区域的发展，还带动了沿线经济的发展，形成了以高速铁路为轴线的新的"经济带"；从全国范围来说，高速铁路的发展加速了产业转移与产业集群的步伐，进一步推动了我国产业升级，促进了资源优化配置。

然而，高速铁路作为一个城际交通工具，它为乘客带来的时间节约并不是问题的核心，而只是问题的起点。首先，从技术经济角度看，高速铁路最主要的竞争对手是航空运输，但从城市空间上看，高铁站与机场的选址条件差别很大。铁路对城市的干扰主要不是车站，而是可能需要穿越城市但又不可以与其他运输方式共享的铁路线；但机场则主要因为飞机起飞噪声空域使得其选址需要远离市中心。因此，对于小城市而言，机场的干扰不大，不便程度也不大，因为城市本身的半径小；而城市越大，机场就越远，即使有专门的交通通道连接，其连接全城各地的可达性也会下降。与之相反，高铁站是否进入城市中心区，不是一个不可以解决的环境问题，而是成本上的考虑，即只要可以接受建设地下通道，或者不介意高架铁路的视觉干扰，高铁站完全可能设在市区内，以便充分连接其乘客最期望的地点。恰恰是这一点使得已经进行高铁建设的城市都出现了航空客源部分流失到高速铁路的现象。

其次，高速铁路本质上是一个运载能力极大的运输工具，较高的行驶速度可以使得该方式在同样的时段内比普通铁路系统完成更大的运量。从铁路工程方面来看，如此庞大的流量固然是一个大问题，但对于城市而言，这样一个日平均进出几万到几十万人的地方本身就是一个庞大的"小时社会"——临时来到这里的人们聚、散、消费、休闲，甚至工作，而同时又有大量的劳务人员为他们的出现提供各种服务。因此，高铁站不仅是一个简单的进出城市的门户，更可以说是一个充满各种城市活动的"白昼社区"（Daytime Community）。因此，从城市角度，如何规划和管理这个社区，如何处理该社区与周围地区的关系，就成了起于高速铁路而止于城市的问题了。

再次，航空连接其他城市而实现两城"通勤"的概率很小，除了因为飞行成本高，更因为航空方式正点率低，全程受到各种因素干扰的机会大，正点到达的可靠性低。传统铁路、动车组及高速客运专线都有正点率高的优点，三者的差别主要在速度和票价上。因此在理论上，只要票价可以接受，采用高速铁路频繁地（如每天一次的通勤或者每周数次的商业出行）来往于两个实际地理距离较远的城市之间是完全可能的。

最后，与其他运输方式相比，铁路是最明显的线型连接的交通方式，既没有航空方式的灵活性，也没有公路覆盖的全面性。铁路提速越高，对线路取直的要求也越高，由此造成一种通道时空收缩的效果，使得沿线城市的时间距离缩小，形同与非沿线城市的时间距离相对加大。

在上述四点当中，前两点意味着一个高铁站的选址、发展与其他运输方式都有所不同，但本质上没有离开铁路站的特征。后两点揭示通道型连接的运输速度带来了城市间空间相对位置的变形，会放大特定城市之间的互补性。如果两个城市因为高速铁路而显得足够近（如北京和天津），那就会在某种意义上实现空间不连续的两个城区一体化。因此，总体而言，高速铁路的乘客本身就是这些受到加强的城市连接和互补性的体现，同时，还会引发高铁站集疏运配套系统的建设和服务的活动在高铁站的聚集。

那么，可以看出，高速铁路发展能够积极且明显地带动城市的发展，具体说来有以下五点：

（1）高速铁路的发展能够提升中心城市对周边区域的辐射能力。在以中心城市为核心集聚形成的都市圈内，根据功能定位与产业布局的不同，形成了以中心城市为核心的辐射状交通网布局。中心城市凭借自己的优势，以交通网络为触角，凭借强大的交通辐射能力影响并带动周边区域共同发展。高速铁路的产生使得周边区域与中心城市间的时空距离大大缩短，客观上拓展了中心城市的辐射领域，提升了中心城市对周边区域的辐射能力。

都市圈规模的发展壮大是伴随交通向外延伸而不断扩大的。随着轨道交通路网的形成，都市圈逐渐扩大。随着都市圈的规模逐渐扩大，都市圈内的运输需求也迅速上升。高速铁路作为推动都市圈扩张的一股交通力量，在继承传统交通系统的功能的同时，进一步加速了这种规模扩张趋势，极大地诱导并满足了都市圈内的客运需求，宏观上加速了城市化进程，提升了中心城市辐射能力，而且这种辐射能力已经突破都市圈范围，延伸到都市圈之间。高速铁路发展提升中心城市辐射能力除了表现为都市圈扩张，还表现在对一些偏远欠发达地区的带动作用。

（2）高速铁路的发展能够加强区域间不同城市间的经济与文化交流。"大运量、高密度、公交化"的高速铁路运输模式，大大缩短了区域间城市间的时空距离，人们的工作和生活范围逐步扩大，不同城市间的文化理念、生活方式得到了有效的交流。就业与消费空间的扩展在加速人员、产品交流的同时，也进一步促进了整个都市圈经济的发展。

高速铁路促进不同城市间的同城化运作，扩大了不同城市间的交流与发展。以国内的京津城际铁路为例，全长 120 千米，30 分钟左右直达，使得北京和天津两个人口超过千万的大城市由从前的竞争超过互补，形成了今天在"半小时经济圈"内优势互补、产业对接，由"双核"形成"单拳"的局面，引领社会和经济的发展。

（3）高速铁路的发展能够带动沿线地区的经济发展。交通历来是经济发展的动力，交通线路的开通对沿线经济具有较大的拉动作用。高速铁路作为一种新型轨道交通方式，以其特有的高速与便捷成为现代城市化过程中带动沿线经济发展的主要力量之一。

高速铁路可以促进站点城市快速发展。例如，韩国在开通高铁后，车站所在城市迅速成为新的交通、产业和商业中心，形成"KTX 经济特区"。与此同时，高速铁路也可以促进沿线经济协调发展。连接鄂湘粤三省、全长 1068.6 千米、运行时速 350 千米的武广高速铁路顺利开通运营，将沿线各大中小城市经济板块有效地连接在一起，武汉至广州列车运行时间由 11 小时压缩至 3 小时，广州至长沙由 8 小时缩短至 2 小时，极大地拉近了时空距离，湘鄂粤三省人员、资金、信息和物资流动更加紧密，经济辐射半径大幅扩大，形成了新的"武广经济带"。在武广高铁影响下，鄂湘粤三省商业、房地产和旅游等行业迅猛发展，形成了以武广高铁为中心的开发热潮。

（4）高速铁路的发展能够对产业转移和产业集群起到导向作用。全球化背景下，任何城市的发展不可能完全依靠城市自身的资源禀赋、原有产业基础等内部因素。对于区域来说，怎样利用自身产业优势，吸引联系紧密的产业和相关支撑机构在空间上集聚，形成具有强劲、持续竞争优势的产业链是区域城市化过程中产业发展的主要方向。同时，从全国角度来说，怎样根据区位与资源优势合理引导、布局这样的产业集群，实现有效的产业转移，也是未来城市化发展的主要问题。

便捷的交通是引导产业转移、吸引产业集群的基础条件，高效、便捷的交通路网对产业转移与产业集群有重要的引导促进作用。以珠三角城市群为例，珠三角城市群沿珠江两岸已初步形成了各自的产业特色。珠江东岸沿东莞、深圳、惠州逐渐形成以电子信息技术为主的制造业优势，西岸佛山、肇庆、中山、江门、珠海则不断壮大传统优势制造业。但由于地域空间的因素，区域内产业分工较弱，没有形成合理的产业集群，许多城市各自为营，形成了相似度很高的产业布局，区域之间竞争十分激烈，造成了资源的极大浪费。珠三角区域快速轨道交通的建设，给珠三角区域内带来了"时空压缩"。在大运量交通的支撑下，区域不同城市间可以在商务、居住、就业等方面建立广泛的合作关系，所带来的生产要素、人力资源的自由流动，将促进产业要素以珠江口为中心按产业层次由高到低梯度转移。珠三角内圈层大力发展现代服务业、高新技术产业，并依托港口优势发展临港产业；珠三角外圈层承接内圈层产业转移，成为珠三角传统产业的二次创新基地，大力发展高端制造业，通过有效的产业转移形成基于区位与资源优势的产业集群。

随着我国四纵四横高速交通路网及各城市群内部城际快轨交通建设的完成，高速铁路在支撑我国东、中、西部产业有效升级转移，各都市圈依据自身优势形成产业凝聚过程中发挥越来越大的作用。

（5）高铁站的选址对城市也有着重要的意义。高铁站的建设往往能够有效地带动所在城区的发展，在城市中形成新的增长点。目前，我国建有高铁站的城市往往将其选址在城市的新区，并且以其为核心周边出现一批高档的写字楼、商场，如郑州市的高铁站选址在郑东新区，其周边已经形成了新的商业与办公中心。

（三）航空对于城市的影响

近年来，民用航空业发展迅猛，经济增长与科技进步使得航空运输的真实成本大幅降低，允许人们出行和贸易都更多地选择航空运输。尽管存在能源、安全、环境等潜在问题，但是这并未改变航空运输吞吐量的上升轨迹。当前，在全球范围内有价值 6.4 万亿美元的物品通过航空运输，占世界贸易总额的 35%，还有近 30 亿人次通过航空运输进行商务活动或旅游休闲。

随着知识经济时代的来临以及全球化进程的深入，市场竞争更加激烈，区域功能专业化的提升和在全球范围快速交互的需求，强化了对航空运输的依赖，商务航空出行的比例越来越高。现代知识密集型企业，尤其是生产性服务业和先进制造业，具有广阔的市场空间范围，同时占据着为固定客户群提供专业性服务和产品的细分市场，而专业化服务需要超越距离的限制而进行面对面的交流，只要专业化导致的生产率提升的收益大于运输所导致的额外成本，那么商务旅行的增长趋势就将持续。同时，在全球商业和供应链管理的巨大变革和基于时间指向性竞争的驱使下，航空运输对于产品在全国或全球产业链的供给和分配中的作用也同等重要。通过航空运输的产品一般有三个特征：①具有较高的价值重量比率，属于高附加值产品；②具有高度的易腐蚀性；③具有较强的时间指向性。例如，微电子元件、药物、航空组件以及医疗设备等其他高价值重量比的产品占据了国际航空运输的 80%。

新古典经济增长理论强调空港的投资建设，并认为收敛性是经济增长的重要特征。内生增长理论则认为空港的航空流将重塑城市经济发展模式，促进长期经济增长。根据时期跨度的不同，空港对城市经济发展的作用可以分为以下四类：

（1）原生效应（Primary Effects），是空港及其周边基础设施的投资建设对城市经济增长的影响，如跑道、航站楼、机库以及产业园区等。因此引致的就业和收入提升将通过乘数效应放大其对城市经济增长的影响，但这仍然是纯粹的凯恩斯效应，对长期经济增长的作用有限。

（2）次生效应（Secondary Effects），是空港运营对城市经济增长的影响。大量专业性的服务人员，将对地方政府在就业、收入和税收增长等方面产生积极的作用，但随着空港运营越来越智能化和信息化，初始投资将增加，对人工的需求将减少，次生效应可能会逐渐弱化。

（3）衍生效应（Tertiary Effects），是空港吸引临空型企业入驻对城市经济增长的影响，如现代服务业和先进制造业。由于航空枢纽城市处在不同方向航线的交汇点，连接度和网络通达性都将大大提高，有更优越的条件为商务乘客提供直航服务，为企业提供准时生产、及时交货的便利，因此枢纽空港对高端产业有更强的向心力。

（4）永久效应（Perpetuity Effects），意味着空港枢纽地位的建立以及航空运输的发展将彻底改变城市的整体经济结构和经济增长方式，其他效应只是城市经济沿着生产函数的扩张，而永久效应将改写这一生产函数。

尽管空港重塑城市经济的动态过程十分抽象，但是可以从一些现实的例子中得到直观的了解。例如，一个小农经济的岛屿可以转变为一个旅游胜地，高科技企业也主要布局在枢纽机场周围，如华盛顿的杜勒斯机场、波士顿的洛根机场以及希思罗机场附近的 M4 走廊。

虽然空港与城市经济长期影响的作用机理如同一个黑箱，但仍然可以从两个角度去理解这一过程。首先，航空网络增强了城市间的连通性，促进了城市间的集聚，使得知识人才在城市与其他城市之间面对面地交流更加便捷。知识人才在不同空间范围的流动并与周围群体的互动是隐性知识溢出的主要途径，一方面促进了新知识的创造，另一方面加快了知识在不同群体之间的传播。其次，由于高级人力资本的时间价值较高，所以其对航空运输方式有着偏好，使得企业总部、生产性服务企业以及知识技术密集型企业倾向于在空港所在地布局，从而形成相应的产业集群，诱发城市内集聚，形成自我持续的强化效应。因此，若能利用集聚高级生产要素的优势，空港将是城市重要的知识"溢出池"，推动城市经济长期增长。

然而，尽管航空运输的需求会随着经济发展水平的提升而增长，但是还有许多因素可能会制约空港的未来发展。例如，航空运输过分依赖碳氢化合物，其可持续性令人担忧，高额的成本还会抵消部分需求增量；空港及其周边区域的安保和航空拥堵问题等复杂多变的决策环境也需要新的管理模式来应对；区域经济发展所处的阶段也决定了航空运输是否有足够的发展空间。

总之，航空运输的发展不仅为城市带来直接的经济效益，而且由于航空运输主要是服务于高附加值产品和高端人才的跨国、跨区域流动，促进了城市间高端要素的集聚，有助于隐性知识溢出，不仅促进了新知识的创造，而且加快了知识在不同群体之间的传播，因此航空运输对于城市经济发展的隐性溢出效应更不可忽视。

当前我国正经历着传统产业逐渐从东部沿海向中西部转移的过程，许多城市正在寻求产业升级和经济结构调整的途径，对于具备枢纽空港的城市而言，临空经济或许代表着城市发展的未来。同时，航空运输不同于其他运输方式，它只需要几公里的跑道便可连通世界，并且对于地理区位的要求正在下降，不沿边不靠海也可以发展临空经济，这为我国具备相关条件的中西部城市的跨越式发展提供了契机。然而，全国各大城市近期掀起了一股"临空经济"热潮，截至 2012 年年底，已有 51 个城市向民航总局提交了 54 个空港经济区规划方案。但是，如果城市空港并不是按照中转或枢纽设计建设的，那么结果很可能是形成新一轮的地产泡沫或是下一个粗放式的产业园区，空港主导的城市发展将有表无实，也不可持续。航空枢纽是网络型航空公司、物流企业和大型空港联袂共建的产物。同时，要发展临空经济，发达的地面交通网络也是不可或缺的，此外还要考虑到城市的整体运输需求、产业结构等众多因素，仅靠地理条件、区位优势还远远不够。空港如何成为城市经济增长的引擎还需要管理人员不仅将空港作为机场来运营，更应以空港城的模式来规划设计，满足乘客需求的同时更要满足空港周边区域发展的需要，通过"黄金走廊"筑巢引凤，培育临空型新兴战略产业，集聚发展，使空港成为城市的新"增长极"、"技术极"、"创新极"。

三、对外交通对我国城市发展的影响

(一) 对外交通对我国城市总体格局的影响

目前，我国城市的总体战略格局为"两横三纵"，而其正是以城市间、区域间的对外交通为基础形成的。"两横三纵"是指以陆桥通道、沿长江通道为两条横轴，以沿海、京哈京广、包昆通道为三条纵轴的全国城市化战略格局。其中，陆桥通道为东起连云港、西至阿拉山口的运输大通道，是亚欧大陆桥的组成部分。

从表 7-5 中可以看出，我国主要的大城市基本上都分布于"两横三纵"之上，而这也正体现了我国近代以来随着现代交通方式的发展所形成的格局，即发展程度较高的城市其发展背后都离不开便捷的对外交通，而另一些城市之所以相对落后，或多或少都由于其不便的交通区位或是其交通区位重要性的下降，如在

表 7-5　"两横三纵"各沿线的城市

交通线	沿线城市
陆桥通道	连云港、徐州、商丘、开封、郑州、洛阳、三门峡、西安、宝鸡、咸阳、天水、陇西、定西、兰州、武威、金昌、张掖、酒泉、嘉峪关、吐鲁番、乌鲁木齐、石河子、阿拉山口
长江通道	攀枝花、宜宾、泸州、重庆、宜昌、荆州、石首、岳阳、武汉、黄冈、鄂州、黄石、九江、安庆、池州、铜陵、芜湖、马鞍山、南京、扬州、镇江、泰州、常州、无锡、苏州、南通、上海
沿海通道	丹东、大连、营口、葫芦岛、秦皇岛、天津、东营、莱州、蓬莱、烟台、威海、青岛、日照、连云港、盐城、南通、上海、杭州、宁波、舟山、台州、温州、宁德、福州、莆田、泉州、厦门、汕头、汕尾、深圳、珠海、阳江、茂名、湛江、北海、防城港、海口、三亚、香港、澳门
京哈京广通道	哈尔滨、松原、长春、四平、铁岭、沈阳、锦州、葫芦岛、秦皇岛、唐山、廊坊、天津、北京、保定、定州、石家庄、邢台、邯郸、安阳、鹤壁、新乡、郑州、许昌、漯河、驻马店、信阳、孝感、武汉、咸宁、赤壁、岳阳、汨罗、长沙、株洲、衡阳、郴州、韶关、清远、广州、深圳
包昆通道	包头、鄂尔多斯、榆林、延安、铜川、宝鸡、广元、绵阳、德阳、成都、眉山、西昌、昆明

近代，京杭大运河在全国交通运输版图中地位的下降，带来了其沿线城市的由盛而衰。

"两横三纵"的战略价值正是在发展对外交通较发达的地区（如东部沿海地区）的基础上提升对外交通不便的地区（如中西部地区）的发展，以让整个国家的发展建设更加协调。"两横三纵"的发展模式最有利于中小城市的发展，建立"两横三纵"的发展格局后，伴随交通沿线的城市圈将相应建设完善，东部地区的传统产业可以往西部转移，在产业转移和发展过程中，城市圈将慢慢形成，而城市圈的发展将发挥带动和辐射作用，让大城市的发展带动中小城市的发展。"两横三纵"的城市格局建设完成后，中国城市布局将形成完善的城市网络群。

（二）对外交通影响城市发展的案例分析

1. 港口交通影响城市发展的案例

● 日照港

日照港是伴随着我国改革开放诞生、成长起来的新兴沿海港口，1982年开工建设，1986年投产运营，是我国重点发展的沿海20个主枢纽港之一，新亚欧大陆桥东方桥头堡，也是国家规划建设的散货运输南部大通道的主要出海口，是国家能源和原材料运输的主要港口。日照港区分为石臼港区、岚山港区和岚北港区，合计34个生产泊位，设计年通过能力超过8300万吨，核定通过能力11000万吨。港口装卸以煤炭、铁矿石、集装箱、粮食、液体化工及油品等十大主导货种为主，并开通了至韩国平泽的客货班轮航线。2006年港口吞吐量一举突破亿吨大关，突破亿吨是港口发展中实现的一个阶段性成果，表明港口发展的质与量都发生了根本性的变化，标志着日照港迈上了一个全新的发展平台，意味着日照港将在国家生产力布局和大宗散货运输格局中具有重要战略地位，成为沿桥经济带、沿黄经济带和黄（渤）海经济圈物流链中不可或缺、不可替代的重要枢纽。经过近20年的建设，日照港已经发展成为一个集现代物流、港湾建设、机械制造、房地产开发等为一体的现代企业集团。

开港20年来，日照港从小到大。在功能上，由最初的单一的煤炭输出港，发展成为综合性、多功能的沿海主枢纽港，并向第三代港口转变；在管理体制上，经历了交通部直属管理、山东省和交通部双重管理到下放日照市管理；在货种上，从最初的煤炭单一货种转变为煤炭、矿石、集装箱等十大主导货种；在经营范围上，由以装卸业务为主的港埠企业向集货物装卸、运输、仓储为一体的现代企业集团发展。20年来，日照港对日照市和区域经济的发展发挥了重要的带动作用，带来了良好的社会效益，为所在城市和腹地的贡献越来越大。随着日照港的发展，日照市的国内生产总值（GDP）快速增长，2014年达到了1500亿元，其中"蓝色经济"更是几乎贡献了其中的一半。

● 大连港

处于渤海湾的大连市在历史上同样依靠发达的水路交通运输得以迅速发展。大连港地处环渤海地区的枢纽位置,位于蓬勃发展的东北亚经济圈中心,是辽宁省乃至整个东北经济区通往外界的最发达的海上门户,是东北地区最大的港口和国际性集装箱枢纽港,也是我国重要的现代化、综合性大港之一。大连港主营集装箱、原油、成品油及液化品、铁矿石、散粮、煤炭等货种的中转装卸业务,并提供仓储、理货、拖轮助泊、码头租赁、船舶及货物代理、引航、通信等与港口有关的全方位物流增值服务。

大连港拥有国际先进水平的集装箱码头,可靠泊14100TEU的集装箱船,其外贸集装箱吞吐量占东北口岸的97%。大连港共有内外贸集装箱班轮航线90余条,月航班300余艘次,与国内外100多个港口之间建立了航线网络。大连港拥有先进的港口信息技术运营体系、业内高密度的海铁联运覆盖率,以及较为发达的集疏运体系。随着海铁联运网络的不断完善,目前大连港已开通大连至东北主要物流节点城市的11条集装箱精品班列,2011年实现海铁联运量30多万TEU,同比增长约13.4%。近年来,大连港还购置船舶积极开展内支线中转、联合船公司开展国际中转,2011年中转量达70多万TEU,同比增长约16.32%。

大连港拥有国内最大的45万吨级原油码头和国内最大规模的油罐群,年通过能力达8000万吨,是东北地区重要的油品及液体化工品储存、转运和分拨基地。大连港拥有国内水深条件最好、综合效率最高的矿石专用码头,可接卸40万吨级散矿船。凭借区位优势、深水码头优势以及发达的保税区功能,大连港携手世界最大的铁矿石出口商巴西淡水河谷公司,合作打造中国北方散矿分拨基地。同时,其散粮码头通过打造产地、铁路、港口、海上及销地一体化的全程物流体系,正在成为中国东北最具竞争力的粮食转运中心;其杂货码头是东北地区重要的散杂货转运中心之一,致力于打造精品钢材、袋装粮食、煤炭转运基地;其汽车码头是国内成长最快的专业化汽车码头,可靠泊全球最大的汽车滚装船,年通过能力接近50万辆,业务量占东北地区港口市场份额的90%以上。大连港是大连口岸唯一的港口增值及支持业务服务供应商,拥有国内最大的拖轮船队。同时,长兴岛疏港路主体工程、大窑湾疏港路港区段等工程已竣工,长兴岛深水港、大连湾疏港路正在建设之中。

大连港的货物吞吐量和集装箱吞吐量在辽宁省港口总体吞吐量中一直都占据着半壁江山的地位,并且保持着较快的增长速度。2001~2010年的货物吞吐量的平均增长率达13%以上,集装箱吞吐量的平均增长率达18%以上。2011年,大连港全年完成总吞吐量3.38亿吨,其中货物吞吐量3.32亿吨,同比增长13.4%;集装箱吞吐量635.1万TEU,同比增长21.2%;旅客吞吐量639万人。大连港货物吞吐量和集装箱吞吐量都创新高,取得了"十二五"阶段的完美开局。

大连港作为港口产业和大连市其他产业间存在着密切的关联性,对交通运输及仓储业、金融业、交通运输设备制造业、信息传输计算机服务和软件业、住宿和餐饮业等产业分别有着较高的消耗水平和分配水平。大连港对相关上下游产业的发展有着较大的经济贡献和促进作用。同时,大连港对大连市的 GDP、劳动者收入、税收和就业的贡献和拉动作用是巨大的。据有关研究显示,2011 年大连港共为大连市创造 GDP 950.27 亿元,税收 131.75 亿元,就业岗位 39.03 万个,对大连市当期 GDP、税收和就业的贡献率分别为 15.45%、8.97% 和 15.45%,其带动的就业人口约占大连市总人口的 6.63%。不仅如此,当大连港实现 1 亿元收入时,可直接创造 GDP 0.52 亿元,劳动者收入 0.24 亿元,税收 0.05 亿元,就业岗位 215 个;总共将创造 GDP 22.2 亿元,劳动者收入 11.37 亿元,税收 3.08 亿元,就业岗位 9119 个。

2. 铁路交通影响城市发展的案例

● 河南郑州

由于铁路的建设而兴起的城市有许多,河南郑州是其中最具典型的代表。郑州位于河南省中部偏北,北临黄河,东、南接黄淮平原,占有重要的地理位置。郑州在商代曾经有过辉煌的历史,后几经盛衰,19 世纪末期沦落为经济上自给自足的小县城,城区面积仅 2.23 平方公里,人口不过 2 万。1905 年与 1909 年,平汉铁路和汴洛铁路(陇海铁路的前身)相继筑成,郑州处于十字交叉点,即通过平汉铁路北可达北京,城北 20 余公里通黄河水运,向南可抵汉口,连接长江水路;通过陇海铁路向西至观音堂(后至西安等地),向东经徐州北上通济南、青岛、天津,南下达浦口、上海,由徐州继续东行即达海州大埔港出海,由海路南下到上海,北上至青岛,能够与诸多重要通商口岸直接联系,可谓是四通八达。作为平汉、陇海这两条南北与东西铁路干线的结点,郑州居于中原近代交通运输网的核心位置。在铁路的联动作用下,郑州逐步发展成为中原地区粮食、棉花等农产品及工业品的转运中心,河南省内及周边诸省的很多商品均以其为集散地。1920 年前后的调查结果显示,"郑州的发展,是最近十几年的事情,即铁路开通以来,河南、陕西、甘肃、山西西南部的物资以此为自然的集散中心地,客商频繁往来,遂形成今日的隆盛局面"。优越的交通区位条件,给封闭、衰落的郑州带来了发展的契机和驱动力,从而推动了近代郑州的城市化进程。

铁路通车之前,郑州仅有一些手工业工场,现代意义上的机器工业几乎一片空白。交通状况的改善,为郑州城市工业的发展奠定了基础。然而在铁路筑成的最初几年,郑州工业化并未呈现出大的发展势头,主要原因有二:一是当时国内的工业化处于起步阶段,这一背景下的郑州现代工业基本上是零起点;二是农产品商品化初期，铁路运输的功效不可能立即显现。随着铁路交通网络的整备，郑州的工业化步入快速发展的轨道，商货运输需求激增，铁路对工商业的促进作用就会凸显出来。郑州的工业多与铁路相关联，带有明显的铁路特色，交通区位优势使然。铁路附属的一批工厂，是郑州工业化的先声，主要有郑州修理厂、郑州机器厂、机务修理厂、电务修理厂、材料厂等，为铁路提供配套服务，同时兼营地方业务。

棉业是郑州城市工商业的重要组成部分。在铁路修筑之前，郑州没有棉花这个行业，农业种植棉花也很少。20世纪初起，铁路网络的初成推动了河南省棉花种植的区域化和专业化，从水运到铁路运输的转变产生了足以使河南省经济面貌完全改观的经济力量，郑州则成长为中原地区重要的棉花中级市场。铁路通车初期，西路棉商和少数棉农只是随身携带絮棉和籽棉，在郑州火车站附近出售。随着陇海铁路的东西展筑，棉商渐多，棉花的交易场所——花行得以诞生，并于1916年成立了郑州花行同业公会。先后设立的花行有玉庆长、立兴长、德记、德昌、慎昌、复信、仁记、谦益和等10余家，其中德昌和立兴长的规模较大。1930年前后，郑州约有商户2000家，其中棉商居多，棉花交易中心位于饮马池。基于铁路交通之便，上海、天津、青岛、济南等地的纺织厂，均派人来郑州坐地收购。1930年之后，中原战乱的不利影响逐渐消弭，郑州的棉花交易市场复现昌隆。

郑州的市场结构和设施随着棉花贸易的繁荣而日趋完善，货栈、仓库、打包厂以及银行、银号等配套机构纷纷设立，其商品贸易体系得以初步形成。从整体上来说，商业发展的根本动力源于工业化，工业化的推进刺激了对原材料的需求，市场的需求是农民经济生产利益的保障。以铁路为中心的近代交通网络成为联系原料生产市场与消费市场的桥梁，是不可或缺的传输环节。铁路交通与城市聚集经济效应的复合作用，促进了近代郑州城市工商业的发展，带动了其商品贸易的繁荣。临近郑州的开封，由于其古代水路运输的发达，其在我国北方占有重要的地位。但是随着铁路在郑州的建设，开封的发展就相对落后，其直接结果是新中国成立后河南省的省会由开封迁往郑州。

● 河北石家庄

另一个随着铁路建设而兴起的代表城市就是石家庄。石家庄原来是获鹿县的一个小村。清光绪《获鹿县志》记载："石家庄，县东南三十五里，街道六、庙宇六、井泉四。"20世纪初，石家庄的面积不足0.1平方公里，仅200户人家，600余人口。石家庄之所以从一个小村庄发展为华北地区重要的工商业城市，是与铁路的修筑密切相关的。清光绪二十三年（1897年），津海关道兼督办铁路大臣盛宣怀受清廷委派，向比利时借款修筑卢汉铁路（1901年八国联军将此路北端由卢沟桥展筑至北京正阳门，此后，卢汉铁路改称京汉铁路），1906 年全线完成通车。在京汉铁路修建的同时，山西巡抚胡聘之筹划修筑正太铁路支线，几经勘测，决定将两条铁路的交会点选定在正定府南滹沱河南岸的柳林铺，以避免在滹沱河上修建大型桥梁，1907 年正太铁路全线竣工通车。从此，石家庄由两条铁路的交会点而成为晋冀和南北间物资转运枢纽，奠定了石家庄城市崛起的基础。

正是由于石家庄处于这种特殊位置，它很快成为货物运输的中转地，并逐渐成为粮食、棉花、煤炭等农矿产品的集散地和交易中心。货物的集聚和中转量不断增加，使得一个全新的行业在石家庄兴起，这就是货栈业和转运公司。在京汉铁路和正太铁路通车不久，井陉煤矿便专门在石家庄设栈售煤。宣统年间，沿京汉铁路和正太路又兴起了晋通栈、晋阳栈、裕隆栈、同德兴纱货行等一大批货栈。"七七事变"前，石家庄仅运输业就发展到 50 余家。铁路通车后，货栈业和转运公司的兴起，在其他城市也有记载。据记载，邯郸是"业以代客收发货物为主旨，车站苏、曹镇两处计共十七家，每年装运火车计达千数百辆之谱"。邢台最早在车站附近开设的货栈有宝丰货栈、顺丰货栈、德丰货栈和同丰货栈四家。这些城市由于没有处在铁路枢纽地位，因此，货栈和转运公司的数量与规模都不能与石家庄相比。

清末以前，石家庄周围的正定、栾城、藁城、元氏等地就是有名的棉产区。但是，棉花的外销量很小，没有形成较大的交易市场。20 世纪初以后，由于国内外纺织业的需要和铁路的开通，原来仅限于本地销售的棉花，很快成为出口商品，交易日渐发达。石家庄周围各县出现了棉花交易的初级的专业市场，各初级市场的棉花大多数运到石家庄，然后由石家庄通过铁路运至棉花交易的终级市场——天津。这样，石家庄在棉花交易中处于次级（中级）市场的地位。石家庄的棉花运销量是非常可观的，据民国十三年（1924 年）车站报告："共装出棉花千余车，每车按二十吨计算，共装出两万吨，合三十三万五千担，共值二千一百七十二万五千元。"在正常年份，石家庄的棉花主要由火车运往天津等地，大车和水路运输占据次要地位。其他货物的集结与中转也是如此，据 1934 年《中国经济年鉴》估算，石家庄"共运销煤炭 90 万吨，巴马油 14 万吨，棉布 10 万匹，棉毯 8 万~9 万条"，其货物中转中心和集散地的地位越来越重要。总之，由铁路运输带来的石家庄货物转运中心和集散地的形成，成为石家庄迅速崛起的前提和基础。新中国成立前河北省的省会保定，由于其工业的缺陷、交通的不足以及邻近京津等不利因素，崛起的石家庄在新中国成立后取代其成为河北省的省会。

3. 航空交通影响城市的案例

如今，机场的建设对一个城市发展有着举足轻重的作用，是衡量一个城市在区域内甚至是国际上影响力的重要指标。许多国家大城市的机场建设规模与周转量都十分巨大，如纽约的肯尼迪国际机场、伦敦的希思罗机场在国际交通运输中都占有重要的地位。

位于北京市东北部的首都机场于 1958 年 3 月 2 日正式投入使用，是中华人民共和国首个投入使用的民用机场，也是中国历史上第四个开通国际航班的机场。机场建成时仅有一座小型候机楼，称为机场南楼，主要用于 VIP 乘客和包租的飞机。1980 年 1 月 1 日，面积为 6 万平方米的一号航站楼及停机坪、楼前停车场等配套工程建成并正式投入使用。一号航站楼按照每日起降飞机 60 架次、高峰小时旅客吞吐量 1500 人次进行设计。扩建完成后，首都机场飞行区域设施达到国际民航组织规定的 4E 标准。随着客流量的不断增大，一号航站楼客流量日趋饱和。重新规划后建筑面积达 33.6 万平方米、装备先进技术设备的二号航站楼于 1995 年 10 月开始建设，并于 1999 年 11 月 1 日正式投入使用。二号航站楼每年可接待超过 2650 万人次的旅客，高峰小时旅客吞吐量可达 9210 人次。二号航站楼投入使用的同时，一号航站楼开始停用装修。2004 年 9 月 20 日，整修一新的一号航站楼重新投入使用，专门承载中国南方航空公司航班。2008 年春，配合首都机场扩建工程（T3）完工，一号航站楼（T1）封闭改造，中国南方航空公司转往二号航站楼运营。在 T1 改造完工后，海南航空集团（国内航线）旗下的海南航空公司 HU、大新华航空公司 CN、天津航空公司 GS、金鹿航空公司 JD（2010 年 5 月 4 日起更名为北京首都航空）取代中国南方航空公司成为一号航站楼的独家运营公司。三号航站楼和第三条跑道已经于 2008 年 2 月 29 日建成投入使用，能承载空中客车 A380 等新型超大型客机。继六家航空公司在新的三号航站楼登机，2008 年 3 月 26 日又有 20 家航空公司转至三号航站楼，转场后三号航站楼承担首都机场 60% 的旅客吞吐量。

随着首都机场的不断发展，在其周边逐渐形成了以首都机场为依托的临空经济区。如今，首都机场临空经济区已经成为北京市六大高端产业功能区之一，在北京城市产业空间结构的战略调整中承担着重要职能，是北京未来重点的城市化和产业化发展地区。昔日的"粮仓"现已规划为一片片现代化工业园区，已成为首都现代制造业基地，是首都中心城人口与职能疏解的主要载体，是首都现代化过程中 20 公里以外的新功能聚集区和城市新增人口的主要聚集地。

作为首都机场所在地，首都机场临空经济区是重要的国际航空枢纽，是首都面向全国和世界的门户，同时承担国际国内交往、服务的重要职能。重点承担对外交通要求较高的职能，包括大型会展、商务、物流、先进制造和体育休闲的职能。临空经济区依托区内的各产业园区组团对北京市产业空间布局起到了集聚、调节和辐射作用，是北京临空经济高端产业功能区、航空物流集散地、现代制造业基地。2011 年，临空经济区所在的顺义区 GDP 达到 1002.1 亿元，总量占北京市的比重为 6.3%，一般性预算排名位居北京市郊区县第一，增速 15.5%，比 2010 年提高 0.2 个百分点，位居北京市第三位。

依托首都机场庞大的货物吞吐量及覆盖广阔的国际国内航线，临空经济区成为了首都重要的航空物流集散中心。通过吸引集聚国际国内知名物流企业入驻，推动首都工业、商业、运输、仓储等行业物流资源的整合，优化首都物流产业布局，改变现阶段北京物流产业"南重北轻"的局面，从而缓解了首都南部交通物流压力。整体提升首都物流的质量和效率，改善首都的投资环境，增强首都过境竞争力。2011 年，顺义区交通运输、仓储和邮政业实现增加值 317.9 亿元，占顺义区 GDP 的 31.7%，拉动作用居各行业首位，对经济增长的贡献显著。

依托首都机场的特殊资源，临空经济区吸引了一批时效性高、附加值高的临空指向性高新技术产业、现代制造业集聚，如现代汽车制造业、现代航空制造业等，完善了首都制造业产业链，成为首都工业参与国际产业分工、融入全球航空价值产业链的重要组成部分，增强了首都制造业的整体国际竞争力。2011 年，顺义区工业实现增加值 389.6 亿元。

依托首都机场巨大的航空网络和客货流，临空经济区建设的国门商务区和新国展中心，吸引国内外航空企业总部、物流企业总部、航空保险金融机构和国际会展机构入驻，形成了临空总部经济格局，带动了北京东北远郊地区物流业、会展业、生活服务业、旅游业的发展，成为北京现代服务业新的增长极。2011 年，顺义区租赁和商务服务业实现增加值 38.9 亿元，金融业实现增加值 41.3 亿元。

目前，北京市已经开始在大兴区兴建北京大兴国际机场，这是继首都国际机场与北京南苑机场之后北京市的第三个机场，也是北京市的第二个国际机场，计划于 2018 年年底建成。大兴国际机场的一大特点就是其横跨北京市与河北省两地。大兴国际机场的建设不仅会进一步有效地增强北京市的对外交流，拉动经济增长（尤其是较为落后的北京市南部地区），更能够增进北京市与河北省之间的经济与人员交流，为河北省的对外贸易提供一个窗口。

其他一些较小规模的城市，由于其货运与客运的周转量较小，并没有达到建设机场的最低门槛，所以一些中心城市的机场也为这些小城市提供服务。这也就是为什么我国的重要机场都建设在一些经济发达或是政治地位重要的中心城市。

（三）高铁对城市发展与内部格局的影响

近几年，我国一直大力发展高速铁路交通网，在提高区域间交通运输效率的同时，也对城市的发展与内部格局产生了重要影响。作为城市发展的新引擎，高速铁路带来了更多的外部资源，同时依托所属城市的区位、发展政策，城市内的高铁站及其周边地区大都发展成为具有城市副中心地位的新兴功能片区，尤其是在中小城市中更为明显。

1. 高铁的发展历程与现状

根据我国 2014 年 1 月 1 日起实施的《铁路安全管理条例》的规定，高速铁路是指设计运行时速在 250 公里以上（含预留），并且初期运营时速 200 公里以上的客运列车专线铁路。

20 世纪 60 年代，日本修建的连接东京与大阪的东海岛新干线是世界上第一条真正意义上的高速铁路。随后，法国、意大利、德国以及美国等发达国家都陆续修建了自己的高速铁路，并且各有不同的优势。与此同时，除中国外，印度、伊朗、摩洛哥以及土耳其等发展中国家也都积极地修建高速铁路。

我国开通的第一条真正意义上的高速铁路是 2008 年 8 月 1 日开通运营的时速为 350 千米/小时的京津城际高速铁路。经过之后短短几年的对高速铁路的建设以及对既有铁路的高速化改造，我国已经拥有全世界最大规模以及最高运营速度的高速铁路网。截至 2014 年年底，我国的高速铁路总里程已经超过 12000 千米，约占全世界高速铁路运营总里程的 50%，"四纵四横"的"四纵"已经基本建设完成并投入运营。在未来，我国对高速铁路的建设规划可以分为近中期规划和远期规划。

近中期规划是指从 2010 年起至 2040 年，用 30 年的时间，将全国主要省市区连接起来，形成国家高铁网络的大框架。考虑到现实情况，高铁线路东密西疏，同时为了照顾西部，高铁站点东疏西密。本方案除京广线和京沪线外，其他所有线路建设应采用磁浮悬技术方案。近中期规划完成时，我国要形成"五纵七横八连线"的高铁网络。具体来说，"五纵"包括京哈线、京港线、京沪线、集昆线、西湛线；"七横"包括沈兰线、青银线、盐西线、沪蓉线、沪昆线、沪南线、杭广线；"八连线"包括津唐线、开河线、宁南线、宁宁线、金温线、汉福线、南厦线、衡南线。

长期规划是指从 2040 年起至 2070 年，再用 30 年的时间，最迟到 2100 年前全部完成，实现东部加密、西部连通成网（即连通西部主要交通枢纽），连接全国主要交通节点城市和旅游景点，使西部地区主要城市可通达任何沿海省区。长期规划完成时，我国的高铁网络要扩充到"八纵"的格局。具体来说，"八纵"包括新哈沪线、京沪线、大京港线、济茂线、新集昆线、徐三线、太温线、包湛线。

2. 高铁对城市发展的作用

高速铁路自身所具有的高效便捷的特点，使得位于高速铁路网沿线的城市的可达性大大提高，增强了其与外部的联系。目前，我国"四纵四横"高速铁路网沿线城市及高速铁路枢纽城市的经济联系强度均随可达性的改善而明显增大，这将有利于沿线城市的经济发展，促进高速铁路网沿线的区域经济一体化发展，形成全国性的重要经济带。[①]高速铁路对于城市发展的促进主要体现在以下四个方面：

（1）满足出行与运输需求。在今后的一段时期内，我国经济仍然将持续一个相对较快速的发展。与此同时，对铁路的运输需求也将随着经济的增长而快速增长。从客运需求方面来看，随着中国城市化进程的加速发展，城镇居民的生活水平不断提高，对外出行的需求也在不断增长。中国的区域经济发展仍然存在着很大的差别，人口、资源和生产力的分布不均匀，会导致人员的频繁流动。同时，节假日的增加，又产生了很多的假日旅游、休闲旅游和探访亲朋好友的旅客。从货运需求方面来看，由于中国快速的经济增长，对各种物资的需求也在不断增加，这必然会引起货运量的大幅度增加。我国的资源分配不均匀、产业布局不平衡的现状，必然亟须对能源、原材料和其他物资的重新部署和协调，而实现这一目标必然以快捷便利的铁路运输条件为前提。

因此，高速铁路的特点就使得其成为了满足未来出行与运输需求的首选，增强了沿线城市的经济活力与发展动力。一方面，高铁的快捷性大大地节约了出行的时间成本，提高了通勤的效率，增强了高铁沿线城市的吸引力，尤其是对于一些相对较为落后的城市来说，高铁为它们的发展提供了难得的机遇，如在高铁开通后，这些城市的旅游资源能够吸引更多的游客到来，对于城市的相关产业都有一定的带动作用。另一方面，高铁也能够为沿线城市的发展提供必要的资源，大大节约了资源运输的成本，为工业的发展奠定了相应的基础，有利于资源在全国范围内的合理布局。

我国开通的京津高速铁路连接了我国两个重要的直辖市——北京市和天津市，其全长120千米，最高运营速度可达到每小时495千米，安全经济运营时速为300~350千米，京津直达运行时间约30分钟，列车最小行车间隔为5分钟。京津城际高铁正常每日开行70对，周末每日开行75对，节假日每日开行85对，遇客流高峰期开行100对，极大地满足了旅客出行的需求。同时，使得京津之间人员往来将更加频繁，两地的市民异地就业、异地居住成为了可能，也有效地促进了两地的零售业、旅游业的发展。据天津火车站的统计数据显示，在京津城际高铁开通运行的最初两年间，共运送旅客4096万人次，日均运送旅客达到5.69万人次，高峰日输送量达到12.5万人次。

（2）推动城市间的协同发展。目前，我国面临着资源在不同城市间无论是数量还是质量都差异过大的问题，这就会导致不同城市之间的发展水平与速度出现严重的不平衡，甚至有可能会造成城市间的对立。尤其是我国大部分相对落后的城市在发展中深受这一问题的困扰，这些城市目前的吸引力不够，致使自身所拥

① 覃成林，黄小雅. 高速铁路与沿线城市经济联系变化 [J]. 经济经纬，2014，31 (4)：1-6.

有的城市资源不断地外流。高铁的出现刚好为这类城市的发展带来了转机，因为高铁站区的建设可以刺激城市参与者在此地区进行大量的投资建设，进而吸引其他城市的人口向这些地区进行集聚，为城市的发展提供必要的资源支持。在这种情况下，将会有助于较发达城市与欠发达城市之间在产业上的合理分工，呈现协同发展的态势，增进区域一体化的水平。

沪宁高速铁路位于京沪高速铁路南段，于2010年7月1日正式运营通车，运营总里程为301千米，从上海市出发，沿途经苏州市、无锡市、常州市、镇江市，最后到达南京市。在沪宁高速铁路开通之后，上海市与南京市之间的通勤时间大大缩短，最快可达到1小时7分钟，这一区域就形成了"一小时交通圈"，极大地提高了各城市间的经济社会联系。

就经济发展水平来看，在这六个城市中，上海市和南京市属于发展水平较高的城市，而常州市和镇江市相对来说要落后一些。根据相关城市的统计年鉴显示，在沪宁高速铁路开通之前，上海市的第二、第三产业的总产值占GDP的比重最高，且较为稳定，常州市与镇江市的比重较低。但是在沪宁线高速铁路开通之后，常州市和镇江市第二、第三产业总产值占GDP的比重与之前相比有了较快提升，且快于这一区域的其他城市，尤其是常州市与镇江市的第三产业产值占GDP的比重增长得更为迅速，进一步缩小了与该区域的发达城市——上海市和南京市之间的差距。这说明，在高速铁路开通之后，该区域各城市之间的产业结构进一步趋同，且第三产业的发展水平差距逐渐缩小。这是因为沪宁高速铁路的开通把沿线城市都纳入了"一小时交通圈"，城市之间的资源交流愈加方便、快捷，加深了区域之间的联系。沪宁高速铁路解决了常州市、镇江市以往的由于运输能力缺乏、联系受到阻碍而造成的企业区位选择时的单调性，促使资源可以在尽可能大的地域空间内进行更有效的配置，实现区域的协同发展。

（3）促进城市资源的合理布局。以前，由于受到交通运输能力的限制，以人力资本为代表的城市资源大多相对固定，活动范围较小。这一问题的存在就造成了城市资源在城市间的不合理分布，使得一些较为优质的资源无法进入真正适合的城市，在阻碍其获得相应的合理收入的同时，也降低了全国性的生产效率，制约了我国城市经济的进一步发展。但是在高速铁路开通之后，对于有能力进入相对发达城市的优质资源来说，高铁使得它们更少地受到当前所在地的约束，而为寻找最佳的所在地提供了便利，增强了城市间的资源交流。这样就进一步地优化了城市资源的分布，提高了全国性的生产效率。

还是来看沪宁高速铁路对沿线城市资源流动和布局的影响，以人力资本为例。对于沪宁高速铁路开通之后的相关情况进行研究后，可以发现：①沪宁高铁的开通有效地拓宽了城市间的人口流动时空，缩短了区域经济距离，以上海市和南京市为核心的人口、产业以及经济空间集聚效应明显，人口、产业、经济发展均质化程度提高。②沪宁高铁开通后，上海市和南京市周边地区呈现出了人口集聚的极核效应，上海与苏州、无锡与常州、南京与镇江之间的人口流动联系强度加强，沪宁高铁沿线区域的"一轴双核"空间发展特征明显，经济一体化趋势加快。③沪宁高速开通后，沿线居民出行的频次增加，尤其是 20~44 岁的有较高职业声望的青壮年劳动力的流动频次增加显著。这种微观变化一方面表征了区域经济联系度的增加；另一方面体现了区域人力资本之间的融合与相互依赖，是经济一体化的内在表现形式。④高速铁路的服务水平、舒适度、准时性、高效性等是居民选择乘坐高速铁路的主要原因，居民出行及相互交流更注重实效。①

（4）改变居民的生活方式。高铁的建设不仅促进了经济的发展，同时也永久地改变了居民的生活方式。高铁促进人们生活方式改变的主要原因在于其可以大大节省人们的金钱和时间成本。同时，高铁的发展促进了区域经济的快速发展，使得人们的收入水平不断提高，因此居民对生活的选择也逐渐多了起来。

高铁的通车运营为人们进行顺畅的交流和沟通提供了条件。例如，日本于1964 年开通了东海岛新干线之后，从东京到大阪的时间仅需要 2 个小时，旅行费用相当于一天的收入。在我国，高铁的发展同样也带来了社会生活的变革，其中高铁使得人们的吃住行三个方面可以完全分开。最经典的例子当属沪杭高铁运营之后，上海到无锡的距离仅有 2 个小时，时间的缩短使得"工作在上海，吃在无锡，住在杭州"可以完全得到实现。

3. 高铁对城市内部格局的影响

高铁站及其周边地区的开发建设对于城市来说是一个新的增长点，对于中小城市更是如此，它不仅能够疏解旧城区的人口与产业压力，而且也推动包括空间结构调整和产业结构调整等多方面内容的城市结构调整。因此，高铁的建设不再是单纯地解决出行问题，而是构建新的城市空间格局的基础。

就高铁站及其周边地区来说，由于其用地复合化的程度较高，所以也就导致在各个圈层内，甚至各个片区内的建筑空间有很大的差异。紧紧围绕高铁站的第一圈层内的用地主要以商业用地为主，而且是从外部进入到城市的第一道风景线，所以第一圈层内的空间形态是体现当地建筑风貌的商业建筑，整体的空间形态也以紧密聚集的高层为主。第二圈层内的用地功能较为复杂，常常是居住、商业、休闲娱乐、物流、工业等多种功能的混合，空间形态的整体分布不均衡，且高度较第一圈层低。对于大多数城市来说，第三圈层与城市生活功能融合，功能

---

① 李祥妹，刘亚洲，曹丽萍. 高速铁路建设对人口流动空间的影响研究 [J]. 中国人口·资源与环境，2014，24（6）：140-147.

以居住为主，空间形态较为分散，聚合度低。

就整个城市范围来说，在目前，我国许多城市都在围绕高铁站打造新的"城市中心"，在进行基础设施建设的同时，积极地吸引企业、人才等资源的进入。在这一方面，比较典型的城市包括郑州市、合肥市、徐州市以及蚌埠市等。

郑州高铁站位于郑州市的郑东新区，所以被称为郑州东站。郑州东站于2012年9月28日正式通车投入运营，总建筑面积为411841平方米，总投资约94.7亿元，汇集了高铁、城际、地铁、高速公路客运、城市公交、城市出租等多种交通方式，形成了综合一体化快速衔接的现代化交通枢纽。由于郑州东站位于京港高铁（京广深港高铁）客运专线和新欧亚大陆桥陇海线郑西高铁（徐兰高铁客运专线）的十字交会处，每天中转的客流量与货物流量巨大，所以它也就成为了我国最重要的交通枢纽，同时也是亚洲最大的高速铁路枢纽站。

目前，高速铁路对郑州市发展的积极影响已经开始显现，并且随着我国高速铁路网的愈加完善，这种积极的影响也将会越来越强烈，使得郑州东站所在的郑东新区逐渐成为郑州市的另一个"城市中心"。具体来说，这种积极影响体现在以下三个方面：

（1）缩短了郑州市与经济发达地区的时空距离，加速城市间的资源流动。位于陇海和京广两大经济带交会处的中原城市群在近年来一直呈现出加速崛起的良好态势，对河南全省经济社会发展的辐射带动能力不断增强，但中原地区与经济发达地区还有很大差距。从整体上来看，目前郑州市的辐射带动力仍然较弱，各城市之间分散布局，缺乏协同合作，资源未能共享，因此中原城市群还远未达到"群"的要求。

郑州市作为中部地区的枢纽城市，它的核心优势主要就在于交通优势，在高铁建成后，其区位优势进一步体现。一方面，从郑州市至河南省内其他城市都可在1小时内到达，这就为增强郑州在中部地区的辐射影响力、结束各市分散发展的态势创造了条件，有利于城市间各种资源的互补共享；另一方面，从郑州市到全国其他主要城市的时间都会大幅缩减，高铁将方便中部城市与周边城市的贸易和商务往来，促进信息、技术和人员的流动，有利于中部地区与经济发达地区之间的交流合作。

（2）推动郑州市的产业升级，激发经济活力。现阶段郑州市仍以第二产业为主，第三产业的发展相对滞后。郑州东站的建成将刺激产生大量的商务客流，促进城市间的交流，加速信息、知识和技术的扩散，推动郑州市的产业结构调整。据预测，到2020年郑州市铁路客运站旅客发送量为5300万人（含中转旅客），2030年为11000万人。大幅的旅客增量将使第三产业活动增多，吸引更多新兴行业和旅游者，促进食宿业和旅游业的大幅发展，郑州市作为一个区域性的中心城市和国家历史文化名城，将承担更多的文化和服务功能。

目前，围绕郑州东站的 3 公里范围内已经耸立起了超过 40 座的商务楼宇，且平均高度要远远超过老城区中的建筑，这正是郑州东站的第一圈层。在第一圈层外，集中了大量的住宅小区、政府部门、大学以及城市公共设施等。另一个值得注意的是，在近几年，由于作为铁路中心枢纽的郑州东站投入使用，郑州市通往全国各主要城市的时间大大缩短，也因此郑州市的"总部经济"开始凸显，一些全国性企业的总部开始在郑东新区安家落户。

（3）推动郑东新区成为郑州市的另一个"城市中心"，打破单中心的城市格局。郑州长期以老火车站地区（二七广场）为城市的中心，新区建设的效果并不明显，城市基本上还是按照"摊大饼"的方式向外扩展。即使是由政府大力推进的郑东新区 CBD，虽然硬件设施建设情况较好，但始终缺乏人气，缺少形成城市新中心的内在动力，而郑州东站的建设将会吸引商业和人口的集聚，成为郑东新区发展的催化剂。

由于郑州东站强大的带动作用，其所在的郑东新区也呈现出良好的发展势头。2013 年，郑东新区全年 GDP 达到 217.6 亿元，剔除价格因素后同比增长 4%；完成固定资产投资 445.95 亿元，同比增长 46%，投资规模在全市所有区县中排名第一，增速居全市第二位；公共财政预算收入完成 57.92 亿元，同比增长 32.11%，财政税收规模和税收质量均居全市第一；第三产业增加值完成 184.96 亿元，同比增长 16.7%，增速居全市第一；金融业增加值完成 94.6 亿元，同比增长 27.6%，占第三产业增加值的 51.2%；实际利用外资完成 3.58 亿美元，同比增长 19.5%；省外实际到位资金完成 104.4 亿元，同比增长 55.68%；市外资金完成 104.7 亿元，同比增长 53.01%；外贸出口总额完成 7.11 亿美元，同比增长 11.4%。

根据以上分析可以看出，郑州东站及其周边地区俨然成为了郑州市的第二个中心。基于这种事实，2014 年，郑州市出台了《郑州市中心城区总体城市设计》，该规划方案显示，在未来，郑州东站所在的郑东新区将成为郑州市的两个市级中心之一，主要作为商务中心进行发展。这就更加强调了郑州东站在发展中的基础作用，目的就在于围绕郑州东站打造郑州新的"增长极"。

第八章 城市园林景观规划

我国是世界上最早对园林进行规划的国家之一，与古希腊、西亚并称为世界造园史上的三大园林流派。中国古典园林大致可分为皇家园林、私家园林、寺观园林。从殷周的园林雏形"囿"发展到今天，已有了两千七百多年的历史。汉代在"囿"的基础上发展了以官室建筑为主的宫苑。两晋南北朝时期是一个不可忽视的历史阶段，它奠定了我国古代私家园林的基本风格和"诗情画意"的写意境界，并深刻地影响了皇家园林的发展。唐宋两代将诗情画意融入园林，特别注重意境的表现；到明清两代，园林建设继承了前代园林的艺术成就，并开始产生了具有民族特色的园林理论。如今，城市园林已经不同于过去，而是完全融入了城市的日常生活中，并且生活在城市中的人们也对城市景观有了更高的要求。在这一背景下，本章对城市园林景观规划的基本理论、我国古代城市园林规划、中西城市园林景观规划比较及现代城市园林景观规划等问题进行了细致的研究。

第一节 城市园林景观规划的基本理论

一、传统园林理论

明代造园家计成所撰写的《园冶》是著名的中国古代造园专著，也是中国第一本园林艺术理论的著书。本书中对传统园林艺术进行了详细的阐述，虽没有明确地提出传统园林理论，但却为后来传统园林理论的发展奠定了基础。

传统园林是在城市发展进程中，根据人们的需要而专门建立的模仿自然、供人观赏或游憩的场所。这个时期的园林主要是借鉴古典园林的造园思想，在独立的地域空间内建造一些公园、花园和纪念园等。这个时期的园林虽然结束了"园林为少数人服务"的狭隘，打开了为大众服务的"园门"，但毕竟园林还只是一个个独立的园子，与城市建筑、街道等城市设施没有形成相互的联系。园林、建筑、城市设施都是城市建设中的独立体，是一种简单的混合，是园林发展的初级阶段。该理论的研究主要偏重于古典园林造型艺术和园林的观赏性方面，在造园艺术上深受绘画、诗歌的影响，讲求师法自然，重在诗情画意，以创造意境为园林设计的核心，其实质是以"咫尺"塑造"自然"，表达了古人顺应自然、利用自然，将人工美融入自然美，使园林成为大自然的组成部分的天人合一的园林观。在园林设计中，讲究以人为本，人与自然要素（建筑、山石、水体、植物）以及自然要素之间的有机结合，形成一系列的景观构图，彼此协调互补，在园林总体上达到人与自然高度和谐的境界，满足人们物质和精神两方面的需求。

二、城市园林绿地系统理论

1858 年，美国纽约创建了世界上最早的公园之一——中央公园。一些著名的社会改革者和热心公益的活动家、科学家和工程师纷纷从事改善城市环境的活动。他们都把发展城市园林绿地作为改造城市物质环境的手段，主张增大绿地面积，形成体系，使城市具有田园般的优美环境。1892 年，美国风景建筑师弗雷德里克·劳·奥姆斯特德（Frederick Law Olmsted）编制了波士顿的城市园林绿地系统方案，把公园、滨河绿地、林荫道联结起来。1898 年，英国埃比尼泽·霍华德（Ebenezer Howard）提出了"田园城市"理论。在霍华德思想的影响下，之后又出现了有关新城和绿带的理论，科学家们也开展了植物对环境保护作用的研究，奠定了城市园林绿地系统理论的科学基础。

城市园林绿地系统理论强调从生态学的角度深化园林理论的研究，力求建立生态健全的城市园林绿地系统，希望通过不断延伸和渗透，有效地拓宽园林的范围，增加城市绿量。该理论强调城市园林建设点、线、面的结合，主张城市园林绿地要以网状、放射状等方式渗入城市中。此时的园林虽然注重了改善环境的生态功能，但仍以观赏为主，缺少多重功能兼顾的职能。这个时期，园林开始探索服务大众、与城市结合的途径，有了较大的发展。园林与城市建筑和城市设施虽然还存在距离和区别，但已有了一定的联系，形成了相互的渗透和磨合，这是园林发展的中级阶段。

三、大园林理论

近年来，经过众多专家、学者和园林工作者的不懈努力，不断探索、实践、提炼、总结，现代园林已经开始形成大园林理论雏形。该理论是在传统园林理论、城市园林绿地系统理论以及源于美国的 Landscape Architecture 理论的基础上形成的。毛学农在《论述中国现代园林理论的构建——大园林理论的思考》一文中对大园林论的实质及主要观点做了详细的阐述。[1]

大园林理论的实质是园林内涵的扩大，使园林从狭隘的造园转入整个区域或城市乃至大地的园林化，是园林与城市的融合，是由园林绿地系统向系统化城市大园林的转化。其核心是建设园林式的区域、城市甚至国家，实现大地景观规划，其实质应当是园林与建筑及城市设施的融合。也就是说，将园林的规划建设放到城市的范围内去考虑，园林即城市，城市即园林。它强调城市人居环境中人与自然的和谐，以满足人们改善城市生态环境、回归自然、亲近自然的需求；满足人们对建筑室内外空间相互交融，以提供休闲、交流、运动、活动等工作和生活环境的需求；满足人们对建筑等硬质景观与山石、水体和植物共同构筑的环境美、自然美的需求，创造集生态功能、艺术功能和使用功能于一体的城市大园林。

该理论认为园林应当是对一个区域或城市人居环境（包括自然的和人工的环境）整体的规划和设计，并将重点放在城市开放空间上，用建筑、山系、水体和植物等园林要素构建具有生态、艺术和使用三大功能的城市大园林。因此，大园林理论是建立在统领城市建筑室外空间的基础上，通过对城市规划和城市建筑协调性的研究，进行包括城市道路、路灯、构筑物及其他市政设施等城市设施和绿地，并包括城市依托的自然环境在内的开放空间的环境设计，积极参与城市规划和建筑外观设计，构筑园林化的城市空间。大园林理论虽已形成，但毕竟还很稚嫩，还有许多问题尚待研究解决。例如，现代园林的设计理念，现代城市建设思想对园林观念的影响和要求，现代园林体制的改革，建筑、城市设施与园林融合的原理和方法，园林的功能，园林涉及的范围，园林设计师的知识结构和地位，园林专业学科建设和课程设置等。我们必须在继承传统园林理论的基础上，借鉴和吸收国外的先进理论，加以研究和提高，并通过不断的实践和探索，使它逐渐发展壮大，形成完整的理论体系。

第二节 我国古代城市园林规划

一、我国园林规划的发展历程

我国的园林营造始于奴隶社会经济较为发达的殷商时期，园林的最初形式

---

① 毛学农. 试论中国现代园林理论的构建——大园林理论的思考 [J]. 中国园林，2002，18（6）：14-16.

为"囿"，就是在一定的地域范围内，让自然的草木、鸟兽繁殖，还可挖池筑台，成为奴隶主贵族狩猎、游憩的场所。秦汉时期园林的形式在"囿"的基础上有所发展，就是在广大的地域范围内布置宫室族群的建筑宫苑，这些宫苑建筑的特点是面积大，苑中有宫、宫中有苑，离宫别馆相望，周阁复道相连，如秦代时的阿房宫、汉代的建章宫和未央宫等。这一时期宫苑的巨大规模和新的建筑风格形式为以后皇家园林的发展奠定了基础。

魏、晋、南北朝时期是历史上的一个大动乱时期，这一时期，思想解放，佛教和道教兴盛。思想的解放促进了艺术领域的开拓，也给予园林发展以深远的影响，造园活动普及于民间并且深化到艺术的境界。民间营造了大量的私家园林，皇家园林也在沿袭传统的基础上，有了新的发展，同时佛教和道教的流行，使得寺观园林也开始兴盛。这一时期的园林形式由粗略的模仿真山真水转到用写实手法再现山水，即自然山水园；园林植物由欣赏奇花异木转到种草栽树，追求野致；园林建筑也结合自然山水，点缀成景。这一时期是造园活动的重大转折期，初步确定了园林美学思想，奠定了中国风景式园林大发展的基础。

隋唐园林在魏晋南北朝时期所奠定的风景式园林艺术的基础上，随着当时经济和文化的进一步发展而达到全盛时期，尤其在唐朝，园林艺术开始有意识地融合诗情画意，出现了体现山水之情的创作，如中唐诗人白居易的"庐山草堂"，春夏秋冬佳境收之不尽。这些园林都是在充分认识自然美的基础上，运用艺术和技术手段来造景而构成优美园林境域的。

北宋时期建筑技术和绘画都有所发展，山水宫苑尤为引人入胜。北宋的宫苑以"寿山艮岳"为代表。寿山艮岳是宋徽宗命人所建，是以筑山为主题的大型人工山水苑，是中国古代山水宫苑的典范。

明清时期是我国古典园林发展的顶峰时期，该时期的园林数量之多、规模之大、分布之广、艺术手法之高超、构筑之华美，是历代园林所不能比拟的，达到了炉火纯青、登峰造极的地步。明清时代的园林分为皇家园林和私家园林，现存的北京圆明园、北海、颐和园和河北承德避暑山庄等都是皇家园林的代表；私家园林主要集中在江南一带，江南园林主要分布在苏州、杭州、无锡、扬州、南京、绍兴等地，其中又以苏州、扬州园林最著名、最具代表性。苏州私家园林最多，荟萃了江南园林的精华，在我国园林发展史上占据重要地位，因而有"江南园林甲天下，苏州园林甲江南"的美称。至今保存完好的苏州私家园林很多，如拙政园、留园、网师园、狮子林、沧浪亭、环秀山庄等。①

---

① 周维权. 中国古典园林史 [M]. 北京：清华大学出版社，1999.

二、我国皇家园林规划

中国皇家园林又称苑囿、宫苑，一般是指由帝王主导营造，供帝王家族居住、游乐之用的园林。由于帝王运用至高无上的权利，集中天下财富和人力物力为其造园，因此皇家园林营造历史之悠久、规模之宏大、工艺之精湛，在中国园林史上堪称首位。今天能供我们欣赏的皇家园林的遗存，多为清代的作品，集中分布于北京、河北一带，如避暑山庄、圆明园、颐和园等。

（一）皇家园林的主要特征

1. 规模浩大

皇家园林大都占地广阔，例如，清代的清漪园（现在的颐和园）占地近300公顷。皇家园林多采用"集锦式"分散布局，按地形、地貌分为山区、湖区、平原区，并把它们分别加以利用。这类园林的横向延展面极大，为了避免出现园景过分空疏、散漫、平淡和山水比例失调的情况，园内除了创设一个或若干个以较大水面为中心的大景区之外，在其余地段上采取化整为零、集零为整的方式，划分为许多小的、景观较幽闭的景区。每个小景区又自成单元，各具不同的景观主题、不同的建筑形象，功能也不尽相同。它们既是大园林的有机组成部分，又相对独立而自成完整小园林的格局，这就形成了大园含小园、园中又有园的"集锦式"的规划方式。圆明园就是其中的一例。

2. 建筑风格多姿多彩

"溥天之下，莫非王土"，这是中国数千年封建社会形成的传统思想。在皇家园林中，这种礼制思想直接导致了"园中园"格局的形成。于是，在皇家园林内的几个乃至上百个景点中，势必有对江南小园的仿制和佛道寺观园林的包容。在皇家园林中我们既可看到玲珑秀美的江南私园如杭州苏堤六桥、苏州狮子林、镇江宝塔等景色；又可见到别具风韵的民族建筑，如北海的藏式白塔；甚至还有欧洲文艺复兴时的"西洋景"（如圆明园）。各种园林流派和造园思想在这里汇聚和积淀，从而形成了声势浩大的皇家园林体系。

3. 功能齐全

皇家园林的选址都经过精心挑选（如承德的避暑山庄，东北来水，东南积水，东南流去，西北高山），经营资财雄厚，既可包含自然的真山真水，亦能开凿堆砌宛若天然的山峦湖泊等地形，并布局各类园居生活必需的景观建筑与工程构筑物，皇家园林总体布局气势宏伟，建筑装饰富丽堂皇，功能庞杂，听政、起居、看戏、拜佛等无所不包，甚至有的还设"市肆"，以便买卖。

4. 精雕细刻

颐和园前山中轴线上的建筑都采用了金色的琉璃瓦，在满山树木的映衬下显得愈加金碧辉煌。所有建筑的木构件都遍施彩绘，华丽至极。例如，佛香阁周围一圈是鲜红色的柱子，梁、舫之上绘满了和玺彩画，蓝色底子上的金龙栩栩如生。雀替、斗拱上也有着精美的图案，还用金线勾边。昆明湖东岸的十七孔桥则展现了颐和园精美的砖石雕刻，汉白玉栏板与望柱雕刻得十分细致，尤其是 128 根望柱上雕刻着 544 只神态端庄的石狮子，堪称艺术珍品。

（二）造景要素的处理

1. 轴线、对称和中心布局

皇家园林是坚定不移地走轴线与对称的道路。如颐和园，从后山的北宫门到风景中心的佛香阁，以及昆明湖的凤凰墩，是一条明显的轴线。采用轴线与对称的还有坤宁宫后面的御花园、慈宁宫花园、宁寿宫花园等。颐和园由宫殿区、前山区、万寿山区、后湖区、昆明湖区等几区组成，主要建筑群位于万寿山中轴线上，在靠近南面昆明湖的一侧，布局对称，体量庞大，成为全园中心。为取得和谐的呼应，沿着中轴线向南，直到昆明湖中小岛处，建有十七孔桥和八角亭，也采取较大体量。其余建筑体量都较小，这样做不仅强化了中轴线，更重要的是没有破坏自然本来的风貌，几乎完美地做到了自然与人工的和谐。一些建筑建在半山腰，其中统率全园景观布局的佛香阁楼身即高 37 米，连同高大的基座在内，从湖面算起竟高达 80 米。从佛香阁往下看，有很强的俯视效应，这就达到了"一览众山小"的效果，在中轴线上，建筑由高到低排列，进一步强化了中轴线和帝王的权威。

另外，中国皇家园林常常采用四合院的布局形式，对空间进行分割和围合。例如，颐和园的仁寿殿景区，按照四合院的形式设置东、西配殿，从而形成了一个封闭的院落。在这个院落中，面对着高大而华丽的仁寿殿，充满了威严与神秘。从院落西侧走出，一望无际的昆明湖便呈现在眼前，与院落中的气氛形成极大的对比，使人的心情豁然开朗，并由衷地赞叹自然的伟大与皇权的崇高。

2. 建筑设计

皇家园林的建筑为凸显"皇权至尊，天子威仪"的礼制思想，其布局多出于整体宏大气势的考虑，都为体量巨大的单体建筑和组合丰富的建筑群。"华丽"的建筑风格主要体现在建筑物外观的色相、装修以及内部的敷彩陈设上，给人一种雕龙画凤、富丽堂皇之感。例如，颐和园的主要建筑群——沿湖长廊，长 700 多米，共 273 间，碧柱朱栏，绚丽夺目，宛如一道彩虹，长廊梁、舫上共绘有8000 多幅山水人物花鸟苏式彩画，体现了皇家的气派，这是北方宫苑中少见的。中国皇家园林在对园中建筑进行精心布局设计的同时，还着意于建筑形象的造景作用，通过单体建筑的外在形象来体现皇家的气派。皇家园林建筑多为宫式，除了早期分布于黄河流域的部分皇家园林建筑外，大多用灰瓦卷棚顶，斗拱尺度和出檐深度较小，侧脚和梁、柱的比例加大，屋顶呈现平缓的曲线，墙体厚重，各种雕饰中图案严谨、体形粗壮，所有这些形成了皇家园林建筑庄重沉稳的形象特征。此外，皇家园林中还有众多的园林建筑小品，如牌楼、华表、石狮等，它们对园林建筑整体风格的形成起着补充作用。

中国皇家园林采用实墙厚景和高墙的形式，如北京皇城内园林，每座园林都有高高的城墙围护，承德避暑山庄也是如此。这样的围合是把墙当作安全的城墙来设计，体现了当时帝王具有神圣不可侵犯的统治地位这样的特点。中国皇家园林多采用砖、瓦、石等材料的拼花构成道路的图案。

3. 山水格局特点

中国皇家园林采用的山水风格，以山为主，以水为辅，讲究智水与仁山的结合。以仁为主，以智为辅也是中国人的道德观，所以园林中必有堆山，山体高大，以山上的主体建筑为视觉中心，以水中的小岛为构图中心，采用两心合一的方式。皇家园林中无论是堆山叠石还是理水造池，都在刻意追求一种磅礴的气势。"造湖"则浩荡辽阔、碧波万顷，垒山则绵延起伏、深厚饱满。中国园林叠石堆山，都是用土、石等为材料，仿自然界真山之脉络气势，加以艺术的提炼和夸张，做成峰峦丘壑、峭壁洞府。中国园林大多有山，只是有大小之别，皇家园林的山体量很大，往往以真山为背景，或将真山纳入园中。如颐和园以万寿山为背景，而避暑山庄则将真山纳入园内。

水是园林中最为活跃、最具魅力的造园元素之一，园林因水而生动，因水而活泼。园林水景有动、静之分，动如涌射的喷泉、飞流的瀑布、湍流的溪涧，或气势磅礴，或生动有趣；静如波光粼粼的湖水、幽潭静池，或平静明快，或深远迷离。园林水景还有大小之别，大如江河湖海，辽阔壮观；小如池潭溪瀑，小巧秀美。不同形式、不同大小的水体往往具有截然不同的艺术效果，所以设计中必须采用合适的形式、恰当的比例，因地制宜地创造出符合场地特征的水景。

颐和园善用原有山水，发扬了历代宫苑的优秀传统加以创造，构成自然山水与人工山水融合一体的山水宫苑，三山一池，苑中有园，宫殿取于规则，苑园取于自然，各景点依山而筑、依水而设。万寿山、南湖岛和玉泉山象征蓬莱、瀛洲和方丈，昆明湖象征太液池，以应东海仙境之说。更在东岸设铜牛，西岸立织女，佛香阁居高穿云，借以象征天汉。它是帝后们居住、游玩和处理政务的一座多功能的古代皇家宫苑，是中国山水宫苑的典范。颐和园水体景观的最大特色在于那些大大小小的桥，这些桥极大地丰富了水体景观。十七孔桥犹如长虹卧波，"细腰如带，弯环如许"的玉带桥倒映入水，桥和倒影一虚一实，又能诱人萌生"一道长虹上下圆"的浪漫遐想。还有荇桥、镜桥等梁式桥，由于桥的体量较大，桥身高而平坦，上面均建有亭榭，这里不但是凭空凌波欣赏水体景观的最佳处所，而且如果变换方位和视角，则又可见多姿多彩的亭榭和桥梁一起，倒影荡漾于碧波，令人真幻莫辨。

圆明园水景的创作既继承了我国传统理水的手法，又吸收了西方理水的形式，因而以水成趣。园内水面大、中、小相结合，且有聚有散，利用洲、岛、桥把全国划分成许多大小不一又各自独立的景点，大、中水面（如福海、后湖等）给人以尺度的亲切感，而众多的小水面又是水景的近观小品，并通过河渠将大小水面串联成一个完整的水系，形成全园的纽带，为游人驾舟游览提供方便。

4. 植物运用

在皇家园林中，大多采用高大的乔木，而且遍及奇花异卉。作为乔木的苍松翠柏是庄严、宁静、和谐的美的象征，而奇花异卉则是皇家富甲天下的象征。在植物种类上，多喜欢采用四季常青的植物和开花的植物，如岁寒三友和花中四君子。此外，对春之桃、夏之荷、秋之枫、冬之松，也有同样的喜好，这也是儒家思想的中庸之道的表现。在植物修剪上永远是自然形态的优美高于一切。

再以颐和园为例，颐和园是一座皇家园林，因此象征"长寿永固"的油松、白皮松、桧柏、侧柏等常绿树种在建筑周围得到了广泛应用，在仁寿殿前对植了侧柏，在乐寿堂、玉澜堂、宜芸馆前也分别有翠柏、桧柏和白皮松对植。佛香阁建筑群和须弥灵境建筑群周围也大量应用松柏植物，体现了皇家园林规整、庄重的布局风格。在常绿树的基调形成之后，各院落还根据各自的特点选用了不同的乔木和花灌木，如在慈禧居住的乐寿堂前两旁各种植三棵重瓣粉海棠、三棵玉兰，取"玉堂富贵"之意；在宜芸馆前对植了两棵梧桐，暗喻"凤栖梧桐"的思想等。作为颐和园景观布局的重点，万寿山以常青的松柏统一了整个山体，不但取"长寿永固、高风亮节"的喻意，而且在色彩对比关系上也颇具科学性，古松柏暗绿的色调在亮度上处于中性偏暗的层面，对人体刺激极小，具有阴柔温顺的性格美，与烟霞雾霭中的山峦呈明暗虚实的对比，增加了景深，丰富了画面的层次。在青松翠柏形成的绿色的海洋中也掩映着其他一些落叶树种，如槐、桑、元宝枫、栾树、紫薇、丁香、连翘、榆叶梅、金银木等，这些植物的点缀，使颐和园的前山增添了季相变化的美，也为整座园林增添了生机和灵气。在颐和园的前山，还分布着一些盆栽和地栽的珍贵园林植物，以清宫遗传的桂花、荷花、牡丹、玉兰、太平花最为著名。

5. 楹联碑刻

在皇家园林中无论是一般的赏景楹联，还是直抒胸怀的碑记，多为博大崇高、意境深远的内容。如故宫养心殿西门联：三岛春深云气暖，九霄地迥月明多。此联以神话中东海的蓬莱、方丈、瀛洲喻指帝王的宫苑，又以"九霄""地迥"来衬托皇家的气派。

颐和园十七孔桥上对联：虹卧石梁，岸引长风吹不断；波回兰桨，影翻明月照还空。上联写水上之桥，下联写桥下之水。石桥宛若卧在水上吹不断的彩虹，兰桨使水波回旋，划碎映于水面明亮清澈的月亮，"照还空"指桥的十七孔。联语描绘水波、明月，水天一色，使这座颐和园内最大的石桥富于神韵和气派。还有颐和园涵远堂处对联：西岭烟霞生袖底，东洲云海落樽前。此联描述了该堂的视野开阔，西山诸峰缭绕的烟霞似在袖底升起，东海瀛洲茫茫的云雾落到了酒杯之前。联语情景交融，气势磅礴，上下联中一西一东，一生一落，一底一前，虚实相应，想象天外，显得意境空灵超脱。

三、我国私家园林规划

与皇家园林相比，私家园林在园林的整体布局和构思选材上，都内敛了许多。相对于皇家园林的"壮观"，私家园林更"秀美"；相对于皇家园林布局上的"秩序"，私家园林更"自由"；相对于皇家园林的"华丽"，私家园林则显得"淡雅"。私家园林意境的主题是表现文人士大夫怡情自然山水、超脱世俗功名的情结，在这种思想指导下，私家园林更多的是追求一种山林野趣和朴实的自然美，习惯在有限的空间将景象无限地拓展和延伸。它们或临街而建，或枕水而居，在园中则是小桥流水、曲径通幽，有着千变万化的空间组合。建筑布局不求对称，而是依山就势，随水而曲。

（一）私家园林的基本特征

私家园林是为了满足官僚、地主、富商的生活享乐而建造的，使之虽居城市而又享受自然之美、山水之趣。私家园林由于经济力量和封建礼法的限制，一般规模不大，唯其小而又要体现大自然山水景观，就必须对大自然加以剪裁提炼，做典型性的概括，从而导引出造园艺术的写意创作方法。

1. 人造天成

水景和假山叠石分别代表自然界的水体与山丘，在园林中占重要地位。与山水构成自然界最根本的存在形态一样，园林景致也由山水景构成主体格局。山是园林的骨架，除少数大型苑囿常包入真山或引入山之余脉来造景外，造园家往往依据自然界中石的不同纹理，以不同的堆叠手法和尺度在园中分峰用石，以突出假山不同的气势和风格，如上海豫园的"玉玲珑"，苏州留园的"冠云峰"都给园林增色不少。

2. 重视花木栽培

中国园林的树木栽植，不仅为了绿化，更要具有画意。中国古代园林中的草树花卉，虽多为人工种养，按一定的审美理想对其艺术加工，但通过加工，草树花卉显得更加自然。以植物景观作为园林内的主题景象，在江南园林中非常常见，它不但可以衬托山石、建筑，还可以单独作为主题景象，如名木古树本身就是一幅很好的主题景象。

3. 注重景观的空间布局

园林中最重要的空间运用手法是借景，借景在私家园林中被运用到了极致，即突破园内自然条件的限制，充分利用周围环境的美景，使园内外景色融为一体，产生丰富的美感和深邃的意境。如苏州沧浪亭，园外有一湾河水，在面向河池的一侧不设围墙，而设有漏窗的复廊，外部水面开阔的景色通过漏窗而入园内，使沧浪亭园内空间顿觉扩大，游客在有限的空间中体味到了无限时空的韵味。

4. 曲折幽深

园林艺术的关键在于"景"。为了求得景的瞬息万变、意境幽深、引人入胜，中国古典园林在布局上无不极尽蜿蜒曲折之能事，无论是分景、障景、隔景，都是为了追求"曲"，使景致丰富深远，增添构图变化，以达到景越藏则意境越深的效果。曲折、含蓄又主要是通过园林各组成要素之间的虚实、疏密、藏露、起伏错落、曲直对比以及它们之间的巧妙结合来充分体现的。苏州网师园面积只有9亩，主景区围绕水池建有廊、亭、馆、榭等建筑，游廊嵌入水面的六角亭，被认为是苏州古典园林中以少胜多的典范。

（二）造园要素的处理

中国古代私家园林的造园特点，在现存的苏州园林中表现得淋漓尽致，其中沧浪亭和狮子林就是极其生动的佳例。

1. 建筑设计

私家园林在建筑的外观上讲究线条的曲折、流畅、轻盈，结构上一般用穿斗式或穿斗式与台梁式的混合结构，建筑的外墙一般较薄。厅堂内部根据使用功能的不同，用隔扇、屏风等自由分隔，而厅堂顶部的天花都做成各种形式的"轩"，秀美而富于变化。房屋外部的木构部分用褐、墨等颜色与白墙灰瓦相结合，色彩淡雅宁静，给人以空灵、飘逸的感觉，极易与自然的山水相协调。园林建筑主要有厅、堂、楼、阁、亭、台、榭、舫、廊、桥、斋、轩以及建筑小品等，类型多样，形态各异。私家园林建筑在布局和造型上因地制宜，与周围的山、水、花木相协调，追求自然情趣，避免对称分布、规整呆板的形式，采用灵活多变的手法，创造出了一个层次丰富、风格独特的空间环境。厅、堂、楼、阁是园林中的主体建筑或造景中心，常布局在园林中较显要的位置。亭、台、榭、舫在园林中是观景、点景建筑，尤其是造型优美、别致的亭子在园林景观中起到画龙点睛的作用，与周围景物共同构成一幅幅优美的风景画，它们大都因地制宜，或临水而建，或倚墙而立，或建于山上林间，造型多姿多彩，色彩古朴典雅，别有一番情趣。廊、桥不仅本身构成园林景观，同时还有引景的作用。

苏州网师园以园内布局紧凑、建筑精巧和空间尺度比例协调而著称，1982年定为全国重点文物保护单位。园在住宅的西侧，中部凿大池，面积约半亩，池岸西北、东南两隅，各有水湾一处，曲折深奥，有渊源不尽之感。沿池布置石矶、假山、花木和亭榭，黄石假山"云岗"体量不大，但位置和造型得体。由于池岸低矮，临池建筑接近水面，所置山石、花木也不高大，使水面显得开阔。池南主厅小山丛桂轩位于峰石木樨间，有廊向左通往住宅的轿厅，向右到达西侧的亭榭。濯缨水阁和池北的竹外一枝轩隔水相望，东侧的射鸭廊和西侧的月到风来亭遥遥相对。这些建筑形体各殊，装修精丽，其倒影又与天光浮云交映于碧波之中，增添了园中秀丽景色。

2. 私家园林的叠山理水

私家园林十分注重造园和绘画的结合，在造园的过程中借鉴山水画的创作手法和理念，进行相应的叠山理水、建筑经营、花草配置，使得园林里的假山具有真山真水的姿态，达到逼近自然的直观效果。

堆山叠石要有"真实"感，所谓假山，其实不假，其气质甚至胜出真山。假山造型以及轮廓线须有变化，变化中又须求得均衡，假山仿真山，需得其气质，不是做真山的模型。真山之美，在于巍峨雄健与险峻挺拔，而假山虽小，但其姿态气质不亚于真山之雄伟和奇险。因而假山造景还要舍取，假山不可能和真山一样大小，只能通过取舍，利用有气势的假山造势，取得真山之美。"残粒园"就是一个典型的例子。"山不在高，贵有层次"，堆山叠石要有层次和虚实感。层次、虚实感的关键之处是峰峦要有立体布局，好的布局才能产生前后掩映的效果，如苏州环秀山庄的假山虚实相生，颇有层次；著名的狮子林气势雄伟，山峰峭拔，洞壑幽深，苍岩壁立，俨如真山。总之，苏州私家园林堆山叠石讲究结构简单，以少胜多、以简胜繁，最终真正达到"虽由人作，宛自天开"的艺术境界。

水是中国园林的重要组成部分，水景能使园林充满活力，增添情趣。理水就是经人工挖地造池，加以艺术改造，从而再现河湖、泉瀑、溪涧等自然水景。私家园林水体处理讲究曲折多变、动静结合，水面处理讲究"大分小聚，水有源头"，小水面宜聚，可增加水面辽阔感，大水面宜分，可增加水面曲折深邃感。园中之水要活，所谓园林活水，是指自然之水，也是所谓意象中的江河湖泊之水，要做到有源有流。园中水的空间，也贵在层次。园林中的水面，应当作为"空间"来看待。通过造桥或筑堤可以分隔水面，使水面更有层次感，而且处理得更为含蓄。如苏州拙政园的松风亭，水池之前有"小飞虹"，即廊桥，将水面分隔，更有空间层次感，透过廊桥，外面景致虚虚实实，可谓园林之空间艺术了。

3. 植物配置

私家园林中植物的选取配置就如同其整个园林的风格——清新雅致。其园中的植物以单体欣赏为主，有别于皇家园林中的群植或成林布置。一般对于那些象征风雅的植物，如松、竹、梅、莲等情有独钟，即使是那些难登大雅之堂的青草和苔藓在园中也得到了很好的利用，正如刘禹锡撰文所写的"苔痕上阶绿，草色入帘青"。如拙政园，它以"林木绝胜"著称，数百年来一脉相承，沿袭不衰。早期王氏拙政园三十一景中，2/3 景观取自植物题材，如桃花片、竹涧、丛桂、垂柳等。每至春日，山茶如火，玉兰如雪；夏日之荷，叶碧花红；秋日之木芙蓉，如锦帐重叠；冬日老梅偃仰屈曲，独傲冰霜。至今，拙政园仍然保持了以植物景观取胜的传统，荷花、山茶、杜鹃为著名的三大特色花卉。仅中部二十三处景观，百分之八十是以植物为主景的景观，如远香堂、荷风四面亭的荷，倚玉轩、玲珑馆的竹，待霜亭的桔，听雨轩的竹、荷、芭蕉，玉兰堂的玉兰，雪香云蔚亭的梅，听松风处的松，以及海棠春坞的海棠，柳荫路曲的柳，枇杷园、嘉实亭的枇杷，得真亭的松、竹、柏等。

在私家园林中植物的配置多和建筑结合起来，盘踞山巅的建筑周围多种植较为高大的树木，但以不遮挡建筑为佳，或周围绕种树林，以避免形成孤立之势，如留园西部的舒啸亭，墙面与植物配置，如南方的枫木，到了秋天颜色会变深，与灰屋粉墙相配，清新可人，打破了墙面的单调，绿意盎然，如拙政园的枇杷园墙上的络石、怡园沧浪亭旁边的凌霄。画家吴冠中曾以抽象美术的角度对爬山虎做过一段描述，"苏州留园有布满三面墙壁的巨大爬山虎，当早春尚未发叶时，看那茎枝纵横伸展，线纹沉浮如游龙，野趣惑人，真是大自然难得的艺术创造"。

4. 楹联碑刻

楹联碑刻是中国园林的一大特色。它可使文景有意、画景有情，在造园中起润饰景色、提示意境的作用。私家园林中的楹联碑刻内容则多表现为简洁淡薄、风韵清新。不管是直抒胸臆，还是含蓄藏典，游人都能从中领悟到景致的意境，如扬州瘦西湖的二十四桥联。园林中楹联碑刻的内容在秉承了各自造园艺术的同时，使园林的意境也得到了升华。

匾额楹联反映了造园历史和造园设景的文学渊源，具有很高的审美价值。从古到今，大量的题咏记载了苏州古典园林，这些匾额楹联大都出自历代文人学者，由著名书法家书写镌刻而成，因此不仅具有文学性，而且又是珍贵的艺术品。沧浪亭石刻楹联：清风明月本无价，近水远山皆有情。此联上联出自欧阳修《沧浪亭》诗，下联出自苏舜钦《过苏州》诗。上联咏景，同时又暗寓园史，妙和了苏舜钦以四万钱购园史实；下联使山水人情化，寄情于自然山水间。联句情景交融，浑如己出。拙政园中部的主体建筑远香堂的对联：衣绹韫糈多风雅，研几精严见性情。此联含蓄地表达了文人含蓄宽容之意。

四、我国寺观园林规划

寺观园林狭义上仅指方丈之地，广义上则泛指整个宗教圣地，实际范围包括寺观周围的自然环境，是寺庙建筑、宗教景物、人工山水和天然山水的综合体。我们现在所指的寺观园林一般是指宗教崇拜场所的附属园林，也包括带有神话色彩的特殊历史名人（如黄帝、大禹、孔子等）的纪念性祠堂的花园。在中国，祠堂也称为"家庙"，专为德高望重的长者所设，旨在延续祖宗香火和弘扬传统文化。寺观园林的布局比较严谨，强调中轴线，常采用对称和自然相结合的手法。佛道寺庙可供皇帝行礼致祭，因此寺庙建筑金碧辉煌，装饰华丽。殿堂之庭，栽植松、柏、竹等常青树木，因借地形，使山水树木自然交织，而寺观则隐映在丛林绿水之中。寺观不仅是信徒们朝山进香的圣地，而且逐步成为一般群众游览山水和玩乐的胜地。

寺观园林在中国园林家族中是一个庞大的分支，论其数量，它比皇家园林和私家园林的总和多百倍；论其特色，它具有一系列皇家园林和私家园林难以具备的特长；论其选址，它突破了皇家园林和私家园林在分布上的局限，可以广布在自然环境优越的名山胜地，正如宋代赵抃诗句所说："可惜湖山天下好，十分风景属僧家。"亦如俗谚所说："天下名胜寺占多。"论其优势，自然景色的优美，环境景观的独特，天然景观与人工景观的高度融合，内部园林气氛与外部园林环境的有机结合，都是皇家园林和私家园林所望尘莫及的。

（一）寺观园林的基本特征

1. 选址自由和构景素材丰富

皇家园林和私家园林为所依附的宫殿、府邸牵制，分布和选址受到局限，除少数占有较好的景观条件外，多数需以人工造景为主要景观。寺观随宗教的传播，遍迹四方，选址灵活自由，它可以散布在广阔的区域，使寺庙有条件挑选自然环境优越的名山胜地，"僧占名山"成为中国佛教史上有规律性的现象。不同特色的风景地貌，给寺庙园林提供了不同特征的构景素材和环境意蕴。寺庙园林的营造十分注重因地制宜，扬长避短，善于根据寺庙所处的地貌环境，利用山岩、洞穴、溪涧、深潭、清泉、奇石、丛林、古树等自然景貌要素，通过亭、廊、桥、坊、堂、阁、佛塔、经幢、山门、院墙、摩崖造像、碑石题刻等的组合、点缀，创造出富有天然情趣、带有或浓或淡宗教意味的园林景观。

2. 具有较大的空间容量

由于寺观园林是公共游览场所，香客信徒、文人墨客纷纷云集，尤其在进香拜佛的季节，游人摩肩接踵，更要求有较大的活动空间。所以寺观园林的空间容量远比私家小园的容量大得多。私家园林占地少，一般是几亩、几十亩，现存最大的私家园林拙政园也不过七八十亩。寺观园林用地虽因寺院大小而差异悬殊，但借助自然山势、林泉环境，往往都大大地超过了私家园林，再加上山林水泽、云崖险峰的空旷浩渺，更显得其环境空间容量巨大。如武当山、普陀山、五台山、九华山等宗教圣地，空间容量大，视野广阔，具备了深远、丰富的景观和空间层次，以致近能观眺尺于目下，远借百里于眼前，形成了远近、大小、高低、动静、明暗等强烈对比的主体化的环境空间，往往能容纳大量的香客和游客。

3. 具有历史和文化内涵

寺庙园林大多保留有较珍贵的宗教文物和其他艺术品，具有很高的欣赏价值。一些著名大型园林往往历经若干世纪的持续开发，不断地扩充规模，美化景观，积累着宗教古迹，题刻下历代文人、名僧的吟诵、品评。自然景观与人文景观相互交织，使寺观园林蕴涵了极大的历史和文化价值。昆明曹溪寺的"三绝碑"、昆明昙华寺方丈室内朱德撰写的赠送给映空方丈的诗文碑、昆明西郊玉案山笨竹寺中的五百罗汉雕塑就不失为珍贵的人文景观。此外，诸如山西五台佛光寺大殿这样的建筑本身就是带有历史沉淀的文物古迹。

4. 具有灵活多变的布局和多种多样的格调

寺庙园林主要依赖自然景貌构景，在造园上积累了丰富的处理建筑与自然环境关系的设计手法。传统的寺庙园林特别擅长把握建筑的"人工"与自然的"天趣"的融合。为了满足香客和游客的游览需要，在寺庙周围的自然环境中，以园林构景手段，改变自然环境空间的散乱无章状态，加工剪辑自然景观，使环境空间上升为园林空间。例如，善于顺应地形立基架屋；善于因山就势重叠构筑；善于控制建筑尺度，掌握合宜体量；善于运用质朴的材料、素净的色彩，造就素雅的建筑格调；善于运用园林建筑小品，对景象进行组织剪辑，深化景观意蕴等。这就使得寺观园林在布局、规模、格调上迥然各异。

（二）造园要素的处理

在建筑单体营造上，古代的寺观园林多是就地取材，利用当地民间建筑的传统处理手法，既满足了宗教活动的要求，又具有浓厚的乡土气息和地方色彩。在细节处理手法上，善于控制建筑尺度，掌握适宜的体量，用质朴的材料、素净的色彩，表现出不同于其他园林建筑类型的素雅气氛，同时善于运用有特色的园林建筑小品来深化景观意蕴。

在植物造景上，树种选择注重因地制宜，采用多单元、多层次的构图手法。一般说来，主要殿堂的庭院多栽植松、柏、银杏、榕树、七叶树等姿态挺拔、虬枝骨干、叶茂荫浓的乔木；次要殿堂及生活用房多为富有诗情画意的四季花木，如丁香、金银花、紫薇、牡丹、南天竹等，也少有乔木孤植于门口；塔院周边的植物常以龙柏、七叶树、香樟、松树为基调，适当点缀花灌木；小庭院内山石叠嶂，池、桥、亭、树木形成一个幽静的庭院空间。北京潭柘寺庭院内古木参天，绿荫覆地，三圣殿前左侧有银杏一株，称"帝王树"，相传为辽代种植，已近千年，至今仍枝叶茂密。戒台寺院内遍植丁香、牡丹，葱郁的古松古柏，加上古塔古碑，山花流泉，显得格外清幽。寺中著名的树木有"自在松"、"卧龙松"、"九龙松"和罕见的"活动松"，乾隆皇帝在此还留下了一座"题活动松诗"的石碑。北京还流传着"潭柘以泉胜，戒台以松名"的说法。

　　寺庙总体组群一般包括宗教活动部分、生活供应部分、前导部分和园林游览部分。宗教活动部分由供奉偶像、举行宗教仪礼的殿堂、塔、阁组成。通常多占据寺庙的显要部位，采用四合院或廊院格局，以对称规整、封闭静态的空间表现宗教的庄重气氛。布局上大多与寺庙的园林部分隔离，有时也采用空廊、漏花墙，让园林景色渗透进来。在地段紧迫、地形陡变处，往往突破庭院式格局，随山势散点布置，融入自然环境。这样，宗教建筑自身也成了景观建筑，与园林游览部分融成一体。生活供应部分，除方丈、僧房、斋堂、厨房等外，还设有供香客、游人住宿的客房，大型寺观的生活用房有的达到千间以上。这些方丈、客房，大多隐于僻静的部位，带有尺度宜人的小院，院内开凿小池，放置山石、盆景，构成与寺外园林异趣的庭园小天地。前导香道既是寺庙的主要交通路线，也是寺庙园林游览的序幕景观。最典型的就是宁波天童寺前有二十里松树作为前导，灵隐寺前也有六七里的云松，在宗教意义上成了从"尘世"通向"净土"、"仙界"的情绪酝酿阶梯，常常结合丛林、溪流、山道的自然特色，精心选定路线，点缀山门、山亭、牌坊、小桥、放生池、摩崖造像、碑石题刻等，起着铺垫、渲染宗教气氛，激发、增强游人兴致，将人逐步引入宗教天地和景观佳境的过渡作用。如乐山凌云寺位于三江交汇的凌云峰上，前山绝壁临江，风景壮美，寺的香道不取后山平缓的山路，而是在前山绝壁上凿出，再点缀以建筑小品，充分借取，突出了自然山水的绝妙处，构成了起伏变化。在香道始点，有雄起的"凌云山楼"，穿过山楼门洞进入前山香道，先是一段狭窄的空间，石阶两旁，悬崖和高墙形成半封闭形态，然后到人工砌筑的"龙湫"崖洞，空间更加收敛，再往前去，视线豁然开朗，一侧悬崖上刻有"回头是岸"，另一侧崖下是无际的江水，空间十分开敞。远处峨眉群峰朦胧天际，气势十分壮观，又经过一段山崖林木相夹的半封闭状的空间，便是"龙潭"景点，这是人工开凿的峡口，崖上水帘飞下，另一边是绝壁临江，风格奇丽。"龙潭"过后便来到"耳生目色"之处，由此转过山路，经过突出于悬崖上的弥勒殿，转至"雨花台"，前面在高崖陡壁相夹的收束空间中现出了凌云寺山门。乐山凌云寺就是这样利用香道，组织了一个有声有色、变化生动的景观序列。

　　特殊的地理景观是多数寺庙园林所具有的突出优势，不同特色的风景地貌，给寺庙园林提供了不同特征的构景素材和环境意蕴。如苏州的寒山寺、成都的武侯祠等，多是圈围在院墙内部、模仿自然的山水园，布局的方式和手法类同私家园林。位处山林环境的寺观，如杭州的灵隐寺、乐山的凌云寺、福州鼓山的涌泉寺、灌县青城山的天师洞、峨眉山的清音阁等，则突破模仿自然的山水园的格局，而着力于寺院内外天然景观的开发，通过少量景观建筑、宗教景物的穿插、点缀和游览路线的剪辑、连接，构成环绕寺院周围、贯连寺院内外的风景园式的格局。由于寺庙多位处山林，因此这类格局是寺庙园林布局的主流。

寺观园林的发展受文化思想的影响，具有较稳定的连续性，与私家园林在造景上没有多大区别，并不直接表现多少宗教意味和显示宗教特点，而是受到时代美学思潮的浸润，更多地追求人间的赏心悦目、畅情抒怀，具有开放性和群众性的独特个性。

第三节　中西城市园林景观规划比较

一、西方城市园林景观规划

（一）西方园林规划的发展历程

世界上最早的园林可以追溯到公元前 16 世纪的埃及，从古代墓画中可以看到祭祀大臣的宅院采取方直的规划，规划的水槽和蒸汽的栽植。西亚的亚述确猎苑，后来变成游乐的林园。波斯庭园的布局多以位于十字形道路交叉点上的水池为中心，这一手法被阿拉伯人继承下来，成为伊斯兰园林的传统，流布于北非、西班牙、印度，传入意大利后，演变成各种水法，成为欧洲园林的重要内容。

古希腊通过波斯学到西亚的造园艺术，发展成为住宅内布局规则方整的柱廊园。古罗马继承希腊庭园艺术和亚述林园的布局特点，发展了山庄园林。欧洲中世纪时期，封建领主的城堡和教会的修道院中建有庭园，修道院中的园地同建筑功能相结合，如在教士住宅的柱廊环绕的方庭中种植花卉，在医院前辟设药圃，在食堂厨房前辟设菜圃，此外还有果园、鱼池和游憩的园地等。如今，英国等欧洲国家的一些校园中还保存这种传统。13 世纪末，罗马出版了克里申吉著的《田园考》，书中有关于王侯贵族庭园和花木布置的描写。

在文艺复兴时期，意大利的佛罗伦萨、罗马、威尼斯等地建造了许多别墅园林。以别墅为主体，利用意大利的丘陵地形，开辟成整齐的台地，逐层配置灌木，并把它修剪成图案形的植坛，顺山势运用各种水法，如流泉、瀑布、喷泉等，外围是树木茂密的林园，这种园林通称为意大利台地园。台地园在地形整理、植物修剪艺术和水法技术方面都有很高的成就。法国继承和发展了意大利的造园艺术。1638 年，法国布阿依索写成西方最早的园林专著《论造园艺术》。他认为，"如果不加以条理化和安排整齐，那么人们所能找到的最完美的东西都是有缺陷的"。17 世纪下半叶，法国造园家勒诺特尔提出要"强迫自然接受匀称的法则"。他主持设计凡尔赛宫苑，根据法国这一地区地势平坦的特点，开辟大片草坪、花坛、河渠，创造了宏伟华丽的园林风格，被称为勒诺特尔风格，各国竞相仿效。

18 世纪欧洲文学艺术领域中兴起浪漫主义运动，在这种思潮的影响下，英国开始欣赏纯自然之美，重新恢复传统的草地、树丛，于是产生了自然风景园。英国申斯诵的《造园艺术断想》，首次使用风景造园学一词，倡导营建自然风景园。初期的自然风景园林创作者中较著名的有布里奇曼、肯特、布朗等，但当时对自然美的特点还缺乏完整的认识。18 世纪中叶，钱伯斯从中国回英国后撰文介绍中国园林，他主张引入中国的建筑小品，他的著作在欧洲，尤其在法国颇有影响。18 世纪末英国造园家雷普顿认为自然风景园不应任其自然，而要加工，以充分显示自然的美而隐藏它的缺陷。他并不完全排斥规则布局形式，在建筑与庭园相接地带也使用行列栽植的树木，并利用当时从美洲、东亚等地引进的花卉丰富园林色彩，把英国自然风景园林推进了一步。

（二）西方园林规划的特征

西方园林景观以开阔、规则、整齐为美。西方的古典园林景观大都是沿中轴线对称展现，宽阔的中央大道，其间必有华丽雕塑的喷泉水池，修剪成几何形体的绿篱，大片开阔平坦的或有造型的人工草坪，树木成行列栽植，其造型设计都是人工几何形体。全园景观是一幅人工图案装饰画，西方古典园林的创作主导思想是以人为自然界的中心，大自然必须按照人的头脑中的想象来进行改造。以中轴对称规则形式体现出超越自然的人类征服力量，人造的几何规则景观超越于一切自然。西方园林那种轴线对称、均衡的布局，精美的几何图案构图，强烈的韵律节奏感都明显地体现出对视觉美的追求。西方园林主从分明，重点突出，各部分关系明确，边界和空间范围明朗，空间序列层次分明，给人以秩序井然和清晰明朗之感，主要原因是西方园林追求形式美、视觉美。西方人擅长逻辑思维，对事物习惯于用分析的方法揭示其本质，这种社会意识文化形态影响了人们的审美习惯和观念，也深深影响到园林的设计。我们从以下几个方面介绍西方园林景观的营造：

1. 建筑

西方古典园林中的园林建筑取法于西方古典建筑，它把各种不同功能用途的房间都集中在一幢砖石结构的建筑物内，所追求的是一种内部空间的构成美和外部形体的雕塑美。由于建筑体积庞大，因此很重视其立面实体的分划和处理，从而形成一整套立面构图的美学原则。建筑物的尺度、体量、形象并不去适应人们实际活动的需要，而着重在于强调建筑实体的气氛，建筑与雕塑连为一体，追求一种雕塑性的美，其建筑艺术加工的重点也自然地集中到了目力所及的外表及装饰艺术上。

2. 植物配置

西方园林的树木和花卉都是规则式或行列式种植，灌木都修剪成几何形如球形、半球形、棱柱形、圆锥形等，种植的植物群体或园艺群落往往由单一的或有限的几何植物构成，大面积的草坪为频繁运用的表现手法。行道树的树冠都被剪成几何形体，规则式的植物景观具有庄严、肃穆的气氛，常给人以雄伟的气魄感。花卉在西方园林中也被大量应用，但表现的不是花卉本身的自然美，而是与黄杨等一起作为编排图案的材料，展现一种图案美。

3. 置石

西方的古典园林以法国园林为代表，多为规则式，并以突出建筑为主，而建筑材料大多都是石质的。建筑与雕塑连为一体，追求一种雕塑性的美，凡是石头都经过加工，不管是做房子的石头还是做雕像的石头。现在西方的园林中仍旧延续了这一特点。欧洲的园林常在树丛中或是有一个希腊式的石头房子，或有几根石头柱子。因此，我们可以认为在西方园林中，石材大多用于建筑和做柱子，或者做雕塑。建筑又构成了西方园林的主体，其他的造园要素都要服从于主体，如在西方园林中对植物的布置和修剪，可见石材的运用在西方造园中的重要地位和作用。

4. 理水

西方的地理形态大多是平原，大量的修筑水渠灌溉农田成了当地的自然风景，大面积的农田和直线型的水渠纵横交错，成为西方独特旷远的自然风景。基于这样的自然环境，西方园林的构成方式大多以直线为主要构图要素。因此这种造园手法，实际也是对自然的一种模拟，而形成于其间的水景，更接近于西方农业风光中的水渠。直线型的构图形式加上轴线的对称处理，形成了西方独有的设计方法，在对水的处理上一般都是采用豪放的大手笔，有规整的几何分割以及明显的人工处理形式。

例如，法国的凡尔赛宫园林，它几乎是世界上最大的宫廷园林，花园占地6.7公顷，纵轴长 3 千米，园内道路、树木、水池、亭台、花圃、喷泉等均呈几何图形，有统一的主轴、次轴、对景，构筑整齐，透溢出浓厚的人工修凿的痕迹，园中道路宽敞，绿树成荫，草坪树木都修剪得整整齐齐；喷泉随处可见，雕塑比比皆是，且多为美丽神话或传说的描写。凡尔赛宫建在坡上，雄伟奇丽，布局和谐，正宫南北走向，两端与南宫和北宫衔接，形成对称的几何图案。宫殿外观宏伟壮丽，内部陈设和装饰则更富有艺术魅力，500多间大小殿堂处处金碧辉煌，豪华盖世。装饰以雕刻、巨幅油画和挂毯为主，配置造型精巧、工艺绝佳的家具。宫中500多间大厅外壁上端刻有许多大理石人物雕像，造型优美，宫殿内部装潢考究，墙壁与柱子都用各色大理石再镶金嵌玉制成。天花板用金漆彩绘，加上各种装饰用的贝壳、花饰和错综复杂的曲线，都给人以豪华奢靡、富丽奇巧之感。

凡尔赛花园以强烈的轴线构图、广阔的草坪、大面积的树林和花木、无所不在的雕塑和喷泉，最主要的是气势磅礴的水面，显示了它在法国园林史上更为重要的地位。其中宏大的人工水景，在艺术上获得了无与伦比的美学效果。它由人工运河、瑞士湖和大小特里亚农宫组成，是法国式园林的经典之作。园中古树参天，各式花坛也错落有致，衬托出亭亭玉立的女神雕像，凡尔赛园林最显著的特色是喷泉瀑布。花园中所有的道路都是严格的几何形，并且分级对称，有统一的主轴和次轴。从建筑者意图看，这种严谨、理性的园林，既是一种园林艺术的新创意，使自然状态的植物人为地更具审美情趣，又是一种体现国王权力的园林设计。

二、中西园林景观规划的差异

从法国凡尔赛宫园林的景观规划来看，中西园林由于历史背景和文化传统的不同而风格迥异、各具特色。尽管中国园林有皇家园林和私家园林之分，且呈现出诸多差异，但概括地说中国园林一直沿着"崇尚自然"的道路不断发展、完善，最终形成了自然写意山水园的独特风格，其特点是本于自然而又高于自然，能把人工美与自然美巧妙地结合起来，从而做到"虽由人做，宛若天开"，体现了人与自然的和谐。西方园林因历史发展不同阶段而有古代、中世纪、文艺复兴等不同风格，尽管其风格多变，但总体特点是整齐一律，均衡对称，具有明确的轴线引导，讲究几何图案的组织，崇尚理性主义，表现了以人为本、以人力胜于自然的思想理念。中西园林景观规划的差异性主要表现在以下两方面：

（一）人工美与自然美

中西园林从形式上看差异非常明显，西方园林所体现的是人工美，不仅布局对称、规则、严谨，就连花草都修剪得很整齐，呈现出一种几何图案美，从现象上看西方造园主要是立足于用人工方法改变其自然状态。中国园林则完全不同，山环水抱，曲折蜿蜒，不仅花草树木任自然之原貌，即使人工建筑也尽量顺应自然而参差错落，力求与自然融合。

在西方的美学著作中虽也提到自然美，但只是把它当成美的一种素材。它们认为自然美本身是有缺陷的，不经过人工的改造，便达不到完美。既然自然美是必然存在缺陷的，而园林是人工创造的，那么它理应按照人的意志需要加以改造，才能达到完美的境地。中国人对自然美却是另一种完全不同的看法和态度。中国人主要是寻求自然界中能与人的审美相契合并能引起共鸣的某些方面。中国园林并不是简单地再现或模仿自然，而是在领悟自然美的基础上加以萃取、抽象、概括、典型化，从而顺应自然并更加深刻地表现自然。中国人的审美观不是按人的理念去改变自然，而是强调人与自然之间的情感契合，因此西方造园的美学思想是人化自然，而中国则是自然拟人化。

（二）形式美与意境美

由于对自然美的态度不同，反映在造园艺术上的追求及侧重点便有所不同。西方造园虽不乏诗意，但刻意追求的却是形式美；中国造园虽也重视形式，但倾心追求的却是意境美。西方人认为自然美有缺陷，为了克服这种缺陷而达到完美的境地，必须凭借某种理念去提升自然美，从而达到艺术美的高度，也就是一种形式美。中国造园注重"景"和"情"，其衡量的标准则要看能否借它来触发人的情思，从而具有诗情画意般的环境氛围，即"意境"。这显然不同于西方造园追求的形式美，这种差异主要是由于中外造园的文化背景不同。一个好的园林，无论是中国的或西方的，都必然会令人赏心悦目，但由于侧重不同，西方园林给我们的感觉是悦目，而中国园林则意在赏心。中国造园尤其是私家园林走的是自然山水的路子，所追求的是诗画一样的境界。如果说它也十分注重于造景，那么它的素材、原型、源泉、灵感等就只能到大自然中去发掘，越是符合自然天性的东西便包含越丰富的意蕴，布局千变万化，正所谓"造园无成法"。甚至许多景观却有意识地藏而不露，"曲径通幽处，禅房花木深"、"山重水复疑无路，柳暗花明又一村"、"峰回路转，有亭翼然"，这都是极富诗意的境界。中西相比，西方园林则主从分明，重点突出，各部分关系肯定、明确，边界和空间范围一目了然，空间序列段落分明，给人以秩序井然和清晰明确的印象。

西方人擅长逻辑思维，对事物习惯于用分析的方法来揭示其本质，这种社会意识形态大大影响了人们的审美习惯和观念。尤其是在王公贵族的园林中，会经常宴请宾客、开舞会、演戏剧，从而使园林变成了一个人来人往、熙熙攘攘、热闹非凡的露天广场。帝王、士大夫羡慕神仙生活的传说对中国古代的园林有着深远的影响，在营建园林时，总是开池筑岛，并命名为蓬莱、方丈、瀛洲以象征东海仙山，从此便形成一种"一池三山"的模式。与西方不同，中国古典园林是产生在中国文化的肥田沃土之中，并深受绘画、诗词和文学的影响。中国园林从一开始便带有诗情画意的浓厚感情色彩。中国画，尤其是山水画对中国园林的影响最为直接和深刻。

三、西方园林景观规划的经验借鉴

中国造园艺术确实具有迷人的魅力，不论是谁，只要身临其境大都会为其所感染，但有些西方的造园思想仍值得我们借鉴。

（一）以人为本的景观基点

芬兰与德国自然的湖畔游园，法国恢宏的凡尔赛宫，都是那种能够让全世界的游人感受到美和感动的地方，它们都是以人为本，以人的身体与心理感受为创作基点来进行景观布局的。西方尽管是以理性与科学主义为主导的大陆，但各个城市与景观中却不乏细腻的关心人和体贴人的细节与小品，其线脚是细腻而精美的，同样这里的广场座凳与环型台阶也是舒适的。广场的空间尺度多数是为人考虑的，除了中心部分作为市政与政府设施外，多数的广场都符合人性化的空间模数，所以看上去周围的建筑都是那么的和谐而自然，这是理性基础上的人文关怀。意大利的台地园更是如此，每个庄园都设计的仿佛是自然中的客厅一样充满人情味，人们在这里起居过活看风景，让人感觉"城在林中，林在城中"，到处都是与生活息息相关的设施与便利器皿。我国园林景观关键一点就是缺乏对人性的终极关怀，缺乏来自生活、来自大众的心理感受与景观体验。对人性的关怀本身就是一种动人的景观现象，我们对人性化的理解还只停留在饱暖的层次，只停留在"先建成，拥有了再说"的层次上，而对进一步如何享受自然、享受美好的空间与景观则考虑得太少，我们追求了很多种的华丽风格，却缺乏人文的关怀。

（二）设计时注意细节的丰富

德国建筑大师密斯曾经说过："在细部中可以发现深的存在。"西方尤其在德国的园林规划中，从大块面积空间到园林小品，从水池到花草的种植，从座椅到栏杆、扶手，从铺地拼缝到花坛边缘，处处都体现这种倾向。如慕尼黑内阁花园的中心水池，细部设计非常精良，白、红、绿、灰不同色彩的条状铺装为水池带来绚丽的气氛。另外设计时要充分考虑该园林所处的地域文化背景、居民行为模式，注重地域文化的设计理念。

随着中西文化的不断交流，寻求文化上的融合是势不可当的，中西园林文化的重建、发展，应是园林背后的文化意识、观念的重建。首先应基于各自合理内核的一面，然后针对不足相互汲取对方有价值的一面。具体来说，就中国文化而言，重视社会、道德的合理性，摒弃个体的软弱性，汲取西方文化重视个体独创性、科学性的合理内核，摒弃个体的封闭、隔绝性。只有这样，中国园林创作才可能深入，才有可能在新的时期呈现出新的风采。

中国园林独具东方神韵的园林设计方式，曾深刻影响了欧洲的造园艺术，同时西方理性、写实的造园艺术也影响了我国现代园林的设计理念。不论是中国园林艺术还是西方园林艺术，它们都是人类文化的重要组成部分，体现着世界的文明与进步，传承了人类文化精华。现代园林的全球化实际上就是东西方园林思想与技巧的高度融合，园林设计既可以遵从东方的方法，也可以借鉴西方的表现形式，两者都不冲突。对古今中外的造园史、造园艺术以及它们的历史文化背景进行探讨，继承传统，吸取精华，取西方之长，补现代中国园林之短，融中国文化思想内涵与西方现代观念，创造有特色的中国现代园林。

第四节　现代城市园林景观规划

一、现代城市公园规划

现代城市公园是现代城市公共空间的集中体现和核心，是城市户外公共活动空间的主要类型，是由政府、公共团体或者市民建设，由公园管理人负责管理，有一定的规模，是对公众开放的城市户外公共活动空间。公园包括综合公园、专类公园、带状公园、街旁游园和风景名胜公园等。现代城市公园是为现代城市居民提供的有一定使用功能的一种自然化的游憩生活境域，它不仅是居民主要的休闲游憩活动场所，也是市民文化的传播场所。

（一）城市公园分类系统

目前世界各国对城市公园还没有形成统一的分类系统，许多国家根据本国国情确定了自己的分类系统，下面介绍一些国家的分类系统。

1. 美国城市公园分类系统

美国的公园系统是在 19 世纪城市公园运动中逐步建立起来的，到 20 世纪已经被大多数的美国城市所采用。美国的城市公园系统的布局重视其功能的发挥，根据基本功能和建设目的，大致分为环境保护型、防灾型、开发引导型、地域型四种类型，然后在四个子系统中又有以下的分类：①儿童公园；②近邻娱乐公园；③运动公园（包括运动场、田径场、高尔夫球场、海滨、游泳池等）；④教育公园；⑤广场公园；⑥市区小公园；⑦风景眺望公园；⑧水滨公园；⑨综合公园；⑩林荫大道与城市道路；⑪保留地。美国城市公园系统的系统性比较强，公园建设与城市化同步进行，公园建设的体系框架比较完善。

2. 日本城市公园分类系统

日本的绿地环境颇具特色，在世界上是以高达 67% 的森林覆盖率而闻名。其都市公园绿地规划特别是近代公园绿地计划体系作为城市绿地总体规划中重要的组成部分，经过多年的努力实践，完善了计划，合理地保障了公园绿地游憩、景观、生态、避灾四大核心功能效应作用得以发挥。日本的城市公园绿地计划经过管理者多年的完善及精心营建，形成了布局合理、体系完善、设施齐全的有机体系，在当今的城市中发挥了强有力的生态及景观作用，成为城市的绿色亮点和市民的向往之地。日本将城市公园分为以下几类：①儿童公园；②邻里公园；③地区公园；④综合公园；⑤运动公园；⑥风景公园；⑦动植物园；⑧历史公园；⑨区域公园；⑩游憩观光城市；⑪中央公园。

3. 我国城市公园分类系统

我国城市公园分类系统根据《城市绿地分类标准》有以下内容，如表8-1所示。该分类是在充分认识城市自然条件、地貌特点、自然植被以及地方性园林植物的特点的基础上，根据国家统一的规定和城市自身的情况确定的分类标准，将各级各类绿地按合理的规模、位置及空间结构形式进行布置，形成的完整系统，以利于城市健康持续的发展。

（二）现代城市公园景观规划相关理论

当前景观设计理论的发展突破了单纯景观美学的层面，从整体的城市公园系统化建设，到具体的园椅设计，对人性化理论的应用都体现了景观设计理论的发展与突破。系统论的思想为研究和建立城市公园乃至城市绿地系统提供了方法论依据，可持续发展与生态理论是历史的潮流，人本主义思想是人们的永恒追求，如何在景观中更加重视并引导人的行为是当前面临的现实问题。以下就对上述理论发展做简要的介绍。

1. 景观生态学理论

景观生态学的概念是1939年德国植物学家特罗尔（A. C. Troll）在利用航片解译研究东非土地利用时提出来的，用来表示对支配一个区域单位的自然—生物综合体的相互关系的分析。景观生态学的特点在于综合了地理学的水平空间（景观）和生物学的生态垂直关联两种观点，其基本理论就来自于景观、生态及综合系统论三个方面。综合系统论即整体性理论，是学科思想的出发点；景观即水平异质性，主要表现为空间格局与组合；生态体现为垂直异质性，主要表现为相互关联方面。几者结合起来表现为整体性原理、自组织原理、景观多样性原理、景观结构与功能原理、景观稳定性原理、景观变化原理、物质再分配原理与能量流原理等。景观生态学理论为综合解决资源与环境问题、全面开展生态环境建设，提供了新的理论和方法，开辟了新的科学途径。

2. 园林美学理论

李渔在他的《闲情偶寄》中说："予尝谓人曰：'生平有两绝技，自不能用，

表 8-1 城市绿地分类

类别代码			类别名称	内容与范围
大类	中类	小类		
G1			公园绿地	向公众开放,以游憩为主要功能,兼具生态、美化、防灾等作用的绿地
	G11		综合公园	内容丰富,有相应设施,适合于公众开展各类户外活动的规模较大的绿地
		G111	全市性公园	为全市居民服务,活动内容丰富、设施完善的绿地
		G112	区域性公园	为市区内一定区域的居民服务,具有较丰富的活动内容和设施完善的绿地
	G12		社区公园	为一定居住用地范围内的居民服务,具有一定活动内容和设施集中的绿地(不包括居住组团绿地)
		G121	居住区公园	服务于一个居住区的居民,具有一定活动内容和设施,为居民区配套建设的集中绿地(服务半径:0.5~1 百米)
		G122	小区游园	为一个居住小区的居民服务而配套建设的集中绿地(服务半径:0.3~0.5 百米)
	G13		专类公园	具有特定内容和形式,有一定游憩设施的绿地
		G131	儿童公园	单独设置,为少数儿童提供游戏及开展科普、文体活动,有安全、完善设施的绿地
		G132	动物园	在人工饲养条件下保护野生动物,供观赏、普及科普知识、进行科学研究和动物繁殖,并具有良好设施的绿地
		G133	植物园	进行植物科学研究和引种驯化,并供观赏、游憩及开展科普活动的绿地
		G134	历史名园	历史悠久,知名度高,体现传统造园艺术并被审定为文物保护单位的园林
		G135	风景名胜公园	位于城市建筑用地范围内,以文物古迹、风景名胜点为主形成的具有城市公园功能的绿地
		G136	游乐公园	具有大型游乐设施,单独设置,生态环境较好的绿地(绿化占地比率应大于或等于65%)
		G137	其他专类公园	除以上各种专类公园外具有特定主题内容的绿地,包括雕塑园、盆景园、体育公园、纪念性公园等(绿化占地比率应大于或等于65%)
	G14		带状公园	沿城市道路、城墙、水滨等有一定游憩设施的狭长形绿地
	G15		街旁绿地	位于城市道路用地之外,相对独立成片的绿地,包括街道广场绿地、小型沿街绿化用地等(绿化占地比率应大于或等于65%)

资料来源:城市绿地分类标准 CJJ/T85—2002 J185—2002 [M].北京:中国建筑工业出版社,2002.

而人亦不能用之,殊可惜也。'人问:'绝技维何?'予曰:'一则辨审音乐,一则造园亭。'"考察其生平事迹,此言确实非虚。他一生游历大江南北,遍览名园,是一位优秀的园林鉴赏家;他一生有大量的园林实践,曾为自己设计和建造了三个园林:伊山别业、芥子园和层园,而且还帮助他人设计和营造园林,有多次构建园林的艺术实践，是一位卓越的造园家。他总结丰富的造园经验，形成独到而系统的园林美学思想，集见于其《闲情偶寄》的《居室部》、《器玩部》和《种植部》中，也散见于诗歌、散文、小说等著述中。李渔园林美学的中心思想是：不论是建造园林，还是构筑庭院，都必须因地制宜，重视造园取之于自然，而且在造园时也反复强调要师法自然，妙肖自然，在造园过程中重视造园主体的作用，讲究创新、标新立异等。

园林美学是将美学的研究成果及原理应用到园林的研究上而形成的一门新兴学科。它源于自然又高于自然，是自然美的再现。中国园林不仅形式优美、富有神韵，而且有特殊的意境，强调形式和内容的完美统一。城市公园景观规划应以园林美学作为景观营造的基本理论和依据，科学合理组织各种景观要素，因地制宜，形成错落有致、主次分明的景观体系，创造出具有地方特色的公园景观环境。

3. 人本主义理论

我国的人本主义规划思想的起源可以追溯到中国古代城市的产生，但是真正有文字记载的是周代的《周礼·考工记》，周代的城市规划以"礼"的形式出现，并且保持着东方特有的特点。到了元明清时期，人本主义理论基本成熟。新中国成立之后，特别是 1986 年全国城市规划工作在座谈会召开之后，我国出现了人本主义规划设计的热潮。

公园绿地景观规划必须根据使用者的特点来进行，该理论直接从人本身出发，研究人的本质以及人与自然的关系，它强调人的地位、作用及价值。城市公园景观规划需要人民群众的参与和监督，才能使规划真正体现民众的意图，本着以人为本、为人民服务的规划宗旨，科学合理地配置城市公园的许多地方残障景观空间，这也是实现公园景观可持续发展的必要条件。

4. 可持续发展生态理论

可持续发展理论的形成经历了相当长的历史过程，20 世纪五六十年代，人们在经济增长、城市化、人口、资源等所形成的环境压力下，对增长与发展的模式产生怀疑并展开讲座。1987 年，以挪威首相布伦特兰为主席的联合国世界与环境发展委员会发表了一份报告《我们共同的未来》，正式提出可持续发展概念，并以此为主题对人类共同关心的环境与发展问题进行了全面论述，受到世界各国政府组织和舆论的极大重视，在 1992 年联合国环境与发展大会上可持续发展要领得到与会者的共识与承认。可持续发展的生态学理论是可持续发展理论的一个分支，所谓可持续发展的生态学理论是指根据生态系统的可持续性要求，人类的经济社会发展要遵循生态学三个定律：一是高效原理，即能源的高效利用和废弃物的循环再生产；二是和谐原理，即系统中各个组成部分之间的和睦共生、协同进化；三是自我调节原理，即协同的演化着眼于其内部各组织的自我调节功能的完善和持续性，而非外部的控制或结构的单纯增长。后来不少学者将该理论应用于公园规划设计中，因此，如何让公园景观能自我延续、持续地发展是可持续发展理论当前对于城市公园景观研究的最大问题。

（三）城市公园的区位选择和规模分析

目前很多城市实行公园免收门票的政策，其目的在于使有限的绿色空间和土地资源为全体居民带来最大的效益。公园的区位配置问题就是通过合理的空间配置，从而最大限度地满足全体居民享用公园带来的益处的需求。对于公园合理的空间配置，从配置数量上，应当具有最大化的服务覆盖率；从配置的效益上，应当具有最小的服务重叠率；由于人口空间分布上的不均衡性，还需要结合公园服务范围内的人口密度进行评价。城市规划管理中多采用人均绿地面积、人均公共绿地面积、绿地率、绿化覆盖率等评价指标，但这些指标大多着眼于数量，未能反映公园作用的空间分配情况，因此，研究城市公园区位选择及规模问题，现阶段大多采用"可达性—服务覆盖率—服务重叠率—人均享有可达公园面积"的评价模式。[①]

1. 可达性

可达性指城市居民接近公园的难易程度，它为居民和公园所在地之间距离的函数，公式为：

$$D_{ij} = Min(d_{ij}) = Min \ (\Sigma W_K \times s_k) \tag{8.1}$$

其中，i 为源地（居民点），j 为目的地（公园）；W_k 表示第 k 种景观类型的阻力，s_k 表示在第 k 种景观类型中发生的位移，二者加权求和即得费用距离 d_{ij}；可达性 D_{ij} 为最短费用距离。可达性是影响居民选择公园的重要因素，因此，可以用可达性来衡量公园给居民提供服务的可能性或潜力。[②]

2. 服务覆盖率

服务覆盖率不同于传统的公园覆盖率的概念，服务覆盖率是指公园服务范围所覆盖的总面积占该区域总面积的比例，见公式：

$$C = \frac{\Sigma PA}{A} \times 100\% \tag{8.2}$$

其中，C 表示服务覆盖率，ΣPA 表示所有公园服务范围总面积，A 表示研究区域总面积。

---

① 陈雯，王远飞. 城市公园区位分配公平性评价研究——以上海市外环线以内区域为例 [J]. 安徽师范大学学报（自然科学版），2009，32（4）：373-377.

② 俞孔坚，段铁武，李迪华等. 景观可达性作为衡量城市绿地系统功能指标的评价方法与案例 [J]. 城市规划，1999，23（8）：8-11.

3. 服务重叠率

服务重叠率是指每个公园与其他公园服务范围的重叠部分占所有公园服务范围之和的比例，公式为：

$$O = \frac{\sum CO - \sum PA}{\sum CO} \times 100\% \qquad (8.3)$$

其中，O 表示服务重叠率，$\sum PA$ 表示所有公园服务范围总面积，$\sum CO$ 表示各公园服务范围面积的总和。

4. 人均享有可达公园面积

人均享有可达公园面积用来衡量居民实际享有公园的潜力，计算方法如下：

$$E_j = \frac{S_j}{\sum d_{ij} < kP_i} \times 100\% \qquad (8.4)$$

$$SA_i = \sum d_{ij} < kE_j$$

其中，SA_i 表示居民点 i 的人均享有实际可达公园的面积，E_j 表示公园 j 的面积与其服务范围以内的所有居民点人口总数的比值，S_j 表示公园 j 的面积，P_i 表示居民点 i 的总人口，k 表示公园的服务范围，d_{ij} 表示居民点到公园的费用距离。

公园区位选择和规模的评价指标比较有限，如公园的设施水平、植物种类、地形特征等都未考虑。此外，不同土地利用类型的景观阻力指标的量化仍有待深入研究。

（四）城市公园景观规划

城市公园景观规划是城市规划中重要的组成部分和内容。城市公园的景观设计应当从城市设计的高度入手，把握公园设计本身的整体性，把握公园景观对于城市地段环境的整体性、公园系统整体性及其在城市环境空间系统中的作用。利用多学科综合的优势，创造建筑、园林、城市三位一体的整体城市环境。按照现阶段城市公园的构成特点，一般认为城市公园景观规划有以下的内容要素：地形、硬质景观、软质景观、水体、建筑小品等。①

1. 地形

地形是构成园林的骨架，主要有平地、丘陵、山峦、山峰、凹地、谷地、台地、河道、湖泊等类型。有起伏地形的当然应该巧妙利用，没有起伏的地段在塑造地形时要通盘考虑，一般只要造成平缓的断面曲线即可，不要处处怪石林立、峥嵘突兀。近些年国内外下沉式广场应用普遍，起到了良好的景观和使用效果。下沉广场面积大小随意，形式多变，可供游人聚会、议论、交谈或独坐，同时也是提供小型或大型广场演出、聚集的好场所。公园中地形设计还应与全园的植物

---

① 孟刚，李岚，李瑞冬等. 城市公园设计［M］. 上海：同济大学出版社，2003.

种植规划紧密结合，如山林地坡度一般应小于 33%，草坪坡度不应大于 25%。地形设计还应结合各分区规划的要求，如安静休息区、老人活动区等要求一定是山林地、溪流蜿蜒的小水面，最好在条件允许的情况下利用山水组合空间造成局部幽静环境，而文娱活动区和儿童活动区由于安全原因，不宜地形变化过于强烈，特别不宜选择过于陡峭的地形。

2. 硬质景观设计

所谓硬质景观是按表面材质来定义的，公园中的广场道路铺装绝大多数情况是用硬质材料，因此被称为硬质景观，硬质景观部分平面形式对于园林总体形态的形成起着决定性的作用，它们可以是规则的，也可以是自然的，或自由曲线流线型的。其特点就是形态明确，边界清晰，易表现几何图案，且随着铺装材料的多样化，质感色彩越来越丰富，发展潜力大，养护费用低。

3. 软质景观

软质景观主要是指植物，植物是公园设计中有生命的题材，会随时间的变化而呈现不同的面貌。植物包括乔木、灌木、攀缘植物、花卉、水生植物等。植物的四季景观，以及本身的形态、色彩、芳香、习性等都是公园造景的题材，而且不同地区、不同气候条件适合生长的植物种类也有差别，因此容易体现公园的地方性。在进行公园设计时，可以适当将硬质景观的恒定性与软质景观的变化性糅合使用、相辅相成，以达到一个更为真实自然的效果。

4. 建筑小品

建筑小品在公园中都属于点状景观，往往是游人的视觉中心，公园中的建筑一般在定位和造型上都有较高要求，它们常常被用作公园中的点睛之笔，其设计出发点都是基于公园环境的需要，因此它们实际上处于从属地位。除点景以外，有些园林建筑还有赏景的功能，可以说是景观与观景的统一，更要反复推敲选址。小品在目前的公园设计中日趋多样，传统园林中也有雕像、水池等，现代公园更是将其当代艺术的创作灵感融入了公园小品设计，其作品妙趣横生，是当代公园景观中最富活力和表现力的因素。

5. 水体

水体是城市综合公园不可缺少的景观要素。中国古代园林的水体设计称为"理水"，其水体设计与中国画论同源讲究"知白守黑"。当代城市公园规划中，水体起着非常重要的作用。大型水体不仅参与了地形塑造，更是空间构成的要素，它不仅是被观赏的对象，更重要的是它提供了两岸对望的距离，限制了游人与景点间的视距；小型的景点式水景则以单体为重，应充分发挥其特点，可喷、可涌、可射、可流，配合声、光、电，成为游客视觉的焦点。

总之，公园的设计和布局，应因地制宜地充分发挥其自然条件，尊重原有的地形、地貌、水体和生态群基。在城市化建设对外扩张的过程中，原有山头、地形、河流、水塘都是大自然给予人类的财富，在公园的规划和布局中，应充分发挥原有地形和植被优势，塑造出"天人合一"的现代公园。

（五）城市公园景观规划主要存在的问题及建议

1. 片面强调景观美学，忽视人的行为活动

在城市美化思想指导下，公园建设强调的是形式性、展示性，把公园从城市中分割开来。我们经常在公园内看到"请勿践踏草坪"的标志牌，这也从一个侧面说明了我国城市公园规划设计中对人的行为的忽视。可以借鉴国外一些成功的规划设计方案，将大块草坪分割成为若干小块，在某一时段内只对游人开放其中的一块或几块，这既养护草坪的生物机能，增加草坪的可接触性，同时也缓解了公园内人流组织的压力。

2. 忽视残障群体、老龄群体的行为活动需求

城市公园使用者包括老人、儿童、残障人士等特殊人群，但公园中满足这类社会群体行为活动需求的特性较少，缺乏他们适宜的活动场所和相关的体育设施，如残疾人坡道、导盲设施等，一些公园只有部分地段考虑了无障碍设计，另外的某些地段残疾人的轮椅都难以进入。城市公园应该更加细致地考虑不同类型游人的需求，随着老龄化社会的到来，公园应继续深化对老年人的关怀。公园规划中要考虑老年人集体活动的场所，以及方便老年人和儿童活动的场地设施。公园景观规划中也要考虑残障人士的需要，残疾人在市民中的比例并不高，但却是最需要关心与社会理解的群体。国外一些发达国家专门设有残疾人公园，在我国城市公园景观规划中还缺乏这一方面的设施，应当为残障人士设置无障碍系统、专门的残疾人景区和场地。

3. 以人为本原则的迷失

城市公园景观要求从"以人为本"的原则出发，充分考虑人们的心理需求，研究人在环境中的行为活动特征，使公众参与到公园景观规划和建造过程当中，而这种"以人为本"的原则正在渐渐地迷失。现在许多城市公园景观规划忽视了公众的行为活动需求，单纯地追求形式上的美感，强调视觉上的审美效果，如一些公园在入口处布置宏伟气派的广场，而游人只能在花坛边缘闲聊交流。

4. 公园景观规划忽视本地文化

公园景观规划者往往注重运用一些常规的规划设计手法，如轴线、对景、框景等，而忽视了公园的本地文化内涵，导致公园景观环境缺乏个性和特色。综观我国现有公园，具有鲜明地方文化特色的公园仍然不多，绝大部分是在土地上建些亭、廊、小广场，就算是公园，并没有仔细认真地考察和研究当地的历史文化特色，并加以提炼升华，从而没有使游人在游园之余有更高层次的文化艺术享

受。当然也有一些做得较好，如黄埔炮台山公园、白云区张九令纪念公园、海珠区黄埔古港公园等，这些公园都充分利用了自然资源和历史资源，以历史和爱国主义为主题，使公园建设融入了当地的文化精髓。

二、现代城市水景观规划

我们这里所讲的城市水景区主要指城市滨水区，即城市范围内水域与陆地相接的一定范围内的区域。作为城市与江、河、湖接壤的区域，它既是陆地的边缘，也是水的边缘，包括一定的水域空间和与水体相邻近的城市陆地空间，具有自然山水景观和丰富的历史文化内涵，是自然生态系统和人工建设系统相互交融的城市公共开敞空间。它们与绿化带的绿道一起构成了开放空间与水道紧密结合的优越环境，构成了城市的点睛之笔，也是市民日常休闲的理想之地。滨水区景观是指对临近所有较大水体区域进行整体规划和设计而形成的优美景观。

城市滨水区是城市演进的母体，折射着历史的沧桑。由于其特有的地理位置，以及在历史发展过程中形成的与水密切联系的特有传统文化，滨水区具有其区别于城市其他区域的特征：①多样性：它不仅是城市的人工环境，而且是自然环境的一部分，各类物种、信息流、物质流都在这里交汇相融。②历史性：城市滨水区很大一部分是在城市原有内港港口或滨河旧区的基础上更新发展而来的，作为城市发展的起源地，城市滨水区往往具有深厚的历史底蕴。传统的历史建筑、工业时代的遗存都为其增添了更加厚重的历史沧桑感，很容易使游人追思历史的足迹，感受时代的变迁。③形象性：城市滨水空间一般通过自然水体、滨河道路、河岸绿化、广场等来进行城市形象的塑造和识别。水域孕育了城市和城市文化，成为城市发展的重要因素，世界上知名城市大多伴随着一条名河而兴衰变化。城市滨水区是构成城市公共开放空间的重要部分，并且是城市公共开放空间中兼具自然景观和人工景观的区域，其对于城市的意义尤为独特和重要。营造滨水城市景观，即充分利用自然资源，把人工建造的环境和当地的自然环境融为一体，增强人与自然的可达性和亲密性，使自然开放空间对于城市、环境的调节作用越来越重要，形成一个科学、合理、健康而完美的城市格局。

（一）水体形态

水的存在形态可以分为静态与动态，静有安详，动有灵性。

1. 静态水景

静水的特点是宁静、祥和、明朗。静态的水对视觉有扩大作用，静态的水面与周围环境交相辉映，或平静如镜或波光荡漾，将周围植物、假山、建筑映入水中形成景物的层次和朦胧美感，扩大景观视觉空间。静态水景如池沼、湖泊等，多为波澜不惊、清平如镜、微风细波、荷塘月色，如杭州西湖、北京昆明湖等。

静态水景设计应合理布置水边物体，野趣横生，尽量避免显现人工化特征。人们在此观花赏水，领略自然景象，滨水区的水景设计应丰富，切忌空而无物，可适当设计一定形式的踏步、睡莲、浮桥等。静态的水虽无定向，看似静谧，却能表现出深层次的、宁静悠远的文化意境。因此，成功的静水景观总是溢出空间的局限，增强主题衬托，丰富景象层次，完善综合景观，从而使意境深远，达到人工与自然高度和谐的层次。

2. 动态水景

水在自然状态下是往低处流，经艺术家之手，利用地形、地势顺势而下，可把自然水流建成细流、瀑布、喷泉等水景。动态的水景如瀑布、喷泉等，或一落千丈或直上九天，气势磅礴。随着科学技术的不断发展，动态水景的形式越来越丰富。有些水态以声为乐，或声形兼备，令人欢快兴奋、心情舒畅。这些动态水景不仅缓冲了城市建筑的生硬，满足了视觉艺术的要求，更有益于人的身心健康。动态水景常以山石作为依托，使动态的水流呈现自然景色，形成同环境空间势态与质感的对比。

（二）我国城市水景观的规划

城市水域空间是城市中重要的景观要素，是人类向往的居住胜境。水的亲和与城市中人工建筑的硬实形成了鲜明的对比，水的动感、平滑又能令人兴奋和平和，水是人与自然之间情结的纽带，是城市中富于生机的体现。在生态层面上，城市水域空间的自然因素使得人与环境间达到和谐、平衡的发展；在经济层面上，城市水域空间具有高品质的游憩、旅游的资源潜质；在社会层面上，城市水域空间提高了城市的可居性，为各种社会活动提供了舞台；在都市形态层面上，城市水域空间对于一个城市整体感知意义重大。城市水域空间的规划设计，必须考虑到生态效应、美学效应、社会效应和艺术品位等方面的综合，做到人与自然、城市与自然和谐共存。

1. 沿岸建筑

城市水域空间沿岸的建筑物是城市水景观的基本构成要素。水体的开放性使两岸的建筑物格外的醒目，对于水景的营造具有很大的影响，所以其色彩、风格、样式都很重要，要与历史、人文及水体保持整体性，体现历史的传承与延续。不同的建筑风格及装饰材料代表着不同地域的文化，例如，日本的中津川沿岸，利用具有城市历史个性的银行、图书馆等建筑及古树，表达景观地区风格；无锡古运河景观规划时，专门将西水墩至南吊桥设计为"文化长廊段"，反映城市历史传统；哈尔滨松花江畔的俄罗斯古典玩具式建筑、罗马回廊无一不在体现着欧式风情，增加了公园的文化品位，使人联想起哈尔滨"东方莫斯科"、"东方小巴黎"的美誉。同时，要注意建筑布置强调疏密有致，空间尺度适宜，体量与环境协调。原则上高层建筑面宽不宜超过 40 米，多层、低层建筑面宽不宜超过 60 米。靠水面的一边应注意视野开阔，建筑物不宜多，体量不宜大，且要保证不被洪水淹没。充分利用建筑层面，增加沿江观景空间，对两岸原有特色建筑加强保护，显示其固有文脉。

2. 桥梁

桥梁在跨河流的城市形态中占有特殊的地位，正是桥梁对河流的跨越才使两岸的景观集结成整体。特殊的建筑地点、间接而优美的结构造型以及桥上桥下的不同视野，使桥梁往往成为城市的标志性景观。如首尔的汉江大桥，汉江流经首尔的部分虽然只有 60 余千米，江上却有 26 座桥，平均不足 3 千米就有一座桥。这些桥犹如一道道彩虹，将首尔南北连接起来，成为首尔经济和交通的大动脉。汉江两岸还有各具特色的江畔公园 12 座，如同一串五彩项链，把首尔装扮得分外妖娆多姿。它们有的是通行汽车和行人的公路桥，有的是通行地铁或火车的铁路桥，合在一起便构成了汉江江面上蔚为壮观的大桥图景。城市桥梁的美，不止体现在孤立的桥梁造型上，更主要的是把桥的形象与两岸城市形体环境、水道的自然景观特点有机结合。因此应重视城市桥梁的空间形态作用，将具有强烈水平延伸感的桥梁与地形、建筑及周围环境巧妙结合，创造出多维的景观效果。如上海黄浦江，以及跨江两岸的杨浦大桥、南浦大桥和上海东方明珠广播电视塔，两座大桥像两条巨龙横卧于黄浦江上，中间是东方明珠电视塔，正好构成了一幅"二龙戏珠"的巨幅画卷，而浦江西岸一幢幢风格迥异、充满浓郁异国色彩的万国建筑，与浦东东岸一幢幢拔地而起、高耸云间的现代建筑相映成辉，令人目不暇接。此外，可以在桥上利用各种手法尽量地来表现出丰富的光影变化，如在横跨珠江的大桥上设计长达 200 米的彩虹灯，烘托了城市的繁华与多彩。

3. 船和码头

船除了是水上的交通工具和水上观光、娱乐的良好场所外，还是水上移动的景观，是滨水岸的主要特色之一。在一些历史悠久的码头，停靠着各式各样的船只，与桅杆、旗帜、帆、船家、货物、过渡的人，形成一幅具有独特的地域文化魅力的画面，对人们有着极强的内在吸引力。所以，对有独特人文景观的码头，应该保留其历史面貌和文化特色。例如，周庄的水巷船很多，来往穿梭的船总是让游人对前面的景色更加好奇，通常这些船大都为乌篷船，也体现了地方特色。

4. 道路

城市水域空间的道路景观除了满足交通需求之外，在规划和设计方面主要以亲水、休闲娱乐活动为前提，服从"以人为本"的设计理念，并从美学的角度兼顾市民的舒适性、安全性以及视觉享受，为周边居民提供一个开放的休闲生活空间。与其他道路相比，水城空间的道路最大的特点是其开放性，具有导向明确、渗透性强的空间特征，是自然生态系统与人工建设系统交融的城市开放空间，是城市中相对宽敞、自由的聚散地，所以人们经常把它比喻为城市的"客厅"。

城市水域空间内部的交通组织，是为人的活动考虑的，所以交通组织的主要任务是形成合理的步行系统。要形成步行区域，滨水散步道的设置必不可少。散步道串联起各处户外活动空间，同时兼做眺望水上风景的场所。步行空间的组织还可以利用建筑首层架空的柱廊，作为联系室内外的步行区，形成内外交融的空间组合。如设置临水空中走廊，形成多层次、立体化的人行网络，可使游人在有高差的不同平面上自由地往返，并获得多种高度、多个角度的观水视点，使步行空间更加活泼。

5. 植物

植物除了能够美化环境，还能够在一定程度上净化空气、调解微循环、弱化硬质景观，形成特有的空间效果。其中，按照应用位置的不同又可分为水边植物造景和水生植物造景。在植物的应用上应侧重于其色彩和线条，在色彩上，应用植物造景之前要充分考虑不同季节植物颜色的变化，植物要起到调和水色与建筑及天色的作用，形成四时不同的景观效果；在线条上，要注意对比与变化、和谐与统一，以及韵律与节奏的变化，如在建筑的竖线条周围就可以采用枝条弯曲的植物，起到调和协调的作用，相反在曲线条的建筑周围则可以采用笔直的植物增加建筑的稳定感。有些植物本身就蕴涵丰富的象征意义，如梅的傲骨、莲的高洁、松的坚忍。此外，还可以利用彩叶植物种植成当地文化的代表图案；植物修剪成某种文化的象征符号；将当地流传的诗词歌赋中出现的植物，加以利用即可表现该地的文化；利用铺装、浮雕、景墙、雕塑等园林符号来再现文化中的神话、传说等。

（三）我国城市水景观规划中存在的问题

随着我国城市水景开发建设的深入进行，在改善城市空间与创造城市环境方面取得了不少经验，为市民提供了生活与休闲场所，丰富了新城市形象。但是，在规划过程中往往忽视城市多维的空间设计思考，甚至破坏了城市形态的完整与连续。

1. 空间连续性的缺失

城市水域空间与城市其他开敞空间缺乏合理、富有生机的衔接和过渡，独立地在城市中扮演不同的角色，彼此割裂，不能形成完整的城市开敞空间体系。用地功能单一，缺乏各种功能空间的综合性组织和利用，无法满足社会活动的多样性和复杂性要求。

2. 亲水性的缺失

许多城市水景观开放空间并未向城市全面敞开：一方面，缺乏足够的开敞面，许多大体量的高层建筑、水景周围的围墙阻碍了公众到达水边，而且建筑与高大的实心围墙也阻碍了人们的视线，在心理上造成与水景区的分离；另一方面，缺乏连贯而便捷的公共步行道与水景区直接相连，公众的步行路线往往被机动车道路截断；此外，防洪堤的抬高以及各码头的封闭管理，造成"临水不见水"的局面，阻碍了视线走廊，削弱了公众与水体的联系。

3. 传统延续的缺失

一方面，忽视地方特色。设计主题不明确，决策者往往采取国内外成功的水景开发的模式，而忽略了当地特色，单纯追求所谓现代化，而忽视了当地特色的体现，缺少空间的可识别性。另一方面，忽视地域的历史背景。城市水域空间具有丰富的历史资源和文物古迹，有的开发项目对原有的历史文化的物质载体，如建筑物、历史遗迹等一律拆除而非修复，破坏和损毁了大量有价值的历史资料；更多的是对现存的古建筑或景点不加考虑，恣意在其附近大规模、大体量地开发，不能融合地区特征，严重破坏了原有的水景特色和轮廓，人为地割裂城市的空间形态。

（四）我国城市水景观规划建议

我国城市水景规划近两年得到了普遍和迅速的发展，从之前的认知贫乏到目前成为热门和流行的环境景观，这个短暂的发展过程中存在着一些盲目性，主要的表现有：对人的忽视、水景表现的单一、水景设计与环境脱节、过于追求气派等。基于以上不足，我们提出以下对策：

1. 调动市民参与规划

现代城市水景规划的一大关键在于调动群众的参与，有了群众的身心投入，才能使水景规划充满活力，才富有人性，这也是现代水景区别于我国传统水景的主要特征。在水域空间中尽量创造近水、亲水、戏水、用水的水景，减少人与水景之间的障碍，可以在水体的边缘处理上进行自然的过渡，能引导行人、游人融入水体，如尺度宜人的小溪、水渠对儿童就有较大的诱惑力，体量适当的水景小品也能诱导人们去触摸。

2. 丰富城市水景形式和功能

表现手法和形式上的丰富是现代水景最明显的特征，也是我国目前所欠缺的。各种水景通过形态组合、动静对比、秩序和自由、限定和引导、水特性表达等各种手法，能产生丰富的水景变化效果。水体和其他各种造景要素的结合也能产生不同的水景表现方式。水景除了观赏之外，还可以拓展其功能，使之更具有趣味性，如具有教育意义的水景小品越来越受到儿童和家长的欢迎，泳池等现代人工水景能让人直接与水融为一体得到娱乐，同时其景观美化的表达手法也越来越丰富。

3. 体现地域性

水景的设计应该跟当地气候、地形、环境相符合。我国地幅辽阔，南北气候差异巨大，水景的形式也应该有显著的区别。如哈尔滨的水景和广州的水景就不该是一个模式的，前者有很长时间处于冬季，可以利用水的三态特性，设计一些在冬季也能观赏的固态水景观；后者长时间处于温暖的环境，可以设计大量的可接触的亲水、戏水式水景。不同的城市氛围也有不同形象的水景表达，如在北京的公共建筑、道路、公共空间尺度规模较大，水景设计要体现古都的庄重和历史文化风范。故宫前沿城墙添置了喷水，白色飞溅的水花映衬着暗红色的庄重的城墙，加上绿化的陪衬，更加烘托出故宫的庄严和气势，而且给古老的建筑增添了生气。

4. 量水而行

我国水资源的缺乏使得创造宜人的人工水景观环境和节约水资源成为一个矛盾体，因此有效地利用水资源创造尽可能丰富的景观效果成为我国水景设计的前提，伊斯兰水景以少见多的风格值得我们借鉴。现代水景规划可通过多种方式来达到丰富的效果，如在水景的形态设计上尽量采用有较强视觉效果又对水量要求不大的形式；在水景的整体设计上采用点、线、面、体多种形式来组织空间，既丰富了空间层次和景观层次，又能突出重点、明确各处水景的主题和表现形式，还能有效地利用水资源。

第九章　城市形象设计与推广

随着技术革新带来的全球化趋势，世界各城市的距离不断缩短。不同领域、不同层次的城市可能站在同一起跑线上。被冠以各种名称的一组组城际竞争数据，在用不争的事实告诉人们，城市之间的角力态势正逐渐浮出水面。未来，随着中国经济的进一步发展以及中国城镇化进程的加快，城市间的竞争将会更加激烈。

城市的可持续发展必须依托这一城市的综合竞争力，而独特的城市形象与城市品牌则成为了城市综合竞争力的重要因素。城市形象是一座城市的自然景观、规划布局、人文风貌等综合因素给予社会公众的印象与感受，它反映了一个国家的独特价值观，反映了一座城市区别于其他城市的特质。积极设计城市形象，提升城市竞争力，是城市发展的必然选择。据此，本章对城市形象设计和城市规划展示研究进行了研究。

第一节　城市形象设计研究

一、城市形象的概念

（一）城市形象的内涵

城市形象指城市给予人们的综合印象和感受，是城市的空间、人文等因素在人们头脑中的反映。它主要由城市的自然景观、城市的规划布局、城市人的精神风貌和思想观念以及政府的管理模式等要素构成。人们既可以通过一个城市的标志性建筑、市花、市树，也可以通过一个城市市民的道德素养和思想观念来感受或体会一个城市的城市形象。人们通过对城市环境和城市活动各类要素及其关联的感知，形成了对城市的特定的共识，这就是城市形象的产生过程。良好的城市形象是城市经济发展的一笔无形资产，它在公众心目中能留下很深刻的印象，并创造一个良好的内外环境，并容易吸引投资、招揽人才，为城市发展增添动力。

（二）城市形象的外延

由于"形象"本身是一个美学概念，"感受性"通常是考察城市形象的重要标准。构成城市形象的感受系统主要有精神感受系统、行为感受系统、视觉感受系统、消费感受系统、风情感受系统和经济感受系统。

精神感受系统是指城市的精神理念所产生的系统形象效应，是城市历史风云和发展传统所凝聚的民风和市民精神的写照。例如，延安的"延安精神"，深圳的"时间就是金钱"。

行为感受系统是指行为的形象效应，既有个体的，也有群体的；既有生活的，也有职业的；既有百姓的，也有官员的。举手投足之际，言谈话语之间，都是城市形象的一种反映。例如，上海人的"精"，北京人的"侃"，广东人的"灵"成为社会的共识。

视觉感受系统是城市形象最直观的部分，一切视觉景观如建筑景观、道路交通景观、商业景观、旅游景观、人文景观等都是城市形象的特色基础。例如，上海外滩的"万国建筑群"，北京的天安门广场和升旗仪式，济南交警的上岗风范，苏州的小桥流水，哈尔滨的冰雕等都是城市视觉景观的典型特色。

消费感受系统是指一个城市的消费感受，同样是城市形象的专门印记。在城市生活中，消费感受实质也就是城市所提供的服务感受。与其他感受相比，消费感受往往是最直接涉及感受者利益的，通常是直接反应最强、印记最深的，所以对城市形象的影响极大。城市形象的消费感受系统是十分庞杂的，它除了人们通常所意识到的商业服务以外，还涉及社会服务、政府服务、公益服务等方面，包括城市生活与工作环境和设施的条件与质量。

风情感受系统是指一个城市的风土人情，这往往就是这个城市特定形象的风韵所在，也是其个性色彩最为浓烈的部分。它不仅包括了这个城市的风俗习惯、文化传统、人文风采，而且也包括知名产业、名胜特产、人情往来、俚语方言等。"故土难离"、"乡音不改"就是地方风情对人的熏陶和浸染。

经济感受系统是指城市的经济发展战略，确立城市最为适应的经济运行体系。其内容包括城市形象产业、城市形象企业或城市形象产品的开发和市场拓展。如"青岛啤酒"、"广州本田"、"西安杨森"等品牌，都为各自的城市形象增添了不可磨灭的光彩。

二、城市形象设计的意义

在社会主义市场经济条件下建设优良的城市形象，其根本意义在于有利于市场竞争，从而有利于城市的生存和发展。

（1）它有利于吸引人才和防止人才外流。在市场经济条件下，人才的流动性强。现实生活中，人往"高"处走是一个客观事实。好的城市形象自然有利于吸引人才和防止人才外流，而人才是市场竞争获胜的关键。

（2）有利于吸引外来投资、技术和管理经验。资金、技术和管理是城市生存和发展的重要条件。良好的城市形象有利于吸引外来（包括国内外的）投资、技术和管理经验。一个对某一城市印象不好的投资商一般不可能投资于该城市，对某一城市印象好、总体评论高则愿意在该城市投资。良好的城市形象有利于吸引人才和投资，这两者又是技术和管理经验的重要载体。

（3）有利于吸引国家建设项目。国家建设项目的立项和选址虽然要考虑合理布局、地理、政治等多方面的因素，但在同等条件下城市形象会起重要作用。国家建设项目包括企业、基础设施（如通信）、科教文卫等方面的项目，这些项目的建成有利于提高城市整体素质，增强城市实力。

（4）有利于本市企业产品的销售。购物看产地是消费者的普遍行为，如许多消费者只要看到是上海产品不问厂家就买下。在公众中具有良好形象的城市，不仅本市消费者愿意购买本市生产的产品，外地消费者也愿意购买；相反，城市形象不好，不但外地消费者不愿意购买本市产品，本市消费者也不愿意购买。

（5）有利于吸引游客，发展旅游事业。有关研究表明，当今为吸引游客，不光名胜古迹、自然风景是重要的旅游资源，城市经济状况、市政建设、文化事业等都可以成为重要的旅游资源而吸引国内外游客观光游览。从这个意义上说，良好的城市形象同时也就是良好的旅游资源。

（6）有利于开展城市公关活动。开展公关活动是宣传城市形象必要的和有效的方式。反过来，优良的城市形象有利于城市公关活动的开展。举办各种地区性、全国性和国际性的会议、运动会、节庆活动等，有利于宣传城市形象，增强外界对本城市的了解，扩大对外影响，因此举办这些活动都可视为城市公关活动。开展这些活动，有的花费不大，却能起到广泛的宣传作用；有的则只要"经营"得当，举办活动本身就可以盈利，还能促成本市企业签订大量外销合同，从而获得"名利双收"的效果。能否把这些活动"争"到本城市举办，则与城市形象大有关系，城市形象好，往往能如愿以偿。

（7）有利于对外交往和协作。与外界进行广泛的交往和协作，既是城市竞争能力的表现，又是不断增强竞争能力的途径。具有良好形象的城市，有利于与国内外城市结成"兄弟城市"、"姐妹城市"；有利于本市企业与外地企业合作；有利于本市企业的国际投资与协作；有利于本市各界与外地、外国各界的交流。

近些年来，我国已有一些城市在形象设计和城市品牌的塑造中迈出了步伐。中国香港特别行政区聘请世界著名的浪涛设计公司为其设计"动感之都"的城市品牌；成都市聘请高级策划人员进行"大成都城市发展战略和成都市形象品牌策划"；厦门市提出建"海湾型城市"、大连市把自己定位于"最佳生活地"；青岛市把城市导入形象设计系统，以"和谐、卓越"为理念，提出了打造"帆船之都"、"名牌之都"的战略构想；聊城则对外亮出"江北水城"的牌子，进行策划运作，取得了很好的经济效益和社会效益。

三、城市形象设计的理论综述

(一) 国外城市形象研究进展

从柏拉图的《理想国》到 19 世纪奥斯曼的巴黎改建，从美国的"城市美化运动"到柯布西耶的"现代城市"设想，都反映了人们对美好城市形象的追求。但人类自觉地、理性地、大批量地为自己所在社区进行包装设计和形象定位是在工业化之后。工业化塑造了一个以机械代替自然，物性代替人性的单个、杂乱、不和谐的环境，使得城市环境受到工业废气、废水、噪声、尘烟的污染。人与自然的和谐关系遭到严重破坏，人类开始意识到可持续发展的重要性。1972 年，联合国在瑞典斯德哥尔摩召开了人类环境会议，首次将环境问题提上议事日程，向全世界发出"只有一个地球"的呼声，揭开了全球环境保护的序幕。20 世纪 80 年代，布伦特兰女士在向联合国递交的《我们共同的未来》中率先提出了全球环境与发展问题的战略——可持续发展战略。从此，可持续发展成为重要的现代意识形态而为人们接受，成为国家、政府、企业家和设计师必须关注的问题。城市化发展必须以可持续发展原则为核心，而城市形象建设必须以可持续城市发展作为设计的基本准则。在这样的背景和发展战略之下，设计师、策划们开始围绕环境、生态和人类的身心健康来进行设计探索，如城市的绿色设计、城市的生态设计、"健康住宅"设计、工业循环设计等。

国外的城市形象研究是与建筑美学、城市设计艺术和城市景观理论紧密相连的。在古罗马时代，著名的工程师和建筑师马库斯·维鲁特威（Marcus Vitruvius Pollio）在其经典著作《建筑十书》（Ten Books on Architecture）中就已提出，"建筑还应当造成能够保持坚固、适用、美观的原则"。[①] 这一论述可以看作城市形象研究思想的萌芽。早期的城市形象研究反映出追求形式美的特征。

1593 年由斯卡莫兹设计的意大利的帕尔马洛城就是这样一个例子。这座城市位于威尼斯的北方，其设计是具有文艺复兴特色的"星状城市"。这座城市使功能服从于形式美需求，服从于整体城市形状的需求，虽然平面具有形式美，但不符合城市发展的需求。随着建筑美学、城市设计艺术和城市景观理论的发展，

---

① ［古罗马］马库斯·维鲁特威. 建筑十书 [M]. 陈平中译. 北京：北京大学出版社，2012.

城市形象的研究也呈现出从追求形式美到追求和谐美的趋势。19世纪末的美国的"城市造美运动"体现了这一趋势。"城市造美运动"使"城市在土地合理利用、构建核心型城市形态、创造性地建设城市景观、创造城市的各种中心节点、构建合理的交通系统、保护城市历史文化、创建城市风格与特点等方面得到了发展"。① 换言之，城市形象塑造不仅是为了创造美的城市，还是为了改造城市、开发城市，促进城市在各个方面和谐发展。

由于国外的城市建设与城市规划体系往往能够较多地体现设计者与规划者的构想，所以国外的城市形象既能够较好地反映城市形象创造者的个性，也能够较多地展示城市形象的个性。因此，国外城市形象的理论和城市整体形象塑造的经验是十分值得我们借鉴的。

（二）国内城市形象研究的发展

我国的城市化进程起步于建国初期，在新中国成立以后的30年中，由于人为地抑制农村人口向城镇转移，中国城市化发展的速度十分缓慢。改革开放以后，随着经济建设的恢复和生产力的提高，中国城市化建设进入了一个快速发展的轨道，加速了我国整体的城市化进程。但在很长一段时期，我国的城市建设实践忽视城市形象的重要性，几乎所有城市都以现代化为名，千篇一律建摩天大楼、建大广场、建高架桥、建别墅区、搞风景带，使得城市从南到北如同复印一样，失去个性与差异。随着城市的急剧扩张，城市出现了人口密集、交通堵塞、噪声刺耳、住房拥挤、土地滥用、工业污染、垃圾成灾、生态破坏、治安恶化等令人头疼的城市危机，加之商品经济的高度发展对传统文化的冲击，它们严重地威胁到城市人口的生活状态。我们需要一个充满生机与活力，在人、社会与自然三者之间构建起和谐共存的城市空间。城市形象研究正是可持续城市发展战略中的重要内容。

我国的城市形象研究可以追溯到20世纪20年代，与国外城市形象研究相似，也是以城市美化思想为开端。1928年，陈植在《东方杂志》上撰文强调："美为都市之生命，其为首都者，尤须努力改进，以便追踪世界各国名城，若巴黎、伦敦、华盛顿者，幸勿故步自封，以示弱与人也。"在20世纪30年代的大学教材《都市计划学》中也专门设列"城市美观"一章，其中论及："城市计划家均公认，美为人生之一需求，盖美学属于精神上卫生之一道也。"20世纪90年代以来，在实施城市现代化的更新与改造中，城市形象意识逐步增强，很多城市开始在创造有特色的城市面貌方面做出探索与努力。正是在这一大的时代前提下，在

---

① 张鸿雁. 城市形象与城市文化资本论：中外城市形象比较的社会学研究 [M]. 南京：东南大学出版社，2002.

城市美学、城市景观设计理论的孕育推动下，国内终于在 20 世纪 90 年代前期明确提出了城市形象的理念，并出现了一批较有影响的论著，如王建国的《现代城市设计理论和方法》（1991 年）、罗治英的《花都市形象设计课题报告》（1993 年）、陈俊鸿的《城市形象设计、城市规划的新课题》（1994 年）、王家善的《加强街面管理，树立城市形象》（1994 年）、朱铁臻的《建立现代城市形象》（1994 年）、张鸿雁的《城市建设的"CI 方略"》（1995 年）、仇保兴的《优化城市形象的十大方略》（1995 年）、卢继传的《持续发展观与城市形象设计》（1997 年）、张鸿雁的《中外城市形象比较的社会学研究》（2002 年）。

第二节　城市形象设计系统的构建

城市形象设计是城市规划和建设的进一步发展和延续，城市形象设计可以把城市中的物质空间和精神要素符号化和实体化，进而直观地传递给社会和城市居民，使得城市形象被更好地认知。城市形象设计在其不断发展的过程中自成为一个系统，该系统是在以理念支撑为系统设计根基的前提下，设立物质承载和精神表达两大系统的完整运作体系。

理念支撑是城市形象设计的主导精神，包括对城市发展方向、发展目标做出的定位，是城市形象设计与城市建设的灵魂和核心。物质承载系统将城市形象设计理念落实到城市物质空间的层面上，它包含城市形态、城市公共空间、城市建筑、城市景观和城市标识五个方面。精神表达系统将城市形象设计理念落实到城市文化精神的层面上，它包括城市品牌、城市精神和市民素质三个方面。

一、城市形象设计的基础要素

由于城市是一个复杂的综合系统，为了能完整准确地理解城市形象的内涵，可把其概括为两个方面：城市形象的物质要素和城市形象的精神要素。

（一）城市形象设计包含的物质要素

1. 城市形态

城市形态是指一个城市的实体、空间、环境和结构的总和。城市形态在广义上可分为有形形态和无形形态两部分。有形形态主要包括市域内城市布局、几何形态和分布、规模等。无形形态主要是指城市经济、产业结构布局和文化、社会要素的分布。狭义上的形态一般指城市布局和物质空间分布的有形形式。城市形态的发展趋势则是针对城市形态的未来变化所做出的各种发展预测。

城市形态受到几个方面的制约，包括地理环境、文化模式以及历史发展等。城市形态是城市形象的整体表现，也是城市形象反映的重要内容。城市形态布局可归纳为以下主要类型：①块状布局形式；②带状布局形式；③环状布局形式；④串联状布局形式；⑤组团状布局形式。

2. 城市公共空间

城市公共空间在狭义上是指城市中供人们活动的场所和社会活动所使用的空间。街道、广场、公园等都属于城市公共空间的范畴。广义的城市公共空间包含了所有城市空间内发生的活动和行为，包括人与人的交流、人对活动的参与、政治集会、交流互动等。城市公共空间是人与人交流的地方，是寄托希望并以其为归属的地方。离开了人的活动、人的故事和精神，城市公共空间便失去了意义。

在城市形象系统中，城市公共空间是城市物质环境的集中体现，也是文化和魅力的载体，良好的公共空间也是城市魅力的集中体现。在我国，城市公共空间主要包括三个方面，即城市街道、城市广场与城市公园。

3. 城市建筑

城市建筑是城市形象重要的表达要素。人们习惯于把城市的特色风貌寄希望于建筑，城市建筑不仅在其形式上具有重要的特征，而且往往和城市历史、城市文化、城市精神等要素是息息相关的。不同的城市文化、政治甚至是宗教和发展观的不同都会对建筑的形式产生不同的影响。同时，由于城市中人们所接触最多、感受最深的就是建筑，因此它对于人们的视觉影响是最为强烈的，所以说建筑是城市特色的重要反映。

因此，城市建筑应该是城市形象的主体。一个城市的特点在一定程度上取决于建筑，好的建筑能提升城市的品位，是一种风景，能振奋人心，凝聚人们的热情。城市可以容纳各种建筑风格，但应该形成明确的一条街、一个片区乃至整个城市的统一面貌。

城市建筑的风格、色彩、高度、体量都可以造就城市形象的特色。由于建筑的复杂性和多样性，同时也因为建筑的数量在城市中是最多的，所以城市建筑可以说是城市形象最直观的承载者和表达者。

4. 城市景观

城市景观的定义往往是指城市的自然和人文因素通过自发的或者是规划的设计之后形成的，在城市中对居民生活环境起到积极和促进作用的要素总和。景观的作用是能够使城市无论是在人文环境还是在自然环境上都更具艺术性，并且使城市居民在城市生活中具有归属感和幸福感。

城市景观风是体现城市形象内涵的重要组成部分，是城市气质、文化底蕴、格局特点的外在展现和历史、文化及社会发展程度的综合反映。城市的自然景观要素主要是指自然风景，如山川、石头、河流、湖泊、植被等。城市的人文景观要素主要有文物古迹、文化遗址、园林绿化、艺术小品、广场等，甚至商铺、建筑、广告牌等都属于人工景观的一部分。上述这些景观要素都是打造城市良好景观的必备条件，形成良好的城市景观必须针对上述景观要素进行精心设计和规划，系统地组织和布局，打造有序的空间环境，形成和谐的景观体系。

5. 城市标识

城市标识是指在城市中能够具有指引作用的文字、图形或符号。这些元素具有明确内容、表示位置和方向等功能。路名、警示灯、残疾人步道、宣传告示甚至店铺广告等都是城市标识的内容。人们在任何场所，只要看到或听到有深刻印象的城市标识，就会联想起该城市，并感受到这座城市的形象及魅力。城市标识系统主要包括标志标识系统和环境标识系统：①标志标识系统。城市的符号形式，体现城市形象的核心，如市徽、市花以及市树等。②环境标识系统。城市形象的生活环境和社会活动环境的体现，可促进全体市民的归属感，强化城市的可识别性和可信赖度。

（二）城市形象设计包含的精神要素

1. 城市品牌

城市品牌是城市形象在宣传和推广过程中提出的针对城市特色和发展战略定位的核心概念，形成城市品牌必须要符合城市特色、保持城市品牌的长久活力并得到社会和城市居民、外部人员的认可。

城市品牌可以使得人们认知城市，当这一品牌概念出现的时候，人们就会直观地联想到这一城市，同时也会从品牌中了解到城市的精神与文化，使竞争与生命共存其里。城市如人，有生命周期，有兴衰更替，在强调品牌概念的今天，一个城市的形象，其实就是象征其生命力的品牌。一个良好的城市品牌能够带给人们更加突出的认知城市的动力，而且会不断关注这座城市。城市品牌还可以带动一个产业群，带动城市周边地区的发展。城市打造品牌的阶段性目标跟产品品牌一样吸引消费，也就是说，让人们来消费这座城市。投资、观光旅游等都可以看作广义的消费，消费这座城市的人增多，由于乘数效应，城市的收益也必将提高，同时在市场竞争中取得竞争优势，其终极目标即提升城市形象也就自然而然地实现了。

2. 城市精神

城市精神是指一座城市的历史、文化和意志品质。城市精神是一座城市的特色和灵魂，它集中体现了城市的理想、品质和历史文化特色。城市精神不但是城市发展源源不断的动力，也是每一个城市居民对城市的认同和对价值的追求。小到一个人，大到一个城市乃至一个国家都必须要有自己的精神。城市精神对城市的发展具有不可取代的作用，鲜明而良好的城市精神和核心作用可以为城市提供发展的动力和源泉。一个城市只有拥有自己独特的城市精神，才能彰显一个城市的独特形象，凝聚民众的信心，共同发展。同时，城市精神也不仅是一种口号，也是市民思想、道德、城市品质、历史、政策的集中体现，这也是城市形象的主要内涵。

3. 市民素质

市民素质即市民的价值信仰、道德心理、知识能力等因素复合而成的一种整体倾向，指生活在同一个城市的绝大多数人的心理、性格和行为的基本特征和文明程度。市民是城市的主体，其素质优秀与否是衡量城市形象的一项核心内容，不仅体现在城市精神、城市文化等精神层面，同时也体现在城市建筑、生态景观等有形景观之中。市民素质决定着一座城市的现实发展水平，同时也决定着城市的未来追求、发展走向和城市形象的持续保鲜。

二、城市形象设计的物质承载系统构建

（一）城市形态设计的实施手段

根据以上分析，城市形态可以分为市域城市形态和主城区城市形态两种。

市域城市形态在规划和设计过程中应该综合考虑整个区域内的所有城市情况，除了设计本身的城市外，与周边城市相互协调，形成城市群，共谋利益、共同发展，以共赢为基础目标，集约化发展。这样的发展模式从形象上来说有利于提升城市的发展空间和潜力，从城市建设的角度来说可以避免重复建设、避免产业的恶意竞争和资源的浪费。同时，建设共享性基础设施，如公路网、机场、海运港口等一体化基础设施，从系统的角度来安排经济社会的发展策略和措施可以提高城市群的联盟效率，从而达到提高城市竞争力、提升城市发展能力和效率的目的。

目前，我国公认的较为成熟的城市群有三个，分别是长三角城市群、珠三角城市群以及京津冀城市群。其中长三角城市群又是城市化水平最高、城镇分布最密集、整体发展水平最高以及各城市间联系最为紧密的城市群，已成为国际公认的六大世界级城市群之一。长三角城市群以上海市为中心，以南京市、杭州市以及合肥市为副中心，总共包括30个城市，它们之间以沪杭高速公路、沪宁高速公路以及多条高速铁路为纽带，形成一个有机的整体。2010年5月，国务院正式批准实施的《长江三角洲地区区域规划》明确了长江三角洲地区发展的战略定位，即亚太地区重要的国际门户、全球重要的现代服务业和先进制造业中心、具有较强国际竞争力的世界级城市群；到2015年，长三角地区率先实现全面建设小康社会的目标；到2020年，力争率先基本实现现代化。

近些年，长三角城市群以其良好的基础设施、发达的科技教育、日趋完善的投资环境以及各城市间良好的产业分工与紧密的联系，成为了国内外投资者关注的"热土"，不仅成为了国内投资的首选目的地，也吸引了大量的国外投资，如苏州市的昆山不仅吸引了大量的中国台湾企业进行建厂生产，同时也云集了来自美国、德国、加拿大、法国、荷兰以及瑞典的企业进行投资。

这些都说明城市形象离不开城市所在区域的实际情况，一定区域内的城市如果能够合理分工，进而协同发展，对于宣传和推广各个城市的良好形象具有重要的促进作用。

主城区形态直接影响到城市发展和城市形象。在城市形象设计过程中，应该遵从城市总体规划、城市发展战略规划等上位规划的要求，同时也要针对一些上位规划中规定的城市形态进行简单的调整，争取达到打造独特的城市形态的目的。主城区城市形态设计可以从时间上将其划分为近期和远期两部分。近期主要以城市现有上位规划为主体，在满足城市发展需要的基础上，综合考虑远期发展现状，提高城市形态的可识别性，并对现有不符合规划和形象特点的城市局部空间进行调整。远期，应该重点打造富有地域特色、城市特色和文化特色的城市形态，运用城市空间布局关系的相关理论，提出宏观发展的新形态，并以此为依据，指导城市其他规划编制。

北京市历经明清两朝，直到现在都是全国性的首都，所以其主城区形态不仅反映了北京市的自然地理特征，也具有浓厚的历史政治因素。明清两朝的北京城由紫禁城、皇城、内城、外城组成，内外城呈"凸"字形布局。整个都城以皇城为中心，并在城市的东西南北建有四坛。北京紫禁城位于北京内城中心，南北长961米，东西宽753米，占地72万平米。每面辟一门，南面正门为午门，北面后门为神武门，东西两侧为东华门、西华门。紫禁城遵循"前朝后寝"的形式，布局严整。北京市南北走向的中轴线贯通全城，同时与都城和宫城的轴线重合在一起。南起永定门、北至鼓楼，全长近八千米的南北中轴线将整个城市有机地组织在一起，两侧左右对称布局官府、衙署等，以突出皇城。以中轴线为依据，由南至北，建立了左右对称的空间院落，这样，秩序就由这条独有的壮观的中轴建立起来，形成宏伟壮观的景象。

在城市空间布局上，高大的宫殿建筑群和低矮的住宅形成对比。城门楼、箭楼和角楼与景山景峰上的亭子以及琼花岛塔、妙应寺白塔遥相呼应，互相借景，使得全城三度空间抑扬顿挫、起伏高下，构成了具有北京特色的优美的城市轮廓线。北海和中海、南海、什刹海的湖沼岛屿所产生的不规则布局，和琼华岛塔和妙应寺白塔所产生的突出点以及许多坛庙园林的错落，也都增强了规则的布局和不规则的变化的对比。同时，北京城中棋盘式的道路网、以胡同划分的长条形的居住区，也形成了北京独特的四合院式的居住空间。

应该说，北京市在历史上所具有的这种主城区形态正是对其所处的地位与发展需求的最完美的回应。直到今天，当看到北京市的这种城市形态时，仍然能够感受其悠久深厚的历史与重要的地位，在宣传与推广北京市的城市形象时具有显著的效果。但是为了能够更好地满足北京市今后的发展，北京市政府也在不断地进行新的规划，以符合时代变化的要求。

（二）城市公共空间设计的实施手段

在我国，城市公共空间主要包括城市街道、城市广场与城市公园。对于不同的公共空间要施以不同的重点，具体来说：

（1）对于城市街道空间来说，要做到步行优先、道路顺畅。街道空间是城市中非常重要的公共空间，除了正常的交通功能外，还承担着大量的社会生活功能。我国大中城市步行通勤量占到了总出行量的约 1/3，因此，我们必须对街道空间的建设加以重视，打造良好、舒适的步行空间环境。建议将各类步行道整合成城市慢行系统，建设步行商业街、步行文化街、步行休闲街等主题街道。

（2）对于城市广场空间来说，要做到文化先行、品质优先。打造良好的城市广场空间需要结合城市的特色和历史，利用文化设施、文化活动、建筑艺术、环境艺术来表现广场空间，利用各色活动来展示广场空间，同时提高广场空间的人气，从而达到展示城市环境和城市文化的目的。

（3）对于城市公园空间来说，要做到优化生态、协调自然。应将环境友好、生态优先的战略原则贯彻到建设的始终，建议对重大建设项目进行环境影响分析评估，重视生态功能和实用功能，重视生态廊道的建设，协调自然，优化生态空间。

同时，在对城市公共空间的设计实施时要注意以下三点原则：

第一，"开放管理，回归大众"原则。加强城市公共空间建设，首先要做的就是将公共空间真正地还给公众，提升市民的可参与性，市民大众的爱市意识和公共意识往往因这些举措而逐渐增强。

第二，"强化整体，构筑系统"原则。城市公共空间要素包含以下几个特点：要素种类多、形态各异并且分布较广，对市民生活和城市环境质量影响非常大。因此，应从宏观、中观和微观各层面上把握好公共空间系统的规划与建设，结合城市特色、性质、规模等，充分规划城市的整体布局，实现公共空间的网络化。

第三，"多样发展，提升活力"原则。城市公共空间正在逐渐朝着多元化的方向发展，无论是空间形态还是活动种类甚至是使用人群，这种多元化的发展为城市公共空间提供了机遇和挑战。应在充分挖掘自身优势特色的前提下丰富公共空间的功能与形式，提升城市活力。

就我国城市中三种主要的公共空间来说，城市广场是最具地方特色、最能够鲜明地反映城市形象的公共空间。在我国众多城市的广场中，不乏一些成功的经典案例，使人们更好地掌握了城市的特征。

北京市的天安门广场位于城市的心脏地带，是世界上最大的广场。天安门广场北起天安门，南至正阳门，东起历史博物馆，西至人民大会堂，占地面积达到了44公顷，东西宽500米，南北长880米，地面全部由经过特殊工艺技术处理的浅色花岗岩条石铺成。天安门广场是无数重大政治、历史事件的发生地，是中国从衰落到崛起的历史见证。在天安门广场的中央耸立着人民英雄纪念碑，而南面也有毛主席纪念堂。同时，天安门广场每天都会在清晨举行升国旗仪式和在日落时分举行降国旗仪式。应该说，天安门广场所具有的这些元素都体现了北京市作为我国政治、文化中心的重要地位与鲜明特征，置身于天安门广场中就能够强烈地感受到北京市所独有的形象。

青岛市的五四广场是另一个城市广场的成功案例。五四广场建于1997年，北依青岛市市政府办公大楼，南临浮山湾，占地10公顷，是为了纪念青岛作为我国近代史上著名的"五四运动"的导火索而得名的。因东海路横穿其中，所以五四广场分为南北两个部分，其中轴线上的隐式喷泉、点阵喷泉、"五月的风"雕塑（见图9-1）、海上百米喷泉，都展现出庄重、坚实、蓬勃向上的景象。五四广场的北部以平整、开阔的大面积草坪、地被为主，花坛、地面采用崂山特产的花岗岩精制、铺装而成。北部广场中心为一个圆形隐式喷泉，临东海路的地方有花岗岩石刻，刻有1954年陈毅元帅第一次到青岛时写下的《初游青岛》五言诗。南部广场平面造型宛如一只展翅欲飞的蝴蝶，中轴线上有可供观看露天表演的下沉式广场和中央舞台；有可以允许人民靠近嬉戏、充分满足人们亲水性的旱地点阵喷泉；有用重达700吨钢板焊接而成、高近30米、直径27米的巨型城市标志性雕塑"五月的风"。该雕塑采用螺旋向上的钢体结构组合，以单纯简练的造型元素排列组合为旋转腾升的"风"的造型，又像一支熊熊燃烧的火炬，充分展现了"五四运动"反帝反封建的爱国主义精神。"五月的风"雕塑与周围的以碧海、蓝天为主，宁静典雅、舒展祥和的自然环境有机地融为一体，蔚为壮观。南部广场的两翼为乔灌木混植林带，花艳草绿，与海天一色的海滨构成了宜人的四季景色。沿五四广场的中轴线约160米远的海面上，建有我国第一座海上百米喷泉。该喷泉的设计采用先进的高压水泵，喷出的水柱可高达百米，壮观异常。五四广场建成后，荣获了国家市政工程最高奖——金杯奖以及国家建筑工程最高奖——鲁班奖。五四广场集纪念、集会、休闲、娱乐游览、观光于一体，每年吸引大量的国内外游客和市民，为青岛市增添了一道亮丽的风景。

图9-1 五四广场的"五月的风"雕塑

温州市的世纪广场（见图9-2）也是我国一个典型的城市广场的代表。温州市世纪广场位于温州市城市中心区的行政中心南面，是展示城市现代形象的景观标志广场，其南起温州市的市府路，北至划龙河，西起府西路，东至府东路。世纪广场中央是一个巨大的集会空间，外围绿化环绕，飘带状的水体、花坛穿插其

图9-2 温州市的世纪广场

中，很好地体现出了现代、简洁、开阔、大气。在世纪广场的中心，矗立着温州市的城市之雕——世纪之光，这是世纪广场的标志性建筑。它主要由1200平方米的地下展厅和60米高的圆形玻璃壁观光塔组成，搭乘电梯可直通地下，那里是一个圆形的休闲馆，馆内有人文展览，从下往上看，可见玻璃地面水光潋滟。作为温州市政府办公大楼的一部分，世纪广场旨在向世人显示温州市的财富与胸怀。该广场不缺少任何必需的元素，首先，除了市政府建筑群外，其他两个目前温州最重要的公共建筑——科技馆和博物馆也对称地分布在广场中轴线两侧；其次，绣山公园给世纪广场和市政府大楼提供了一个安逸的背景。更为难得的是，一条治理得清亮的小河从西向东蜿蜒而过，无形中给这个多少过于严肃的场所引入了柔和的元素，横穿广场的市政府大道也为交通提供了方便。总之，温州市的世纪广场不缺少任何常用的设计元素，同时也很好地突出了温州市的城市特色。

（三）城市建筑设计的实施手段

城市建筑设计的实施手段要从建筑风格、建筑色彩、建筑高度以及地标建筑四个方面入手。目前，各个城市尤其突出地标建筑对于宣传和推广城市形象的重要作用。具体来说：

（1）建筑风格。建筑风格的形成主要与所在的地域有关，同时自然环境、历史条件等都会影响建筑风格。在建筑风格的处理上，也应该从建筑布局、建筑形态、建筑手法的运用等多方面进行综合考虑。以城市原有建筑为基础，不能标新立异，忽略城市总体风格和已有的建筑风格。

（2）建筑色彩。建筑的色彩构成了城市的主色彩基调，是城市建设中不可忽视的元素，是城市形象和艺术提升的重要影响因素之一。一个城市形象的好坏，建筑色彩的艺术感最重要，特别是城市当中的一些富有代表性的建筑，其自身色彩都应具有地方特色，协调一致，合理搭配。

（3）建筑高度。在各个组团中考虑不同的簇群式高层建筑布置，形成明显的城市轮廓线，而不是撒芝麻一样地均质对待。城市公共基础设施的建设应与居住、开放空间混合布置，提高老百姓对文化设施的利用率，增加幸福感。

（4）地标建筑。规划标志性建筑沿城市主要景观轴线或者是重点展示区布置，在建成区适当地点和城市新拓展区域沿主要景观轴及视线焦点适当设置标志性建筑，以形成特色鲜明的城市景观特点。

综观我国有代表性的城市建筑设计，无论是建筑风格、建筑色彩、建筑高度，还是让人印象深刻的地标建筑，都深深地体现了城市的自然与人文特征，可以强有力地突出城市特色，对城市形象的宣传和推广起到明显的作用。

我国西藏自治区自古以来以其独特的自然条件和历史因素而形成了独树一帜的建筑风格，其中布达拉宫是西藏地区最具有代表性的建筑（见图9-3）。布达拉宫位于西藏自治区首府拉萨市区西北的玛布日山上，是一座依山而建的宫堡式建筑群。整座宫殿具有浓厚的藏式风格，而且由于布达拉宫起建于山腰，大面积的石壁又屹立如削壁，使建筑仿佛与山冈融为一体，气势雄伟，充分体现了西藏地区的自然特征。布达拉宫最初是7世纪吐蕃王朝的赞普松赞干布为迎娶尺尊公主和文成公主而兴建的，并于17世纪重建，体现了西藏地区政教合一的历史文化特征。1961年，布达拉宫成为了中华人民共和国国务院第一批全国重点文物保护单位之一。1994年，布达拉宫被列为世界文化遗产。

布达拉宫海拔3700米，占地总面积36万平方米，建筑总面积13万平方米，主楼高117米，共13层，其中宫殿、灵塔殿、佛殿、经堂、僧舍、庭院等一应俱全。布达拉宫自山脚向上，直至山顶，由东部的白宫和中部的佛殿及灵塔殿的红宫组成。红宫前面有一白色高耸的墙面为晒佛台，在佛教的节日用来悬挂大幅佛像挂毯。布达拉宫整体为石木结构，宫殿外墙厚达2~5米，基础直接埋入岩层。墙身全部用花岗岩砌筑，高达数十米，每隔一段距离，中间灌注铁汁进行加固，提高了墙体抗震能力，坚固稳定。屋顶和窗檐用木质结构，飞檐外挑，屋角翘起，铜瓦鎏金，用鎏金经幢、宝瓶、摩蝎鱼和金翅乌做脊饰。闪亮的屋顶采用歇山式和攒尖式，具有汉代建筑风格。屋檐下的墙面装饰有鎏金铜饰，形象都是佛教法器式八宝，有浓重的藏传佛教色彩。柱身上布满了鲜艳的彩画和华丽的雕饰。内部廊道交错，殿堂杂陈，空间曲折莫测。

布达拉宫依山垒砌，群楼重叠，殿宇嵯峨，气势雄伟，坚实敦厚的花岗石墙体、松茸平展的白玛草墙领、金碧辉煌的金顶，以及具有强烈装饰效果的巨大鎏

图9-3　西藏自治区的布达拉宫

金宝瓶、幢和红幡，交相辉映，红、白、黄三种色彩的鲜明对比，分部合筑、层层套接的建筑型体，都体现了藏族古建筑迷人的特色。

在我国近现代的历史上，上海市一直是重要的经济中心，而位于上海市浦东新区黄浦江畔的陆家嘴地区与外滩隔江相望，是中国上海的主要金融中心区之一。1990 年，中国国务院宣布开发浦东，并在陆家嘴成立了全中国首个国家级金融开发区。整个陆家嘴金融开发区的总面积不过 28 平方公里，但是已有超过 100 座高楼大厦落成，形成了具有鲜明特点的城市建筑群。在这其中，上海环球金融中心与金茂大厦又是最高的建筑（见图 9-4）。

图 9-4　上海环球金融中心与金茂大厦

上海环球金融中心竣工于 2008 年 8 月 29 日，楼高 492 米，其中地上 101 层，遥看时宛如一把挺拔锋利的剑劲插于浦东大地。上海环球金融中心是以办公为主，集商贸、宾馆、观光、会议等设施于一体的综合型大厦，在其内部办公的企业多为世界 500 强公司。目前，上海环球金融中心已成为在上海市旅游观光的必到之处，其观光设施位于第 94~100 层，其中第 100 层诞生了世界最高的观光厅，第 97 层如同浮在空中的天桥，第 94 层则以城市全景为背景，提供可举行各种活动的交流空间。上海环球金融中心就像一块强有力的"磁石"，吸引着兼具成长意识和变革魄力的引导世界潮流的专业人士，他们在这里相聚相会、沟通交流、运用最新信息，产生通向未来的新价值和可能。

与上海金融中心只相隔一条马路的金茂大厦是陆家嘴金融开发区另一个著名

的摩天大楼。金茂大厦于 1994 年开工，1999 年建成，高度为 420.5 米，其中地上有 88 层，若再加上尖塔的楼层则共有 93 层，地下有 3 层，楼面总面积为 278707 平方米，有多达 130 部电梯与 555 间客房，现已成为上海市的一座地标建筑，是集现代化办公楼、五星级酒店、会展中心、娱乐、商场等设施于一体，融汇中国塔型风格与西方建筑技术的多功能型摩天大楼。

（四）城市景观设计的实施手段

城市景观可以分为自然景观和人文景观，对这两者进行设计的实施手段，其侧重点也就会有所不同，具体来看：①自然景观设计的实施手段主要侧重在形成绿地系统，并充分利用城市中存在的已有资源，保护并利用自然环境，使得城市亲近自然、市民亲近自然，以达到和谐共生的发展目标；②人文景观设计的实施手段注重工业文化价值，对城市原有的发展遗留遗迹及设施进行保护、修缮与利用，并倡导工业文化体验之旅。

成功的城市景观设计实施手段必然是充分地突出二者的特色，将自然景观和人文景观进行了有机结合并且融为一体，最大限度地体现出城市独特的魅力，已达到宣传推广城市形象的最佳效果。

位于我国苏州市的苏州园林（见图 9-5）有着悠久的历史，具有浓重的地方特色。苏州园林又被称为"苏州古典园林"，以私家园林为主，其起始于春秋时期的吴国，形成于五代，成熟于宋代，兴旺鼎盛于明清。到清朝末年，苏州已有各色园林 170 多处，现保存完整的有 60 多处，对外开放的园林有 19 处。1997年，苏州古典园林作为中国园林的代表被列入"世界遗产名录"，并成为第一批

图 9-5　苏州园林

全国文明风景旅游区示范点，被胜誉为"咫尺之内再造乾坤"，是中华园林文化的翘楚和骄傲。苏州园林善于把有限空间巧妙地组成变幻多端的景致，在结构上以小巧玲珑取胜。沧浪亭、狮子林、拙政园、留园被誉为"苏州四大名园"，素有"江南园林甲天下，苏州园林甲江南"之誉。

一方面，苏州园林充分体现了"自然美"的主旨，在设计构筑中，因地制宜，采用借景、对景、分景、隔景等种种手法来组织空间，造成园林中曲折多变、小中见大、虚实相间的景观艺术效果。通过叠山理水、栽植花木、配置园林建筑，形成了充满诗情画意的文人写意山水园林，在城市内创造出人与自然和谐相处的"城市山林"。

另一方面，苏州园林是时间的艺术和历史的艺术。园林中大量的匾额、楹联、书画、雕刻、碑石、家具陈设、各式摆件等，无一不是点缀园林的精美艺术品，无不蕴含着中国古代哲理观念、文化意识和审美情趣。苏州园林以其优美的景色吸引了很多文人骚客纷纷留下墨宝。如唐朝杜荀鹤的"君到姑苏见，人家皆枕河。古宫闲地少，水港小桥多"，明朝文徵明提拙政园若墅堂的"绝怜人境无车马，信有山林在市城"等，这些都为苏州园林增加了文化性和艺术性。

(五) 城市标识设计的实施手段

城市标识主要包括城市标志标识和城市环境标识。其中城市标志标识是一个城市的社会、经济、文化、历史的缩影，集中体现了城市的特色。因此在设计过程中一定要重视人们的心理趋同性。作为一种文化符号，同样风格的标识可以增加归属感和凝聚力。因此，标识的设计必须从城市特色出发，将符号的缩影设计融入到标识设计中，并在一定范围内保持标识的风格统一。

城市环境标识主要包括公共艺术、市容优化、公共标识三个方面。城市环境标识应符合上位规划要求，结构清晰、层次分明，依据城市发展的主轴线、主要景观街道等设置极具城市文化特色的代表性标识。

在我们生活的城市中，最能够代表一个城市特征并且让你印象深刻的城市标识当属市花、市树以及城市小品。市花与市树能够展现一个城市的自然特征与城市精神，而城市小品则更多的是城市历史文化的表征，它们不仅能够装点城市生活，对于城市形象的宣传与推广也能够起到重要的作用。

市花是一个城市的代表花卉，通常是该城市中最常见的花卉品种。市花是城市形象的重要标识，也是现代城市的一张名片，国内外已有相当多的城市拥有了自己的市花。市花的确定，不仅能代表一个城市独具特色的人文景观、文化底蕴、精神风貌，体现人与自然的和谐统一，而且对带动城市相关绿色产业的发展、优化城市生态环境、提高城市品位和知名度、增强城市综合竞争力等都具有重要的意义。目前，我国大中城市根据自身的自然特征与历史文化基本都确定了自己的市花（见表 9-1），并将之视为对外界宣传城市形象的重要手段。

表 9-1 我国主要城市的市花

城市	市花	城市	市花
北京市	月季、菊花、玉兰	西宁市	丁香花
上海市	白玉兰	贵阳市	兰花
天津市	月季	沈阳市	玫瑰花
重庆市	山茶花	长春市	君子兰
中国香港	紫荆花	哈尔滨市	丁香花
中国澳门	莲花	长沙市	杜鹃花
中国台北	杜鹃花	石家庄市	月季
广州市	木棉花	成都市	木芙蓉
福州市	茉莉花	南昌市	金边瑞香、月季
杭州市	桂花	昆明市	云南山茶花
南京市	梅花	合肥市	桂花、石榴花
济南市	荷花	拉萨市	玫瑰花
武汉市	梅花	南宁市	朱槿
郑州市	月季	银川市	玫瑰花
西安市	石榴花	乌鲁木齐市	玫瑰花
太原市	菊花	呼和浩特市	丁香花
兰州市	玫瑰花	洛阳市	牡丹花

市树是城市形象的另一个重要标识，我国各个主要城市大都根据自身的实际情况确定了市树，如北京市的市树是国槐和侧柏，上海市的市树是法国梧桐，重庆市的市树为黄葛树，南京市的市树为雪松。

城市小品泛指城市中各种具有实用性、观赏性、导向性、广告性以及标志性的小型建筑物、构筑物及其他形体物。城市小品不仅能点缀城市，而且能反映城市的特色，使人们生活感到更舒适。城市小品在城市中的主要表现就是具有代表性的雕塑。

在北欧各国的城市中矗立着大量的雕塑，其中最著名也最能够表现城市特色的恐怕要属位于"童话王国"丹麦首都哥本哈根市的美人鱼雕塑了（见图 9-6）。美人鱼雕塑是一座世界闻名的铜像，她位于丹麦哥本哈根市中心东北部的长堤公园内。远望这个人身鱼尾的美人鱼，她坐在一块巨大的花岗石上，恬静娴雅、悠闲自得；走近这座铜像，看到的却是一个神情忧郁、冥思苦想的少女。铜像高约 1.5 米，基石直径约 1.8 米，是丹麦雕刻家爱德华·艾里克森（Edward Eriksen）根据安徒生童话《海的女儿》铸塑的，充分展现了哥本哈根市作为"童话王国"丹麦的首都所具有的鲜明特征。

图 9-6　哥本哈根市的美人鱼雕塑

三、城市形象设计的精神承载系统构建

（一）城市品牌设计的实施手段

一个城市的城市品牌与城市名片不但集中概括了该城市的文化特质、精神风貌等城市内在属性，同时也体现了城市活力、城市景观、自然资源（如绿色廊道、自然水体、城市湿地等）等城市物质载体，除此之外还为城市未来品牌属性的提升提供了动力，为今后逐步形成有特色的城市活动提供了基础。

对于城市品牌、名片的打造，应通过各种有影响的活动和媒介对其进行强有力的宣传，否则，城市中优越而独特的品牌条件就会受到影响。打造城市品牌的策略有：①选用城市品牌形象代言人；②推出城市形象宣传片；③事件营销；④建造城市独特的标志性建筑；⑤打造城市本土名牌企业与产品。

选用有影响力的公众人物作为城市品牌代言人，传承城市精神，充分展现一个城市的风貌；推出城市形象宣传片，作为对外宣传的重要工具，整合城市具有特色的资源和特质，向城市居民和旅游者展示城市魅力；以城市支柱产业为中心，以时间、历史、发展为线索展现未来发展潜力，展示城市本身的激昂奋进的精神面貌和对城市未来发展的巨大决心。可以设立不同级别的节日、纪念日等，形成一种快速提升品牌知名度与美誉度的营销手段。

在我国，有些城市已经开始注重打造独特的城市品牌，借此对城市形象进行宣传和推广。例如，北京市借助自身的优势定位为我国的文化中心，而上海市定位为经济中心，威海市、三亚市等则在对外宣传时重点突出其作为宜居城市的特征。

（二）城市精神设计的实施手段

国家精神是一个民族凝聚力的体现，一个城市的精神形象，应该同国家、民族、地区精神紧密结合，同时广泛、大力地进行宣传。一个积极、向上、贴切的城市精神会让人更加深刻地了解城市、感知城市、热爱城市。应当通过各种手段和方法弘扬城市内的各种精神，如创业精神、创新精神等。物质空间的规划和设计应当成为展示城市发展历程的载体，城市形象设计的作用体现在对于城市管理能力、文化设施建设、市民受教育程度、市民素质的管控和引导上。

塑造城市精神的策略包括：①以大型主题教育活动为载体，促进城市精神崛起；②加强新闻宣传，为城市进步提供重要精神支撑；③丰富群众文化，深化城市精神；④借历史文化优势，创国际品牌赛事；⑤塑造城市精神，提升城市形象。

通过定期组织主题教育活动，让传统精神在日新月异的社会中永不褪色、历久弥新，让创新精神在秉承历史的前提下高速发展。加强新闻宣传让市民自发地参与到自己深爱的城市的建设当中；举办以宣传城市精神为主题的学习活动，丰富市民的文化生活，使城市精神在活动中深入民心；借助城市的产业特色，创建富有特色的城市赛事、集会等，提升城市的知名度和影响力，深化城市的创业和创新精神。

我国许多城市都十分注重对其城市精神的总结与宣扬，并且提出了凝练的城市精神表述语。大部分城市精神表述语都能够很好地体现一个城市特有的历史文化底蕴，突出城市的价值观，总体上很好地向外界展现了一个城市的独特魅力。例如，北京市的"爱国，创新，包容，厚德"；上海市的"海纳百川，追求卓越，开明睿智，大气谦和"；重庆市的"登高涉远，负重自强"；郑州市的"博大，开放，创新，和谐"；广州市的"务实，求真，宽容，开放，创新"；深圳市的"开拓创新，诚信守法，务实高效，团结奉献"；长沙市的"心忧天下，敢为人先"；成都市的"和谐包容，智慧诚信，务实创新"；徐州市的"承两汉雄风，集南北大成，展英雄气概，铸徐州辉煌"；襄樊市的"淡泊明志，宁静致远"；延安市的"坚定正确的政治方向，实事求是的思想路线，全心全意为人民服务的根本宗旨，自力更生艰苦奋斗的创业精神"。

（三）市民素质设计的实施手段

建议将市民素质的提升划分为三个阶段：第一阶段，针对普通市民普及文明礼仪精神；第二阶段，进一步提高全体市民的思想道德素质，宣传民主法制观念、诚信求实意识，提高市民的身心健康水平；第三阶段，主要围绕优化城市政务环境、商务环境、社会服务环境、城乡环境，提高社会整体文明程度。

市民素质提升系列工程建议包含以下内容：①开展政策宣传教育，提高市民对城市发展和未来形象的认知；②开办"市民素质讲坛"学习培训活动，提升市民综合素质；③开展文明礼仪及行为宣传普及实践活动；④加强全民文化建设；⑤开展群众性精神文明创建活动。

第三节　城市规划展示研究

一、城市规划展示的战略价值

顾名思义，城市规划展示就是在一个特定的空间内通过适当的技术手段将城市的风采风貌、规划建设成就及历史文化等方面呈现出来，且这种展示往往是一种浓缩的精华，所以也被称为"城市之窗"。城市规划展示作为城市整体形象和对外交流的重要平台，全方位、多角度地展现了城市建设的沧桑巨变以及城市发展成果与总体趋向。它不仅为城市规划精细化管理提供了有力支撑，成为政府规划决策与社会各界沟通的桥梁，为国内外专家、城市投资商及建设者等提供学术交流、规划咨询的场所，也成为普通市民了解、参与、监督城市发展的最系统、最直观、最生动、最快速的有效途径。绝大多数城市的做法是将城市规划展示在城市规划展览馆内集中呈现出来。城市规划展览馆已经逐渐成为"城市的会客厅"与"城市的金名片"，这也是其战略价值的集中体现。同时，城市规划展示往往具有多种功能，但是对于不同类型的城市，其必须具有准确的功能定位及功能组合。

城市规划展示对于一个城市来说是集多种重要的战略价值（见图9-7）于一身的，而城市规划展览馆的存在就是这种价值的具体表现。从目前来看，城市规划展览馆已经完全有别于一般意义上的展览建筑，而是成为了城市发展进程中不可或缺的建筑类型。它不仅是展示城市演变历史及建设成就的窗口，也不再局限于成为支撑城市精神的纪念碑，它以更为精练与准确的语言刻画着城市的内在性格与精神特质，以更为开放与包容的姿态成为城市公共生活的一部分，以更为积极与热情的形象推动着城市的经济增长与社会发展，从而真正成为城市物质生活与精神生活的中心。

（一）展现城市风采与城市特色

从城市规划展示的定义中可以看出，其并不只是对城市规划的简单展示，而是包括城市中的诸多内容，是对城市全方位的展示。在参观城市规划展示后，参观者可以了解到一个城市独有的自然环境、历史文化及民风民俗等。城市规划展

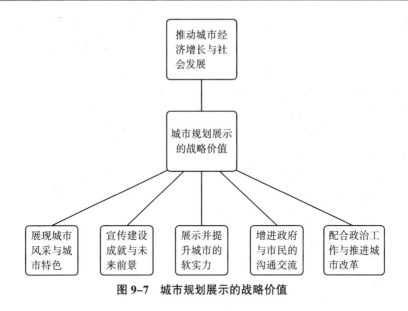

图 9-7　城市规划展示的战略价值

览馆的建造及布展，都可以体现出其所具有的展现城市风采与城市特色的战略价值。

1. 城市规划展览馆的建筑设计、投资规模及区位选择

绝大多数城市的做法是通过建设城市规划展览馆来进行城市规划展示，这就决定了城市规划展览馆本身就是对一个城市的展示，首先体现在其建筑设计上。城市规划展览馆作为城市中的展览类建筑，其建筑形象自然也是展览的一部分，其建筑形式所呈现的面貌应是具备人文精神和积极向上的力量。作为推广城市的窗口，城市规划展览馆的建筑形象同时应具备极强的城市代表性和感染力。但是，城市规划展览馆建筑也必须以它自身精准的逻辑与建筑语言回应城市历史与文化背景的脉络结构，而非仅局限于新奇的手法与具体的形式之中。上海城市规划展示馆是我国第一座建成并投入使用的城市规划展览馆，其主体造型从我国传统的城门形态中获得设计灵感，暗喻该建筑是上海市展示自己的大门。该馆顶部由四片硕大的连体薄壳组成，犹如四朵正在盛开的上海市市花——白玉兰花，象征着上海市充满着朝气和活力。整个建筑以中心对称的结构巧妙地呼应着我国传统的美学思维，并且与现代感相融合，体现出新时代的和谐。苏州向来以风景秀丽、园林典雅闻名于世，苏州城市规划展览馆在建造中自然也秉承了这一特点。苏州城市规划展览馆的建筑外观仿照古代白墙灰瓦，采用低层坡屋顶形式，屋顶层层跌落，挑檐深远；平面布局采用院落式，将其展览内容分为现代馆和古代馆，二者由院落、石桥相连，其间以荷池、竹林、隔窗、叠石为点缀，使参观者仿佛置身于古代园林之中。另外有些城市的规划展览馆的建筑则是依据中国古典

文化中某些具有代表性的物体进行设计的，如烟台市莱山区规划展览馆的建筑是根据我国古典印章的造型进行设计的，这体现了城市的正能量与政府发展城市的决心与意志。

除了独特的建筑设计，城市规划展览馆的建设往往伴随着较大的投资规模、占地面积及建筑规模，这也是一个城市对于其城市规划展览馆战略价值的肯定。如上海城市规划展览馆的总投资为 2.6 亿元，而武汉城市规划展览馆的总投资更是达到了约 4 亿元。较小的城市对于城市规划展览馆同样倾注了巨大的投资，如大庆市投资 2.3 亿元建设城市规划展览馆。此外，无论城市规模的大小，其城市规划展览馆都具有很大的占地面积及建筑规模。上海城市规划展览馆总占地面积 4000 余平方米，建筑面积达到 18390 平方米，分为地上 5 层及地下 2 层；而城市规模比上海小得多的大庆市，其城市规划展览馆的占地面积甚至是上海城市规划展览馆的近 7 倍，达到了约 30000 平方米，总建筑面积为 26831 平方米。

绝大多数城市政府都选择在城市中显赫的区位建造城市规划展览馆。城市规划展览馆的选址既不像纪念馆有着诸多的限制条件，也不同于美术馆可以自由选择，而是在满足其重要性的基础上兼具灵活性。综观各个城市，虽然出发点不尽相同，但无一例外，都为城市规划展览馆提供了极有针对性的选址。或是城市传统中心区，如北京市、天津市及南京市等，或是城市发展重点新区，如滁州市、福州市及临沂市等。从中不难看出，城市规划展览馆的建设选址均位于城市最主要的空间节点。尤其值得注意的是，较多的城市将城市规划展览馆建造于市政府周边，如上海市、蚌埠市、滁州市及临沂市等。

2. 城市规划展示布展中对历史文化的展示

著名城市规划师、建筑师及理论家埃利尔·沙里宁（Eliel Saarinen）曾经说过，"让我看看你的城市，我就能说出这个城市的居民在文化上追求的是什么"，而城市规划展示恰恰能够通过对城市的介绍让参观者了解城市的独特文化。不仅如此，每个城市的规划展示中都会有一定的空间专门对城市发展历史与特色文化进行回顾及总结，这表明城市规划展示的战略价值也体现在对城市历史文化的深度挖掘上。但是在不同城市的规划展览馆中，其对历史文化的展示所占的分量也是不一样的，这主要受到其历史文化的时间长度、内容丰富程度、影响力及留存程度等多种因素的影响。城市规划展示布展中对历史文化的展示主要包括城市发展的历史回顾及城市文化的具体介绍。

在对城市发展的历史回顾中，最具代表性的当属北京城市规划展览馆，其历史文化展示部分主要由"北京古城变迁"和"北京历史文化名城保护"展区组成，通过大量的图片、文字、实物以及多媒体数字电影《不朽之城》和包括故宫实木模型在内的各种模型，反映了北京城的起源、变迁及历史沿革，详尽地展现了自石器时代到近代不同时期北京城的风貌格局，同时重点展示了北京市多个历史文化保护区的历史沿革与保护规划。

在对城市文化进行具体介绍时，多数城市选择对城市的特色建筑与当地的经典文化作为代表，以体现其文化的独特魅力。威海市城市规划展示馆中通过实物模型对威海市各个时期的代表性建筑进行了展示，突出了威海市作为海港城市，其文化的多样性与包容性。上海市规划展示馆中专门设立了历史文化名城厅，展示了众多的老上海照片，让参观者充分感受"海派风情"，并配合多种多媒体手段呈现出江南独特的人文景象及老上海特有的文化内涵。

（二）宣传建设成就与未来前景

展示城市的建设成就与未来前景可以说是城市规划展示的主要目的，也是其中最重要的部分。城市建设成就的展示主要集中于经济增长、设施建设、人民生活及科教文卫发展等方面；而城市未来前景的展示往往处于城市规划展示的核心地位，包括对城市未来发展战略及城市不同地区长远规划的展示。通过各地政府对于城市规划展示的高度重视、城市规划展示的主要服务对象，以及展示内容以城市发展远景规划为中心，都可以看出城市规划展示所具有的宣传建设成就与未来前景的战略价值。

1. 城市规划展示高度被重视

应该说，各地政府对于城市规划展示的高度重视正是如今城市规划展览馆如雨后春笋般涌现的重要原因之一，而这归根结底也正是城市规划展示的价值体现。城市规划展览馆的设计、建造及布展安排往往多由一个城市的市长亲自过问，对于城市规划展览馆的方方面面严格把控，并且城市规划展览馆从建设到后期运营基本上也是依靠全额财政拨款，这足以看出政府部门对于城市规划展示的重视程度。不仅如此，有些市领导将自己对于城市的感情通过城市规划展示呈现出来，如大同市城市规划展览馆的序厅正中央展示了市长耿彦波所作的《大同赋》，其中表达了他对于大同市历史成就的自豪及未来发展的憧憬。

2. 城市规划展示的主要服务对象

虽然城市规划展示面向的群体包括普通市民及旅游者，但是从目前的状况来看，其最主要的服务对象依然是上级领导、外地市政府考察团及企业考察团，这也是各地政府积极进行城市规划展示的初衷之一，即向上述三者宣传城市的建设成就与未来前景，以提高城市的地位，并且更好地吸引外资以发展当地的经济。例如，天津市城市规划展览馆从 2009 年 1 月 23 日正式对外开放到 2010 年 4 月 30 日截止，已经接待中央领导及有关省部级以上领导团体约 1708 场，总接待人数达到 31454 余人，这一接待规模在当时处于全国第一位，天津市城市规划展览馆已经成为宣传和展示天津市形象的窗口及招商引资的重要平台。

3. 城市规划展示布展的中心内容

无论在任何城市，其城市规划展示的重头戏都是对城市发展远景规划的展示。从展示规模上来说，对城市发展远景规划的展示基本上在城市规划展示中是分量最大的，且常常超过一半的比重；从展示投入上来说，相比于对其他内容的展示，对城市发展远景规划的展示在对城市规划展示的总投资中也是比重最大的，这是由于为了达到最好的展示效果，需要应用多种现代化的技术手段进行反复展示，如实物模型、沙盘展示、多媒体数字电影及多媒体互动设备等；从参观者的目的来看，城市发展远景规划不仅是普通市民最关心的问题，同时也是相关政府部门及投资者关注的焦点。

（三）展示并提升城市的软实力

随着我国城市的发展水平越来越高，城市的软实力在促进城市发展中占据着越来越重要的地位。城市的软实力是相对于国内生产总值、基础设施建设等硬实力而言的，包括一个城市的历史文化、价值观念及城市精神等影响城市自身发展的诸多因素。如今各个城市在进行城市规划展示时，都特别注重挖掘城市的软实力，并将其全面地展现出来，这对于提升一个城市的软实力是十分必要的。在这方面，城市规划展示的战略价值主要体现在增强市民对城市的热爱及自豪感、转化城市文化为城市发展的动力。

1. 增强市民对城市的热爱及自豪感

相对于博物馆而言，城市规划展示更加灵活多变，展览内容既有历史文化的传承又有未来发展的规划；相对于美术馆而言，城市规划展示的内容更加有章可循，感性的艺术创作后面有着专业理论的强大支持；相对于科技馆而言，城市规划展示表现得更为平等，除了对展品的单一展示及互动参与外，还强调信息的反馈与交流的重要；相对于纪念馆而言，城市规划展示则可以更轻松活泼，在宣传教育的同时还可以寓教于乐。城市规划展示的服务定位更加大众化，立足于城市建设发展，是人民了解城市最直观、最有效的平台。城市规划展览馆作为城市的专项文化建筑设施，极具城市代表性和针对性，在服务人群和展览内容方面有其不可替代的地方。市民通过参观城市规划展览馆，可以感受到独具特色的城市文化，并且能够直观、详尽地了解到城市建设现状及远景规划，进而增强对城市的热爱及自豪感。

2. 转化城市文化为城市发展的动力

城市的文化不仅是一个城市最具代表性的象征，也可以成为促进城市经济社会发展的推动力。大多数城市在进行城市规划展示时，不仅是单纯地将城市文化展示出来，而是尽量充分利用自身独有的文化来吸引旅游及投资，甚至是直接将城市文化产业化并进行推广。北京市城市规划展览馆中不仅大篇幅介绍北京市的历史文化，更是着重宣传"北京精神"，在进行城市推广方面走在了全国的前列。威海市城市规划展览馆根据"好客山东"的精神，重点宣传"好客威海"，打造城市的良好形象，以增加外界对于威海市的好感。杭州市城市规划展览馆通过"城市记忆"、"名城保护"及"山水城市"三个篇章，让参观者全面感受杭州市的历史文化，并通过三维动画实景仿真投影系统，结合互动模型船以及风雨雷电模拟等装置展现立体效果，实现"西湖泛舟"、"西溪漫步"及"钱江弄潮"等虚拟景色，全方位推广杭州市的旅游资源，实现以城市文化带动城市发展的目的。

（四）增进政府与市民的沟通交流

"公众参与"概念的引入可以说是城市规划展示中最引人注目的一点。在强调"以人为本、和谐发展"的今天，公众参与体系的建立和完善显得格外重要和迫切。令人欣喜的是，在已建成的城市规划展览馆中，都或多或少地注意到了此方面的建设，基本上所有城市的规划展览馆中都单独设有"公众互动参与区"。目前，城市规划展览馆已经成为政府职能部门推广公民意识的首选平台，这就为公众参与城市发展提供了相对公平、透明的交流环境。所以，城市规划展示所具有的增加政府与市民共同交流的战略价值就体现在规划公示与意见征询、布展强调与公众的互动设计两个方面。

1. 规划公示与意见征询

在"以人为本、和谐发展"精神的要求下，城市规划展示不只是对城市规划的简单展览，更是政府公示城市未来规划及征求市民意见的重要平台，各个城市在对城市规划展览馆进行布展设计时无一例外地都将其放在醒目的位置。大连市在对大连市规划展览馆的介绍中，明确提出其主要职能包括重大项目公示、发布重要规划建设信息及普及公众规划知识等职能，希望以此打造国内领先的规划展览馆。杭州市规划展览馆免费对市民开放，其中的"公示区"作为独立展出区域靠近一层入口，提供工程介绍、方案展板、模型展示、网络体验及投票留言等服务，市民可以通过这些平台了解城市重大项目建设情况，还可以参与投票、提出意见。武汉市将武汉规划展示馆逐步打造成为"市民之家"，设立开放式的规委会议事大厅，作为市民参与规划决策的重要场所。同时，武汉市为了方便市民及提高政府办事效率，在规划展示馆中开设政府办事窗口。目前，武汉规划展示馆共开设318个政府服务窗口，可以办理426项审批和服务事项，截至2013年10月，已累计办理行政审批服务事项180万件次。在国外，城市规划展览馆则十分注重效率，如首尔规划展览馆在布展上力求简单，但是突出与市民的交流，鼓励市民到此对城市规划提出自己的建议。

2. 布展强调与公众的互动设计

除了上述所说的规划公示与意见征询，城市规划展示的布展中还强调与公众的互动，如城市知识问答、城市实景模拟及多种互动类游戏等，这方面的实现多以各种现代化技术手段作为支撑。与传统的展示形式不同，参与性与互动性已成为衡量城市规划展示的重要现代性指标，灌输式、导向式的信息传达已被主动式、互动式的信息交流所取代。同时，封闭式、强制式的展示流程也不再适应现代生活的需求，与环境相融合的景观型、生态型的展示空间成为新的发展趋向。因而从本质而言，公共性与开放性的积极姿态是现代城市规划展示设计的立意之本与形式之源，它是实现知识性、趣味性、互动性、综合性、智能化等展示特征的基本保障。上海规划展示馆中的"2010年上海世博会规划展示区"利用沙盘和多媒体技术定时播放宣传片，参观者可以通过电子触摸屏选择自己感兴趣的部分进行详细了解。杭州城市规划展览馆的"实时观演厅"中，参观者可以利用LED笔在设计台进行绘画后，将图像实时地在半圆形投影屏幕上显示，并得到相应的评估结果。公众在参观南京市规划建设展览馆的"城市生态绿化演示"时，可以通过对触摸屏横纵方向的移动，直观、详尽地了解南京市各个节点的植被绿化及生态建设情况。

（五）配合政治工作与推进城市改革

由于各地政府对于城市规划展示的极为重视与全面把控，所以城市规划展示不可避免地具有强烈的政治内涵，而这也正是城市规划展示的一个重要战略价值——配合政治工作与推进城市改革。具体来说，配合政治工作主要体现在城市领导或上级领导对于城市发展的关注与期待，以及城市规划展览馆在接待上级领导与外地市政府代表团时所表现出的高度重视，推动城市改革则主要体现在城市规划展示对国家制定的相关改革方向的展示与改革精神的宣扬，反映出城市规划展示对于改革保持着高度敏感性。那么，这一战略价值就体现在以下三点：展示领导的关怀与期待、重视对领导及相关政府代表团的接待以及宣扬改革方向及改革精神。

1. 展示领导的关怀与期待

目前，我国处于经济社会快速发展的时期，并且城镇化率也在不断提高，城市的发展受到了国家的高度重视。那么，在城市规划展示中也体现出了领导对于城市发展的关怀和期待。大多数城市的规划展览馆中，都会在序厅或是展馆的核心空间等最明显的地方将领导对于该城市发展的要求与寄语明确地展示出来。这种做法就将领导的关怀与期待直接呈现在参观者的面前，不仅可以使参观者对城市未来的发展有一个准确的认识，也可以提升其对于城市未来前景的信心，同时也便于参观者对城市的发展思路进行评价与讨论。

2. 重视对领导及相关政府代表团的接待

上级领导及相关政府代表团是城市规划展示的主要服务对象之一，而对他们高规格的接待也是城市规划展示配合政治工作的体现之一。上级领导参观城市规划展示的目的基本可以概括为考察城市发展情况、讨论城市发展思路、检阅政府工作成果、为城市发展提供建设性意见等，而相关政府代表团，尤其是外地市的政府代表团则可以与当地政府在城市建设方面进行多方位的交流学习。可以说，重视对上级领导及相关政府代表团的接待也体现了政府对城市发展方面愿意与外界进行更多交流，愿意听取来自不同方面的建设性意见。

3. 宣扬改革方向及改革精神

城市未来的发展蓝图是城市规划展示中的重头戏，所以城市规划展示就必须保持对国家有关改革的相关政策具有高度的敏感性。随着我国新一轮全面改革的展开，各个城市都需要根据自身的实际情况做出相应的改变，制定具体的改革方案仅是第一步，之后还需要将这种改革的方向与改革的精神通过某些渠道进行宣扬，以便于改革能够真正地被执行，真正地落到实处。城市规划展示正是这其中最重要的一种渠道，也是政府可以加以充分利用的渠道。用改革的思路去指导城市的未来规划，同时在城市未来的规划中体现改革的思路，这是城市规划展示可以将二者合二为一的天然优势。例如，在我国环境问题越来越严重的背景下，某些城市的规划展览馆对布展内容进行了更新，将生态经济作为未来发展的重要思路加以展示。

（六）推动城市经济增长与社会发展

与博物馆、美术馆等展馆的展示所不同的是，城市规划展示不仅能够直接提升城市的形象，而且对于推动城市经济增长与社会发展有着重要的战略价值。并且在目前看来，推动城市经济增长与社会发展是城市规划展示战略价值的终极体现，这也是各地政府都热衷于建设城市规划展览馆的最重要原因。城市规划展示推动城市经济增长与社会发展的战略价值主要体现在两个方面，即对招商引资的巨大作用以及演化为高品质的旅游景点。

1. 对招商引资的巨大作用

在城市规划展览中，你不仅能够找到一个城市特有的历史文化、辉煌的建设成就，更重要的是，你还能够看到城市未来的规划，包括未来发展理念、重点建设新区、城市功能分区以及基础设施建设规划等，甚至是城市招商引资的优惠政策。这就决定了城市规划展览馆在城市招商引资中具有重要的战略价值。通过参观城市规划展示，投资者在决定投资前能够在短时间内对城市的功能布局及未来规划有一个全方位的了解，有利于投资者更全面地考察城市发展现状与前景，政府更合理地引导投资的空间布局以及城市更有效地吸引外资进入。不仅是城市规划展示的布展内容，有些城市的规划展览馆甚至直接选址在城市新区或开发区，将城市规划展览馆与新区建设融为一体，将城市未来发展的蓝图更直观地展现在投资者面前。滁州市规划展览馆位于城南新区，紧邻滁州市政府，其展示中不仅包括投资者关心的滁州市总体规划、专项规划及重点项目的内容，而且专门设计了招商引资专区，主要用于展示滁州市近几年招商引资的成果，即招商引资的规模、已落户滁州市的各大知名企业等，以及滁州市对于外来投资的多项优惠政策等。除了将城市规划展览馆建于新区，有些城市甚至在已建有规划展览馆的情况下，在新区或开发区再单独建设新的规划展览馆。莱山区是烟台市近几年重点发展的高新区，为了更好地宣传莱山区并进行招商引资，2013 年建成莱山区规划展览馆，其建筑面积达到了 8000 平方米。莱山区规划展览馆结合幻影成像、投影沙盘、弧幕投影及裸眼 3D 等一系列现代化技术手段将莱山区的建设成就、城市规划及未来发展蓝图等内容立体呈现在参观者面前，在莱山区招商引资中发挥着举足轻重的作用。

2. 演化为高品质的旅游景点

虽然大多数的城市规划展览馆仍然依靠当地政府全额财政拨款维持运营，但是仍有个别城市的规划展览馆是作为旅游景点直接创造经济效益，其中最具代表性的当属北京市与上海市的城市规划展览馆。北京市规划展览馆位于北京市旅游资源密集的中心区，为国家 AAAA 级景区，展示内容侧重于北京市的悠久历史及特色文化，每年通过门票及展馆内的商业设施可以获得可观的经济收入。上海市规划展示馆同为国家 AAAA 级景区，靠近外滩、豫园等风景名胜，每年不仅有大量的门票收入，更是通过举办各种临展创造了一定的经济效益。

二、城市规划展示的功能定位

（一）功能定位的基本原则

城市规划展示并不是单纯的对规划的展示，而是集宣传、展示、教育及休闲等多种功能于一身的综合性展览，实现了城市宣传功能、招商引资功能、旅游休闲功能、教育学习功能、学术研究功能及配套服务功能的全方位复合。因此，对城市规划展示功能的多样性与复合性的关注应始终贯穿于规划展示功能与格局设计的全过程，即要求城市规划展示的功能设计应强调其复合特征性，即将不同性质的功能区块在各自的功能、技术、交通、景观的需求下加以整合以寻求整体效益的最大化。但是对于不同的城市来说，在对城市规划展示进行布展设计时还必须考虑到一个城市的特殊性，保证城市规划展示的功能定位与城市发展的需要相一致，并且要坚持各功能间相协调的原则。

1. 与城市发展的需要相一致的原则

由于每个城市都具有自身的独特性以及不同的发展侧重，所以不同城市在对规划展示进行设计时不能搞"一刀切"，而是需要体现差异性，保证其功能定位必须符合城市发展的主旋律。从横向的城市间比较来看，由于不同城市的发展程度及发展诉求不同，就要求其在进行城市规划展示时必须突出相应的功能，以更加具有效率的方式促进城市的发展，避免城市规划展示沦为"好看不好用"的鸡肋。在现阶段，我国不同城市之间的发展差距还是十分明显的，发展起步较早、水平较高的城市，如北京市、上海市及武汉市等，其城市规划展示中主要突出宣传城市历史文化、旅游休闲、普及爱国主义教育、促进学术交流及服务市民大众等功能，主要服务对象为市民及游客等，这也是体现了城市在目前发展水平下的主要诉求；而一些发展刚刚起步、水平较低的城市，其急需向外推广城市形象以及吸引外资的投入，所以其城市规划展示的主要功能就定位于宣传城市形象与未来规划、招商引资等方面，主要服务对象为上级领导及企业等，这从部分城市将规划展览馆建在新区或在新区单独建设规划展览馆的行为中便可看出。从纵向的城市发展阶段来看，每个城市在不同的发展阶段的主要目标也不同，这也就决定了城市规划展示也要在不同阶段配合城市的发展，突出不同的功能，而并不是一成不变的。通过对各个城市实际情况的总结，可以发现，在一个城市发展水平较低时，城市规划展示还是更应注重招商引资的功能，以促进城市经济的腾飞，而当城市处于较高的发展阶段时，城市规划展示也应更加强调其公共服务的功能，促进城市精神文明水平的提升。不同发展水平的城市与城市的不同发展阶段的主要功能定位如图 9-8 所示。

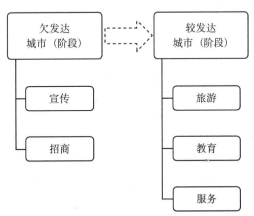

图 9-8　不同城市的规划展示的主要功能

2. 各功能间相协调的原则

　　无论对任何城市来说，城市规划展示都具有重要的战略价值，但是其要想更好地发挥自身的作用，离不开各种功能之间的协调统一。虽然城市规划展示的功能定位必须与城市发展的需要相一致，即在不同城市或不同阶段突出相应的功能，但是并不是说就可以弱化其他的功能，而是应该将各种功能形成一个有机的整体，达到各有所长、互为补充的效果。例如，每个城市的规划展示中都或多或少地包含城市的历史文化与规划演变，同时再加入其他展示内容并进行整合，各个展区承担的功能不尽相同，它们之间的比例都会根据相应的需求而决定，这也正体现了各种功能之间协调的原则。如果某一规划展示不能做到这一点，那么必然会造成展示内容的混乱、功能定位的模糊及展示运营的不可持续性，无法在长期起到其应该发挥的作用。

（二）城市规划展示的六大功能

城市规划展示对于城市发展具有重大意义，具有"城市名片、城市客厅、城市窗口、城市指南"的功能定位，其所具有的多种功能基本可以划分为六大类：城市宣传、招商引资、旅游休闲、教育学习、学术交流及公共服务。

1. 城市宣传功能

对于每个城市的规划展示来说，城市宣传功能都是必不可少的，其布展的很大一部分都是与宣传城市相关联的。具体来说，无论你参观哪个城市的规划展览馆，首先映入眼帘的都是关于这个城市的诸多介绍，包括历史文化、民风民俗及规划布局等，并且往往是通过多种现代化技术相结合的手段进行反复展示，达到使人印象深刻的效果。不仅如此，很多城市的规划展览馆本身的建筑设计也具有宣扬城市形象的功能。另一个具体的表现是，每个城市规划展览馆都会配备一定数量的讲解员，在上岗前都经过了充分的培训，并且随着规划展示内容的更新，讲解员也会得到及时的培训，保证讲解内容能够反映城市最新的发展变化。同时，大多数城市规划展览馆还会定期组织讲解员去其他城市的规划展览馆进行交流学习，以保证其讲解水平的不断提升。可以这样说，通过参观城市规划展览馆，参观者一定能够对这座城市有一个全面的了解及深刻的印象。

2. 招商引资功能

由于城市规划展示的内容中必然包括城市未来发展的蓝图及不同功能区的具有规划，所以其也就成为了城市招商引资链条上十分重要的一环。虽然并不是每一座城市的规划展示都会强调其招商引资的功能，但是仍然有一大批的城市在建设规划展览馆时会着重突出其招商引资的功能。这类城市都具有相似的诉求，即在一定区域内属于发展较落后的城市，急需向外界推广城市形象且渴望吸引更多的企业在此投资。这类城市往往将城市规划展览馆建设在新区或开发区，甚至单独投资建设新区规划展览馆，其布展内容中利用大部分篇幅展示城市的未来规划及发展前景，并且着重对新区进行介绍。同时，部分城市还会展示本地对投资的优惠政策以及已引进的企业，达到以商引商的目的。

3. 旅游休闲功能

绝大多数城市的规划展览馆都面向公众开放，许多本地市民也会选择在闲暇时间去规划展览馆了解城市的最新发展变化及未来规划。作为城市对外的窗口，城市规划展览馆也给外地游客提供了一个感受城市风采风貌与精神气质的场所。虽然只有个别城市的城市规划展览馆，如北京市、上海市等，成为了国家 AAAA 级景区，但是更多城市的做法是将规划展览馆选址在毗邻自然或历史文化景区的地方。例如，南京市规划建设展览馆位于南京市著名风景区"城市中央公园"的玄武湖主入口西侧，与玄武湖、明城墙等自然风光、历史遗迹相结合。扬州市规划展示馆毗邻扬州市曲江公园，借助周边无与伦比的自然风光，将扬州市的古代文化与现代文明融为一体，形成江南园林式的体验氛围。

4. 教育学习功能

部分城市的规划展示会展出当地发生过的重大历史事件，如城市历史上的代表事件、革命先烈的英雄事迹及城市发展的重大转折等，这些对于参观者来说都是很好的教育学习的素材，尤其是某些城市的规划展览馆会定期组织学生、军人及干部进行参观学习。在我国起步较早的几座城市规划展览馆中，北京市与南京市的规划展览馆都已成为爱国主义教育基地和青少年教育基地，而上海市规划展示馆则是作为爱国主义教育基地和全国科普教育基地。同时，城市规划展览馆也常常成为青少年成人仪式、入团（队）仪式等重要活动的举办场所。不仅如此，参观者在城市规划展示中也能学习到许多城市规划方面的知识。

5. 学术交流功能

对城市进行规划是一项技术含量极高的工作，这就要求各城市的规划专业人员必须随时掌握规划学科的最新研究成果，并且能够借鉴其他城市的优秀经验，而城市规划展示的存在就为相关专业人员提供了一个交流的平台。但是城市规划展示的受益者绝不仅是规划专业人员，其他研究城市相关问题的专家学者都能够在城市规划展示中找到自己需要的资料，这也是各城市将规划展览馆打造为城市数据库的目的之一。例如，北京市规划展览馆不仅对北京市的规划内容进行了展示，也对巴黎、伦敦等五个世界大城市的规划内容进行了详细介绍。同时，一些具有悠久历史的城市，也会在其规划展示中包含大量的关于城市考古的成果。

6. 公共服务功能

城市规划展示体现出城市文化的独特性和规划的专业性，以直观生动的展示手法扩大规划公示参与的广泛性，以全面准确的规划成果丰富规划公示的内容，以公众互动参与提高规划公示的实效。城市规划展示的存在不仅有利于集中展示城市形象和城市规划发展方向、提升城市文化品位，更重要的是，有利于加强规划公示工作，强化公众参与，营造全社会遵守规划、支持规划的良好氛围，是依法行政、推行"阳光规划"的需要，使城市的发展更加体现"以人为本"的理念，为构建和谐社会发挥积极作用。除此之外，部分城市的规划展览馆还会不定期地举办一些临展，如艺术展、摄影展、主题展览等，以丰富市民的精神生活，提高市民整体的文化修养。

(三) 城市规划展示的功能组合与布局组合

上文提到城市规划展示的功能定位原则是其要与城市发展的需要相一致，且各种功能之间要协调统一。那么，城市规划展示的六大功能就要按照这一基本原则进行有机的组合。同时，城市规划展示在城市中的选址往往也根据其功能定位的不同而存在差异。其实不仅是选址，城市规划展示在城市中的布局组合也与其功能组合之间存在着紧密的联系，其不同的布局组合总是能够体现出其功能定位的侧重点。城市规划展示的布局组合主要可分为三类：与市政府的布局组合、与景区的布局组合以及与公共场馆的布局组合。

1. 与市政府的布局组合

许多城市的规划展览馆都选择紧邻市政府而建，这种安排往往是为了能够更好地配合当地政府的相关工作。这就决定了其服务对象主要为政府部门及投资者，即包括上级领导、外地政府考察团及企业考察团等，其功能定位中必定强调宣传城市与招商引资，而对于旅游、科研及公共服务等职能则较为弱化。然而，并不是所有将规划展览馆建在政府周围的城市都是如此，其中也存在着例外。例如，上海市城市展示馆同样紧邻上海市政府，但是正如前文所提到的，其功能定位更加侧重旅游、教育及为市民服务。

2. 与景区的布局组合

另有一些城市将规划展览馆选址在靠近景区的地方，也就是希望利用景区的自然风光或历史遗迹的衬托，将城市规划展览馆的作用放大，更好地实现其价值。有别于前一种情况，这些城市的规划展览馆将更多的精力放在宣传、旅游及教育上，这种选择也就使得其产生了将规划展览馆与景区进行组合的动机。

3. 与公共场馆的布局组合

城市规划展览馆虽然是公共场馆的一种，但是其与博物馆、美术馆、科技馆及图书馆等场馆还是存在着一定的差异。将城市规划展览馆与其他公共场馆布局在一起，确实可以起到互补的效果，并且也有利于形成城市的文化中心，为满足市民的精神文化需求提供一个空间载体。许多城市正是考虑到了这一点，将多种公共场馆在空间上相结合，其中就包括城市规划展览馆，甚至某些城市安排城市规划展览馆与美术馆、科技馆等共用一个场馆，正如威海市所做的那样。那么，这些城市的规划展览馆的功能也就会更多地侧重于教育、科研与公共服务。值得注意的一点是，有些城市的规划展览馆不仅邻近其他公共场馆，同样也紧邻市政府，如滁州市将规划馆、美术馆及体育馆等公共场馆围绕市政府进行建造，这种布局组合往往也要求规划展览馆的功能定位更多地来满足政府的需求。

第十章　城市发展演化的动态规划研究

城市在发展过程中，规模的扩大导致"城市病"的产生，从而出现卫星城规划；城市规模的扩大也导致相邻城市逐渐靠近，于是出现需要协同规划的同城化规划；多城市的共同发展，则出现密集的城市群及城市带。所以，城市发展演化的动态规划是多阶段的。

第一节　卫星城的发展规划

一、卫星城的发展演进与分类

（一）卫星城的发展演进

所谓卫星城，就是指大城市在发展过程中，其规模的扩大导致环境恶化、住房紧张、交通拥挤等多种"城市病"，为对大城市进行调控，而通过在大城市周边规划新城以疏散大城市的人口、产业等，这种旨在调控大城市规模的新城即为卫星城。

卫星城作为一个概念，是在1915年由美国学者泰勒在《卫星城镇》一书中首先提出的，其特点是建筑密度低，环境质量高，一般有绿地与中心城区分隔，目的是分散中心城市的人口和工业。

从世界范围看，卫星城的发展演进经历了四个阶段：一是"一战"后出现的"卧城"，完全承担居住功能，与城市中心区距离不超过20公里；二是在"卧城"的基础上发展工业与配套设施，成为具有半独立功能的新区；三是具有相对独立功能的卫星城，能为城市居民提供大部分就业岗位，拥有工业区、生活区和文化区，服务设施比较完备，人口规模在10万~20万左右，甚至更大；四是目前欧美国家的多中心敞开式城市结构，卫星城与主城间通过高速交通线联系起来，其功能更全、规模更大。

（二）卫星城的分类

目前对卫星城并没有统一的分类方式，由于研究目的的不同，研究者选择了各种各样的划分角度和划分标准。

从卫星城与母城的关系来看，可以把依附性强的卫星城叫作消极的卫星城，而把独立性强的卫星城叫作积极的卫星城。根据卫星城的发展历史则可以将其分为第一代卫星城"卧城"、半独立性的第二代卫星城和完全独立的第三代卫星城。

实际上，若按职能，我们可以把卫星城分为如下五类：

（1）卧城。卧城的主要职能就是为在市区工作的人们提供住宅，以解决城市人口膨胀、住房拥挤等问题。卧城的居民白天进入市区去工作，只有到了晚上才回到卫星城居住。早期的卫星城多是纯粹的郊区住宅区，在那里几乎只有住宅，居民的生活有些不便，而且一早一晚给交通造成巨大的压力。

（2）工业城。工业城的主要职能是接收从市区转移出来的工业企业。这些企业可能是中心城市在产业结构升级过程中要淘汰的产业（如有污染的和产品附加值比较低的企业），或者是城区由于区位价值的变化而导致功能改造的结果（如原来的工业区变为商服区等），再通过招商引资引进部分企业，从而保证卫星城的规模。但这类城市服务设施较差，疏散人口的动力不足，从而导致企业和原职工的分离，即企业外迁了，但部分职工却仍留在中心城市。

（3）大学城。大学城是以大学及配套服务设施共同组成的，西方国家的大学城大多就是一所大学，而我国大学城大多则是由众多名校分校、民办大学等共同组成。其原因是名校老校区办学空间受限，办分校是为拓展办学空间；而民办学校则更多的是考虑降低办学成本，从而进驻离中心城区较远的卫星城。但这样的大学城往往由于与中心城市距离较远，加上配套服务设施的水平相对较低，学生和老师在某种程度上都具有排斥性，因此发展规划也受限制。

（4）旅游城。这种卫星城大多是处在中心城市的上风上水，一般离中心城市的距离较其他卫星城又相对较远，故发展卧城和工业城都不合适，如山水资源又比较多，则容易形成以旅游职能为核心的城市，如北京的延庆和密云就非常典型。

（5）综合城。这是卫星城发展到后期，职能不断完善、人口规模不断扩大后形成的。其商服的层次相对较高，交通便捷、环境优美。城市的独立性强，人口相对稳定。

二、卫星城对中心城市的作用机制研究

卫星城对解决中心城市"城市病"问题的作用机制主要可以从如下几方面阐释：

（一）中心城市低层次、高污染工业企业的推拉原理

1. 推力分析

城市发展实际上是产业不断累加和递推的过程，即其发展之初往往都是低层次的劳动密集型产业，或是污染相对也比较严重。城市再发展，则中心区位地价不断抬升，劳动力的价格也随之发生变化。于是，取而代之的是相对高层次产业的发展，高层次产业往往都具有占地面积小、产品附加值高的特点，它们的进入对最初的布局企业形成一定的推力，这样，原有企业不断受到排挤，于是，它们不得不考虑外迁，从而再重新找回低成本运营。但是，当卫星城规模不够大、原有企业会依惯性及等待搬迁政策等，它们在中心城市会拖滞很长时间。

2. 递推成本

无论如何，城市的再发展使大部分原有企业具有较强的外迁性，但由于卫星城的发展建设需要较长周期，而且，原有企业对中心城市的市场、信息等的依赖，部分外迁企业往往遵循"中庸"之道，即其首先迁至城市近郊或略远的地带，而当城市再发展对其又形成压力时，它会再次外迁。深圳可以说是城市发展的典型缩影。其企业布局亦遵循这样的规律，即建特区之初，有不少企业布局在罗湖区，而后随城市发展，企业布局又转向南山和福田的周边地区。20 世纪 90年代末，福田周边的工业区又相继进行功能改造，首先是区位最好的上步区率先改造为商服区，其次是区位次好的八卦岭工业区也倾向于改造成商服区，最后是距离偏远的车公庙工业区亦考虑改造成高新技术产业区，并兼具部分商服职能，而高污染、低效益的企业则均向区外迁移。所以，递推不仅增加了企业成本，同时也增加了政府成本。因此，前瞻高效的城市协调布局是提高总效益的关键所在。

3. 拉力分析

卫星城建设由于地价低和低消费水平所促成的劳动力价格对中心城市的低效益企业会有一定的拉力，但这种拉力必须是卫星城达到一定规模才能发挥效应。因此，总体上讲，中心城市企业的外迁实际上是一个自然的推拉过程。

（二）卫星城调控中心城市人口的协同原理

除工业企业外迁外，城市人口的调控也是城市环境保护极为重要的一个方面，其协同原理可以从如下两方面来论证：

1. 疏散原理

中心城市除工业污染外，人口稠密亦带来交通拥挤、住房紧张、城市运转效率下降等多方面的问题。中科院可持续发展战略研究组所编写的《2012 中国新型城市化报告》计算了中国 50 个百万人口以上的主要城市平均上班时间，北京以52 分钟居榜首，广州、上海、深圳分别以 48 分钟、47 分钟、46 分钟紧随其后，长沙则以 27 分钟排在第 31 位，50 个城市的平均单行上班时间要花 39 分钟。报

告中计算出的"上班花费时间"是由"理想上班时间"加上"堵车时间"得出的结果。上班最费时的北京，理想上班时间（不堵车的情况下）为 38 分钟，另外 14 分钟为堵车时间；广州、上海、深圳、天津等一线城市平均耗时都在 40 分钟以上，堵车时间都在 10 分钟以上；二线城市的南京、重庆、杭州、沈阳、太原、唐山等均在 30 分钟以上。

鉴于此，卫星城的建设势在必行。实际上，不管是从环境保护的角度，还是从提高城市运转效率的角度，非特殊的综合性城市应该有一个理论的最优人口规模，而最优人口规模的调控则主要依靠卫星城。国外发达国家的卫星城所疏散的中心城市人口多为高收入阶层，他们或是依赖发达的公共交通，或是自己拥有轿车，如此，疏散的人口实为"高收入、高污染"居民。

2. 阻挡原理

城市规模越大，吸引的外来人口越多，所以，阻止外来人口过多拥入中心城市，这也是卫星城要解决的问题。

城镇体系规划中著名的引力模型及断裂点公式解决了两个城市之间引力分界的问题。但略有遗憾的是，这个成果忽略了两城市对非直线交通附近点及与小城市相背方向点的引力问题探讨。所以，对此我们可以借助断裂点的推导原理来求得一个在两城市第 m 条线路上（实际上城市和城市之间往往不止一条路，我们设其为 m 条路）的断裂位置。

如图 10-1 所示，根据断裂点推导的推论，两个城市的人口规模之比等于两个城市分别到断裂点距离的平方之比，我们近似用直线距离来取代曲线交通距离，并设卫星城 B 到断裂点 S 的距离为 L，借助余弦定理，可求得 A 城到 S 的距离，又设中心城市 B 城的人口规模为 P_B，而小城市 A 城的人口为 P_A，两城之间的距离为 D，则我们可以得到如下的轨迹模型：

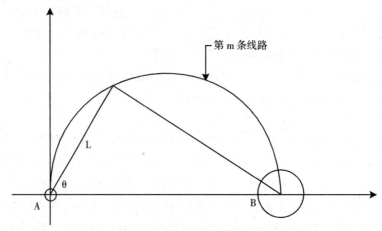

图 10-1　第 m 条路上的断裂点

$$p_a/p_b = l^2/(l^2 + d^2 - 2ld \cdot \cos\theta) \tag{10.1}$$

按照这个模型，我们可以求得任意一条线路上的断裂点，然后我们把这些断裂点连起来就会得到一个圆形区域，因远断裂点常有拉伸，圆形会变异为蛋形，于是我们又称其为"蛋形模式"（见图10-2），这样，蛋形区域以外，则不管远近尽属中心城市的引力范围。但蛋型区域的大小与小城市的规模有关，这就是卫星城能很好阻挡外来人口并调控大城市人口规模的机理所在。

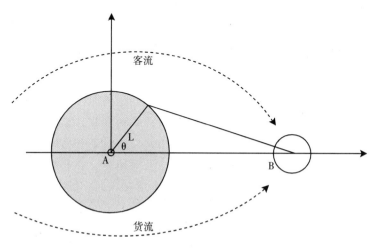

图10-2　"蛋形模式"轨迹示意

1996年麻城的人口只有13万，而麻城的另一个重镇宋埠人口却有8万，宋埠位于麻城和武汉之间。宋埠的发展起码不慢于麻城，且外来人口多来自武汉郊县，宋埠同武汉的协作项目也远多于麻城。对这一现象，用蛋形模式计算（武汉到麻城的距离约为100千米）恰好形成的蛋形区域把武汉包容在内。所以，为强化中心城市麻城的发展，协调二者之间的关系就很重要。假设若干年后，麻城的规模发展到30万人，而宋埠的人口规模发展到10万人，则再算蛋形区域就不包括武汉了。于是，来自武汉的客流、协作项目、信息就会更多地进入麻城，这样，麻城的发展就快了。当然，这是一个反向的例子，而从限制中心城市的角度，蛋形模式运用的意义实际更大些。

三、卫星城相对中心城市的优化规划

在城市化高速推进的今天，大城市以更快的速度实现规模增长，而与之相伴的是"城市病"越来越严重。这样，从控制城市规模、疏散城市产业和人口的视角，卫星城的规划便被提上议事日程。但从目前我国很多特大和超大城市的卫星城规划来看，大多都没能找到准确定位，以致不是规模偏小，就是距离偏近，随之而来的不是卫星城被中心城市吞并，就是卫星城不能发挥应有的作用，这都与卫星城规划的理论研究滞后有关。这就像天体中的卫星一样，卫星要想既不被星球吸引过去，而其又不会偏离星球而去，其中的原理就在于卫星要以一定的规模保持和星球的适当距离。卫星城的规划也一样，下面我们就从理论上来探讨这一问题。

(一) 卫星城到中心城市的适中距离

卫星城的规划选址首先要考虑它到中心城市的距离。从英法等国最早卫星城的实际规划看，其到中心城市的距离多在 20~30 千米。1944 年完成的大伦敦规划，新城到伦敦市中心的距离约为 38 千米，若伦敦的城区半径以 10 千米计，则卫星城到城区的距离为 28 千米。与大伦敦规划相似的大巴黎规划完成于 1965 年，该规划提出建设的五座新城到巴黎市中心的距离均在 30 千米以内。

但实际上，随着城市的发展及交通运输方式的变化，卫星城到中心城市的距离也在不断延伸。20 世纪 60 年代中期，伦敦又编制了一次规划，即让城市沿着三条主要快速交通干线向外扩展，形成三条长廊地带，在长廊终端分别建设三座具有"反磁力吸引中心"作用的城市，其中密尔顿·凯恩斯 (Milton Keynes) 新城距伦敦以西 74 千米处。

韩国首尔所建的卫星城距首尔市中心一般都在 30~40 千米。20 世纪 60 年代以来，日本在东京、大阪等城市周围都陆续建了不少的卫星城，被称为新镇，东京周围的新镇有 7 个，它们距东京市中心的距离多在 30~50 千米，最远的筑波距离东京都中心约 60 千米。日本在规划新镇时，特别重视新镇与中心城市的交通联系，如东京的卫星城——多摩新镇与东京间修建了"京王线"和"小田急"两条快速铁路线，从多摩新镇中心直达东京副中心新宿，约需 35 分钟。

我国值城市化快速发展时期，大城市急剧膨胀扩充，所以，很多原来规划的卫星城很快都与中心城市连为一体。例如，北京 2000 年建成区面积为 488 平方千米，2006 年建成区面积为 1226 平方千米，建成区的半径以每年超过 1 千米的速度在增长，这就对卫星城与中心城市之间的距离提出了较高的要求。通州作为卫星城，它离北京市中心的距离只有 17 千米，加之北京市重点是向东发展，故这一距离显然是太近了。现规划的重点新城之一——亦庄，其到市中心的距离也是 17 千米左右，若其作为抑制北京规模扩张的卫星城规划，则此距离也相对太近。

考虑城市的扩张，我们需做超前规划。考虑快速交通的发展，如北京所修多条轻轨平均时速为 70 千米/小时，那么，对于特大和超大城市的卫星城规划，我们可把其与中心城市的距离界定在 40~70 千米 (通勤距离在 1 小时圈内)，若论城区边缘之间的距离应在 20~40 千米为宜。

（二）卫星城规划的优化数量

就特大和超大城市而言，卫星城的数量要规划多少才相对适中呢？一般来讲，其数量在 3~10 个为宜。

上限界定在 10 是源于卫星城和中心城市人口的比例关系。从理论层面分析，卫星城的总人口数量和中心城市人口数量的比值应在 0~1，即中心城市最低就是不建卫星城，而卫星城建设的最大规模就是和中心城市相当，一旦卫星城的人口规模超过中心城市，二者之间的关系就发生变化，中心城市也就不能称为中心了。据统计，我国省会级城市卫星城人口和中心城市人口的比值大多在 1/5~1/3；而发达国家大城市卫星城的人口数和中心城市人口数的比值大多在 1/4 左右。例如，20 世纪末，英国居住城市的人口已达 90%，其中约 23% 是居住在政府规划和建设的各种不同规模的"新城"内。[①] 如果我们以 1/4 比值计，如表 10-1 所示，1000 万人口的大城市建 10 座卫星城的平均规模为 25 万人口。而按 1/5 比值计，则 1000 万人口的大城市建 10 座卫星城的平均规模为 20 万人口，显然这一规模是偏低了。

表 10-1 1000 万人口中心城市建不同数量卫星城的平均规模

卫星城人口和中心城市人口的比值为 1/5		卫星城人口和中心城市人口的比值为 1/4	
卫星城个数	卫星城平均规模（万人）	卫星城个数	卫星城平均规模（万人）
3	67	3	83
4	50	4	63
5	40	5	50
6	33	6	42
7	29	7	36
8	25	8	31
9	22	9	28
10	20	10	25
11	18	11	23

截至目前，西方发达国家没有任何一个城市的卫星城规划数量是超过 10 个的。例如，大伦敦规划的卫星城是 8 个，大巴黎规划的卫星城是 5 个。韩国早在 20 世纪 70 年代初即制定了"建设卫星城市，积极分散人口"的方针，当时制定了第一个国土综合开发计划（1972~1981 年），在汉城周边地区建设 10 座卫星城市。20 世纪 50 年代末到 60 年代，东京在距市区 25~60 千米靠近铁路或高速公

---

① 张捷，赵民. 新城规划的理论与实践——田园城市思想的世纪演绎 [M]. 北京：中国建筑工业出版社，2005.

路干线的郊区，建设了7座新城。20世纪50年代，莫斯科规划建设的卫星城是8座。

发展中国家特大和超大城市卫星城的规划稍有些滞后，但其数量相仿。如孟买20世纪80年代后期规划的卫星城是8座，巴西圣保罗规划建设的卫星城也是8座，埃及的开罗自20世纪90年代以来规划建设的卫星城是7座。

实际上，若卫星城数量过多，则易导致建设财力、物力的分散，从而不能使卫星城形成有效规模。如北京最早规划卫星城的个数是14个，结果是所有的卫星城的发展规模都是10万~15万人口左右，根本不能分担北京城市建设的相关职能，也不能成为阻挡外来人口的屏障，致使现在的北京呈摊大饼式无节制地发展。

卫星城数量的下限界定为3，是指卫星城若少于三个就不能形成闭合的屏障，从而不能有效地阻挡外来人口进城。

按"蛋形轨迹"原理，[1] 卫星城相对于中心城市，其引力范围缩成一个近圆似蛋的区域，而此范围之外皆为中心城市的引力范围，卫星城规模越大，则此近圆的蛋形区域就越大，其引力范围也就越大。这样，蛋形区域形成相接的闭合，也只有在卫星城个数至少是3的情况下才有可能，如图10-3所示。

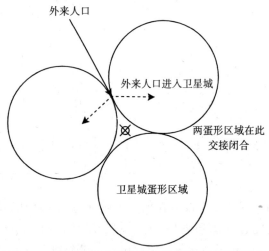

图10-3 相对于中心城市三个卫星城蛋形区域闭合

(三) 卫星城规划的优化规模

在卫星城数量和位置都确定的情况下，单个卫星城的规模如何确定，这是到

---

① 侯景新. 区域经济分析方法 [M]. 北京：商务印书馆，2004.

目前为止都没有定论的。

实际上，分析卫星城的优化规模，我们一定要确立独特的角度，如从控制中心城市规模、阻挡外来人口的角度，我们用"蛋形模型"就能解决。其原理是：卫星城对中心城市都有一个蛋形近圆的引力范围，而卫星城往往又是在一个郊县县城和重镇的基础上形成的，这样，考虑行政地域相连，我们只要使卫星城的蛋形引力范围接近其行政辖区的面积就可以了。如图 10-4 所示，按卫星城的规模计算的蛋形区域的面积小于行政区面积，这说明卫星城的规模小了，而如图 10-5 所示，卫星城的规模则大了，只有图 10-6 才是适中的规模。

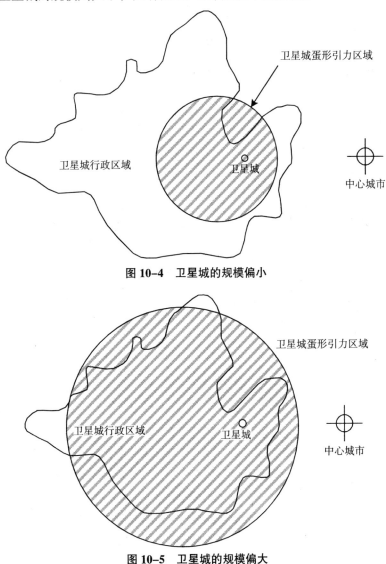

图 10-4　卫星城的规模偏小

图 10-5　卫星城的规模偏大

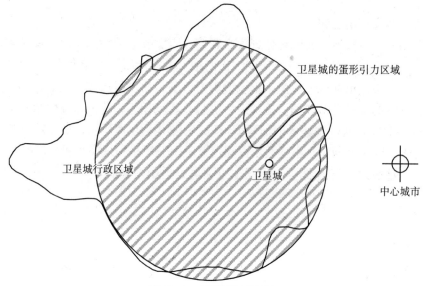

图 10-6　卫星城规模适中

　　下面我们就以北京顺义卫星城的建设来论证其适中的规模。2007 年，北京城八区（现为城六区）的常住人口有 1000 万，顺义县城的常住人口有 25 万，顺义到北京市中心的距离为 40 千米。

　　按蛋形轨迹的计算公式：

$$P_A/P_B = (L^2)/(L^2 + D^2 - 2LD\cos\theta) \qquad (10.2)$$

　　其中：P_A 为卫星城人口数；

　　P_B 为中心城市人口数；

　　D 为卫星城到中心城市的直线距离；

　　L 为第 m 条线路上两城断裂点到卫星城的距离（求此点并和其他线路上的断裂点相连就成为近圆蛋形）；

　　θ 为夹角。

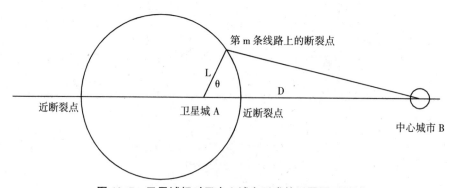

图 10-7　卫星城相对于中心城市形成的近圆蛋形区域

如图 10-7 所示，找到蛋形区域，最简捷的办法就是求卫星城与中心城市的近断裂点和远断裂点，其计算公式分别是：

$$卫星城到近断裂点的距离 = D/[(P_B/P_A)^{1/2}+1] \tag{10.3}$$

$$卫星城到近断裂点的距离 = D/[(P_B/P_A)^{1/2}-1] \tag{10.4}$$

二者之和即为圆的直径，据此我们可以求出圆的面积，将圆的面积再和卫星城行政区的面积比较。然后我们可根据行政区面积求出方圆的直径，而此直径即卫星城到近断裂点和到远断裂点之和。由此，我们再反求卫星城的规模，则此数值即为卫星城的适宜规模。

根据已有的数据，我们可求得顺义到北京城近断裂点的距离是 5.5 千米，顺义到与北京城近断裂点的距离是 7.5 公里，蛋形区域的直径就是 11 千米，蛋形区域的面积就是 132.7 平方千米。目前顺义行政区的面积是 1019.89 平方千米，显然，顺义作为卫星城，目前的规模是太小了。

按 1019.89 平方千米的面积，我们计算其方圆直径，该直径长度为 36 千米，据此长度我们再推算顺义的适中规模是 148 万。148 万人口的含义是，此规模使顺义城相对于北京的引力范围正好和它的行政区域吻合。如果顺义新城在从老城向外移 10 千米（即其到北京的距离是 50 千米），则其所建规模达到 104 万人口就是适宜规模。

四、北京卫星城规划的分析

北京是超大城市，其卫星城的规划是很典型的，下面我们就从如下几方面对北京卫星城的规划做一解剖分析。

（一）北京卫星城的发展阶段

1. 20 世纪 50 年代末到 80 年代初——分散集团式卫星城布局

1957 年，在苏联专家的指导下，北京市制定了《北京市城市建设总体规划初步方案（草案）》，其中就提出在城市布局上采取"子母城"的形式，在发展市区的同时，规划了昌平、（昌平）南口、顺义、门头沟、通县（通州）等 40 多个卫星镇。

1958 年 8 月，北京市委决定对已上报的上述方案（草案）进行若干重大修改，修改稿中正式提出了"分散集团式"的城市布局原则。

为与"分散集团式"中布局原则相适应，当时的冶金、机械、化工、纺织等 60 个工业项目的选址不得不分散在郊区 31 个点上，这使工业企业难以形成规模，相应的配套建设也不能跟上。所以，当时的规划虽使这 40 多个卫星镇得以发展，但均未形成对周围有较大带动力的增长极。

2. 20 世纪 80 年代初到 90 年代中后期——卫星城升级整合规划

针对以前卫星城发展规划的问题，1982 年《北京城市总体规划》提出重点建设燕化、通县、黄村、昌平 4 个卫星城。1984 年，《北京市加快卫星城建设的几项暂行规定》出台。后来，随着市区迅速膨胀的压力增大，以及郊区郊县经济发展的推动，1993 年国务院批复的《北京城市总体规划（1991~2010)》中就明确了建设 14 个卫星城的格局。

这 14 个卫星城的规划思想体现了升级整合的理念，升级是指这 14 个卫星城中的 10 个是区县城（通州、大兴黄村、顺义、房山良乡、门头沟门城、昌平、怀柔、平谷、密云、延庆）；整合是指有些卫星城是组合概念，如昌平卫星城含南口、埝头、昌西，怀柔卫星城含桥梓、庙城，顺义卫星城含牛栏山、马坡，房山卫星城含燕山石化地区等。

但这样规划的实质是卫星城发展的重点仍不突出。因此，进入 21 世纪，10 个区县城的发展规模仍是在十几万徘徊，其基础设施建设落后及与城区联系不紧密的问题（主要是交通）仍没能解决。不少北京高收入阶层的市民宁可到河北涿州、承德及山东的日照、威海买房，也不愿到卫星城购房，于是，卫星城的引力问题再次引起重视。

3. 进入 21 世纪——重点建设新城

进入 21 世纪，面对北京城的无限制膨胀及环境、水资源、交通等的巨大压力，北京市不得不再次启动卫星城的规划，在市委、市政府有关部门长期组织调研的基础上，2007 年 11 月，市规划委公布了《北京十一个新城规划》（2005~2020 年），即将原来的 14 个卫星城压缩为 11 个，这 11 个新城分别是昌平、大兴、怀柔、密云、门头沟、平谷、延庆、房山、顺义、通州和亦庄。其中顺义、通州、亦庄是规划建设的重点，预计到 2020 年，3 座新城的规划人口将达 250 万人，即每座城市的平均规模为 83 万。

应该说，这一规划在长期论证的基础上是趋于合理的，但仍有一些问题值得研究。

（二）北京新城规划的评析及调整建议

北京新城规划虽趋合理，但在城市布局、体系设置及规模论证等方面仍有一定的问题：

（1）重点新城与城区太近。在规划的顺义、通州、亦庄三个卫星城中，除顺义的距离距市区较为适中外，通州、亦庄和北京市中心的距离均在 17 千米左右，且北京目前重点是向东发展，这样，两个卫星城用不多久就会和城区连在一起，所以说，这两个城镇若作为卫星城建设，其选址显然有问题。英国的大伦敦规划，其绿化带的宽度就是 16 千米，所以，通州和亦庄的规划很可能使发展的新市区更乱。

实际上通州新城可选在接近燕郊的位置。燕郊属河北三河，但其到北京市中心只有 32 千米，此处接受北京的辐射，发展很快，北京市也有不少人到燕郊买房。所以，在此建城，我们还可借助燕郊的人气，发展是顺理成章。

（2）重点新城没有形成合围之势。三个重点新城均在北京东部，而可发展的北部和南部却没有重点新城规划，所以，理想的重点新城规划应是昌平、顺义、通州、大兴，但新城的具体选址均可偏离旧城。

例如，大兴县城距市中心是 18 千米，因此，新城应南移 20 千米；昌平县城距市中心 37 千米，但由于北京北部地区发展很快，所以，昌平区的新城选址也应适当北移。这样，昌平、顺义、通州、大兴四个新城恰好形成北京的屏障（北京西部是山），彼此的距离也较适中。

这样一来，昌平、顺义、通州、大兴四个重点卫星城到北京市中心的距离均以 40 千米计，那么，它们依蛋形区域闭合的原则，则各自的规模分别是 177 万、148 万、136 万、148 万人（见表 10-2）。

表 10-2　北京四个重点卫星城按蛋形区域闭合所推算的适宜规模

重点新城	到市中心距离（千米）	区域面积（平方千米）	方圆半径（千米）	适宜规模（万人口）
昌平	40	1343.54	21	177
顺义	40	1019.89	18	148
通州	40	906.28	17	136
大兴	40	1036.32	18	148

资料来源：根据《北京统计年鉴 2006》整理计算。

按此测算的数据，四个重点卫星城的建设规模还是不小的。

但实际上，各卫星城形成蛋形区域，彼此能连接闭合，其规模往往小于行政区面积。如北京在城六区之外形成连接闭合的区域分别是昌平、顺义、通州、大兴、房山和门头沟（但后两区因多山不适宜发展大规模卫星城），按建成区的面积（1226 平方千米）及外六区的面积，我们可推算出建成区的方圆半径为 20 千米，而城六区和外六区的总面积是 12245 平方千米，其方圆半径是 62 千米，如果外六区按均匀分布状态做图则均成长扇形，各卫星城形成的蛋形区域能彼此相切，实际其面积均小于各自的行政区域，如图 10-8 所示。

形成的和临区相接的蛋形区域，其面积约相当于行政区面积的 1/2 左右，按减半的原则，我们可算出四个重点新城的规模，如表 10-3 所示。

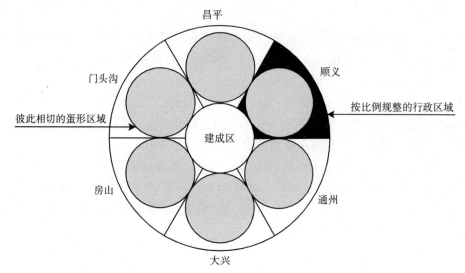

图 10-8　北京外六区按面积规整的扇形区域

表 10-3　四个重点新城的实际适宜规模

重点新城	实际适宜规模（万人）
昌平	88.5
顺义	74
通州	68
大兴	74

　　四个重点建设的卫星城其人口总规模为 304.5 万，卫星城的人口和城区人口的比值恰好接近 1/4（未来城区人口还会适当增加）。

　　随着重点新城的建设，其规模要避免在达到一定程度时形成发展加速，所以，外围还应形成另一圈层的卫星城，而该卫星城的规划建设也应考虑它们到中心城的适中距离。

　　北京发展的速度太快，从而使其辐射腹地急剧扩充，卫星城建设缺乏层次体系。现在，除北京远郊县城外，河北的廊坊、涿州、香河等也都形成和北京的密切联系，如廊坊大学城、香河家具城、涿州影视基地等都是最好的例证。所以，北京卫星城的长远规划可考虑打破行政地域进行区域合作，这样，到北京市中心的距离甚至近于北京远郊区到北京市中心距离的廊坊、涿州、香河等则都可建成"特区"。它们和延庆、密云、平谷等一并构成北京市的第二卫星城圈层，它们到北京市中心的距离均在 60 千米左右。这种"4+6"不超过 10 的卫星城分层次格局将会实现超大城市卫星城规划格局的创新，如图 10-9 所示。

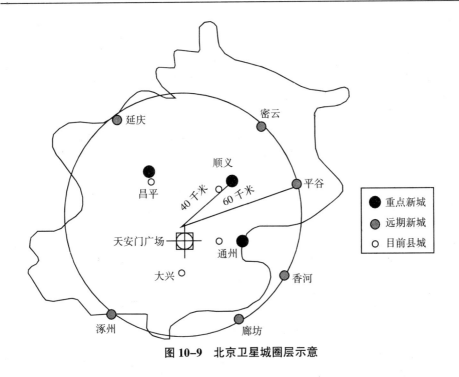

图 10-9 北京卫星城圈层示意

总之，卫星城规划要遵循客观规律，并要有超前性。只有这样，特大和超大城市的发展才会得到有效的控制；否则，交通拥挤、空气污染、住房紧缺等便会成为城市发展管理中挥之不去的阴影。

第二节 同城化问题研究

近年来，随着我国城市化进程的加快，城市与城市互相接近，"同城化"这一概念应运而生，其中一些同城化城市的发展战略已经进入可操作性的阶段。下面我们就城市同城化问题做一详尽剖析。

一、同城化概念

国内同城化的概念最早出现在 2005 年深圳市政府发布的《深圳 2030 城市发展策略》中。在该发展策略中，深圳市政府提出在加强与中国香港高端制造业、现代服务业等领域合作的基础上实现深港同城。自同城化概念在我国出现以来，国内不少学者都对同城化内涵进行过深入探讨，角度多有不同，但多是强调打破传统的城市之间的行政分割，促进区域市场、产业及基础设施一体化，实现资源、利益共享。

综合目前学术界对同城化的认识，同城化实际就是两个（或三个及更多）地域相邻、社会经济文化联系密切的城市，为了打破城市发展进程中行政壁垒和地方保护主义等问题，实现政策、设施、资源共享，产业协调规划，市场相互融合的新型城市发展战略，其本质仍然是为了促进区域经济的发展，提升区域内城市的整体竞争力。

二、同城化城市的基本特征

随城市化的推进，国内有近 30 个城市都提出了同城化发展战略，如沈抚（沈阳和抚顺）、郑卞（郑州和开封）、广佛（广州和佛山）、西咸（西安和咸阳）、太榆（太原和榆次）、合淮（合肥和淮南）、济莱（济南和莱芜）、乌昌（乌鲁木齐和昌吉）等。对这些同城化城市进行研究，我们可以总结出如下的规律：

（一）同城化城市多为省会城市及副省级城市带相邻的地级市和县级市

同城化多是一个经济高度发达的省会城市或副省级城市与相邻的欠发达的地级市或县级市构成。作为中心城市，省会城市及副省级城市发达的经济条件、充足的人力资源对于同城化区域产业体系的合理布局可以起到强大的依托和带动作用。作为辅助城市，地级市及县级市在同城化过程中又会为中心城市提供土地、环境等多种资源。

（二）彼此相邻，交通便捷

同城化的两个城市往往彼此相邻，且交通便捷。一般来讲，同城化城市之间的距离大都在 20~40 千米，处于 45 分钟经济圈内。较近的距离不仅使得城市文化背景相近，而且使得各种资源要素的流动成本降低，利于同城化过程中资源配置的优化和产业的合理布局。另外，便利快捷的交通运输系统也是同城化实施的重要保证。

（三）产业互补

合理的区域分工、互补的产业结构既是同城化战略实施的基础，又是同城化战略想要达到的目标。区域分工协作有利于资源在城市间的合理配置，避免城市间的恶性竞争和相关产业的重复建设，从而提升区域整体的竞争力。

长三角及珠三角的产业集群都是这一原理的绝好体现，即各城镇都从自己的优势出发，进而做大做强，最后形成明确分工。分工和规模经济同时起作用，共生的经济效益随之产生。

实际上，区域规划和城市规划的主体内容都是产业规划，所以，产业协同便自然成为同城化的重要内容。

三、同城化基于地区利益的城市博弈

同城化是各城市在追求自身利益最大化而实现同城的过程。从经济学角度分析，同城产生规模经济，但对规模经济效益的分享又导致城市博弈，总体上讲，因城市地位不同、规模不同、资源不同、基础不同等，同城的各城市所发展的产业也应该是有差异的，而有差异可以避免竞争。但实际上，因产业的差异，各城市实际不愿意遵从现有的状态，而均致力于发展有一定潜力且自己也有一定发展能力的产业，这样，对省会及副省级城市转移出来的一些有污染的企业，有些地级市（或县级市）在某种程度上持排斥的态度，于是，理论上"合理"的产业分工的实现就出现了障碍，而博弈结果如图 10-10 所示。

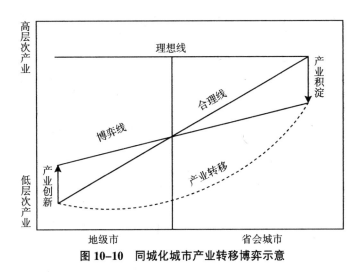

图 10-10 同城化城市产业转移博弈示意

理论上，各城市应遵从现状发展符合自己现有条件的产业，但问题是从发展的角度看，城市又需要有超前意识，即它们都清楚发展高层次产业能带来巨大的利益。于是，在同城化过程当中，处于低位的城市自然要寻求从同城化的另一城市获得更高层次的产业转移；但规模较大的城市考虑则相反，它们考虑更多的是尽快把有污染、效益低的衰退产业转移出去，把自己的高层次产业做大做强，而和高层次产业相关的资源它们不愿让另一城市分享，于是，博弈产生。博弈的结果则是双方各自妥协（在不同程度上），例如，中心城市的教育、医疗资源的分享，在同城化过程当中就可以打破城市界限，以办分校、分院的形式来实现。

四、同城化规划的主要内容

(一) 交通对接

交通对接是同城化的基础保障。如广佛同城，除海八路通过龙溪大道接广州西环，同时还要通过龙溪大道连通鹤洞大桥，通过接东新快速路，多增加一条广佛快速通道，实现广州火车新客站与佛山的有效衔接。

成德同城化也是强化连接两市主要城区的战略通道，推动两市接壤区域骨干道路的建设。

昌九同城在交通一体化方面则是推出昌九大道和昌九高速全线"四改八"扩建工程。

成都德阳规划打通了北星干线到天星大道、成(金)青快速通道到旌江大道(见图 10-11)。

图 10-11 成都与德阳交通对接

(二) 共建新区

在两城市中间的地带，两城市可共同投入、协同开发。辽宁省在沈阳和抚顺两市的交界区域划定了两市同城化发展的区域，利用该区域内的环境与生态资源、土地成本、已有的产业基础和道路交通等条件，通过规划科技产业区、商务办公区、旅游风景区、休闲度假区、物流园区等功能片区的建设，沈阳和抚顺两个城市的空间发展逐步融合，形成区域协调的新型城市空间发展模式。我国中部地区的郑州市有着发达的铁路、公路、航空、信息设施和制造业、服务业基础，其东部邻接的开封市人文、教育、旅游资源极其丰富，两市正采取一体化的合作以推动郑汴城市的发展。地处郑汴两个城市之间的中牟县也由于在地理上西邻郑州的郑东新区、东接开封规划的汴西新城，而成为实现郑汴一体化发展的重要支撑区。山西省太原市作为传统的重工业城市，产业结构升级和防治污染的任务艰巨，加之城市水资源匮乏，建设用地紧张，城市发展空间已较局促。晋中市榆次区与太原城市在东南部相接，其土地、矿产、旅游等资源较为丰富，工业门类比较齐全，交通便捷，区内地势平坦，是太原城市扩展、产业转移的首选方向。由太原市区和晋中市榆次区构成的同城化核心区已成为高科技产业、交通物流业和现代服务业的集中发展区。

（三）资源共享

同城化城市应实现教育、医疗等资源的共享。如成德同城化具体实施的是成都有关教师培训向德阳开放，每年举办"成德中小学校长论坛"；两市职业院校跨区域组建机电、建设、航天、商贸旅游等职教联盟；两市建立辨认通用病历机制、双向转诊机制、临床用血应急调配机制、重大传染病联防联控机制等。

（四）通信同城化

通信同城化即取消城市间通话的长途费和漫游费等。例如，广西北部湾经济区的铜须同城化具体分为三个阶段进行：从 2013 年 7 月 1 日起，先期实现移动电话资费同城化，取消北部湾经济区南宁、北海、防城港、钦州四市移动电话之间的通话漫游费和长途费；从 2013 年 10 月 1 日起，实现固定电话资费同城化，取消四市固定电话之间的通话长途费；在条件成熟时，统一四市的长途区号，推进固话区号升位，最终实现北部湾经济区全区域、全方位通信同城化。

（五）金融同城化

所谓金融同城化，是指同城化城市实施一体化存取款体系，实行同城收费标准，金融法人机构互相设立分支机构，建立统一的资本、货币、外汇、保险、证券、期货市场等金融平台。

江西省住建厅、南昌和九江的住房公积金管理部门正在研讨昌九住房公积金同城化政策，让在九江交了住房公积金的市民，在南昌可以办理公积金贷款购房或提取，同样南昌市民也可在九江办理住房公积金业务。

（六）完善同城化工作机制

同城化的实施有赖于各城市相关部门的配合、协调。

成德同城化为了将《成都德阳同城化发展框架协议》落到实处，两地专门建立了以两地党委政府主要领导为组长，副书记、常务副市长为副组长，相关部门和县（市、区）为成员的成德同城化发展领导小组，将定期或不定期组织召开联席工作会议，商讨同城化发展中的重大事项。联席会议原则上每年轮流召开1次。

广佛同城化为推动两市对口地区、对口部门建立健全工作机制，建立和完善新闻发布制度，由新闻发布工作小组统一发布《规划》、《重点工作计划》实施情况等权威消息。

（七）治理环境

环境污染常常是超越城市和区域的，所以同城化的一个主要任务就是强化区域生态安全管控，围绕水气污染治理、固体废弃物综合利用与安全处置、新型污染防治等区域性重大问题，协同推进环境整治。

总之，同城化是城市发展、扩张的重要阶段，更多城市的协同作用就导致城市群的形成，这是下面我们要讨论的。

第三节　城市群问题研究

一、城市群问题概述

（一）城市群的界定

城市群的概念最早由法国地理学家戈特曼（Jean Gottmann）提出。1957年，他在一篇题为"Megalopolis：东北海岸的城市化"的论文中提出了Megalopolis的概念，用来说明美国大西洋沿岸北起波士顿南至华盛顿，由纽约、普罗维登斯、哈特福德、纽尔文、费城、巴尔的摩等一系列大城市组成的功能性区域。在这一区域，城市沿主要交通干线连绵分布，城市之间联系密切，产业高度聚集，形成主轴长600千米、人口3000万的城市密集分布地带。

目前，国内对城市群并没有形成统一的定义。在经济学和地理学界，姚士谋、朱英明、陈振光（2001）将城市群的概念概括为：在特定的地域范围内具有相当数量的不同性质、类型和等级规模的城市，依托一定的自然环境条件，以一个或两个超大或特大城市作为地区经济的核心，借助于现代化的交通工具和综合运输网的通达性，以及高度发达的信息网络，发生与发展着城市个体之间的内在联系，共同构成一个相对完整的城市"集合体"。并且，他们认为，中国形成了5个超大型城市群（沪宁杭地区城市群、京津唐地区城市群、珠江三角洲地区城市群、辽中南城市群和四川盆地城市群）和 8 个近似城市群的城镇密集区（关中城镇密集区、湘中地区城镇密集区、中原城市密集区、福厦城市密集区、哈大齐城市群、武汉地区城镇群、山东半岛城市发展带和中国台湾西海岸城市带）。[①]

邹军、张京祥、胡丽娅（2002）分析指出，城市群是指一定地域范围内聚集了若干数目的城市，它们之间在人口规模、等级结构、功能特征、空间布局，以及经济社会发展和生态环境保护等方面联系密切，并按照特定的发展规律聚集在一起的区域城镇综合体。[②]

刘静玉、王发曾（2004）认为，城市群是在城市化过程中，在一定的地域空间上，以物质性网络（由发达的交通运输、通信、电力等线路组成）和非物质性网络（通过各种市场要素的流动而形成的网络组织）组成的区域网络化组织为纽带，在一个或几个核心城市的组织和协调下，由若干个不同等级规模、城市化水平较高、空间上呈密集分布的城镇通过空间相互作用而形成的，包含有成熟的城镇体系和合理的劳动地域分工体系的城镇区域系统。[③]

吴传清、李浩（2003）也提出了类似的观点，认为城市群是指在城市化过程中，在特定地域范围内，若干不同性质、类型和等级规模的城市基于区域经济发展和市场纽带联系而形成的城市网络群体。他们认为，中国具有一定规模的代表性城市群主要是长三角城市群、珠三角城市群和环渤海城市群。此外，中国还出现了一大批正在形成中的城市群雏形，如成渝城市群、武汉城市群、长株潭城市群、关中城市群、郑州城市群、哈尔滨城市群、福厦城市群等。[④]

郁鸿胜（2005）认为，城市群是在具有发达交通条件的特定区域内，由一个或几个大型或特大型中心城市率领的若干个不同等级、不同规模的城市构成的城市群体。城市群体内的城市在自然条件、历史发展、经济结构、社会文化等某一个或几个方面有密切联系。其中，中心城市对群体内其他城市有较强的经济、社会、文化辐射和向心作用。[⑤]

代合治（1998）则认为，城市群是由若干基本地域单元构成的连续区域，城市群区域应该具有较高的城市化水平。其构造了一个基本指标体系来界定我国现有城市群，共 17 个，其中特大城市群 1 个（沪宁杭城市群），大型城市群 4 个（京津唐城市群、辽中南城市群、山东半岛和鲁中南城市群、珠江三角洲城市

① 姚士谋，朱英明，陈振光. 中国城市群 [M]. 合肥：中国科学技术大学出版社，2001.

② 邹军，张京祥，胡丽娅. 城镇体系规划——新理念、新范式、新实践 [M]. 南京：东南大学出版社，2002.

③ 刘静玉，王发曾. 城市群形成发展的动力机制研究 [J]. 开发研究，2004（6）：66-69.

④ 吴传清，李浩. 关于中国城市群发展问题的探讨 [J]. 经济前沿，2003（3）：29-31.

⑤ 郁鸿胜. 城市群发展与制度创新 [M]. 长沙：湖南人民出版社，2005.

群)，中型城市群 4 个（吉中城市群、黑东城市群、福厦城市群、成都平原城市群)，小型城市群 8 个（石太城市群、安徽沿江城市群、郑洛汴城市群、武汉城市群、长株湘城市群、北部湾沿岸城市群、重庆城市群、关中城市群)。[①]

戴宾（2004）认为，城市群实际上是一个城市经济区，即是以一个或数个不同规模的城市及周边的乡村地域共同构成的在地理位置上连接的经济区域。城市群即是一定区域内空间要素的特定组合形态，是由一个或数个中心城市和一定数量的城镇节点、交通道路及网络、经济腹地组成的地域单元。它在结构状况（产业结构、组织结构、空间布局、专业化程度)、区位条件、基础设施、要素的空间聚集方面比其他区域具有更大的优势，能够通过中心城市形成区域经济活动的自组织功能。因此，城市群是区域经济活动的空间组织形式。[②]

综合国内学者的观点，总体来说，对城市群的定义主要分为两类，一类是经济地理型的，集中在经济地理、城市规划学界的学者中，他们对城市群的定义侧重于其地理区域内涵，强调城市群等级规模体系、职能分工、空间结构与网络系统结构。另一类集中在经济学界，学者们赋予城市群以经济学的内涵，将城市群由地理区域概念转化为经济区域概念，强调城市之间、城市与区域之间的集聚与扩散机制以及一体化。

因此，我们可以这样理解城市群的一般含义：城市群是城市区域化和区域城市化过程中出现的一种独特的地域空间组织形式，是城市化发展到一定阶段的标志和产物。它是指在一定区域范围内，以一个或几个大型或特大型中心城市为核心，包括若干不同等级和规模的城市构成的城市群体，它们依托空间经济联系组成一个相互制约、相互依存的一体化的城市化区域。

(二) 城市群的特征

根据以上定义，分析国内外的城市群发现，群市群一般都具有以下几个主要特征：

(1) 城市群形成发展过程中的动态特征。与世界上其他事物一样，城市群的形成发展过程均具有动态变化的特征。城市群形成发展的动态过程，表现在城市群内各个城市的规模、结构、功能、形态等都处于不断发展变化的过程中。有些区域条件好又具有优越发展机遇（投资渠道畅通又有较强的经济实力）的首位城市，其动态变化就呈现稳定上升的发展趋势。反之，则呈衰落下降的趋势。首位城市的变化影响着区域性城市群的每一个城市。从这个角度来说，城市群的出现是地区经济聚集发展的产物，也是区域经济集中化的高度体现。地区经济集聚主

① 代合治. 中国城市群的界定及其分布研究 [J]. 地域研究与开发，1998，17（2）：40-43.
② 戴宾. 城市群及其相关概念辨析 [J]. 财经科学，2004（6）：101-103.

要反映在工业项目的布局集中、人口集中、技术力量的集中和区域性的基础设施集中，这使城市群具有明显的规模效应。

（2）城市群具有区域城市的空间网络结构性。城市群不是城市单体，具有更广泛的空间网络结构性，这主要反映在地区内各个城市规模的大小、城市群网的密集度以及城市之间相互组合的形式上。城市群的空间网络结构性包括以下三个方面：一是城市群网络的大小；二是城市群网络的密度；三是城市群网络的组合形式。以上三个要素反映了城市群网络结构的基本特征，说明每一个城市在城市群内都具有特定的联系，城市群整体结构反映了各个城市在一个群体内的集合功能以及形成的千丝万缕的网状关系，其间既存在城市个性的发展，又产生相互作用的共性关系。

（3）城市群具有开放性。任何城市的形成和发展不但不能脱离区域各个城市的相互连接，而且必须与区域外的地区发生联系，随着生产力和市场经济的发展，这种相互联系的强度越来越强。因此，城市群不是封闭的，而是开放的，与外界保持着广泛的社会、经济、文化和技术交流。城市群的形成与发展不仅依靠区域内各城市的相互联系，而且还要广泛地与区域外的地区、城市发生联系。特别是当一个城市群发育到一定程度时，城市群的强化应由过去自我体系转向对外开放。这种开放的特征，可以促使大城市群的生产社会化、专业化程度不断提高，通过大城市群之间的协作，促进全国经济协调发展。同时也可以促使城市与区域间的经济联系更加紧密，形成区域经济一体化发展态势。

（4）核心城市具有较强的辐射带动作用。核心城市是指具有全局影响力，并能主导城市群经济发展方向、具有引领作用的"龙头"城市。其辐射带动作用表现在：一方面，核心城市以其强大的经济实力、创新能力、信息集中等优势，形成高的经济势能，通过向周围地区扩散商品、技术、产业、信息等，逐步缩小外围地区与中心城市的经济落差，带动周围地区的经济发展，从而促进整个城市群经济的发展。并且，核心城市对整个城市群的规模结构、职能结构和空间结构都具有全局性的影响，是城市群内各城市形成合理分工、逐步走向有序发展的前提。另一方面，核心城市的发达程度直接决定了城市群的经济发展水平和地位。任何一个成熟的城市群都是在核心城市的龙头作用带动下形成的。例如，美国的东北海岸大都市带的纽约，日本东京都市圈的东京等。这类城市以其显著的经济地位带动整个区域参与国际经济，从而把整个区域纳入全球范围的产业分工链条中，提高了整个城市群的发展水平和地位。

（5）城市群有便捷的交通网络、通信网络和流通网络。城市群是一定区域内的城市之间、城乡之间相互联系、相互作用形成的有机整体，城市之间、城乡之间在政治、经济、文化、历史等多方面存在着密切的交流。这种交流以稠密的纵横交错的网络为载体，这种网络一方面表现为有形的基础设施网络，如分布于整个区域的铁路、高速公路、航道、管道、供水、供电、邮政、电信网络等；另一方面表现为无形的联系，如人流、物流、资金流、信息流等。

（三）城市群与其他相关概念的联系和区别

城市群与都市区、都市圈、城市带、都市连绵区、城镇密集区等都是用来研究城市化空间形式的概念。这些不同的城市分布的空间形式与城市群既存在着内在的联系，又有着区别和差异。

（1）都市区的概念首先在美国提出，它是指一片区域，包括有大量人口的核心城区和附近在经济意义上与这个核心结为一体的邻近社区。每个都市区包括至少5万人口的中心城市、一个城市化地区以及周边县区（郊县），至少拥有10万人口。如果某县往来于中心县（即中心城市所在的县）的人口超过了50%，且人口密度超过了25人/平方英里，或者人口密度超过50人/平方英里，往来人口比例超过15%，这个县就包含在都市区中。由于我国的城镇建制是市带县，直辖市和地级市的市域范围包括辖县，不同城市之间辖县的范围变化很大，小城市可能管辖较多的县，大城市可能管辖较少的县，因此包括辖县的中国城市地域与国外的都市区是不完全相同的概念。

（2）都市圈的概念是由日本学者首先提出的。一般认为，都市圈是由一个核心城市与若干个相邻的周边城镇组成的空间上联系密切、功能上分工合理并且具有一体化倾向的城市复合体。中心城市与周边城镇由于交通距离的远近和功能联系的疏密而形成一定的层次。可见，都市圈主要着眼于城郊、城镇与中心城市的联系。因此可以说，都市圈是一个小尺度的城镇群体空间，其特征是由中心城市向外围扩张，具有明显的圈层结构。都市圈与都市区相比，最明显的特征是圈层性，它是周围城镇（卫星城镇）围绕中心城市形成的，在城市空间形态上具有趋圆性。一般同一都市圈是一个城市经济区，囊括中心城及城市辖区的郊区、郊县。此外，都市圈的空间范围大多是以其内部的城市之间可以在当日往返通勤为标准。由于我国城市区域发展与国外不同，都市圈内没有形成普遍的通勤流，但都市圈内仍然存在频繁的人流、物流、资金流、信息流。

（3）如果一组规模较大、地域相邻、彼此关联的城市沿交通干线分布而形成带状城市群体，我们称之为城市带。城市带和城市群在空间形态上的最大区别在于它呈带状分布，经济活动以大中城市为中心沿轴线两侧聚集，形成产业密集带。城市群有团聚状、带状和星状等多种形态，都市区、都市圈和城市带都是城市群的初级状态。

（4）比都市区更大、层次更高的是大都市带，主要是指由若干大都市区沿交通轴线连成一片的城市地带，其中每个都市区都具有完整的城市体系结构，中心城市一般沿交通轴线分布。大都市带具有高度密集性、内部联系紧密、发展枢纽性等特征，国内学者一般称为都市连绵区。可以看出，城市群与大都市带都是高度城市化区域的概念，二者的区别在于：在城镇密集地区，随着规模的扩大，中心城市在国内、国际地位的提高，区域联系进一步加强，从而形成城市群。城市群进一步发展，城市群之间的界限变得模糊，几个城市群连成一片，则形成一个巨大的城市带。可见，大都市带是城市群进一步发展的空间结构，是城市群发展的高级形态。

（5）城镇密集区反映了一个区域城镇数量的集聚程度和质量的发育程度。从研究的不同角度讲，对城镇密集区的研究强调区域整体，对城市群的研究更突出城市之间的相互作用。可以认为，城镇密集区是城市群形成的一个初级阶段，当城镇密集区内城镇数量的聚集和质量发育达到一定程度，以及城镇间有机联系日益密切时，才有可能产生城市群。

（6）城镇体系是指一定地域范围内，由若干规模不等、职能各异、分工合理的城镇组成的城镇有机整体。它强调的是城镇间等级、规模和职能的关系，它不一定要求达到一定的城镇密集度。城市群更重视有形的空间实体，它不但注重城镇之间的联系性、层次性和动态性，而且它还强调一定范围内高密度、高城市化水平的区域，这是城市群的本质，也是二者的主要区别。

（四）我国城市群的分布

近几年，随着城市发展水平的不断提高，我国城市之间的联系程度不断加强，已经形成了若干个具有一定规模和水平的城市群。这些城市群的形成不仅是城市发展中的一种自发行为，而且也受到了政府的高度重视，甚至有些城市群是在政府的规划下形成的。截至目前，在我国受到广泛认可且已经基本建成的城市群包括长三角城市群、珠三角城市群、京津冀城市群、山东半岛城市群、辽宁半岛城市群、长江中游城市群、中原城市群、成渝城市群、关中城市群、海峡西岸城市群。

（1）长三角城市群：位于中国沿江沿海"T"字带，是中国最大的城市群，包括上海、南京、苏州、无锡、常州、镇江、扬州、南通、盐城、泰州、淮安、杭州、宁波、金华、嘉兴、湖州、绍兴、舟山、台州、衢州、合肥、马鞍山等城市。

（2）珠三角城市群：以广州、深圳、中国香港为核心，包括珠海、惠州、东莞、肇庆、佛山、中山、江门、中国澳门等城市。

（3）京津冀城市群：包括北京市、天津市和河北省的石家庄、唐山、保定、秦皇岛、廊坊、沧州、承德、张家口8个城市及其所属的新城和新区。

（4）山东半岛城市群：以济南、青岛为中心，包括周边的淄博、东营、烟台、潍坊、济宁、泰安、威海、日照、莱芜、滨州、德州、聊城等城市。

（5）辽宁半岛城市群：包括沈阳、鞍山、抚顺、本溪、营口、辽阳、铁岭、阜新8个城市。

（6）长江中游城市群：以武汉为中心城市，以长沙、南昌、合肥为副中心城市，涵盖武汉城市圈、长株潭城市群、环鄱阳湖经济圈、江淮城市群等中国中部地区。

（7）中原城市群：以郑州为中心，以洛阳为副中心，包括开封、新乡、焦作、许昌、平顶山、漯河、济源等城市。

（8）成渝城市群：成都和重庆主城为双核，包括四川的德阳、眉山、遂宁、内江、南充、资阳、自贡、广安和重庆的涪陵、合川、永川、江津、大足等不同规模等级的城市。

（9）关中城市群：由分布在陕西关中地区的西安、宝鸡、咸阳、渭南、铜川、杨凌农业示范区以及商洛构成。

（10）海峡西岸城市群：以福州、厦门、泉州市为中心，包括漳州、莆田、宁德等城市。

二、城市群的内在发展

（一）城市群发育的基础

影响城市群发育和发展的因素很多，既有自然地理环境因素，又有社会历史发展基础、民族文化等因素。综观世界各国城市群的形成与发展过程，以下几个因素起着十分重要的作用：

1. 自然条件

自然条件包括自然环境、自然资源等。自然条件不仅是城市群形成的基础和载体，也是其持续发展的重要支撑。

在城市群漫长的演化过程中，地质、气候、水文、地形、土地肥沃程度等自然条件不仅是人们聚集居住的基本条件，而且也影响着工农业生产和交通运输的布局，进而影响到人口密度和城镇规模，从而影响到城市群的大小。

自然环境如地形地貌等直接影响着城市的产生。最初的城镇群落大都布局在气候适宜、水源充足、地势平坦的自然环境优越的地点。

在工业化初期阶段，城市对矿产资源的依赖性较强，德国的莱茵—鲁尔城市群是典型的以煤炭资源为基础发展起来的，英国的伯明翰、美国的匹兹堡等都是以矿业为基础发展起来的城市。在我国，矿业城市是重要的城市类型，矿产资源的集中开采区是城市形成的可能区位之一，资源的储量和开采潜力影响着城市的发展前景及城市群的形成。虽然产业结构高级化以及技术革命缩小了城市对单一矿产资源的依赖程度，但矿产资源仍是影响城市、城市群形成和发展的重要因素之一。其他自然资源如林业资源、旅游资源等也都是影响城市及城市群发展的因素。

自然条件虽然对城市群的发展有着重要的影响，但它只是城镇群体形成演化的先决条件，并不能成为城镇群体未来发展演化的动力和决定因素。随着交通运输条件的改善和全球范围贸易的兴起，自然条件对城镇群体发展演化的重要性正在逐步降低。

2. 区位因素

区位对城市群的影响表现在：优越的地理位置是城市成长的一个重要前提。城市能够在狭小的地域内积聚大量人口、建筑、社会经济活动，能够吞吐大量的物流、客流和信息流，全都依赖于良好的地理位置。沿海、沿江、沿铁路、沿高速公路往往形成城市带，是地理位置对城市群体的形成产生影响的突出反映。地理位置重要程度的变化，还会引起城市的兴衰。19 世纪初，纽约与费城、巴尔的摩、波士顿是美国东部地区的四大重要城市，地位不相上下。1825 年建成的伊利运河把纽约港与五大湖水系连通，改变了纽约市的地理位置，纽约也因此很快地超过其他三个城市，成为美国的首都。

3. 交通条件

交通通信条件既是城市群形成的重要条件，也是城市群发展的必然结果。交通系统的发展，降低了交通因素对城市发展的约束。一方面，便捷快速的交通通信，缩短了城市之间的空间距离，密切了城市间、城市与区域间的联系，使资源要素可以在更大范围内流动，促使城市聚集效应增加，聚集规模的增加又进一步促进交通的延伸，城市在更大空间范围得到发展；另一方面，交通通信条件改善后，经济活动空间得到扩展，企业可以远离生产要素集中地，定位在离市场更近的地区，居民可以远离市中心，生产要素在空间的移动和聚集更加自由方便。因此，交通通信系统的发展，对中心城市功能的分散产生潜在的影响，带动了卫星城及中心城镇的发展，使城市的地域均衡、分散布局成为了可能，城市群的扩展也相伴而生。

4. 经济因素

经济发展是城市群发展的主导因素。经济发展引起经济规模的扩大和效益水平的提高，一方面强化了城市群对外来人口和产业的集聚功能，另一方面促使城市群中人口和产业向外扩散。经济因素对城市群发展的影响表现在：①经济发展的永恒性决定了城市群发展的连续性。经济发展具有波动性的特点，反映在城市群方面即是城市群发展的阶段性：在经济高速发展时期，城市群加速发展；反之，城市群发展停滞。②经济发展的周期性决定了城市群的发展方式。在经济发展速度较快的时期，城市群的发展主要表现为范围扩大的外延式扩展；当经济稳定增长或处于缓慢发展时期，城市（群）的发展转为以内部填充、改造的内涵式扩展为主。③产业集聚和产业结构转换是推动城市群发展的直接动力。由于聚集效益和规模效益的驱动，产业有向城市地区集中的趋向，结果城市出现两个层次的扩展，一是由城市中心向其边缘，即个体城市的扩展；二是由城市向城市区域的推移，即早期城市群的形成。城市群发展的过程也是产业结构调整和演进的过程。工业化后期，城市功能发生转变，城市中的第二产业逐渐让位于服务业等第三产业，导致工业外迁，带来了郊区城市化，使城市群发展得以强化。

5. 科技进步因素

科技进步能促使城市不断形成新的产业，开发新的产品和市场，推动城市产业结构不断地转换、升级。新产业的产生、产业结构的转换构成了城市群形成与发展的基础。因为以大城市为中心的创新发源地，总是按照圈层式向外梯度性地转移或扩散，也可呈现出"蛙跳"式的跨梯度转移和扩散，从而带动城市群区域范围向外扩展和延伸。

（二）城市群的发展规律

城市群的形成是一个长期发展的历史过程，是伴随着工业化的推进不断由分散、孤立的城市逐渐向相互联系、相互作用的城市群、大都市带演化，最终形成以大城市为中心的城乡一体化区域的过程（见图 10-12）。

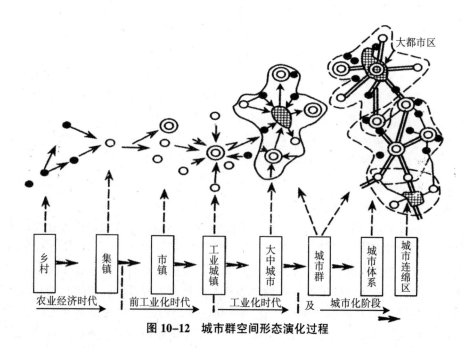

图 10-12　城市群空间形态演化过程

古代与农业文明时期，在土地肥沃、地势平坦、水资源丰富的大河流域，首先出现了点状分布的非农社区，即最初的城市。在漫长的农业文明时代，城市发展缓慢，在广阔的田野中只占据一个点，其功能单一，多以政治、军事为主，城市分散分布，彼此孤立，城市之间缺乏联系。

到了中世纪，随着商品生产和商品交换的发展，城市的数量、规模、功能都发生了很大变化，但城市仍分散分布于交通中心、河流渡口、军事城堡等地，城市职能由单一的政治、军事职能逐渐演化为工商业城市。

工业化初期，区域空间形态发生了极大变化。伴随着机器大工业的出现，生产技术、交通运输网络等得到很大发展，商品经济日益发达，人口和资本大量集中，城市数量、规模迅速扩大，特别是那些区位优势明显的城市发展更为迅速。城市趋向沿海、沿江、沿铁路、沿公路分布，其功能由单一的政治、军事职能向工业、商业、贸易等多项职能发展，在矿产资源、原材料资源富集的地区，出现了煤城、钢城、纺织城等专门化的工业城市。但受交通等条件的制约，各城市基本上独立发展，相互间联系十分微弱。城市的城区由小到大逐渐向四周扩展，形成向心环状空间结构。

19世纪末20世纪初工业化基本完成时期，城市体系形成。由于大城市人口和产业过度集中，城市中心区较为拥挤，造成交通、能源、用地、住房紧张，地价和税率提高，以及环境恶化等一系列大城市病，城市的向心内聚力减弱。这时，许多国家采取种种政策和措施，鼓励人口和工业外迁，从而推动了郊区及周围中小城镇的形成和发展，大城市周围逐渐出现卫星城，包括卧城、工业城和反磁力中心等，人口开始向城郊分散。

20世纪中叶以来，发达国家首先进入后工业化社会，第三产业成为城市经济的主体；高速铁路、公路、超音速飞机等现代化交通工具的发展，大大降低了空间距离对要素流动的阻碍，使产业可以在更大范围内布局；城市的地域结构趋向分散，由单中心演变为多中心；大城市职能多样化，其吸引辐射范围进一步扩大，有些内城区出现衰落迹象，城郊及中小城市的现代化设施水平提高，出现由大城市、卫星城市和邻近其他城市组成的城市群体，如"伦敦地区"、"大东京地区"等，城市与区域日趋一体化。

20世纪末，世界进入信息化与全球化时代，城市群逐渐成熟。城市间联系进一步加强，其边界相互蔓延，形成多核心的巨大城市群或城市带，如美国著名的波士华大城市带、日本东海道城市带、英国中南部城市带、中国的长江三角洲城市群等。区域性城市群成为全球竞争主体。城市群形成与发展的历史进程可以用表10-4做一简单概括。

表 10-4　不同阶段城市群发展的总体特征及主要影响因素

阶　段	影响因素	城市群特征
古代与农业文明时期（前工业化时期）	以游牧和农业经济为主体，辅之以少量的手工业、商业和农产品加工业	城市的地位、作用微弱，在广阔的田野中只占据一个点，城市孤立、分散发展
中世纪时期	农业经济进一步发展，手工业、商品经济日趋活跃	城市分布范围扩大，多位于交通中心、河流渡口，或散布于农村，城市仍是孤立发展
工业化初期	社会化大生产，工业蓬勃发展，人口迅速增长	近代工业城市形成，城市中心区出现，城市扩张，人口向城市聚集
19 世纪末 20 世纪初工业化基本完成时期	铁路、电话等交通通信基础设施迅速发展；工业结构改变，工业经济开始向服务业经济转变，城郊基础设施建设开始	城市中心区进一步发展，城市拥挤，向城市中心的移民速度减慢，人口向郊区分散，卫星城出现
20 世纪中叶以来后工业化时期	交通条件改善，通信技术发展，工业结构向自动化、电子化方向转变	内城区衰落，城郊城市化，出现由大城市、卫星城和邻近其他城市组成的城市群，城市与区域日趋一体化
20 世纪末 21 世纪初信息化与全球化时期	信息技术和信息网络迅猛发展，经济全球化带来新的竞争格局	区域性城市群成为参与全球竞争的重要形态

（三）城市群发展的内在机理

区域发展的研究表明，在区域空间结构演化的过程中，始终存在着极化（集聚）效应和扩散效应。极化效应促使城市产生并不断发展，扩散效应促进了城市群的形成并不断完善。两种效应的相互作用形成了城市群形成、发展的机理，而形成这种机理的直接动力是产业的集聚、扩散与产业结构的演进。

城市最初的形成是由于农业劳动力和农产品有了剩余，手工业、商业等在地理条件优越的地点聚集。城市一旦形成后，便成为财富创造中心和科技创新源地。随着财富创造活动的展开，产生了以社会劳动分工为基础的工农差别和以地域分工为特点的城乡差异。工业的发展和居民生活水平的提高又导致了以服务业为主的第三产业的兴起与发展，社会生产的重心由乡村转向城镇，从而加大了城镇的吸引力，导致工业、人口的进一步集聚。这就是极化效应，是城市的向心增长阶段。城市的向心扩展有如下三方面的引力：一是城市高于农村的收入差别；二是完善的设施和协作条件；三是城市市场和便捷的信息系统。

极化效应产生的根本原因是产业的空间聚集。以追求利润最大化为目标的企业，对城市的偏好取决于地理上的集中能否带来正的外在经济效益。外在经济效益有聚集经济和聚集不经济两个方面，企业的整体效益取决于两者的叠加。当聚集经济效益大于聚集不经济时，外在经济效益即为正值，有利于企业利润最大化目标的实现，因而工业企业趋于向这一城市集聚。产业的集聚在获得聚集效益的同时，也能产生乘数效应，带动为之服务配套的一系列产业部门的发展，而服务、配套条件的改善又能加速产业的集聚。由于产业的集聚，促进了城市经济的发展，城市与周围地区产生较大的位势差，更吸引了周边地区的人才、资金、技术信息等向城市流动，从而带来城市规模的成倍增长。

然而地理上的集中，也存在聚集不经济的现象：如果城镇规模超过一定的范围，其公共服务的成本就会上升，如因交通拥挤而增加运输成本，因环境恶化而增加治理费用等，从而带来巨大的不经济。因此，随着城市规模的扩大，特别是工业化后期，城市功能由生产型向管理型和服务型转化，城市产业结构也由以工业为主演变为以服务业为主，城市的土地、劳动力价格上升，生产成本提高，环境恶化，原来的集聚优势逐渐丧失。一些工业企业如果还在此地生产，就会产生负的外在经济效益。为了降低成本，企业趋于向城市外围或另一具有正的外在经济的地点移动，从而形成新的工业中心，人口和工业在新的中心逐步集聚，相对于原来的中心，这就是扩散效应，即城市的离心增长、城市群形成阶段。不同类型的企业对于不同聚集城市所带来的外在经济的判断不一样，这也正是城市产业结构能够实现变动，从而引起城市扩展、形成城市群的根本原因。

在城市群的形成过程中，极化效应与扩散效应一直是同时存在的，只是在城市的不同发展阶段，它们的作用强度不同。在城市发展的早期，城市处于极化阶段，这时极化效应大于扩散效应，因而城市经济赖以存在发展的原材料、能源、资金、人口等从外围大量流入，核心城市得到发展，而外围地区却受到影响；随着城市经济实力的不断增强，其极化和扩散效应都在不断增大。当极化效应达到最大值以后，便趋于下降，而扩散效应仍在不断增大。当城市达到一个相当大的规模时，城市经济、社会环境达到饱和状态，而外围地区与中心城市相比显示出更大的比较优势。这时，投资由中心城市转向外围，在周围地区建立工厂、公司，城市的资金、技术、人口、设备等流到邻近地区，促进了周边地区的经济发展，表现为扩散效应大于极化效应。当扩散效应居于主导地位后，区域内各级城市之间的联系更加密切，区域空间结构继续发展，在特定的区域、自然、历史等条件作用下，便会走向城市群体化。这是城市多重核心的继续扩散、地区经济水平提高的空间结果。

城市群作为区域从孤立集中走向逐渐均衡化过程中出现的一种空间形式，是一种集中与分散相结合的形式，因而具有集中与分散的双重优势，即可避免孤立集中所造成的区域差异悬殊，又具有将局部的效益转化为整体集聚的优势，是区域经济走向城市化、一体化的必由之路。但它的形成并不意味着城市群内部的结构已趋于合理，还需要进行合理规划，以求达到经济发展与环境质量的协调统一，以取得区域经济、社会环境的最佳效益。

三、城市群发展状况的测度

对于城市群的发展来说，有两方面的问题尤其会引起人们的关注，一是城市群内部各城市间的经济联系程度，二是城市群内部各城市间的发展差距。那么，对城市群发展状况的测度也主要集中于这两方面。

（一）内部各城市间的经济联系程度

1. 引力模型

引力模型用来测度城市群内各城市间的经济联系强度及不同城市间的经济联系隶属度，其计算方法为：

$$R_{ij} = (\sqrt{P_i V_i} \times \sqrt{P_j V_j})/D_{ij}^2 \tag{10.5}$$

$$F_{ij} = R_{ij}/\sum_{i=1}^{n} R_{ij} \tag{10.6}$$

其中，R_{ij} 为两城市的经济联系强度；F_{ij} 为经济联系隶属度，即两城市间经济联系强度占其中一城市与都市圈其他城市经济联系强度总和的比例；P_i、V_i 为两城市人口规模；V_i、V_j 为两城市经济规模；D_{ij} 为两城市的距离。

2. 区位指数

城市群内各城市间的经济联系程度还体现在城市间的分工与专业化方面，对于这方面的测度主要是从产业间分工或者产业内分工的角度，运用区位指数、行业分工指数、企业集中度系数、DO系数及地区专业化系数等方法。其中，区位指数（Location Quotient, LQ）被广泛地用来从总体上测度城市群分工与专业化。如果经济活动水平用就业量来表示，区位指数表示一个地区的特定产业的从业人数与该地区总从业人数之比，除以全国该产业从业人数与全国总从业人数之比，即：

$$LQ_{ik}(t) = \frac{L_{ik}(t)/\sum_{k=1}^{N} L_{ik}(t)}{\sum_{i=1}^{M} L_{ik}(t)/\sum_{k=1}^{N}\sum_{i=1}^{M} L_{ik}(t)} \tag{10.7}$$

其中，L_{ik} 表示在 t 时期，城市 i 内的产业 k 的从业人数，$\sum_{k=1}^{N} L_{ik}(t)$ 表示在 t 时期，城市 i 内的所有产业的从业人数；$\sum_{i=1}^{M} L_{ik}(t)$ 表示在 t 时期，城市群内产业 k 的从业人数；$\sum_{k=1}^{N}\sum_{i=1}^{M} L_{ik}(t)$ 表示在 t 时期，城市群内所有产业的从业人数；i 表示城市，且 i=1，2，3，…，M；k 表示产业，且 k=1，2，3，…，N。

若区位指数，即 $LQ_{ik}(t)>1$，则表示在城市群内产业 k 在城市 i 相对集中，表明该产业在该城市的专业化程度较高；而 $LQ_{ik}(t)<1$，则表示在城市群内产业 k 在城市 i 的集中度较低，表明该产业在该城市的专业化程度较低。

（二）内部各城市间的发展差距测度

1. 标准差系数

标准差是一种广泛的差异衡量指标，反映各城市的样本值与其算数平均值的偏离程度，其值越大，表示城市间人均 GDP 的绝对差异越大，其计算公式为：

$$S = \sqrt{\frac{\sum_{i}^{n}(y_i - \bar{y})^2}{n}} \tag{10.8}$$

其中，S 表示标准差，n 为单元总数，y_i 为第 i 单位的人均 GDP，$\bar{y}$ 为城市群内的人均 GDP。

2. 加权变异系数

变异系数是采用统计学中的标准差和均值比来表示的，变异系数的计算公式为：

$$CV = \frac{1}{\bar{y}}\sqrt{\sum_{i=1}^{n}(y_i - \bar{y})^2/n} \tag{10.9}$$

其中，y_i（i=1，2，3，…，n）是第 i 个城市的人均 GDP，$\bar{y}$ 是城市群内的人均 GDP，n 为城市个数。

但是，考虑到人口规模的影响，通常采用加权变异系数，其表达式为：

$$CV(\varphi) = \frac{1}{\bar{y}}\sqrt{\frac{\sum_{i=1}^{n}(y_i - \bar{y})^2 \times p_i}{\sum_{i=1}^{n}p_i}} \tag{10.10}$$

其中，p_i 是 i 城市人口占城市群总人口的比重。

3. 基尼系数

1912 年，意大利经济学家基尼（Corrado Gini）提出了度量收入不平等的系数，称为基尼系数，其表达式为：

$$G = \left[\sum_{i=1}^{n}\sum_{j=1}^{n}|y_j - y_i|/n(n-1)\right]/2\bar{y} \tag{10.11}$$

但是，式（10.11）没有考虑不同城市对应的人口比重，将这个比重加权到基尼系数中，式（10.11）可以改写成：

$$G(\omega) = \left[\sum_{i=1}^{n}\sum_{j=1}^{n}|y_j - y_i|p_i p_j\right]/2\bar{y} \tag{10.12}$$

其中，y_i ($i = 1, 2, 3, ..., n$) 是第 i 个城市的人均 GDP，y_j 是第 j 个城市的人均 GDP，$\bar{y}$ 是城市群内的人均 GDP，n 为城市个数。

这些测度方法之间存在着一定的联系与区别，各自适用于不同的情况，对此的总结如表 10-5 所示。

表 10-5　城市间发展差距测度方法的评价分析

方法	难易度	使用频率	因子分解	空间分解	适用范围
标准差系数	简单	高	否	否	简单总体分析，简单时间总差异变化趋势
基尼系数	复杂	高	是	否	因子分析，区域差异的驱动机制分析研究
变异系数	简单	高	否	否	简单总体分析，进行时间序列的变化比较

四、城市群一体化规划

(一) 城市群一体化规划的原则

1. 综合性与整体性原则

城市群规划是区域规划与城市规划的结合，是对我国城市规划设计体系的有益补充。以往的规划往往各自为政，造成空间的畸形发展，如城镇用地"摊大饼"式扩张、建设项目重复布置等。城市群规划则注重地域空间的整体规划，达到空间的合理布局和有机增长，实现功能上的综合。《马丘比丘宪章》曾指出："在今天，不应当把城市当作一系列的组成部分拼在一起来考虑，而必须努力去创造一个综合的、多功能的环境。"城市群规划力求把技术、经济、生态、社会空间、环境等诸因素有机结合，实现功能和空间的优化与组合，协调好局部利益与整体利益，使城市发展纳入有序的、良性的发展轨道。

2. 优势互补原则

首先，考虑到城市群的个性特征，就是城市群发展具有有别于其他地方的特色，即城市群中各城市的内部结构、功能与形态特征等。其次，掌握城市群的共性特征，包括：①城市功能作用的地域具有相对完整性；②具有建设与利用区域性基础设施的要求；③地域空间结构上的开放性网络组合特征。应根据城市群的自身特点，在充分发挥每一城市的个性与特色、保持每一城镇自身发展优势的前提下，发挥地区优势，实行合理的劳动地域分工，加强区域各城市间发展的分工协作、优势互补，进行合理的规划布局，共建、共享区域性的公共、基础设施，形成特色的城市群地域经济联合体，取得较高的集聚规模的经济效益。

3. 可持续发展原则

我国在经济转型时期，沿海地区许多城镇密集区经济高速发展，已出现了城市环境与生态的透支现象。这种以牺牲环境和生态为代价获得较高的经济效益，不仅对现代人的生存环境造成影响，而且还波及下一代人的生存。可持续发展是人类社会永恒的主题，如何在城市群一体化规划中体现可持续发展的内涵，这不仅在于对土地、水、能源等区域资源的合理配置和空间布局上，降低开发与保护资源的冲突，还在于保证代际与代内的公平，不忽略后代生存的种种潜在需求，为未来各种潜在发展留有余地。从空间规划的角度讲，城市群规划主要是对空间需求的规划，即主要从空间发展的需求出发，在满足需求的可能性与合理性之间谋求一种适度的结合点，要控制需求。

4. 以人为本原则

过分偏重于经济生产领域的传统城镇体系规划往往忽视了城镇作为人类聚居场所的更为本质的社会、文化、生态需求。城市群规划就是要促使城市群内城市化过程适应人类尺度和人类需求，满足人类多方面的需求，如生理、社会、个体、情感意识、文化等，创造适宜的人居环境。所以城市群的规模与集聚程度要适应人的生存质量的要求，空间的组织与布局应有利于创造富有活力、健康的社区生活。

5. 动态性与弹性原则

城市群的形成发展均具有动态变化的特征。旧的规范化方法所制定的发展目标比较死板，缺乏灵活性与可操作性，尤其是在当前社会经济发展转型的背景下，无法预见经济发展速度和结构变化的特征，如果再沿用以往的按经济周期外推未来的经济特征，依据所谓的国家"标准化"的规划规范与规则来编制规划已显得不适宜，已不能适应复杂多变的城市发展系统。应树立一种弹性发展规划的概念。城市群规划不能只是被动解决当前矛盾，还要有一定的预见性，应着眼于未来发展，为解决新问题留有余地，提高规划对于随机性的市场经济的适应程度。

（二）城市群一体化中存在的问题

1. 缺乏城市群一体化发展的协调机制

（1）地方保护主义依然存在，整体协调范围较窄，协调力度不足。城市群是一个相对完整的集合体，应具有较强的整体性，但目前城市群发展存在的最大问题是部门垄断和地方保护。虽然区域间行政区划界限有所淡化，但区域内政府行政关系复杂，给地区之间的协调带来很多掣肘因素。部门利益和地方保护阻碍了经济资源的自由流动和跨地区的经济合作。

（2）城市间分工不明确，产业结构趋同。我国城市群内的城市间联系强度不高，区域内的城市各自为政，城市发展的目标大体相似，产业结构雷同，导致整个区域内资源浪费。各城市之间的竞争多于合作，摩擦大于融合，这使城市群难以形成具有特色竞争力的整体发展优势。以长三角城市群为例，由于地理区位、自然条件和经济文化特点相似，长三角产业结构一直存在着趋同现象。长三角各城市的支柱产业大多集中在纺织、服装、机械、化工等传统产业，而加工贸易和出口产品也主要集中在机电、服装、纺织、鞋类等轻工产品方面。长三角各城市近十年来的产业调整方向也非常接近。例如，服装及其他纤维品制造业和金属制品业等行业，在各主要城市制造业结构中都有不同程度的上升；纺织业和食品制造业则都属于停止发展的行业，调整幅度较大；黑色金属冶炼、化学纤维制造业、石油加工及炼焦业等一些在原有结构中占据重要地位的行业，目前都保持着较大的份额，仍被多数城市列为支柱行业。江浙沪三省市均提出要重点发展汽车、石油化工及精细化工、电子通信设备等产业。在长三角各地的主导产业选择中，有 11 个城市选择汽车零件配件制造业，8 个城市选择石化业，12 个城市选择通信产业。产业结构雷同，资源浪费严重，缺少错位发展，无形中形成了经济壁垒，限制了城市本身的发展。

2. 核心城市带动作用不强

国外成熟城市群的综合经济功能比较强，尤其是核心城市一般都是全国乃至世界性经济中心，如纽约、伦敦、东京等作为城市群中心城市，聚集了相当数量的跨国公司、金融财团、国际和地区性组织、科研教育机构。我国的城市群综合经济功能普遍薄弱，核心城市实力弱，区域经济缺乏核心辐射源，从而加重了内部协调发展的困难。

大城市是城市群中的第一层级，在城市群体内起着核心和支撑的作用，大城市对周边地区产生强大的辐射和影响，能有力地促进资金流、信息流、科技流、人才流等在城市群间的流动，推动城市间的互动。但我国城市群中普遍存在大城市不"大"、核心城市聚集于扩散效应不够强的问题。

我国目前的城市群除长三角外，其他城市群还未能形成具有强大主导作用的经济中心以及适应现代经济发展的经济体制和有竞争力的经济区域。以京津冀城市群为例，群体内的北京、天津两个龙头为国家直辖市，经济基础雄厚，交通便利，但离开北京、天津几十公里，便随处可见低矮的民房、贫瘠的土地、不发达的城镇，与北京、天津现代化的城市形象形成了巨大的反差，核心城市没有发挥应有的带动作用。

3. 城际交通体系尚不健全

城际交通设施严重滞后，交通体系尚不健全。由于缺乏总体规划和协调机制，我国大多数城市群缺乏城市之间的现代交通体系。目前，除长三角地区一体化的交通格局正初步形成外，大部分地区的交通网络总体布局存在缺陷，对城际交通和网络建设缺乏足够的重视，不能充分满足城市之间客货运输迅速、便利、安全、经济的要求。许多城市之间、城市重要交通枢纽之间联系不便，大城市之间交通联系方式单一，以公路为主的交通体系不可能支撑起高密度、大规模的城市化社会的经济和生活活动。长三角、珠三角、京津冀等城市群缺乏以通勤铁路、高速铁路以及地铁为主的高速轨道交通体系，不同交通方式的合理布局与衔接也缺乏合理的规划。

4. 城市群体系不明显

城市群本身应是一个一体化的整合体，其内部可分为不同的层级，从而形成不同的城市群体系。城市群内不同的层级，具有不同的实现价值。我国的城市群具有明显的分层级特征，但不同层级还都没有认清自己应该担负的角色，结果是大城市不大、中等城市不强、小城市不特。各自的角色不明，都想当中心，都想成为一个各自封闭的小系统，使得城市群内角色混乱，经济无序化，加剧了城市之间的无序和不平等竞争。

城市群内的核心辐射源缺乏、产业链条薄弱、地方保护主义盛行、区际交通体系不健全等弊病都是不容回避的事实，这些极大地耗散了城市群所集聚的能量，制约了其辐射功能的发挥。

（三）城市群一体化规划设想

1. 加强城市之间的分工协作

城市群内城市之间主要是一种联系密切的经济关系，要解决当前我国城市群整体水平偏低的问题，从城市群的角度规划各城市的产业结构，实现功能互补无疑是一种好的办法。另外，建立城市群内城市之间的协调机制也有利于问题的解决。

城市群是由不同城市构成的一个有机整体，应该从提高城市群整体利益出发来规划各个城市的主导产业，发展每一个城市具有比较优势的产业，进行专业化生产，可以大大提高生产的效率。此外，城市之间的关系变成了产业上的关系，是一种分工协作关系，避免了不同行政区间的恶性竞争。如在长三角内，上海是枢纽、核心，它提供着金融、科技和通信服务，实际上也组织了制造业，而其他城市就应有不同的功能，这事实上是一种分工，它导致区域内各城市发挥协同的效应。在珠三角，中国香港也是一个核心城市，它把制造业转向珠江三角洲甚至更远的其他地区，成为一个组织型的城市，它可以提供专业的银行服务、运输服务。中小城市则通过与这些大城市的合作获得加倍的开放效应，生产各自的优势产业，从事专业化生产。在我国城市集聚已初见雏形的珠三角地区，就已经出现了一大批专业性城镇，如东莞以电子信息产品为专业化的发展方向，顺德以家电制造业为专业化的发展方向。

针对城市之间的利益冲突，各城市政府应积极与其他城市政府协调，寻求合作的机制，消除资源在城市之间自由流动的障碍，推动城市群的形成。另外，也可通过制定有关国内区际之间自由贸易方面的法规来限制区域间的恶性竞争。例如，美国联邦政府为保证区际联系和全国市场的一体化，制定了著名的《州际法案》，并建立了专门执行该项法案的"州际贸易管理委员会"，以防止州和地方政府可能出现的地方保护主义行为。

2. 建立梯度化的产业链

一个成熟的城市群经济应该具有合理的产业分工和布局结构，然而我国地区产业结构中最大的问题是产业结构趋同化且产业层次水平较低。各地区的产业门类都比较齐全，产业的地域特点不甚明显，主要行业和产品生产的空间分布均衡化，集中度下降，呈低水平的重复状态。在经济体制转轨时期，产业同构现象的产生既有地方政府追求自身利益而盲目建设方面的原因，又是企业追求利润的竞争行为而导致重复生产的结果。因此，我国在建设城市群的过程中，要因地制宜，从各地区不同的条件出发，确定各自的发展目标和发展模式，明确产业分工重点，实现全国范围内产业结构的合理布局。

城市群发展的关键是在整个区域内建立层次和布局合理的产业体系，这要求群内的城市根据比较优势和竞争优势的原则，合理确定自己的主导产业，相互错位发展。只有这样，才能提高城市群内协同效率和专业化水平，提高整个区域的对外竞争力。错位发展要求各城市科学合理地分析自己的市情，从区域整体发展的思路确定本市产业发展方向，不一定是最高最新的产业，但应该是最适合自己的产业。城市群内大小城市应该准确定位，分工合理。核心城市要当好龙头，充分发挥综合服务功能，成为区域内要素和信息的集结与配置枢纽。这要求核心城市努力提高服务产业的比重和层次，大力发展现代物流、金融、咨询等现代服务业；制造业方面的核心城市应该突出"高精尖"，避免大小通吃的做法。中心城市要当好接续核心城市辐射的"二传手"，发挥好局部中心的功能，应该将重点放在发展高附加值、高技术含量的产业，增强产业配套能力。中小城市不应盲目追求产业高级化，要充分消化核心城市、中心城市转移出来的生产能力，改造好传统产业，充当大企业的加工基地。同一层次城市之间要多加强横向合作，减少甚至避免相同产业过剩导致的恶性竞争。

3. 建设网络化的基础设施

城市群发达的基础设施能够加强城市群内城市间的联系，能够促进城市群的形成与发展。便利的交通对商品和生产要素的集聚和疏散有着重要意义，应把交通和城市群的发展放在一起考虑。再加上我国城市群内人口密度高于世界上其他城市群的人口密度，因此，我国应该重视城市群内交通设施的建设。针对我国城市群内交通设施缺乏统一规划造成的无序建设，应该尽快建立城市间合作机制，或是成立区域协调组织，对区域内交通建设进行统一规划，建设网络化的基础设施，做到既满足城市群发展需要，又避免重复建设而造成浪费。

4. 积极调整政府角色，强化区域经济功能

我国城市群是在经济全球化背景下，区域经济发展与要素流动的客观需要和市场边界的自然延展过程中形成的，而城市群内行政壁垒是制约城市群协同效率发挥的最大障碍。地方政府出于对自身经济利益最大化的追求，对经济进行干预，使行政区成为阻隔经济一体化进程的严重障碍，阻碍了统一市场的形成，阻碍了区域经济发展。如长三角地区由于行政管理格局和较强的政府力量，经济一体化进程缓慢，大大落后于经济发展本身的客观要求。所以，地方政府要打破部门、地域界限，本着互惠互利、优势互补、结构优化、效益优先的原则联合起来，推动城市间、地区间的规划联动、产业联动、市场联动、交通联动和政策法规联动，通过整合区域资源，调整区域产业结构，壮大跨区域的龙头产业，以较低的成本促进产业优势的形成。此外，城市群内政府之间应该建立多层次的合作和对话框架，和其他外部力量一起推动城市群经济内部融合。因此，迫切需要建立跨城市的协调机制，为区域内产业协调发展、基础设施衔接布局等提供整体性规划。当前行政区划体制由于历史和管理原因，在短期内难以大幅调整，但是可在现有制度基础上，根据不同的合作内容建立各种城市间的合作组织，或考虑组建区域性权威机构来加强区域内政策和发展路径的协调。

第十一章 城市资源的保护与开发规划

城市的资源多种多样，各自具有其不同的特点，城市的发展也离不开对各种资源的合理保护与开发。本章将重点探讨自然资源与历史文化资源的保护开发规划。自然资源是一个城市在形成与发展中不可或缺的要素，尤其是资源型城市，自然资源的重要影响贯穿其城市发展的始终。对于历史文化资源来说，如何有效地对其进行保护与开发将在很大程度上影响一个城市的发展，并且这种趋势将会越发明显。

第一节 资源型城市

一、资源型城市的理论综述

（一）资源型城市的界定

资源就是在一定的社会历史条件下存在的，能够为人类开发利用，且在社会经济活动中经由人类劳动而创造出财富或资产的各种要素的总称。根据资源存在的形态、特点和属性，可以将其分为两大类：自然资源和社会资源。其中，资源型城市中的"资源"指的是自然资源，并且多是不可再生的自然资源。目前，对于资源型城市还没有一个统一的界定。部分学者认为，所谓的资源型城市实际上多是以单一的采掘业为支柱产业，并且在一些公司主导下形成的城市。但这只是一个较为简单的界定，对资源型城市进行准确界定，需要从定性和定量两个角度进行关联研究。定性是"质"的判定，定量旨在"度"的刻画，前者只有以后者为基础，才能做出科学可信的判别和抉择。

从定性的角度来界定资源型城市，又可以从其形成和功能两个方面来界定。从资源型城市的形成来看，其是因自然资源的开采而兴起或发展壮大的城市；从其功能来看，资源型城市要承担为国家输出资源型产品的功能，即资源性产业要在城市经济中占有较大的份额。据此，我们可以对资源型城市做如下定义，即资源型城市是因自然资源的开采而兴起或发展壮大，且资源性产业在工业中占有较大份额的城市。在定义中，有几点是值得注意的：首先，这里的"资源"是指不可再生性的自然资源，由于不可再生资源主要是指矿物资源，所以资源型城市也被称为"矿业城市"；其次，资源型城市是由对某种自然资源的开采、采掘和开发而设立和发展起来的，所以资源型产业链条主要限于开采、采掘和初加工领域，并不进行精加工、深加工；最后，资源型产业是城市的主导产业，对经济发展有着举足轻重的地位。

以上的定义仍然需要从定量的角度来寻找支撑，而从定量角度来界定资源型城市，绝对数量标准的意义不大，资源型产业在整个城市和全国各城市社会经济中的相对地位和作用则是关键。资源主导行业和服务部门在产值、就业、投资、税收等方面占总量的比重应成为资源型城市的判定准则，其判别关系式如下：

$$R_{ij} = \frac{X_{ij}}{X_j} \geqslant \frac{\overline{X}_{ij}}{\sum X_j} + \sigma_j \qquad (11.1)$$

其中，$\overline{X}_{ij} = \frac{1}{n} \sum_{i=1}^{n} X_{ij}$，$\sigma_j = \sqrt{\frac{1}{n} \sum_{i=1}^{n} (X_{ij} - \overline{X}_{ij})^2}$，i = 1，2，…，n，j = 1，2，3，4。式中，i 代表全国各城市；j 代表各城市的资源型产业的产值、就业、投资及税收四个指标；R_{ij} 表示在城市 i 中，资源型产业的 j 类指标（X_{ij}）占其 j 类指标总量（X_j）的比重；$\overline{X}_{ij}$、$\sum X_j$、σ_j 分别表示全国所有城市资源型产业 j 类指标的算数平均值、总量及标准差。根据上述判别关系式，可以对资源型城市进行一个定量的界定，即凡是某城市资源型产业的集中化和专业化程度已经超过了全国平均值水平，就可界定为资源型城市。当上述各指标均占主导的情况下，易于断定其是否属于资源型城市；而对于非均居主导情况下，可以根据城市主导资源的特征和各指标的贡献，赋予不同的权重，进行综合评判。

（二）资源型城市的特征及分类

1. 资源型城市的特征

资源型城市具有一般城市所共有的功能和特征，如经济上的非农业性、空间上的集聚性和构成上的异质性等。但由于资源型城市是城市发展过程中的一种特有形态，其经济发展在很大程度上依托资源型产业，因此资源型城市还存在着其特有的明显特征，主要表现为以下几个方面：

（1）对资源的高度依赖性。资源型城市通常是依托当地自然资源的开发建立起来的，因而其经济发展的明显特征是对自然资源的高度依赖性，城市中的其他产业基本上也都依附和服务于资源型产业。资源型城市对于资源的高度依赖主要表现在两个方面：一是资源的存在性是资源型城市得以发展的必要条件；二是矿产资源的储量、品位和禀赋直接影响资源型城市中主导企业的效益和生命周期，城市中的其他产业也都依附和服务于资源产业。

（2）单一的产业结构。在资源型城市中，资源开采及资源加工产业占比相当大，产业结构十分单一。资源型城市之所以表现出十分单一的经济结构，是由其资源型城市本身属性决定的。资源型城市是在其丰富的自然资源的基础上建立和发展起来的，即固有的自然资源是其存在及发展的根源。因此长期以来，城市在发展过程中就逐步形成了与之适应的以自然资源的开采、加工为主导的产业类型，其他产业则由于资金不足或缺乏有利政策的照顾而没有得到强势的发展，导致了资源型城市普遍过于单一的经济结构。因此，资源和资源型产业对城市的兴衰有着显著的影响。

（3）资源型企业对城市发展影响大。在资源型城市中，资源的勘探、开采、加工、销售等全过程在城市发展中都占有重要的地位，影响着城市经济的运行。资源型企业的发展，改变了当地电力、交通等状况，改变了劳动力的知识、技术结构，带动了其他相关的原材料和物资供应产业的发展和产业结构的调整。资源型企业为城市的发展提供了大量的资金，是城市财政收入的主要来源，对城市的发展起着巨大的推动作用。

（4）对生态环境的破坏性。大部分资源型城市在早期开发时缺乏生态环境意识，在开发资源时不注意环境保护。从资源型城市本身来讲，环境质量与普通城市相比必然会存在一定的差距，这是由其产业特征所决定的。开采及加工资源必然伴随着对生态环境的破坏，如地面塌陷、地下水位下降、水土流失及空气污染等，但由于对这一问题认识不足，资源型城市在环境治理与保护方面欠下了债。随着人们逐渐意识到资源型城市应该走可持续发展的道路，其在环境治理及保护

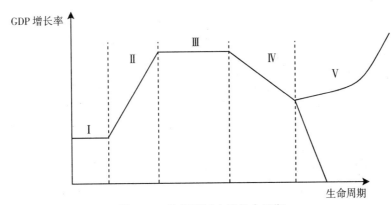

图 11-1　资源型城市的生命周期

方面的工作也必然会得到加强，但是生态环境问题仍然是资源型城市发展中的一个重大问题，也制约着资源型城市的发展。

（5）具有明显的生命周期。资源型城市在其发展过程中由于高度的资源依赖性和产业结构的过度单一性，表现出与资源开采的规律相一致的兴起、成长、繁荣和衰退的历程，这一系列由兴至衰的过程就是所谓的生命周期。资源型城市的生命周期大致可以分为五个阶段（见图 11-1）：第 I 阶段为预备期或兴起期，此时资源开采开始，城市经济得到缓慢上升；第 II 阶段为成长期，这一时期资源型产业开始迅速发展，城市经济得到迅速增长，城市规模急剧膨胀；第 III 阶段为成熟期或繁荣期，这一时期城市经济增速逐步减缓，直到为零，城市规模达到最大，出现空前繁荣；第 IV 阶段为衰退期，资源面临枯竭，城市经济开始走下坡，如果没有发现新的同类资源或尚未形成新的接替产业，整个城市将面临危机；第 V 阶段为再生期或转型期，此时资源型城市必须发展其他产业以取代原有的资源型产业，整个城市的继续发展都寄希望于成功的产业转型，但是也面临着转型失败造成的城市持续衰退。因此，资源型城市的生命周期就形成了一个先增长后衰退的倒"U"形曲线。

2. 资源型城市的分类

虽然资源型城市普遍具有上述特征，但还是存在着一定的差异性，可以根据某些特定的标准将其划分为不同的类别，归纳起来有以下几种，如表 11-1 所示。

表 11-1　资源型城市的分类

分类标准	资源型城市的分类
按形成年代	古代、近代、现代
按成因	无依托、有依托
按产业结构	采掘型、采掘—加工型、加工—采掘型
按资源种类	煤炭、有色金属、建材及非金属、黑色金属、黄金、化工、油气、综合
按发展阶段	成长型、繁荣型、衰退型、再生型

（1）按照资源型城市的形成年代进行划分，可以分为古代型、近代型和现代型三类。古代型资源型城市的形成年代久远，拥有较长的历史，如邯郸、自贡及景德镇等；近代型资源型城市的形成与兴起多与 19 世纪 80 年代前后的洋务运动有关，如大冶、萍乡及唐山等；现代型资源型城市指新中国成立后，随着我国矿业的全面和高速发展而形成和兴起的城市，如大庆、攀枝花及金昌等。

（2）按照资源型城市的成因可以分为无依托型的资源型城市和有依托型的资源型城市。无依托型的资源型城市是指原先没有城市，通过对自然资源的勘查开发而逐步形成的城市，如玉门、大庆、抚顺、阜新、白银及攀枝花等。有依托型的资源型城市是指原有城市通过自然资源勘查开发而具有了资源型城市功能的城市，如大同、邯郸、濮阳、徐州及灵宝等。

（3）按照产业结构进行划分，资源型城市可以分为采掘型的资源型城市、采掘—加工型的资源型城市及加工—采掘型的资源型城市。采掘型的资源型城市是指城市的主导产业以采掘业为主；采掘—加工型的资源型城市指城市中以采掘业为主，兼有自然资源加工业；加工—采掘型的资源型城市与采掘—加工型的相反，指城市中以自然资源的加工业为主，兼有采掘业。

（4）按资源种类划分，资源型城市共可分为八类，即煤炭型的资源型城市、有色金属型的资源型城市、建材及非金属型的资源型城市、黑色金属型的资源型城市、黄金型的资源型城市、化工型的资源型城市、油气型的资源型城市及综合型的资源型。其中，综合型的资源型城市是指城市的发展主要依靠采掘或加工两种及以上的矿产资源的城市，而我国的资源型城市多为单一资源种类的城市，综合型的资源型城市相对较少。

（5）按照资源型城市的发展阶段可将其分为成长型、繁荣型、衰退型及再生型四类。成长型的资源型城市尚处于创立时期；繁荣型的资源型城市是指城市的自然资源开发及经济效益均处于鼎盛且稳定的时期；衰退型的资源型城市是指其自然资源濒临枯竭，由于产业结构单一，致使整个城市处于衰退状态；再生型的资源型城市指由于自然资源的枯竭，城市开始进行转型，开始发展其他产业，从而重新促进城市经济的发展。我国资源型城市按照发展阶段的分类详情如表11-2所示。

二、我国资源型城市的发展分析

（一）我国资源型城市的历史及现状

我国资源型城市有着悠久的发展历史，按照古代、近代及现代的划分标准大致可以分为三个各具特征的阶段：①古代阶段：早在封建社会时期，随着某些特殊的自然资源的开采及加工，逐渐形成了如邯郸、自贡、淮南及景德镇等一批早期的资源型城市，但其发展速度十分缓慢。②近代阶段：到了19世纪80年代左右，随着洋务运动的兴起，我国又形成了一批近代的资源型城市，如大冶、萍乡及唐山等。③现代阶段：新中国成立后，我国实施优先发展重工业的发展策略，这就需要大量的自然资源作为支撑，使得我国形成了一大批现代型的资源型城市，"一五"时期的156个国家重点建设项目中有53个布局在资源型城市，占总投资额的近50%。例如，以开发区域优势矿产资源为背景，以高新技术为支撑的鞍山、武汉及攀枝花等大型钢铁基地，大庆、东营及盘锦等大型石油基地，大同、抚顺、六盘水、平顶山及平朔等大型煤炭基地，白银、金川、铜陵、德兴及

表 11-2 我国资源型城市按照发展阶段的分类

成长型城市 （31 个）	地级行政区 20 个：朔州市、呼伦贝尔市、鄂尔多斯市、松原市、贺州市、南充市、六盘水市、毕节市、黔南布依族苗族自治州、黔西南布依族苗族自治州、昭通市、楚雄彝族自治州、延安市、咸阳市、榆林市、武威市、庆阳市、陇南市、海西蒙古族藏族自治州、阿勒泰地区； 县级市 7 个：霍林郭勒市、锡林浩特市、永城市、禹州市、灵武市、哈密市、阜康市； 县 4 个：颍上县、东山县、昌乐县、鄯善县
成熟型城市 （141 个）	地级行政区 66 个：张家口市、承德市、邢台市、邯郸市、大同市、阳泉市、长治市、晋城市、忻州市、晋中市、临汾市、运城市、吕梁市、赤峰市、本溪市、吉林市、延边朝鲜族自治州、黑河市、大庆市、鸡西市、牡丹江市、湖州市、宿州市、亳州市、淮南市、滁州市、池州市、宣城市、南平市、三明市、龙岩市、赣州市、宜春市、东营市、济宁市、泰安市、莱芜市、三门峡市、鹤壁市、平顶山市、鄂州市、衡阳市、郴州市、邵阳市、娄底市、云浮市、百色市、河池市、广元市、广安市、自贡市、攀枝花市、达州市、雅安市、凉山彝族自治州、安顺市、曲靖市、保山市、普洱市、临沧市、渭南市、宝鸡市、金昌市、平凉市、克拉玛依市、巴音郭楞蒙古自治州； 县级市 29 个：鹿泉市、任丘市、古交市、调兵山市、凤城市、尚志市、巢湖市、龙海市、瑞昌市、贵溪市、德兴市、招远市、平度市、登封市、新密市、巩义市、荥阳市、应城市、宜都市、浏阳市、临湘市、高要市、岑溪市、东方市、绵竹市、清镇市、安宁市、开远市、和田市； 县（自治县、林区）46 个：青龙满族自治县、易县、涞源县、曲阳县、宽甸满族自治县、义县、武义县、青田县、平潭县、星子县、万年县、保康县、神农架林区、宁乡县、桃江县、花垣县、连平县、隆安县、龙胜各族自治县、藤县、象州县、琼中黎族苗族自治县、陵水黎族自治县、乐东黎族自治县、铜梁县、荣昌县、垫江县、城口县、奉节县、秀山土家族苗族自治县、兴文县、开阳县、修文县、遵义县、松桃苗族自治县、晋宁县、新平彝族傣族自治县、兰坪白族普米族自治县、马关县、曲松县、略阳县、洛南县、玛曲县、大通回族土族自治县、中宁县、拜城县
衰退型城市 （67 个）	地级行政区 24 个：乌海市、阜新市、抚顺市、辽源市、白山市、伊春市、鹤岗市、双鸭山市、七台河市、大兴安岭地区、淮北市、铜陵市、景德镇市、新余市、萍乡市、枣庄市、焦作市、濮阳市、黄石市、韶关市、泸州市、铜川市、白银市、石嘴山市； 县级市 22 个：霍州市、阿尔山市、北票市、九台市、舒兰市、敦化市、五大连池市、新泰市、灵宝市、钟祥市、大冶市、松滋市、潜江市、常宁市、耒阳市、资兴市、冷水江市、涟源市、合山市、华蓥市、个旧市、玉门市； 县（自治县）5 个：汪清县、大余县、昌江黎族自治县、易门县、潼关县； 市辖区（开发区、管理区）16 个：井陉矿区、下花园区、鹰手营子矿区、石拐区、弓长岭区、南票区、杨家杖子开发区、二道江区、贾汪区、淄川区、平桂管理区、南川区、万盛经济开发区、万山区、东川区、红古区
再生型城市 （23 个）	地级行政区 16 个：唐山市、包头市、鞍山市、盘锦市、葫芦岛市、通化市、徐州市、宿迁市、马鞍山市、淄博市、临沂市、洛阳市、南阳市、阿坝藏族羌族自治州、丽江市、张掖市； 县级市 4 个：孝义市、大石桥市、龙口市、莱州市； 县 3 个：安阳县、云阳县、香格里拉县

资料来源：《全国资源型城市可持续发展规划（2013~2020）》。

阿勒泰等大型有色金属基地，昆明及云浮等大型化工基地。目前，我国资源型城市不仅数量多、分布广，而且历史贡献巨大、现实地位突出。自新中国成立以来，我国资源型城市已经累计生产原煤 529 亿吨、原油 55 亿吨、铁矿石 58 亿吨、木材 20 亿立方米，为建立我国独立完整的工业体系以及促进国民经济发展做出了历史性的贡献。

但是近年来，随着我国经济全球一体化的发展和市场经济体制的完善，单一产业结构的资源型城市已不能适应经济发展的潮流，出现资源型产品市场需求减少、经济收益下滑等衰退现象，导致地区经济不能持续发展。20 世纪 80 年代后，资源型城市的发展逐渐落后于经济发展的平均水平。统计资料显示，1989~2002 年，我国城市人均 GDP 增长速度为 8.01%，其中非资源型城市为 8.34%，资源型城市为 6.92%，落后了 1.42 个百分点。① 我们需要重视这一整体的差距，因为从长期来看，即使一个很小的增长率差异都会带来生活水准上的很大鸿沟。个别资源型城市由于资源枯竭，经济已无发展空间，甚至产生了所谓"矿竭城亡"的严重问题。1999 年，有着"天南铜都"美誉的云南东川市由于资源枯竭，不得不撤销了地级市建制，成为我国资源型城市"矿竭城亡"的第一个实例。2005 年 9 月，玉门石油管理局正式启动将油田办公及生活基地一并迁至酒泉，而在此前，玉门市政府也开始着手迁址到几十千米外的玉门镇，这座被誉为"共和国石油工业摇篮"的城市在后期一直饱受人口急剧外流、城市经济体系分崩离析等问题。作为"一五"期间国家重点项目的阜新煤矿，由于资源萎缩，到 2000 年年底，全市生产总值年均仅增长 0.2%，总量 65 亿元，全市下岗人员达到 15.6 万人，下岗职工约占市区职工总数的 36%。

2001 年以来，在党中央、国务院的领导和各方面的共同努力下，以资源枯竭城市转型为突破口的资源型城市可持续发展工作取得了阶段性成果，政策体系逐步完善，工作机制初步建立，资源枯竭城市经济社会发展重现生机与活力。但是，当前国际政治经济不确定性、不稳定性上升，国内经济发展中不平衡、不协调、不可持续问题突出，由于内外部因素叠加，新旧矛盾交织，资源型城市可持续发展面临严峻挑战，加快转变经济发展方式的任务十分艰巨。资源枯竭城市历史遗留问题依然严重，转型发展内生动力不强，尚有近 7000 万平方米棚户区需要改造，约 14 万公顷沉陷区需要治理，失业矿工人数达 60 多万，城市低保人数超过 180 万。产业发展对资源的依赖性依然较强，采掘业占二次产业的比重超过 20%，现代制造业、高技术产业等处于起步阶段。人才、资金等要素集聚能力弱，创新水平低，进一步发展接续替代产业的支撑保障能力严重不足。同时，资源富集地区新矛盾显现，可持续发展压力较大。部分地区开发强度过大，资源综合利用水平低。生态环境破坏严重，新的地质灾害隐患不断出现。高耗能、高污染、高排放项目低水平重复建设，接续替代产业发展滞后。资源开发、征地拆迁

---

① 数据来源于历年《中国统计年鉴》及《中国矿业年鉴》。

等引发的利益分配矛盾较多，维稳压力大。资源开发与经济社会发展、生态环境保护之间不平衡、不协调的矛盾突出。

促进资源型城市可持续发展的长效机制亟待完善，改革任务艰巨。资源开发行为方式有待进一步规范，调控监管机制有待健全，反映市场供求关系、资源稀缺程度和环境损害成本等的资源型产品价格形成机制尚未完全形成。资源开发企业在资源补偿、生态建设和环境整治、安全生产及职业病防治等方面的主体责任仍未落实到位。扶持接续替代产业发展的政策体系不够完善，支持力度不足。资源收益分配改革涉及深层次的利益格局调整，矛盾错综复杂。

促进资源型城市可持续发展，对维护国家能源资源安全、推动新型工业化和新型城镇化、促进社会和谐稳定和民族团结、建设资源节约和环境友好型社会具有重要意义。目前，我国已经进入了全面建成小康社会的决定性阶段，对资源型城市可持续发展提出了新的要求，迫切需要统筹规划、协调推进。

（二）我国资源型城市存在的问题

资源型城市的独有特征及形成过程决定了其具有一定的先天缺陷，再加上我国资源型城市在形成及发展的过程中所产生的后天缺陷，两者的结合就造就了现如今在我国资源型城市中普遍存在的问题，主要包括以下几点：

1. 城市经济增长缓慢，缺乏动力

资源型城市是依托资源型企业形成和发展起来的，资源型企业在资源型城市中的经济地位举足轻重，其工业产值、税收、从业人员等指标所占份额都超过了全国平均水平，有的甚至在80%以上。石油、煤炭、冶金、森林工业等资源型企业大多是在计划经济体制下建立起来的老国有企业，不仅面临着社会负担重、机制不灵活、设备老化、冗员过多等一般大型国有企业所拥有的共同弊端，而且还面临一些特殊的困难。主要包括：①一些地区面临不同程度的资源衰竭；②新资源、新材料和新能源对传统能源、原材料替代的加快导致资源型产品的市场萎缩；③长期以来，我国对资源型产品定价过低，使得资源型企业积累较少；④由于进入资源型产品生产的门槛较低，近十几年来，一些乡镇和个体私营企业都加入了开采资源的行列，使得煤炭等资源型产品的市场供大于求，大型资源型企业面临着来自小企业的竞争压力；⑤出于生态保护的要求，各种资源的开采受到了严格的限制。上述这些困难使得资源型企业生产规模出现萎缩，下岗失业职工增加；企业长期亏损，生产经济效益低下；资金周转困难，生产经济难以为继。因此，资源型企业生产经营陷入困境必然直接影响城市的经济增长活力。从投资看，大型资源性企业的投资一般要占全市投资总量的30%~50%，有的甚至达到70%以上。资源型企业陷入了困境，企业的投资能力肯定上不去，全市的投资能力也必然上不去。从消费看，大型资源型企业的职工及家属要占全市城镇居民的

20%~30%，资源型企业陷入了困境，职工及家属的消费水平必定会下降，导致全市消费水平的下降，在绝大多数资源型城市中，资源型企业的收入水平是全市消费水平的"晴雨表"。同时，资源型企业的不景气还会形成"多米诺骨牌效应"。在资源型城市中，有相当多的企业直接或间接地为大型资源型企业服务，资源型企业陷入了困境，相关企业则无一幸免，从而对城市发展和稳定形成全面冲击。

2. 经济结构不合理，产业结构优化升级难度大

资源型城市经济结构单一，体现在产业结构、所有制结构和就业结构等方面。在产业结构中，第二产业发展迅速，而第一、第三产业发展相对滞后。第二产业多以高耗能、高耗水产业为主，主要是采掘业与配套产业。资源开发在资源型城市产业结构中占据主导地位，加工产业也依赖于资源，产品以初级资源加工品为主，资源利用面窄、产品的深加工不足、附加值低。在所有制结构上，多数资源型城市企业主体是国有经济，其单一的产权结构不利于企业制度的革新，阻碍企业竞争力的提升，制约整个地区的社会经济发展。在就业结构上，资源型城市的就业在很大程度上集中于第二产业，而第三产业则发展相对滞后，造成就业门路狭窄、就业岗位不足，城市就业压力十分突出。尤其在一些老牌煤炭资源型城市，随着大批矿井的报废关闭，大量的采煤工人需要转移到其他产业，但是这些煤炭工人文化程度较低，缺乏其他的谋生技能，因此要对他们进行就业安置就显得十分困难。同时，大量的失业人员还会严重影响社会的稳定，大量的城镇下岗失业人员成为"城市贫民"。

3. 环境污染和生态破坏日益严重

资源型城市在自然资源开发中，除了具有一般城市所具有的"三废"污染等问题外，过去因受"有水快流"和"国营、集体、个体一齐上"政策的影响，忽视了资源开发和环境保护两者的关系，还都存在过度开发和野蛮开采的倾向，这种急功近利的掠夺式开发使得资源有极大浪费，生态环境严重破坏，尤其是矿山城市某些方面的生态环境破坏极其严重，部分城市甚至出现生态危机。例如，废矿渣（如各种尾矿、煤矸石等）占地堆放；损毁土地面积大，而土地复垦率低；地表坍塌、地面植被破坏严重；矿井水、煤泥水等造成农田污染，引起土壤理化性质改变，直接或间接地危害人类健康。最近几年肆虐我国众多地区的雾霾问题，就与自然资源的过度开采及不完全加工有着密切的联系，而且更为严重的是，这种大气污染不仅对资源型城市本身造成恶劣的影响，还会随着大气的流动对周边地区造成污染，甚至是相隔较远的地区。

4. 城市基础设施建设落后，数量严重不足

我国资源型城市多是按照国民经济发展的需要，在短时间集中大量的人力、

物力、财力迅速建立起来的。由于缺乏对城市功能前瞻性的认识，城市建设缺乏总体布局设计和系统规划，在城市选址上过于靠近某一矿产地，而不是兼顾多个矿产地，许多后续加工工业放在较远的地区或其他城市，使资源型城市成为纯粹的资源供给基地。另外，由于受当时"先生产，后生活"、"先矿井，后配套"的指导思想的影响，资源型城市的城市社会服务功能和基础设施建设没有得到应有的重视，城市建设严重滞后，薄弱的基础设施建设很难满足城市对经济、文化、交通、通信等条件和可持续发展的要求。

5. 缺乏有效的资金积累机制，转型成本高

大多数资源型城市在国家制定的价格体系下，经济利益流失严重，导致地区财力不足。资源型城市的资金积累率转化为储蓄的部分有限，导致其经济、社会综合发展水平落后于其他地区。实施经济转型是实现资源型城市可持续发展的有效途径，但由于转型发展的成本高，对多数资源型城市而言，难以顺利实现经济转型。

三、资源型城市的转型发展规划

(一) 资源型城市转型的相关理论

由于资源型城市在发展中需要面对多种问题，所以近几十年来，国内外学者、各种组织及政府部门都对资源型城市的工业布局、产业结构多元化调整、经济转型及实现可持续发展进行了理论探索。这些理论对于资源型城市如何成功转型提供了许多可供参考的答案。

1. 清洁生产理论

1989 年，联合国环境规划署（UNEP）首次正式提出清洁生产（Cleaner Production）的概念。1996 年，UNEP 在总结了各国开展污染预防活动的成果并加以分析后，完善了清洁生产的定义，即清洁生产是一种新的、创造性的思想，它要求在生产、产品和服务过程中持续运用整体预防的环境战略，以提高生态效率、减少对人类和环境的危害。UNEP 将清洁生产上升为一种战略，该战略的作用对象是技术和产品，其特点为持续性、预防性和综合性。清洁生产贯穿于生产过程、产品和服务的整个生命周期：①对生产过程，它要求节约原材料和能源，淘汰有毒原材料，并在所有废物离开生产过程之前减少其数量和降低其毒性；②对产品，它要求减少从原材料提炼到产品最终处置的全生命周期过程中对人类和环境的不利影响；③对服务，它要求将环境因素纳入设计和所提供的服务之中。

如果单就环境保护来说，清洁生产与循环经济是相似的，都是由传统的末端治理转变为全过程控制，都要求在生产、产品和服务的全生命周期中结合环境保护，兼顾经济增长与环境保护相协调，最终达到经济与环境共赢。但是，清洁生

产又不同于循环经济,其区别在于循环经济与清洁生产开展的层面、深度以及实现方式。首先,清洁生产只在产业层面上展开,而循环经济从企业层面到产业体系,直至整个社会区域;其次,清洁生产强调源削减,[①]而循环经济除了强调源削减外,还囊括了整个经济活动的过程;最后,在实现方式上,清洁生产注重改进设计,而循环经济除此之外,还注重遵循生态规律来组合生产活动,优化产业结构,合理利用自然和环境资源,要求经济活动与生态系统相协调,社会经济向生态系统内在化道路发展。综上所述,清洁生产是循环经济的基础,为循环经济的发展提供了必要的技术支持,是实现循环经济的基本途径,而循环经济则是清洁生产的延伸,覆盖的范围更为广泛。

2. 循环经济理论

循环经济理论起源于人们对于生态环境和生活质量的关注。1966 年,美国经济学家凯·鲍尔丁受到太空宇宙飞船的启发,把地球看成了宇宙中一个与飞船一样孤立无援的系统,提出了"循环经济说"。他认为,一旦其内部的资源被消耗殆尽,内部环境将不再适合人类生存,人类就将会在其内部毁灭。因此,必须不断重复利用其有限的资源,保持其内部良好的环境,人类才可能延长这个系统运转的寿命,并在其中生存下去。地球内部资源对不断增长的资源消耗者,即人类来说是有限的。地球自身资源再生和自然平衡与生态恢复能力也是有限的。人类对资源的消耗速度与对生态系统的破坏速度,都已远远高于其恢复的能力。由此,鲍尔丁主张建立既不使资源枯竭,又不会造成环境污染和生态破坏,并且能循环使用各种资源的循环式经济,来代替过去的单程式经济。鲍尔丁的循环式经济概念,可以看作是循环经济思想的基础。

循环经济的理念是在全球人口剧增、资源短缺、环境污染和生态蜕变的严峻形势下,人类重新认识自然界、尊重客观规律、探索新经济规律的产物。其主要观点如下:[②]

(1)新的系统观。循环是指在一定系统内的运动过程,循环经济的系统是由人、自然资源和科学技术等要素构成的大系统。循环经济要求人在考虑生产和消费时不再把自身置于这一系统之外,而是将自己作为这个大系统的一部分来研究符合客观规律的经济原则,将"退田还湖"、"退耕还林"及"退牧还草"等生态系统建设作为维持大系统可持续发展的基础工作来抓。

(2)新的经济观。在传统工业经济的各要素中,资本在循环,劳动力在循

---

① 源削减是指在进行再生利用、处理和处置以前,减少流入或释放到环境中的任何有害物质、污染物或污染成分的数量,减少与这些有害物质、污染物或污染成分对公共健康与环境的危害。

② 崔铁宁. 循环型社会及其规划理论与方法 [M]. 北京:中国环境科学出版社,2005.

环，唯独自然资源没有形成循环。循环经济要求运用生态学规律，而不是仅沿用自 19 世纪以来机械工程学的规律来指导经济生产。不仅要考虑工程承载能力，还要考虑生态承载能力。在生态系统中，循环经济活动超过资源承载能力的循环是恶性循环，会造成经济生态系统退化，只有在资源承载能力之内的良性循环，才能使生态系统平衡地发展。

（3）新的价值观。循环经济在考虑自然资源时，不再像传统工业经济那样将土地视为"取料场"和"垃圾场"，将河流视为"自来水管"和"下水道"，也不仅视其为可利用的资源，而是需要维持良性循环的生态系统；在考虑科学技术时，不仅考虑其对自然的开发能力，而且要充分考虑到它对生态系统的维系和修复能力，使之成为有益于环境的技术；在考虑人自身发展时，不仅考虑人对自然的征服能力，而且更重视人与自然和谐相处的能力，促进人的全面发展。

（4）新的生产观。传统工业经济的生产观念是最大限度地开发自然资源，最大限度地创造社会财富，最大限度地获取利润。循环经济的生产观则是要充分考虑自然生态系统的承载能力，尽可能地节约自然资源，不断提高自然资源的利用效率，循环使用资源，创造良性的社会财富。在生产过程中，无论是材料选取、产品设计、工艺流程还是废弃物处理，都要求实行清洁生产。要实行"3R"原则，即资源利用的减量化（Reduce）原则，在生产的投入端尽可能少地输入自然资源；产品的再使用（Reuse）原则，尽可能延长使用周期，并在多种场合使用；废弃物的再循环（Recycle）原则，最全面且最大限度地减少废弃物排放，力争做到排放的无害化，实现资源再循环。同时，循环经济还要求尽可能地利用可循环再生的资源替代不可再生资源，如利用太阳能、风能和农家肥，使生产合理地依托在自然生态循环之上；尽可能地利用高科技；尽可能地以知识投入来替代物质投入，以达到经济、社会与生态的和谐统一，使人类在良好的环境中生产生活，真正全面地提高人民生活质量。

（5）新的消费观。循环经济要求走出传统工业经济"拼命生产、拼命消费"的误区，提倡物质的适度消费与层次消费，在消费的同时就考虑到废弃物的资源化，建立循环生产和消费的观念。同时，循环经济要求通过税收和行政等手段，限制以不可再生资源为原料的一次性产品的生产与消费。

2008 年，我国通过了《中华人民共和国循环经济促进法》，并于 2009 年 1 月 1 日正式实施，有效地促进了循环经济理论在我国的实践。目前，我国实践循环经济理论遵循从企业到区域再到社会三个层次由小到大依次展开的思路，其中前者是后者的基础，后者是前者的平台。在企业层面上，推行清洁生产，加强物质循环，减少生产和服务过程中的原料和能源消耗量，从源头上减少污染，提高资源能源的利用效率，最大限度地利用可再生资源，提高产品耐用性，提高产品和服务强度，尽可能减少污染物的产生与排放。在区域层面上，要求根据工业生态学原理，通过清洁生产、废物交换、循环利用等方式，建立企业的物质、能量和信息集成，并构建生态工业园区。在社会层面上，最大限度地提高资源利用率，从减少消费领域的废弃物逐步向生产领域延伸，通过产业间物质和能量的流动，达到资源的最优化配置，实现整个社会领域的物质和能量循环。

3. 可持续发展理论

20 世纪 50 年代至 70 年代末是可持续发展理论的萌芽时期。在这一时期，世界进入了繁荣发展的黄金时代，西方发达国家的经济迅速增长，其他国家也竞相效仿，大规模发展经济，加速工业化进程。伴随着经济指标年年增长的却是森林的严重毁坏、河流与大气的污染、农田的日渐沙漠化以及城市生活质量的全面退化等问题。许多经济学家与社会学家也开始从资源的最优利用、环境保护等方面进行研究，其研究成果和理论也包含了不少的可持续利用、可持续分析和可持续发展的思想及精神实质，这也为后来可持续发展概念的产生提供了认识论基础。

1987 年，世界环境与发展委员会（WCED）发表了《我们共同的未来》，正式提出可持续发展理论，也就是既满足当代人的需要，又不对后代人满足其需要能力构成危害的发展。报告中首次阐述了可持续发展的概念，得到国际社会的广泛共识。可持续发展理论是人类经济、社会和环境目标的相协调一致，是当前发展目标与长远发展目标的一致。所以，资源节约型经济和可持续发展在本质的含义上是一致的。1992 年的联合国环境与发展大会上的《里约宣言》和《21 世纪议程》又第一次将可持续发展由理论和概念推向行动，使可持续发展理论在国际社会上得到空前的接受。在这一阶段，人们对于可持续发展定义与概念之争非常频繁，各种各样的定义层出不穷，但多数的可持续发展定义主要涉及以下三方面：①可持续发展是以"人"为中心的发展，满足人的需要、提高人的素质、充分发挥人的潜力以及实现人的价值是可持续发展的首要目标；②可持续发展的基本要求是经济、社会与环境协调发展；③可持续发展的模式是重视公平的模式，谋求当代人之间、当代人与后代人之间、区际之间的公平。

我国于 2012 年年底发布《全国资源型城市可持续发展规划（2013~2020）》，将我国资源型城市可持续发展的规划目标设定为：到 2020 年，资源枯竭城市历史遗留问题基本解决，可持续发展能力显著增强，转型任务基本完成；资源富集地区资源开发与经济社会发展、生态环境保护相协调的格局基本形成；转变经济发展方式取得实质性进展，建立健全促进资源型城市可持续发展的长效机制。具体来说包括以下四点：①资源保障有力。资源集约利用水平显著提高，资源产出率提高 25 个百分点，形成一批重要矿产资源接续基地，重要矿产资源保障能力明显提升，重点国有林区森林面积和蓄积量稳步增长，资源保障主体地位进一步巩固。②经济活力迸发。资源性产品附加值大幅提升，接续替代产业成为支柱产业，增加值占地区生产总值比重提高 6 个百分点，服务业发展水平明显提高，多元化产业体系全面建立，产业竞争力显著增强。国有企业改革任务基本完成，非公有制经济和中小企业快速发展，形成多种所有制经济平等竞争、共同发展的新局面。③人居环境优美。矿山地质环境得到有效保护，历史遗留矿山地质环境问题的恢复治理率大幅提高，因矿山开采新损毁的土地得以全面复垦利用，新建矿区不欠新账。主要污染物排放总量大幅减少，重金属污染得到有效控制，重点地区生态功能得到显著恢复。城市基础设施进一步完善，综合服务功能不断增强，生态环境质量显著提升，形成一批山水园林城市、生态宜居城市。④社会和谐进步。就业规模持续扩大，基本公共服务体系逐步完善，养老、医疗、工伤、失业等社会保障水平不断提高，住房条件明显改善。城乡居民收入增幅高于全国平均水平，低收入人群的基本生活得到切实保障。文化事业繁荣发展，矿区、林区宝贵的精神文化财富得到保护传承。同时，还具体提出了我国今后几年资源型城市可持续发展各项指标的目标，如表 11-3 所示。

表 11-3　全国资源型城市可持续发展主要指标的发展目标

指　标	2012 年	2015 年	2020 年	年均增长
一、经济发展				
地区生产总值（万亿元）	15.7	19.8	29.1	8%
采矿业增加值占地区生产总值比重（%）	12.8	11.3	8.8	[-4]
服务业增加值占地区生产总值比重（%）	32	35	40	[8]
二、民生改善				
城镇居民人均可支配收入（元）	16033	>20200	>29700	>8%
农村居民人均纯收入（元）	7607	>9600	>14100	>8%
城镇登记失业率（%）	4.5	<5	<5	
棚户区改造完成率（%）		>95	100	
单位地区生产总值生产安全事故死亡率降低（%）				[60]
三、资源保障				
新增重要矿产资源接续基地（处）				[20]
资源产出率提高（%）				[25]
森工城市森林覆盖率（%）	62	62.6	63.6	[1.6]
四、生态环境保护				
历史遗留矿山地质环境恢复治理率（%）	28	35	45	[17]
单位国内生产总值能源消耗降低（%）				[28]

续表

指　　标	2012 年	2015 年	2020 年	年均增长
主要污染物排放总量减少（%）	化学需氧量			[15]
	二氧化硫			[15]
	氨氮			[17]
	氮氧化物			[17]

注：[　　] 内为 2020 年的累计数，有关约束性指标以国家或相关地区下达的为准。

实现资源型城市可持续发展的目标，就必须从根本上破解经济社会发展中存在的体制性、机制性矛盾，统筹兼顾，改革创新，加快构建有利于可持续发展的长效机制。具体措施有以下五点：①开发秩序约束机制。严格执行矿产资源勘查开发准入和分区管理制度，优化资源勘查开发布局和结构，大力发展绿色矿业，调控引导开发时序和强度，构建集约、高效、协调的资源开发格局。研究建立资源开发与城市可持续发展协调评价制度，开展可持续发展预警与调控，促进资源开发和城市发展相协调。严格执行环境影响评价和"三同时"制度（即防治污染措施必须与建设项目主体工程同时设计、同时施工、同时投产使用），强化同步恢复治理。严格执行森林采伐限额，控制森林资源采伐强度。②产品价格形成机制。深化矿产资源有偿使用制度改革，科学制定资源性产品成本的财务核算办法，把矿业权取得、资源开采、环境治理、生态修复、安全生产投入、基础设施建设等费用列入资源性产品成本构成，建立健全能够灵活反映市场供求关系、资源稀缺程度和环境损害成本的资源性产品价格形成机制。③资源开发补偿机制。按照"谁开发，谁保护；谁受益，谁补偿；谁污染，谁治理；谁破坏，谁修复"的原则，监督资源开发主体承担资源补偿、生态建设和环境整治等方面的责任和义务，将企业生态环境恢复治理成本内部化。对资源衰竭的城市，国家给予必要的资金和政策支持。建立资源产地储备补偿机制，完善森林生态效益补偿制度。④利益分配共享机制。合理调整矿产资源有偿使用收入中央和地方的分配比例关系，推进资源税改革，完善计征方式，促进资源开发收益向资源型城市倾斜。坚持以人为本，以保障和改善民生为重点，优化资源收益分配关系，探索建立合理的利益保障机制，支持改善资源产地居民生产生活条件，共享资源开发成果，努力实现居民收入增长和经济发展同步提高。⑤接续替代产业扶持机制。国家的重大产业项目布局适当向资源型城市倾斜。对符合条件的接续替代产业龙头企业、集群在项目审核、土地利用、贷款融资、技术开发等方面给予支持，引导资源型城市因地制宜地探索各具特色的产业发展模式。将发挥政府投资带动作用与激发市场活力相结合，在建立稳定的财政投入增长机制的同时，引导和鼓励各类生产要素向接续替代产业集聚。

(二) 资源型城市的出路及转型经验

对于资源型城市的转型，国外要比我国更早地开始探索，并且有过许多实践的经验。但是由于国情的不同，这些经验并不一定就适合我国，在借鉴之前必须对其进行深入分析及比较，找出其中有益于我国的正确经验。国际上关于资源型城市转型的经验由于不同区域或国家的实际情况存在着差异，也多有不同，基本可以分为三类。

1. 以美国为代表的市场主导模式

市场主导模式主要以美国、加拿大等国家为代表。此类国家信奉自由经济主义，各级政府对经济发展不做过多的干预，主要利用市场价格机制和货币政策及财税政策对经济进行少量的干预和控制，很少直接干预和控制企业的经营，其绝大多数资源型企业多为私人企业。在对待资源型产业转型方面，由企业自主决定何时以及如何进入和退出。大多数企业通常在当地资源采掘业失去市场竞争力后，便会迅速撤离该地，然后去寻找新的资源开发项目。美国国土辽阔，矿藏丰富，但是人口稀少，其矿区开发大多都由私营企业来完成，矿区人口规模都比较小，一般只有几千到几万人。当本地资源枯竭后，尽管政府也会为资源产业关闭的城镇转型发展做出必要的努力，但由于一些城镇规模较小，政府通常认为"关闭有时候也许是最好的一种选择"。在这种认识的指导下，这些资源枯竭的城镇通常会面临两种命运：一种是成为像美国罗德尔城那样的空城、弃城；另一种是转型为美国休斯敦那样的现代化城市，但必须指出美国休斯敦的成功转型是由一系列偶然和必然因素所致。总体来讲，美国、加拿大等国家的资源型城镇转型主要以市场为主导，一般由企业自主决定资源型产业的退出和新型产业的进驻，政府通常只负责减轻、减缓资源型企业关闭后造成的损失、人员安置和就业等问题，但未对产业转型尤其是路径选择的问题进行单独的关注。

以美国为代表的市场主导模式在我国很难被采用，由于我国资源矿区开发一般是由政府出资有计划地组织相对数量的人口迁移，进而在较短时间内使矿区形成一个人口数量庞大，但产业结构单一、基础设施简陋的城市。同时，我国的资源开采企业主要依赖国家宏观计划和需求，且绝大多数是国有企业，而美国矿区规模小，开发企业多为私营企业。但是，美国这些国家采取的对资源型社区人员的一系列安置政策，如紧急经济援助、再培训、搬迁等措施值得我国借鉴。

2. 以日本为代表的政府主导模式

政府主导模式是指政府通过立法、制定宏观调控政策以及直接投资等途径来引导、支持资源型产业和资源型城市转型，最有代表性的国家是日本。日本的资源型产业主要为煤炭产业。20 世纪 50 年代，煤炭产业因廉价石油的冲击而出现危机，日本政府采取了一系列政策措施来推动煤炭产业转型。其中，20 世纪 80

年代以前，政策是以维持国内煤炭资源工业生存为重点，而 20 世纪 80 年代以后，则将重点放在产业结构调整并确保国外煤炭供应与发展洁净煤技术。为实现由传统煤炭产业向高新技术产业的转型，日本全面关闭各地煤矿，历时 10 年将原有的采煤区转换成高新技术产业区，并且兴办了一批现代工业开发区，吸引区域外企业入迁。同时，出台了一系列政策法规，对安置煤炭产业工人及其子女就业的企业给予补助，对失业的煤炭工人进行免费技能培训，帮助他们尽快实现就业。对原来的采煤区进行改造复垦，煤炭矿井在关闭之后被改造为旅游景点或科普教育场所。总体来讲，日本资源型城市转型的成功之处在于从对资源型产业的援助转移到发展替代产业上。政府出台强有力的政策支持，特别是财政支持，把原有的资源型区域重新规划建设成为高新技术产业发展区，引进具有很大发展前景的新兴产业，并制定优惠政策以扶持、壮大该产业的发展，进而有效地推动了资源型区域建立起可持续发展的产业体系。

以日本为代表的政府主导模式，全面借鉴意义相对有限。因为我国资源型城市数量多，资源型企业的数量更多，政府没有能力采用大规模援助的方式来进行经济转型，只能是对个别的给予援助，如一些已经接近资源枯竭并失去竞争力的资源型城市实施类似的政策，其难点在于城市将面临如何筹集产业转型资金和选择接替产业的挑战。

3. 以德国、法国为代表的政府指导与市场机制相结合的模式

在政府指导与市场机制相结合的模式下，政府通过采取行政手段以及制定政策，提供财政支持来助推资源型城市转型，同时注重发挥市场的资源配置作用，吸引外资和民间资本相结合，进而促进产业转型。这一模式主要以法国（洛林区）、德国（鲁尔区）等欧盟国家为代表。

德国的莱茵—鲁尔区是德国和欧洲最大的工业区，其主要做法为：①注重对煤炭资源的就地深加工，构建电力、煤化工、钢铁等的联合产业体系，并做大做强机械制造和军工制造业，同时非常注重农业和轻工的发展；②以市场为主导，及时调整产业结构，大力发展石油化工、汽车、电子、电器等以知识技术密集型为重点的新兴工业，实现"再工业化"；③重视在职教育和职业培训，实行二元制教育，既要掌握理论知识，又要学会动手制造，并在其就业时按照相应资格享受差别化待遇；④注重非矿产业的发展，至今农牧业用地仍然占莱茵—鲁尔区总体土地面积的 40%，粮食、肉禽及蛋奶等农副产品的产量依然较高。

法国的洛林历史上是以煤矿、铁矿为主的重化工基地，与我国辽宁省类似。其主要做法为：①采取逐步放弃的政策，彻底关闭消耗资源和环境污染大、生产技术落后和生产成本高的煤铁矿和炼钢企业，煤炭资源和钢铁逐步从国际市场买入；②应用高新技术来改造提升传统产业，通过提高机械和化工等产业的科技含

量，实现产品附加值的不断提升，同时，大力发展计算机、生物制药、激光电子和汽车制造等高新技术产业；③制定并出台优惠政策，积极吸引外资，设立专项基金，扶持相关企业发展，推动产业结构调整和经济转型发展与国际接轨；④把煤炭产业转型与环境治理紧密结合起来，注重整个地区发展规划，对资源枯竭矿区所遗留的污染土地和闲置场地，通过重新复垦进行有效利用；⑤创建企业发展园，鼓励并扶持失业人员创办微小企业，为新建立的微小企业无偿提供起步帮助，并在初期及成长期给予提供相关服务；⑥非常注重职工培训和技能提高，以此来实现下岗职工重新就业，对安置煤炭行业富余人员的企业实行税收和信贷优惠。

综上所述，欧盟国家通常由政府成立专门机构，制定相应政策、目标及措施，使政府与各界通力合作促进资源型经济转型，其特点是逐步放弃对原有矿产资源的依赖，转而发展新的有竞争力的替代产业。

最具代表性的当属德国鲁尔区的转型。德国鲁尔地区是德国最大以及西欧最重要的工业区，是一个以采煤工业起家的老工矿区。但是进入20世纪50年代后，廉价石油的竞争使得这个百年不衰的工业区爆发了历时10年之久的煤业危机，继而又发生了持久的钢铁危机，使整个鲁尔地区的经济受到很大的影响，矿区原有的重型工业经济结构日益显露弊端，鲁尔地区的声誉开始下降。随后，鲁尔地区开始进行产业转型，其主要是由鲁尔煤管区协会主持完成的。在鲁尔煤管区协会成立以前，鲁尔地区没有统一的规划，从而导致了一系列社会经济问题。协会成立后，首先提出把鲁尔地区划分为"南方饱和区"、"重新规划区"和"发展地区"三个地带。根据三个地区的不同情况，协会又提出"重点发展'发展地区'，稳定'南方饱和区'，控制'重新规划区'"的战略设想。1966年，在修改上述规划的基础上，该协会又编制了鲁尔地区的总体发展规划，这是联邦德国区域整治规划史上第一个地区性的总体规划。总体规划的主旨是发展新兴工业，改善矿区部门结构，扩建交通运输网，在核心地区以及主要城市中控制工业和人口的增长，在中心地区增设服务性部门，在工业中心和城镇间营造绿地或保持开阔的空间，在边缘地带迁入商业，并在河谷地及其周围丘陵地带开辟旅游和休息点，为人们提供休息和娱乐的场所。在这一规划的指导下，鲁尔地区开始实施产业转型，转型主要以煤炭及钢铁产业为基础，促进经济部门多元化，主要发展汽车、炼油、化工、电子以及服装食品等产业部门。由于采取措施得力，鲁尔地区的经济结构得到了调整和提升。煤钢比重下降，煤炭及钢铁两大产业部门职工人数也从20世纪50年代初占工业部门总数的60%降至20世纪90年代初的33%，而同期非煤钢工业的就业人数却从32%上升到目前的54%之多，第三产业部门的比重则从29.8%提高为56%。

以欧盟国家为代表的政府指导与市场机制相结合的模式值得我国众多资源型城市借鉴。因为和欧盟类似，我国大部分资源型城市资源开采的历史较长，大部分矿区处于开发成熟期或衰退期，一般城市都具有一定的规模，不能轻易放弃，都必须进行产业转型。因此，在政府的指导下，通过制定相关政策，发展替代产业，最终完成经济转型是最适合我国国情的道路，也是社会成本最低的方式。

从以上对各国经验的总结及对比（见表 11-4）中可以看出，纵然它们在采用的模式及具体操作方面存在着差异，但是它们之间也存在着一个重要的共同点，这也是最重要的一点，即无论各国或区域的实际情况存在着多大的差异，资源型城市的未来将按照资源产业纵深化和集约化、产业结构多元化和高级化的方向发展，实现经济效益和环境保护的统一，最终成为综合发展的非资源型城市。我国资源型城市在清洁生产、循环经济及可持续发展理论的指导下，可根据自身的资源产业寿命、区位优势等来定位其未来的发展方向。此外，从表 11-4 中也可以看出，资源型城市的转型是一个漫长的过程，短需 20 年，长则 40 年，因此切忌急于求成。

表 11-4　国外典型资源型城市转型对比

地区	转型方向	主要接替产业	生态环境成果	历时
美国休斯敦	石油之城⇒太空城	航空、医疗等高新技术产业；金融、商业等高端服务业	环保评比第一	近20年
日本	重化工基地⇒高新产业基地	集成电路产业及汽车产业等新兴工业和高新技术产业	绿色发展示范城市	20余年
德国鲁尔区	传统煤钢工业基地⇒欧洲文化之都	新兴工业、工业旅游产业及文化创意产业	蓝天绿水环抱	40余年

第二节　城市历史文化资源

一、城市历史文化资源概述

（一）城市历史文化资源的界定与分类

1. 城市历史文化资源的界定

城市历史文化资源有广义和狭义之分。广义的城市历史文化资源涵盖整个城市的所有生产、生活方式，不仅包括语言、历史、艺术、名人、教育、科技、体育及建筑等因素，还包括经济发展模式、政治文明及民风民俗等因素。狭义的城市文化资源主要包括语言、历史、名人、艺术、建筑、民风及习俗等。城市历史文化资源的存在形式可以分为非物质形态和物质形态两种形式。非物质形态的历史文化资源指不以客观存在的物质形态为其存在方式的历史文化资源，如语言、历史、艺术、名人、民俗及民风等；物质形态的历史文化资源指以某种客观存在为依托而形成的历史文化资源，如护城河、护城墙、宫殿庙宇及古桥古木等。

所有的城市历史文化资源，都具有鲜明的地域差异性、丰富的文化传承价值、独特的视觉和文化审美价值以及不可再生性等基本属性。城市与其所处的区域之间存在着基本的统一性，一个区域的气候和植被、地形和地貌、资源和物产、历史和文化、民风和民俗等元素共同构成了城市发展的环境条件，这些元素同时也是城市的景观特色和文化个性形成的基础。在现代社会中，历史文化资源的区域差异性是城市特色最重要的构成部分，历史越悠久、历史文化资源越丰富的城市，其城市特色往往也越鲜明。大部分城市的历史文化资源，是 20 世纪中期以前形成的，那是现代技术尚未在全球广泛扩散的时代，也是自然环境和人为条件的地域差异性尚且得到应有尊重的时代。在文化传承方面，城市的历史文化资源始终占据十分重要的地位，特别是那些公认为有价值的文物古迹，不仅记录着特定历史时期的经济、政治、社会、技术、文化、区域及民族等诸方面的特征，也记录着特定时期的重大历史事件和日常社会风貌，而且浓缩了人类文明发展的过程。它们还为现代的人们提供了了解过去、怀念过去、研究过去，学习和反思历史、提高文化修养、增强文化鉴赏和辨识能力的生动素材。通过各种文化内涵丰厚的文物古迹，各个不同历史时期的文化信息能够更加有效地代代传递，并且经过历史的筛选、沉淀和凝练，人类共同的文化感情将先辈们经过创造性劳动而构建的文化标志视为城市永恒的标志，如希腊的雅典卫城和帕提农神庙、罗马的斗兽场、中国的北京故宫等，凡是经历了历史发展的城市都在以某种方式记录并传递着特有的文化轨迹。城市历史文化资源的审美价值具有不可替代性，现代城市由于过于强调功能和效率，经常是以牺牲审美情趣为代价的，而城市的历史文化资源能够保存到今天的，大多是设计精美、制作精良、特色鲜明的集大成之作，代表着不同时代的艺术风格，极大地丰富着今天的城市景观。因此，它使得城市的形象丰富多彩，同时赋予其历史和文化的厚重感。历史文化资源又是一种不可再生的社会性资源，一经毁损，就无法真实地再现，这就客观地增加了历史文化资源保护的重要性。

2. 城市历史文化资源的分类

城市的历史文化资源内容丰富，形式多样。按照不同形式来划分，可以将其分为自然环境、独特的城市物质形态、文物古迹以及文化的人文表达方式四种类型。具体来说：

（1）自然环境。自然环境为城市的形成和发展提供了必要的空间，城市周围以及城市内部的自然地理环境也是城市文化景观的重要组成部分。在人类活动密集的城市地区，自然环境无一例外地被打上了浓重的人工印迹，因此也成为城市文化环境和文化资源的一个重要构成元素。

（2）独特的城市物质形态。独特的城市物质形态是指城市物质要素的独特空间组成形式，如城市的平面几何形状、布局、功能区划、交通网络。它是城市的自然环境、地形地貌和文化历史发展共同作用的产物，古代北京形成的以故宫为中心的棋盘格状的城市空间结构，既与平坦的地形有关，更与其作为首都的政治中心地位有关，其城市的功能区划和空间布局充分体现了封建时代以皇权为中心的政治思想。

（3）文物古迹。文物古迹是最为直观也最为丰富的城市历史文化资源，包括城市在各个历史时期遗留下来的，具有历史意义和文化特征的建筑物、各种器物、遗址乃至古化石、人类动植物遗骸等。其中，各类建筑及其遗址是最为常见的文物古迹，包括宫殿、古堡、民居、城墙、城门、城堡、园林、桥梁、陵墓、广场、雕塑、街区、寺庙、教堂及塔台等，建筑以及建筑遗址构成的文物古迹构成了城市历史文化资源的主体。

（4）文化的人文表达方式。文化的人文表达方式是软性的城市文化资源，独特的民俗礼仪、风土人情、节日庆典、体育运动、艺术活动等都是能够体现城市文化特色的人文表达方式，但由于其镶嵌于各个历史时期具体的日常生活和生产活动之中，能够流传和保存下来的，并且仍然在现代社会中有所体现的只是很少的一部分，更多地存在于传说、文字、图片、壁画及文艺作品等史料之中。

（二）城市历史文化资源的价值

城市历史文化资源的独特性、丰富性、稀缺性及不可再生性就决定了其具有重要的开发价值。同时，对于城市历史文化资源的开发也要讲求一定的方式方法，有许多需要引起注意的地方。具体说来，城市历史文化资源的价值主要有以下几点：

1. 城市历史文化资源的开发有助于提升城市物质文化品质，提升城市形象和改善城市面貌

城市的物质文化为见之于形、闻之有声、触之有觉的表层文化，是城市文化风貌最生动、最直观、最形象的呈现，它由城市中可感知的且有形的各类基础设施构成，包括城市布局、城市建筑、城市道路、城市通信设施、公共住宅、水源与排水设施、垃圾处理设施、市场流通的各色商品以及行道树、草地、花卉等人工自然环境。目前，随着我国城镇化进程的不断推进，城市面貌日新月异，但同时也出现了新的问题：以城市建筑来说，一些西方城市开发中出现的某种模式的弊端又在我国某些城市中重现，由于旧城改建中推土机式的大拆大建，许多旧城

变成了高密度、高容量及物质化的商业中心，一些旧街区被开发商全部拆除后又建起了新的商品住宅楼，一些风景名胜区用地被侵占进行房地产开发，城市面貌的趋同化和城市特色的被吞噬越来越普遍，原有的传统城市的景观与品质日渐减少，城市文化受到很大破坏。所以，从长远考虑，在现代城市发展中，要使城市的物质文化建设有品位，处处折射出其文化素养和内涵，除了将高雅的现代文化因素融入其中，历史文化传统也是不可或缺的因素之一。因此，科学、合理地保护历史文化遗产，避免在旧城改造中的大拆大建，树立历史环境意识，合理保护、有效开发物质文化遗产，继承城市的人文精神，展示城市的文化个性，建设"和而不同"的城市，也就成了提高城市物质文化品质，提升城市面貌的重要措施和必然选择。

2. 城市历史文化资源的开发有助于提升城市的非物质文化品质，塑造城市品牌

城市历史文化资源中的非物质文化是相对于物质文化而言的，大体上可分为城市的制度文化和精神文化两个方面。其中，制度文化是城市文化的制度化、规范化的表现形式，精神文化是城市文化的灵魂和核心，是城市的精神象征和精神文化现象，两者的塑造、提升都要尊重城市自身的历史，从弘扬自身传统文化精品中铸造文化品牌。为提升城市文化品质，对这些非物质文化资源需要做到：

（1）借鉴国内外成功理念，提升城市历史文化资源开发的指导思想。坚持走内涵式发展的增长模式、保护、延续城市文脉，合理开发城市历史文化遗存，将城市的地域、自然、文化特色和生态、人文优势，贯穿于城市规划和建设的全过程。

（2）加大非物质文化资源尤其是工艺品类文化资源的开发力度。这类历史文化资源的旅游转换可以在开发旅游纪念品上做文章。

（3）借助主题事件宣传城市传统文化和核心价值观念。主题事件包括与地方文化关联的主题活动，如节日活动、文艺展示、民俗事件、庆祝纪念活动等。可以通过定期举办一些高规格、高标准的名人纪念、学术研讨和演出活动等形式，结合时代精神，在名人诞辰日、逝世日等纪念日进行宣传推介。同时，还可以通过名人故居、名人雕塑园、名人文化长廊、文化墙、名人街、名人广场等载体的建设让整个城市形成浓郁的名人文化氛围，让名人文化"走进"人们的视野，"融入"人们的生活，从而在整体上提高市民的文化素养。

3. 城市历史文化资源的开发有助于提炼城市精神，从更深层次塑造城市形象

城市精神作为城市文化的核心层次，是一个城市的内在气质和根本价值追求，是内化于市民日常生活中的哲学法则，是体现城市独特风格的显著符号，是一座城市的灵魂。良好的城市精神作为城市人文环境的首要构件，是该城市自古

至今不断追求真善美的凝聚和结晶，是包含该城市的历史文化精神以及城市内在气质、价值观念、市民心理、思想意识、道德观念及行为准则等的凝练和总结。所以，城市精神的提炼和塑造既要立足当代，反映时代特征，体现时代要求，更要植根历史，尊重自身城市的历史，从保护历史文化资源、传承民族优秀文化中寻求其根基。具体来说要注意以下三点：

（1）从城市历史文化资源中寻求城市传统的核心价值观。城市的核心传统是指一座城市在漫长的历史发展中所积淀，并区别于其他城市的独特生命气息与个性符号。它通过城市的各种有形的物质形态和非物质的意识形态载体传承下来，这个不断传承的城市灵魂即城市精神。所以，新时期提炼城市精神不能抛弃传统精神，而应充分挖掘总结传统精神，并使其有机地与现代精神对接，才能更科学准确地提炼现代城市精神，进而展示城市形象，提高城市软实力，引领城市发展。

（2）从城市历史文化资源中寻求城市人文精神。人文精神就是关心人、尊重人、以人为本的精神。具体来讲，人文精神是指内含在文化中的人的价值、境界、理想、文明程度和道德追求，城市是文化的中心，是凸显人文精神的地方，城市人文精神是城市文化的灵魂，是城市精神文化的本质，每个城市，无论大小，都有自己的文化品位、艺术韵味和个性魅力。新时期，加速城市精神的高尚化，把人文精神内化为市民的精神品格，同样需要从城市传统人文精神中寻求资源。

（3）从城市历史文化资源中寻求城市个性或特色。和"世界上没有两片完全相同的树叶"一样，每一座城市都有自己的历史文化积淀，拥有反映自身特点的历史文脉和文化底蕴。这种历史文化底蕴对一个城市而言，是一种宝贵的资源，是一笔巨大的无形资产，它不仅能形成强大的凝聚力、吸引力，还反映出城市的独特魅力和鲜明特色。发掘这种城市精神的历史人文根基，延续城市记忆，传承历史文脉，让这些源远流长并富有特色的历史文化重放光芒并注入时代特色，使其产生新的生机与活力，对保持城市特色、丰富城市文化内涵、展示城市文化魅力都有举足轻重的意义。

总之，在城市文化日益成为城市发展的亮点的新时期，城市之间的竞争和发展已经转变为更加注重提高城市内在质量、提升城市文化内涵、增强城市核心竞争力。在这种新形势下，基于现实，紧跟时代，同时又注重开发具有特色的城市历史文化资源对提升城市文化品质具有深远的意义。

二、城市历史文化资源的保护

（一）城市历史文化资源保护的思想脉络

1. 城市历史文化资源保护的代表学派

对于城市中的历史文化遗迹的保护和修复工作直到 18 世纪末才开始受到西方各国的重视，至于其科学化、系统化、理论化则是从 19 世纪中叶开始的。虽然只有 100 多年的历史，但是在其不断发展与演变的过程中，涌现出了许多不同的学派及其理论，在 20 世纪更是制定了多个国际性的纲领文件，这些对于国内外历史文化名城保护的实践工作都极具参考价值。早期对于城市中历史文化遗迹保护的研究主要体现在几个不同学派，其代表学说各有特点，不尽相同，其中比较有影响力的学派包括法国学派、英国学派及意大利学派。

法国学派是近代科学进行历史建筑保护工作的始祖。法国从 19 世纪以来经过 100 多年的发展和完善，已建立了一套全面的历史文化遗产保护体系。其代表人物是著名的建筑师维欧勒·勒·杜克（Viollet-le-Duc），他认为"修复工作，不但要修复建筑物，而且要修复风格，修复者应当把自己看作原作者，设想在原作者的历史条件下去创作"。他主持的主要修复工程包括巴黎圣母院、皮埃尔封堡及卡尔卡松等。他不但补足了巴黎圣母院西立面上的缺损，还把大厅上的十字交叉点建造了一个本来没有的塔尖。虽然如此，维欧勒·勒·杜克倡导修复古建筑之前要做深入细致的考古研究，要透彻了解中世纪建筑的结构，要给古建筑建立科学、详细的档案，提高文物建筑修复工作的科学性。

英国学派提倡以保护代替修复。英国古建筑保护初期阶段是一种民间自发性的运动，很大程度上是由于不满法国学派过于激进观点的影响，具有代表性的是散文家、艺术家约翰·拉斯金（John Ruskin），他认为"修复意味着一栋建筑所能遭受到最彻底的破坏，一种一扫而过什么都不留下的破坏，一种给破坏者描绘下虚假形象的破坏"。响应拉斯金的是诗人、工艺美术家、社会主义者威廉·莫里斯（William Morris），他提倡成立"古建筑保护协会"，主张用保护代替修复，用日常的维护来防护毁坏。虽然他们对文物建筑的概念过于狭窄，拒绝在文物建筑保护工作中采用新技术，但是他们看到了文物建筑的不可再生性，指出任何方式的再现都是虚假的，保护替代修护，以及要保护文物的历史印记等，维护文物的真实性原则，为后来文物建筑科学提供了有价值的理论。

意大利学派强调保护历史文化古迹所处的环境及注重其与周边的联系。意大利早在文艺复兴时期，就对古罗马和中世纪时期的古建筑进行保护和修复。意大利文物建筑保护学派的奠基人是罗曼·盖米诺·波依多（Camillo Boito），他提出"文物建筑不仅是艺术品，而且是文明史，应该着眼于其携带的全部历史信息；

新旧建筑风格应该不同，维护中使用易于与原部分区分的建筑材料，在文物建筑附近展出保存下来的零散构建，在每一次修补部分标出维修日期和记录；保护文物建筑环境，不要切断文物和它所在环境的联系；维修文物建筑前必须做历史和考古的研究，一切工作必须有确凿的证据；对全部研究和工作要做详尽的记录，建立档案"。意大利学派吸收了法国学派和英国学派合理的部分，也考虑到它们的错误和缺点，已经相对成熟。"二战"以后，布朗迪（Cesare Brandi）进一步完善意大利学派的理论，它逐渐被欧洲文物建筑保护界承认。1964 年《威尼斯宪章》的基本内容就是意大利学派的主张。

这里不得不说一下威尼斯城对于其历史文化资源的保护。威尼斯城是意大利文化遗产保护的成功范例，它不仅以水城风情著称，更以对历史文化遗存、建筑及艺术杰作、文化名城的整体性保护而驰名。具体来说，威尼斯城保护历史文化资源主要做到了以下三点：

（1）将自身特色融入城市发展中。威尼斯不仅保持了自身的地域特色及整体风貌，且将它统一于城市的肌理中。全城由 177 条大小河流纵横交错于 2300 条水巷之间，唯一的交通工具是船，既环保，又有情调。

（2）凸显城市景观的天际线。除了整体保护自然景观外，威尼斯还十分注重保护优美的城市天际线，凸显城市标志性文化景观。

（3）"科学性保护式修复工作"和"科学性考古式修复"。威尼斯城对文物进行经常性保护，对于室外的文物，每年冬末进行一次清洗；对于室内的文物，控制参观的人数，加固建筑，使室内恒温，以科学的手段对艺术品进行文物资料性的修复，忠实于原作，恢复并保持艺术品的本来面目。

目前，威尼斯城拥有 120 多座教堂、120 座钟楼、64 座修道院、40 座宫殿及多处博物馆、剧院。在保护文化遗产方面，意大利还有许多开创之举：①开办了专门的文物修复学校及修复中心，为社会培养能胜任文物维护工作的人才；②动员全社会的力量共同投入文物保护的事业中去，将现代医学、光学、电子等技术用于对文物的修复；③专门组建了世界上绝无仅有的旨在保护文化遗产的文物宪兵部队，据不完全统计，迄今为止共追回了 16 万件被盗艺术品、32 万件非法盗掘的地下文物；④由政府出面对一些有价值的私人宅邸进行维修；⑤政府在筹措文物修缮资金方面，机制灵活，如发行文物彩票、支持文物股票上市、接受国内外各大公司及其他方面的赞助。

2. 城市历史文化资源保护的纲领文件

进入 20 世纪以后，历史文化古迹保护的理论与实践发展迅猛，人们的保护意识迅速提高，理论不断创新，尤其是"二战"后，保护工作得到了较快的发展。这一时期，各国始终将对历史文化古迹的保护作为城市规划的重要一环，并且已经在多部极具影响力的城市规划纲领中有所体现。在第一次世界大战后，建筑领域已开始关注古代建筑的保护和修复工作。1933年，国际现代建筑协会制定的《雅典宪章》就提出对具有"历史价值的建筑和地区"应予以保护，并指出保护的意义与基本原则，提出进行遗产保护的意义在于教育民众。同时指出，应尽量避免在历史文化建筑聚集区修建交通干道，确保历史街区的本身文脉。第二次世界大战结束后，各国开始在废墟上重建城市，经过近十年的建设，各国开始思考利用旧城区的原有设施来保护古老的建筑。在这样的背景下，1964年，国际文化遗产保护与修复中心召开的第二届历史古迹建筑师及技师国际会议上通过了《威尼斯宪章》。宪章中不仅将古迹的概念由单体建筑扩大到城市或乡村环境，同时也提出不但要保护历史地段，也要保护文物建筑所在地区及其周围的环境。

1975年，欧洲议会为振兴处于衰退中的欧洲历史文化名城及保护文物古迹，发起了"欧洲建筑遗产年"的活动，并通过了《建筑遗产的欧洲宪章》。该宪章提出建筑遗产是"人类记忆"的重要部分，能够将不同时代和风格的建筑融合为一个和谐整体，这类建筑群也应该得到保护。通过实施缜密的修复技术和正确选择适当的功能，能够达到整体性保护的要求。1976年11月26日，联合国教科文组织在华沙内罗毕通过了《关于历史地区的保护及其当代作用的建议》（简称《内罗毕建议》），其指出所谓的保存历史性城镇和街区是指"保护、保存和修复这些城镇和地区，以使其得以发展并适应当代生活的必要步骤"。《内罗毕建议》中还指出了历史地段的保护内容应包括"史前遗址、历史城镇、老城区、老村庄、老村落以及相关的古迹群"，保护的内涵包括界定、技术性保护、保护、修缮及再生，以维持历史文化名城的总体风貌并让它们重新获得活力。鉴于历史遗产和环境的价值和意义，《内罗毕建议》提出了保护、保存历史环境与现代生活的统一，是城市规划、国土开发方面的基本要素。同时，"历史地区及其周围环境应得到积极保护，使之免受各种损坏，特别是由于不适当的利用、不必要的添建和诸如将会损坏其真实性的错误或愚蠢的改变而带来的损害"。《内罗毕建议》不但提出历史遗产的保护不仅是文物部门的责任，而且要和城市规划、国土等方面进行协作，确定历史遗产的保护方式和方法。同时，在实施保护的过程中，应注意保持历史街区的本体和环境的真实性。

1987年，国际古迹遗址理事会在美国首都华盛顿通过了《保护历史城镇与街区宪章》，或称《华盛顿宪章》。该宪章在总结了20多年来各国环境保护理论与实践经验教训的基础上，确定了《华盛顿宣言》将历史文化建筑的保护范围从个别建筑扩大到整个街区、整个城镇和城区的保护意义与作用、保护原则与方法等。《华盛顿宪章》提出随着各国进行的工业化建设及城市的高速发展，形成了一种冲击力量，致使许多历史文化地区遭到威胁、侵蚀、破坏，甚至面临毁灭的危险。关于历史文化地区保护的内容,《华盛顿宪章》指出其包括地段与街道的格局和空间形式、建筑物和绿化的空间关系、历史性建筑的内外面貌、历史文化地段与周围环境的关系及历史文化地段在历史上的功能。《华盛顿宪章》还提出"要寻求促进地区内私人生活和社会生活的协调方法,并鼓励人们对遗产的保护","保护历史城镇与地区意味着对这种地区的保护、保存、修复、发展以及和谐适应现代生活所需要采取的各种步骤","新的功能和作用应该与历史地区的特征相适应"。《华盛顿宪章》再次指出了城市建设、居民生活与城市遗址保护之间的矛盾,并明确提出历史城市的保护必须纳入城市发展的策略与规划中,将历史城市的保护与城市规划紧密结合。由于西方文化遗产保护领域一直强调要维持遗产本体和环境的真实性,虽然国际宪章和宣言中也提出在一定的情况下,可以对破坏的遗址进行重建,但是西方遗产界一直对于东方古建筑的"落架大修"和重建颇有微词。在这种背景下,为了解决东西方对文化遗产真实性认知的差异性,1994年在日本奈良举行的国际古迹理事会学术研讨会上对这种差异性进行了深入的探讨,并形成了《关于原真性的奈良文件》,其指出"出于对所有文化的尊重,必须在相关历史文化背景之下来对遗产项目加以考虑和评判"。

1999 年 6 月 23 日,国际建筑师协会第 20 届世界建筑师大会在北京召开,大会一致通过了《北京宪章》,贯彻了可持续发展的战略,提倡一种"整合"的哲学思想来理解和解决问题。在这一前提下,《北京宪章》对文化遗产的保护有三个观点上的突破:①确定文化遗产保护已经成为人居环境的一部分,把保护融合于"人居环境循环体系"之中;②坚持可持续的发展观,将对历史文化名城的保护活动纳入可持续发展的战略轨道,为历史文化名城的保护寻求更高层面的理论支撑;③秉承广义建筑学观,"通过城市设计的内涵作用,从观念上和理论基础上把建筑、地景和城市规划学科的精髓整合为一体",为城市历史文化古迹的保护提供更为广泛有效的保护策略。综观 20 世纪以后,国内外对于城市历史文化古迹保护的探索,大致可以分为四个阶段,如图 11-2 所示。

(二)我国城市历史文化资源保护的探索

我国由于自身发展的限制,在新中国成立后,尤其是改革开放以后,才逐渐对城市历史文化资源保护这一问题引起重视。结合国外经验及自身实践,现已形成了适合我国实际情况的理论观点,并有针对性地进行立法。

新中国成立后,我国对于城市历史文化古迹的保护大致可以分为三个阶段:

(1)初期起步阶段。此时正值新中国成立初期,由于文物流失和破坏严重,该时期的工作重点就以保护文物为主,同时从苏联借鉴了大量经验。在这一时期,梁思成先生提出"北京作为古都及历史名城,许多旧日的建筑已成为今日有纪念意义的文物,它们不仅形态美丽,不允许伤毁,而且它们位置部署上的秩序

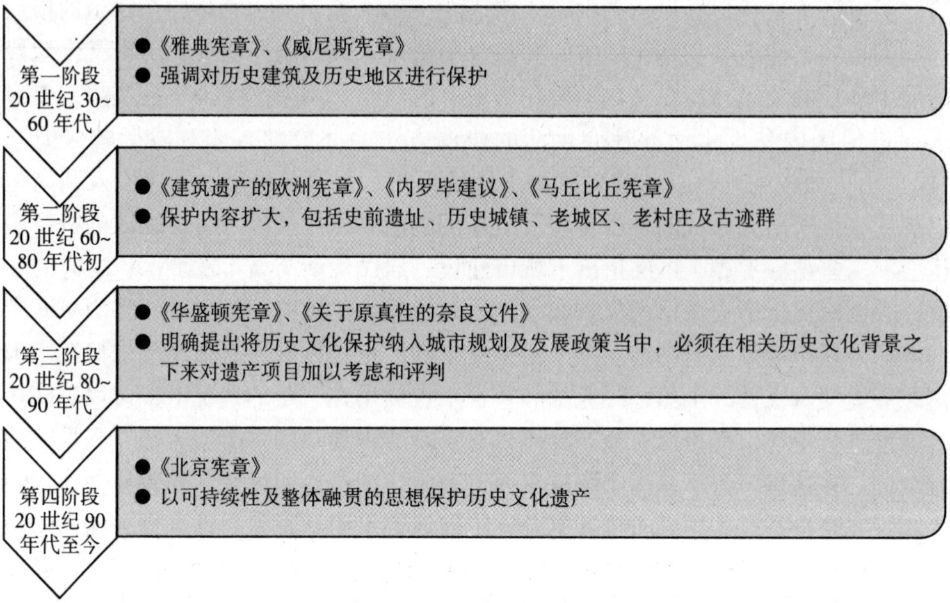

第一阶段
20世纪30~
60年代
- 《雅典宪章》、《威尼斯宪章》
- 强调对历史建筑及历史地区进行保护

第二阶段
20世纪60~
80年代初
- 《建筑遗产的欧洲宪章》、《内罗毕建议》、《马丘比丘宪章》
- 保护内容扩大，包括史前遗址、历史城镇、老城区、老村庄及古迹群

第三阶段
20世纪80~
90年代
- 《华盛顿宪章》、《关于原真性的奈良文件》
- 明确提出将历史文化保护纳入城市规划及发展政策当中，必须在相关历史文化背景之下来对遗产项目加以考虑和评判

第四阶段
20世纪90
年代至今
- 《北京宪章》
- 以可持续性及整体融贯的思想保护历史文化遗产

图11-2　历史文化名城保护的历程

和整个文物环境，都是这座名城壮美的特点之一，也必须在保护之列"。

（2）深入发展阶段。改革开放以后，中国城市进入空前规模与速度的开发建设阶段，城市传统格局与城市风貌随意改变，这一时期引进了国外城市历史文化保护的先进思想，提出了要保护历史文化名城及建立历史文化保护区，明确指出要将历史地段作为名城保护的一个层次列为保护规划的范畴。这一时期有影响的理论包括吴良镛教授在对城市历史文化资源保护进行研究后提出的有机更新理论。吴良镛教授受到生态学的启发，认为像自然界有机体发展变化的内在秩序一样，城市建设应该顺应与符合内在特征的有机秩序。城市保护与发展是一个动态性的、过程性的缓慢过程。在城市中认真研究和解决每一部分的具体问题，进行小规模整治，新建部分符合原有的机理秩序。吴良镛教授主持的菊儿胡同改造工程是这一理论的实例。由于整个街区是被完全推倒重建，菊儿胡同工程侧重城市整体风貌的保护，它只能是相对于城市范围而不是街区范围的有机更新，所以这一理论还有待于实践的继续补充与深化。

（3）综合发展阶段。20世纪90年代中后期，我国又提出了对于价值较高、整体风貌完整保存的历史文化名城实行整体保护。目前，在我国各城市对历史文化资源进行保护的实践中，有两种不同的倾向，即技术主导型与政策主导型。技术主导型侧重于以城市规划与设计等专业手段解决历史文化遗产保护问题，而政策主导型则侧重于以政策法规手段对历史文化遗产进行保护。应该认识到，这两种不同的倾向各有利弊，在实践中应结合使用，以达到保护工作的最佳效果。

目前，我国已经明确了城市历史文化保护的基本内容，如图 11-3 所示。同时，在对历史文化名城进行保护时，确定了一定的原则：①以加强立法作为前提，做到有法可依，有章可循；②以科学规划作为前提，充分考虑全局性和专业性；③以发展利用作为出路，保证社会效益、经济效益与环境效益三者的协调稳定。

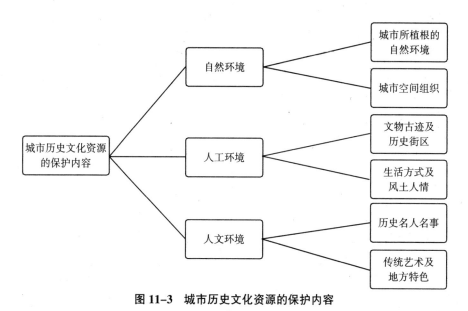

图 11-3　城市历史文化资源的保护内容

在实践中，我国也在不断摸索中前进。目前，我国各城市十分重视对历史文化资源的保护、修复及开发，这正是由于深刻认识到了城市历史文化资源在促进城市经济发展及推广城市形象方面所具有的重要作用。引起各城市重视的历史文化资源大致可以分为以下几类，即古城、古庙、名人故里或故居及特色街道等。

1. 对古城的保护、修复及开发

● 以平遥古城为例

从 1997 年平遥古城被联合国教科文组织列入世界文化遗产名录起，经过 7 年的保护与开发，平遥古城作为山西省旅游龙头的地位凸显出来。平遥古城距太原市 100 千米，南同蒲铁路、大运高速公路、108 国道、汾屯公路经过古城，交通便利，区位优势明显，这是平遥古城旅游业快速发展的基本条件。平遥古城素有"小北京"的美誉，这里文物古迹留存众多，文化内涵深厚，可以看成是一个能够全面展示中国汉民族文化的大型博物馆。平遥古城的历史文化资源包括五个特征：①古城历史格局的完整性。平遥古城是中国现存最为完整的古县城原型，整座古城以市楼为中心，以长 6.4 千米、高 10 米左右的完整古城墙为界，以南大街为轴线，对称地分布着左城隍、古衙署，左文庙、右武庙，东道观、西寺院。古城内主要街道两侧有 220 余家古店铺，具有保护价值的古民宅 3798 处，其中非常完整的有 448 处。联合国教科文遗产委员会对平遥古城的评价是"平遥古城是中国汉民族城市在明清时期的杰出范例，平遥古城保存了其所有特征，而且在中国历史发展中为人们展示了一幅非同寻常的文化、社会、经济及宗教发展的完整画卷"。②历史文化内涵的厚重性。平遥县境内文化遗存众多，现有各级文物保护单位 99 处，其中国家级 5 处、省级 13 处、市级 4 处、县级 77 处。平遥古城是乌龟城，寓意为金汤永固、万代吉祥。古城南门为龟首，北门为龟尾，东西各四门为龟足。古城内 4 大街、8 小街、72 条蚰蜒巷为龟背上的寿纹。古城墙上原有 6 座雄伟的城楼，现已修复 3 座。环城一周有 72 座敌楼及 3000 个垛口，隐含了孔子 72 个贤人及 3000 个弟子的历史典故，包含了古代人追求仁政的儒家思想。历史上全国共有 51 家票号，其中山西有 43 家，而在平遥古城内就有 22 家票号，中国的第一家票号日升昌票号就诞生于古城内的西大街，其保密办法、股份结构、经营体制、用人制度就是在今天仍有许多值得学习和借鉴的方面。这些票号的汇兑业务遍布全国各地，曾经是中国明清时期的金融中心，被誉为中国明清时期的"华尔街"。古城内有县衙、文庙、武庙、财神庙、清虚观、寺庙、天主教堂等众多具有历史研究价值的文化遗迹，多数保存完好，并向游客开放。所有这些历史文化遗存都是中国古代政治、经济、军事、教育、宗教、文化的"活标本"，成为了平遥古城建设国际型旅游城市的有力支撑。③文物古迹的独特性。平遥古城不仅文物古迹众多，而且有些文物古迹的历史文化价值极高，可以说是现存文物中的极品。平遥古城墙（见图 11-4）是我国现存完整的三座城墙之一，而其规模之宏大，建筑之完整又使其雄踞三城之冠。双林古刹彩塑艺术被誉为东方彩塑艺术的宝库，寺内的韦驮像造型夸张、气势雄伟，是中国韦驮之精品。建于五代的镇国寺万佛殿木结构建筑被称为"千年魂宝"，是我国现存最古老的木结构建筑之一。所有这些文物古迹是平遥古城的核心文化、精髓文化、传世佳作，也是平遥古城历史文化最为耀眼的亮点。④民俗风情的传统性。平遥古城自古以来文化氛围浓厚，民风淳朴。民间如今保留有秧歌、旱船、踩高跷、民乐表演等众多的民俗文化。城内有二进院、三进院等深宅大院。居住在古民宅的居民对古城情有独钟，传承中国汉民族传统习俗，睡着热炕头，吃着农家饭，过着悠闲自得的生活，热情地面对来自世界各地的游客。这种民俗风情，是生活在繁杂、拥挤的大城市的居民难以体验到的，这也是平遥古城的吸引力。⑤地理位置的优越性。平遥古城位于北京与西安两大古都的中间位置，是体现晋商文化的核心。

图 11-4　平遥古城墙

资料来源：http://ticket.lvmama.com/scenic-102624.

在整个申报世界文化遗产的过程中，特别是 1997 年申报世界文化遗产成功之后，平遥县委、县政府不断拓宽经营城市的理念，坚持深化体制改革，加强文物保护，加大旅游开发，优化城市环境，着力推进以旅游业为特色的城市经济的发展，取得了令人瞩目的成效，其主要措施包括：

（1）坚持管理体制改革和管理机制创新，实现了古城管理由分散型向集约型的转变。平遥县作为一个旅游城市，其管理涉及城建、文物、旅游、公安、交警、工商、卫生、防疫、物价、质检、环卫 10 多个职能部门。如果仍然沿用传统的多头管理模式，将不可避免地形成责任互相推诿，执法人员不足或者是人员和机构膨胀的问题。带着这个问题，平遥县组织专人在考察湖南长沙市城市管理综合执法经验的基础上，报请上级政府成立了平遥县行政执法局及城管监察大队，将城市管理处罚权集中，人员从有关执法单位抽调。城市管理体制的改革不仅没有增加执法人员，而且加强了执法力量，为营造良好的旅游环境提供了组织机构和队伍保证。平遥古城共有 20 个景点，其中国有景点 3 个、股份制景点 2 个、民营景点 15 个。起初，部分景点为了抢市场、争利益，采取竞相降价、私设回扣等各种不正当竞争手段，严重扰乱了旅游市场秩序，损坏了平遥古城的形象。针对这一问题，平遥县成立了平遥古城旅游股份有限公司，实行古城门票一卡制的管理办法，使旅游业纳入了规范化的管理轨道。

（2）坚持政府引导和市场化运作，加快了平遥古城旅游业产业化发展。平遥古城旅游业如今已初具规模，在国内外有了一定的影响力，占据了一席之地。但平遥县委、县政府在做强做大旅游业这种涉及面广，也很特殊的产品过程中，始终坚持了政府引导和市场运作这两种手段。在政府引导修复明清老街之始，建筑破破烂烂、街道冷冷清清，通过府出规划、出政策，实施整体修复，形成了如今集观光、购物、娱乐、餐饮、住宿为一体的特色旅游产业街。在明清街的发展中经营户见到了实惠，也激发起了群众投资旅游的热潮。短短的七年时间，群众根据政府及有关部门的统一规划和设计，将东大街、西大街、城隍庙街、衙门街、北大街、南大街六条主要街道两侧的临街铺面全部修复成了景点、民俗客栈、特色餐饮、旅游纪念品、休闲娱乐等旅游经营场所。与旅游密切相关的旅游客运服务，以及牛肉、长山药、推光漆器、手工鞋、剪纸等地方特色产品加工如雨后春笋般地发展起来，旅行社从无到有，发展到现在的十余家。旅游及相关行业的发展，为下岗职工安置、旅游从业人员致富开辟了广泛的渠道。据统计，全县直接和间接旅游从业人员早已突破4万人。

（3）坚持以人为本和保护为先的施政理念，凸显了平遥古城文化性、民俗性的旅游主题。1997年申报世界文化遗产成功之前，平遥古城深厚的历史文化内涵只是通过当时留存的一些遗址做简单直观的表达，只有双林寺、古城墙等少数几个国有文物单位支撑着不太景气的旅游市场。申报世界文化遗产成功之后，平遥县委、县政府一届接一届地把挖掘历史文化内涵作为实施旅游兴县战略的突破口，通过县政府出台政策拉动，集中财力，动员民资，修复了许多文化遗址、文物古迹，如今的平遥古城已经成为能够较为完整地反映中国汉民族文化的旅游景区。同时，平遥县陆续推出了县太爷升堂、走镖、市楼抛绣球、状元祭孔、民间迎亲、县太爷迎宾等一系列的旅游项目，吸引着众多游客。平遥古城这种文化内涵性、民俗传统性的景点特征，是今天乃至将来旅游发展的潜力所在。

（4）坚持创新经营城市和综合治理的办法，保证了平遥古城整体性、科学性保护和开发。过去古城内有4.5万居民，柴油机厂、棉织厂、第二针织厂、农机公司等10多个企业在古城内生产经营，10多所学校在古城内办学，党政机关多数在古城内办公。这样一种结构布局，给保护古城、发展旅游带来了诸多的不利因素，存在严重的脏、乱、差问题。为了保护好古城、发展好旅游，党政机关带头，先后有76个单位搬出了古城，相继完成了近100条中小街巷硬化缆化，新建了7个星级厕所，改造了500处居民旱厕，在全国首家推行了民俗客栈星级服务标准，古城内居民由1997年的4.5万人减少到目前的2.7万人，旅游环境和秩序得到了明显的改善。为了保护古城，建设好新城，平遥县委、县政府委托同济大学制定了《平遥县县城发展规划》，全县投资近10亿元实施了文物保护、道路、学校、办公楼、住宅小区、集中供热、集中供气、污水处理、城市绿化和亮化等100余项市政建设工程，新城建设初具规模，古城历史格局得到恢复，人民群众居住的环境得到了明显改善，实现了城市建设、旅游发展、文物保护共赢的建设目标。

（5）坚持打造品牌和树立形象并重，进一步扩大平遥古城的知名度。为了扩大宣传，吸引更多的游客到平遥古城观光，平遥县组织实施了一系列有较大影响的宣传活动，相继组织举办了平遥国际摄影大展、平遥牛肉文化节、平遥国际旅游节、新春灯展等重大活动，收到了明显的成效。特别是从 2001 年开始，连续四届承办了平遥国际摄影大展，吸引了来自 30 多个国家和地区的众多摄影家，得到了阿尔卡特、欧莱雅、凤凰卫视、中国移动、汾酒集团、红塔集团、太钢集团等许多国内外大型企业集团的赞助和支持，中央电视台、中央人民广播电视、山西电视台、东方卫视、旅游卫视、人民日报、文汇报、中国青年报、山西日报、人民摄影报以及欧美和东南亚媒体都从不同的视角和以不同的形式报道摄影大展，宣传平遥古城。目前，平遥已经形成了平遥国际摄影大展、世界文化遗产、中国历史文化名城、平遥牛肉四大著名品牌，这些品牌扩大了平遥古城的知名度，拉动了平遥古城旅游业的快速发展。

● 以大同古城为例

除了平遥古城，山西省的大同市也在其古城的修复上取得了一定的成绩。大同市作为 1982 年被国务院公布为全国首批的 24 座历史文化名城之一，具有悠久的历史和丰厚的文化底蕴，现存的文化遗产十分丰富。从 2008 年起，大同市进行了古城保护的十大工程：善化寺修复及环境整治工程、华严寺修建以及环境整治工程、关帝庙修复及环境整治工程、府文庙复原工程、帝君庙修复工程、清真寺保护修复及周边环境整治工程、法华寺修复工程及周边环境整治工程、古城东南隅民居修复工程、纯阳宫修复及环境整治工程及古城墙修复工程。尤其是对大同古城墙的修复，更是展现了大同市政府对于历史文化资源的高度重视。修复前的大同市古城墙为明洪武五年（1372 年），大将军徐达奉命依辽、金、元旧城基础增筑新城，略呈方形，东西长 1.8 千米，南北长 1.82 千米，周长 7.24 千米，面积 3.28 平方千米。城墙一律以规整有制的石条、石板、石方为基础，在原城墙基础上用"三合土"夯成，外包青砖。城墙高达 14 米，上宽 12 米，下宽 18 米。城墙四周修筑了 54 座望楼，96 座窝铺。四面城墙建有 580 对垛子，代表当时大同所辖村庄数。城墙四角建有角楼，四角墩外各建控军台一座。城设四门，东和阳门、南永泰门、西清远门、北武定门。四门之上分别建有城楼，其月楼、箭楼、望楼、角楼间隔而立。四门之外建有瓮城、月城、护城河。城墙高大雄伟，坚固险峻，布防严密，各种防御设施齐备，自成一体，是我国古代军事建筑史上颇具特色的重镇名城。由于它在北部边防中占据十分重要的地位，在多次战斗中发挥了重要作用。因此，一直享有"巍然重镇"、"北方锁钥"之誉。

大同市古城墙虽高大坚固，建筑精美，但是由于自然和人为的原因，遭到了极大的毁损，极少保存较好，大部分只剩下残垣断壁了，具体为：①城门、瓮城及月城全无；②角楼、城楼、望楼、箭楼、匾楼、窝铺、控军台、吊桥及闸楼均无半点遗存，护城河的壕堑里盖满了房屋；③城墙的包砖、望孔、垛口已基本全无；④保存较好的城墙段有四处，即城墙的四角，现东南角连续段有961.3米、西南角有560米、西北角有473米、东北角有667.6米，这也是全市保存最好的地段，高一般在8~12米，上宽2.5~8米；⑤原城墙每边有10个马面，现存北侧有较完整的6个马面，东侧有7个，南侧有2个较完整、2个残缺，西侧仅有1个，其余均无；⑥保存主城墙残损墙段1341.8米，较好的2661.9米，已毁3267米，保存较好的占原主城墙总长度的36.6%，现存主城墙占原城墙总长度的55%，还保存有明城墙的一半以上；⑦现存北小城城墙2286米，已毁1222米，南小城毁损较为严重，现存城墙仅为900米。

2008年，大同市全面实施了历史文化复兴与古城保护工程，大同古城墙得以再度修复（见图11-5），目前东城墙、南城墙已依明代大同城规制修复完毕，并对游客开放。修复后的东城墙建有瓮城、月城、吊桥、护城河，并建有城楼、月楼、箭楼各1座，望楼12座。南城墙不仅修复了瓮城、月城，还有关城和东西耳城。城墙上建有城楼、文昌阁、箭楼等古建筑楼阁10座、望楼12座、角楼1座。修复后的古城墙雄伟壮观，特别是夜幕降临，华灯初上，古城夜景分外迷人，流光溢彩的灯光，使古城墙楼阁俊俏秀丽，伟岸的轮廓更具魅力。大同市的古城修复工作不仅很好地恢复了大同市作为古城的历史风貌，保护了大同市独有的历史文化资源，而且还有效地带动了大同市旅游产业的发展，起到了良好的城

图11-5 修复后的大同古城墙

市宣传作用。

2. 对古庙的保护、修复及开发——以古藏古庙为例

出于对历史文化资源的保护，中央政府及古藏自治区政府投入大量人力和物力对寺庙进行保护、修复及开发。现在西藏各个寺庙基本上都得到了有效维修和保护，吸引前来朝佛、观光、旅游的中外宾客络绎不绝。例如，投资3100万元对大昭寺（见图11-6）、甘丹寺进行全面维修，拨出5500万元的专款首次维修布达拉宫。之后，国家再次投资3.3亿元维修布达拉宫、罗布林卡、萨迦寺三大重点文物保护单位，这是新中国成立后国家在西藏进行的规模最大、投资最多的文物保护维修工程。此外，中央政府也先后拨专款支持佛教界整理出版大藏经《甘珠尔》和苯教《甘珠尔》大藏经以及其他宗教专著，目前正重新刻制纳塘版《丹珠尔》大藏经，以基本解决僧俗群众学经之需要。西藏还通过立法形式，对藏语文学习、使用和发展加以保护。

图11-6　修复后的大昭寺

3. 对名人故里或故居的保护、修复及开发

● 以"黄帝故里"新郑市场为例

新郑市以"黄帝故里"对外进行城市形象的宣传，现已建成黄帝故里景区，其包括五个区域，即中华姓氏广场、轩辕故里祠前区、轩辕故里祠、拜祖广场、轩辕丘与黄帝纪念馆区，已被评为国家4A级景区、河南省重点文物保护单位及郑州市十大旅游景点之一。新郑市每年还会举办拜祖大典（见图11-7），将其作

为海内外炎黄子孙寻根拜祖的圣地。这些都将新郑市的历史文化资源进行了有效的挖掘，成功地塑造了其独特的城市品牌价值、品牌文化及品牌利益。

图 11-7　黄帝故里拜祖大典

● 以三市争夺"诸葛亮故里"为例

对于名人故里的保护开发甚至出现多个地方争夺名人故里的情况，如南阳市、襄阳市及临沂市三个城市争取诸葛亮故里。对于诸葛亮的故里、故居、躬耕地，这三个城市进行了上百年的争夺，如今也纷纷地对这一历史文化资源进行大力开发。

"卧龙岗"是河南省南阳市的城市名片之一。2010 年 1 月公布的《南阳市文化产业发展规划纲要》中提出要"重点建设和大力培育南阳中心城区文化产业集聚功能，以做大做强和做宽做深南阳山水文化和历史文化为主要内容的文化旅游业"。在所谓"中心城区"，南阳市要打造"一山一水一卧龙"，即独山旅游观光区、白河城市景观带、卧龙岗文化旅游产业集聚区。其中，卧龙岗文化旅游产业集聚区，以诸葛亮武侯祠为试点，集聚娱乐、影视、餐饮、住宿、时尚消费等众多产业。具体项目包括：把汉画像、诸葛亮等列为重要原创题材的影视产品开发项目；卧龙岗"三国文化源"、三国文化古战场遗址；四个特色文化旅游产业带、12 个文化产业园区等。

湖北省襄阳市对诸葛亮的热爱，丝毫不亚于"老冤家"南阳市。以古隆中为龙头的三国文化旅游区是国家 4A 级景区，总面积 209 平方千米，到 2010 年，已接待旅游者 100 多万人次，旅游收入超过 10 亿元。同时，还有两个工程名列襄阳市旅游精品系列工程：演绎三国古城再造工程，占地 50 公顷，投资总额 3 亿元；名人文化系列主题园提升工程，占地 80 公顷，投资总额 3 亿元，包括诸葛亮名人文化园、三国军事计谋殿、三国历史影视城等。

山东省临沂市作为诸葛亮的出生地，其知名度要比其躬耕地逊色了不少，这让很多人只知隆中，而不知山东临沂。但山东临沂围绕诸葛亮文化旅游区的建设早已展开，重点打造了"诸葛亮文化旅游区"，规划面积 4 平方千米，包括卧龙山、北寨汉墓群、武侯双阙、智慧桥、诸葛宗祠、诸葛茅庐等，总投资 2 亿元，项目建成后，年实现收入 2562 万元，预计投资回收期为 8 年。此外，临沂大办诸葛亮文化旅游节，仅在 2007 年的文化旅游节就签约项目 32 个，吸引累计投资额达 24.616 亿元，并发展了机械、电子、纺织、化工、建材、农业、旅游等多个产业。

4. 对特色街道的保护、修复及开发——以北京南锣鼓巷为例

南锣鼓巷（见图 11-8）位于北京中轴线东侧的交道口地区，北起鼓楼东大街，南至平安大街，全长 786 米，与元大都同期建成，至今已有 700 多年的历史。以南锣鼓巷为主干，向东西伸出对称的胡同各 8 条。南锣鼓巷街区西接什刹海，南望故宫，作为其西侧边界的地安门外大街贯穿钟鼓楼与地安门，是明清北京皇城中轴线的北段。南锣鼓巷街区在元代曾是繁华的商业街，属于城市格局中的"后市"，明清时城市商业中心虽然南移，但是元代"蜈蚣街"式胡同肌理和"八亩院"式院落结构得以保存，建筑形式以清代四合院为主，成为全国同类历史街区中规模最大、品级最高、资源最丰富的传统居民区。南锣鼓巷是北京旧城典型的传统四合院居住区，从数量和质量上衡量，四合院建筑都是保护区内的主体，既是物质遗存保护的主体，也是价值承载的主体，而面向胡同设立的宅门最能体现北京的历史街区特色。南锣鼓巷古都风貌保护区历史文物资源丰富、数量较多且分布较为集中。该地区现有国家级文物保护单位 1 处（可园），市级文物保护单位 10 处（段祺瑞执政府、和敬公主府、孙中山逝世纪念地、婉容故居、茅盾故居、蒋介石行辕、顺天府学、文丞相祠等），区级文物保护单位 14 处（僧王府、拱门砖雕、板厂胡同 27 号四合院、黑芝麻胡同 13 号四合院、荣禄故宅、帽儿胡同 5 号四合院、刘墉字碑、欧阳予倩故居、豫园、僧格林沁祠堂、齐白石故居、田汉故居等），还有周边地区各景点，如钟鼓楼、国子监、孔庙、雍和宫、北海、景山、什刹海等旅游景区。

近几年对南锣鼓巷的开发，北京市政府始终将对历史文化遗产的保护作为前提，把开发的强度和深度限定在遗产保护范围内，把商业活动内容和开发纳入传统建筑空间中，使现代生活内容与传统建筑文化的保护保持协调统一，尽可能地

图 11-8 南锣鼓巷

资料来源：http://bj.bendibao.com/tour/2013115/122081.shtm.

保留原有生活形态，实现真正意义上的历史文化保护。站在鼓楼城楼扶栏南望，地安门内大街青砖灰瓦，店铺毗连，古都胡同的肌理清晰可见，远处的皇家建筑群、近处的京味民居，无不凝聚了五朝帝都的精魂，挥洒着古都北京的灵气。

第十二章　城市病与城市灾害研究

在城市化的进程中，随着城市的发展扩大，各种要素不断向城市集聚，城市规模持续扩大。这时，城市就会出现不同程度的城市病问题，并且逐渐开始受到人们的关注。目前，我国大部分城市都饱受城市病的折磨，对此我国"十二五"规划纲要中明确指出要"预防和治理城市病"。同时，由于城市人口的增多以及城市财富的不断集聚，城市灾害造成的损失也越来越大，其对经济发展的负面影响也越发明显。鉴于此，对城市病与城市灾害的研究已成为在研究城市时不可回避的问题。

第一节　城市病

一、城市病的理论综述

（一）城市病的界定与源起

城市病是指在城市化过程中，各种资源快速地向城市集聚，但是城市系统本身存在的缺陷导致城市整体在运行中出现各种问题，主要表现为人口膨胀、资源短缺、环境恶化、住房紧张及交通拥堵等，这些问题不仅加剧了城市的负担，制约了城市的发展，还会引发城市居民生活质量的下降。这一界定的科学性主要表现在：①揭示了城市病的发作规律。城市病是在一国城市化尚未完全实现的这一阶段中，随城市化速度的加快而产生。②明确了城市病是社会经济的"发展病"，而非"停滞病"，并严格区别于有碍社会经济发展的"农村病"，纠正了社会上把一切社会经济问题都归结于城市病，片面夸大城市病的错误观点。③科学界定了城市病的本质根源在于城市系统存在的缺陷，澄清了长期以来人们单纯地把城市病与城市规模联系起来的错误思维。④指出了城市病的危害是对整个社会经济造成负面效应，轻度的城市病，有可能会给某一个城市或其部分居民造成负面影响，但严重的城市病可能给一个国家、一个社会带来严重的负面效应。

根据世界城市发展的历史，城市的发展大致可以分为四个阶段，即城市化、郊区化、逆城市化及再城市化。毫无疑问，城市病是在城市的发展中产生的，具体来说是在城市化的过程中产生的，应该说城市作为经济社会发展的空间载体所独有的特点为城市病的产生提供了"温床"。城市的特点就是在其相应的空间范围内各种经济社会资源的高度集聚以及各种交换行为的密集发生，尤其在城市化的过程中，可能会由于先天体检或政府行为失当，各种资源和要素形成了过分或无序集聚，城市供给能力一时间无法满足高涨的需求，造成规模不经济，那么城市病问题也就随之产生。正如美国城市经济学家阿瑟·奥沙利文（Arthur O'Sulli-van）所指出的，城市之所以会存在，是因为个人是不能自给自足的。如果我们每个人都可以生产我们所需要的所有物品而且不需要太多交际的话，我们就没有必要生活在城市里了。许多人生活在城市里，因为这里有许多工作机会。城市还提供丰富的消费品和服务，所以即使找不到有收益工作的人同样也会被城市所吸引。生活在城市里，我们可以获得高的生活水准，但是我们也必须忍受更多的污染、犯罪、噪声和交通堵塞。城市病在近代爆发以及引起人们的关注正是源于工业革命后，世界各地城市化加速推进的阶段。

在城市最初出现的时候，城市人口的迅速增加伴随着城市功能的不健全，这时城市病便开始出现了。但这时的城市处于初级发展阶段，对于人口及资源的集聚效应有限，城市病的危害范围并不广，危害程度也不深，并未引起过多的关注。随着工业革命的展开，城市的集聚效应大大加强。这一时期，由于农业生产技术的迅速提高，减少了其对劳动力的需求，大量剩余劳动力涌向城市寻求生计，同时也满足了工业迅速发展对于劳动力的需求，导致城市规模不断扩大，各种经济社会资源迅速集聚，大大超出了其承受能力。同时，城市管理者的管理水平也未能跟上城市发展的脚步，导致各种城市病逐渐凸显，主要包括人口膨胀、住宅奇缺、污染严重、卫生状况恶化等。此时的城市病已经具有了危害面广、危害性强等特点，渗透到了城市生活的各个方面，并且随着城市的发展，城市病有进一步恶化的趋势，反过来又严重阻碍了城市的发展。我国近代城市发展的历史也印证了这一点，尤其是改革开放后尤为明显。从改革开放之初的 1978 年到 2010 年，北京市及上海市的人口分别增长了 125.1%和 108.5%，固定资产投资分别增长了 188.14 倍和 189.53 倍，远远高于全国平均水平。这些数据说明北京市和上海市集聚了大量的人口及资源，同时这两个城市也被认为有较严重的城市病问题，已经开始阻碍城市的经济社会发展。2011 年，北京市和上海市的 GDP 增速在全国各省（区、市）中排名倒数第一和倒数第二，虽然这其中一定还有别的原因，但是环境恶化、交通拥堵及能源紧张等城市病问题已经越发明显地影响了城市发展及居民生活。

新中国成立之前的很长一段时间，城市的集聚效应并不是很大，城市病问题相对较小，并未受到重视。新中国成立后尤其是改革开放以后，由于确立了市场经济制度及农业生产技术的进步，大量人口迁移到城市中，导致城市规模激增，各种城市病问题凸显。据估算，早在唐朝，我国城市化率已经达到 10% 左右，远远高于同时期全世界为 3% 的城市化率水平。但是直到 1000 多年后的 1949 年，我国城市化率仍然维持在 10% 左右的水平，反而远远低于同时期全世界城市化率28.8% 的水平，直到 1996 年，我国的城市化率才首次突破了 30%。由于近现代西方工业革命的发展，其城市发展水平迅速提升，城市病问题也较早地爆发，西方学者在 19 世纪便开始探索城市病的治理之策。相比之下，由于我国城市发展远远滞后于西方，直到近 20 年城市病问题才集中爆发，进而引起各方的重视。

（二）城市病的表现

虽然城市病在不同地区和不同时期中的表现不尽相同，但是其中仍有一些共性可循。界定城市病的表现是评价城市病及找出城市病产生原因的不可缺少的步骤，只有从城市病的表现出发才能正确而全面地评价城市病以及探索城市病发生的深层次原因。城市病的表现多种多样，主要包括现代城市中普遍存在的人口过多、用水用电紧张、交通拥堵及环境恶化等问题，以及由上述问题引起的城市人口健康问题。这些问题又在一定程度上制约了城市的发展，加剧了城市的负担，增大了城市政府的管理难度。国内外学者普遍认为城市病的主要表现有以下五个方面：

（1）人口膨胀。城市，尤其是大城市对人口具有较强的集聚效应，而人口快速集聚也成了各城市发展的重要动因。在快速城市化的过程中，一旦城市的建设及管理跟不上迅速膨胀的需求，就会引发一系列的矛盾，出现环境恶化、失业率高、治安恶化等城市病问题。如 19 世纪末，英国的城市人口急剧膨胀，造成住房紧张，贫民窟比比皆是；卫生设施极度缺乏，水源及空气污染严重，环境恶化；就业竞争激烈，工人生活困难；犯罪率持续走高等。又如在拉美地区，20世纪 20 年代进入工业化的发展阶段，其后城市人口迅速增加，城市化的水平甚至超过发达国家，出现了城市化速度大大超过工业化发展速度的"过度城市化"现象。

（2）交通拥堵。交通拥堵问题一直是困扰大城市的棘手问题之一。迅速推进的城市化使得城市交通需求与交通供给的矛盾日益突出，主要表现为交通拥堵及由此带来的安全、污染等一系列的问题。如在伦敦，中心城区集中了大部分的政府机关以及众多的金融机构、企业及娱乐场所，并且有超过 100 万的就业岗位，造成高峰时段有大于 100 万人口和每小时 4 万辆机动车进出中心城区，使得中心城区的交通过分拥堵，该区域内的平均时速只有每小时 14.3 千米。无独有偶，20 世纪 60 年代的巴黎，由于施行了鼓励发展小汽车的政策，私人汽车与日俱增，这导致市区交通严重阻塞，1973 年开通环城快速路之后便出现了持续的拥堵。交通拥堵不仅会导致城市经济社会发展中诸项功能的衰退，而且还将会引起城市生存环境的不断恶化，成为阻碍发展的"城市顽疾"。首先，交通拥堵最直接的影响是增加了居民的出行时间和成本。出行成本的增加不仅降低了工作效率，而且也会抑制人们在工作之余的娱乐活动，使城市活力大打折扣，导致居民的生活质量随之下降。其次，交通拥堵造成了多发的交通事故，而交通事故的增多又加剧了拥堵，从而形成了一个恶性循环。最后，交通拥堵破坏了城市环境。在汽车迅速增长的过程中，交通对环境的恶化效应也在不断增长。总之，现阶段，大城市中的交通拥堵问题对城市经济的发展已经造成了恶劣的影响。据英国 SYSTRA 公司对发达国家大城市交通状况的分析，交通拥堵使经济增长付出的代价约占 GDP 的 2%，交通事故的代价占 GDP 的 1.5%~2%，交通噪声污染的代价约占 GDP 的 0.3%，汽车空气污染的代价约占 GDP 的 0.4%，转移到其他地区的汽车空气污染的代价占 GDP 的 1%~10%。

（3）环境污染。近百年来，以全球变暖为主要特征的环境变化已经使得全球的气候与环境发生了巨变，如水资源短缺、土壤侵蚀加剧、臭氧层耗损、生态系统退化、生物多样化锐减及大气化学成分改变等。根据政府间气候变化委员会的预测，未来全球气候变暖的速度将持续增加，未来 100 年还将升温 1.4~5.8℃，这将对全球气候环境及生产活动带来更严重的影响。

（4）资源短缺。首先，在全球大城市中都不同程度地存在着水资源短缺的问题。在缺水的国家或地区中，城市的水资源短缺问题尤为严重。据联合国的有关机构统计，如今，不论是发达国家还是发展中国家的大中型城市，包括北京、上海、洛杉矶、休斯敦、新加坡、华沙、圣保罗、墨西哥城、拉各斯、雅加达、开罗、达卡等都将面临严重的水资源短缺问题，已经严重影响到了居民生活和生产活动。其次，土地资源短缺问题也是世界各地城市在城市化进程中所无法回避的。由于土地供给的绝对刚性，在相当长的一段时期内，城市土地供给不可能有大量增加，而在大量人口及产业向中心城区的集聚过程中，纽约、伦敦及东京等大城市都出现了较为严重的土地资源紧张问题，土地资源对现代化大城市的可持续发展的制约作用已相当突出。如何开发新的发展空间及拓展地域范围已成为各城市进行可持续发展的必然要求。

（5）城市贫困。城市贫困人口问题是城市化进程中无论在发展中国家还是在发达国家的城市中都会出现的问题，贫困人口多数集中于城市，城市贫民又大部分住在贫民窟，如印度孟买、巴西圣保罗等地都有着众多的贫民窟。贫民窟所带来的社会问题主要有：一方面，贫民窟中的居民大部分处于贫困线以下，享受不到作为公民所应享有的经济社会发展成果，卫生、居住、出行及教育的条件非常差，不仅影响当代人，也影响下一代人的发展；另一方面，生活水平之间的巨大差异也造成了国民感情的隔阂，再加上贫民窟常常游离于社会管理和监督之外，一些贫民窟为黑社会所控制，成为城市犯罪的窝点。贫民窟的出现在很大程度上是外来人口的大量涌入导致就业机会不足所造成的。

除此之外，当今城市中人与人之间的冷漠，也是城市病的一种"隐性"的表现。除了普遍认同的交通拥堵、能源紧张及环境恶化等城市病的典型表现之外，在城市的人文社会系统中还存在着抑郁症问题、青少年问题及乞丐问题等城市病的非典型表现。

（三）城市病产生的原因

从上文中可以看出，随着城市的不断发展，城市将集聚越来越多的人口和经济活动，这些远远超出了城市的自然资源及社会资源的承受能力，导致城市病的出现，从而影响了城市整体功能的实现及对自然和社会造成负面效应。但是也有一些学者认为，城市病并不是必然会出现的，其中一种观点认为城市病是由城市规划的不合理造成的，即行政部门面对城市日新月异的变化，缺乏对城市发展规律的科学认识，盲目提出不切合实际的目标。

虽然城市病的产生有多种多样的原因，如先天条件不佳、城市规模过大、资源分配不合理及不科学的城市规划等。但是城市病的产生在很大一部分程度上可以认为是区域经济差异所造成的，区域经济差异的存在使得过多的资源向着较发达的城市集聚，继而引发城市病。区域经济差异是指在一个统一的国家内部，一些区域比另一些区域的经济发展有着更快的增长速度、更高的经济发展水平和更强的经济实力，致使空间上呈现发达区域与不发达区域并存的格局。其中城乡经济差异是区域经济差异的一种特殊情况，其表现为城市和乡村之间在经济发展水平和发展速度上的差距。造成区域经济差异的因素有很多，大致可以归为以下几类：①资源禀赋的差异，包括自然及社会资源，其中自然资源包括土地资源、水资源、地理位置、矿产资源及气候资源等，社会资源包括劳动力资源及科学技术发展水平等；②制度及决策的差异，主要包括政治制度、法律制度、经济制度及政府决策等；③历史及文化方面的差异，主要包括一个区域在历史上的经济发展程度及对待经济发展的态度等。

区域经济差异对国民经济发展有着重要的影响，可以分为积极影响和不利影响。区域经济差异的存在会在一定程度上激发各个区域发展经济的紧迫感及主动性，尤其是对欠发达区域而言，其与发达区域之间的经济差异，一方面为它们展示了可参照的美好发展前景，另一方面也增大了它们的发展压力。对于发达区域，面对其他区域的竞争，也必须采取新的发展策略，加快发展的步伐。结果，区域经济发展就会趋于活跃，全国的经济发展也因此而充满活力。但更重要的是，区域经济差异的存在和扩大也具有一定的负面影响——将引起资源和要素在高投资的收益和机会诱导下，从欠发达的区域向发达的区域流动。这样一来，必然减弱前者的发展能力，而其经济发展的绝对或相对萎缩又通过其市场需求、产品供给的不足对发达区域的经济发展产生制约。对于后者来说，蜂拥而入的资源和要素，如人口、企业以及投资等，造成区域内的自然资源紧张、城市公共服务相对供给不足，即由于城市在发展过程中所提供的公共服务并不具有明显的竞争性与排他性，或排他性的成本过高，因此，由市场提供的供给量往往小于实际需求量，因而导致在城市中出现"公地悲剧"。而且，随着资源和要素的这种转移过程的循环往复，这种影响有可能形成一个向下的循环，发达区域与欠发达区域之间发展差距的锁定效应逐渐加强，对欠发达区域来说发展所需的资源和要素，如投资及人力资源等，越来越稀缺，发展越来越无力，容易形成贫困的恶性循环；而对于发达区域来说，区域内的拥挤无序状况导致规模不经济，无论在短期还是长期都将不利于经济社会的发展。

区域经济差异引发城市病，可以从城市资源的需求与供给两方面来说明。从需求方面来说——资源和要素，如人口为了实现自身利益的最大化，更倾向于向发展程度较高、各种基础设施较齐全的城市集聚，以追逐优秀城市资源来满足其需求，这种过盛的需求易于使得城市出现"过度城市化"现象，造成城市发展中的规模不经济。例如，北京市的外来常住人口占常住人口的比重从 2001 年的 18.9%上升到 2011 年的 36.8%，而在这期间北京市的城市病问题开始受到更多关注。从供给方面来说，在所处发展阶段以及现有区域发展程度的大环境下，各种自然资源的供给总是有限的，同时城市管理者水平的有限以及面对新问题时经验的缺乏，导致不合理的城市规划和发展战略，拖累了城市甚至一定区域的发展，造成城市中各种资源，尤其是城市中的优秀资源的供给更加力不从心。

城市所供给的很大一部分产品及服务具有公共物品性质，这样便无法阻止"搭便车"现象的出现，使得对优秀城市资源的需求总是过盛的，而其供给总是相对不足的，并且这种需求远大于供给。其后果是在发展程度较高的城市中，各种资源和要素过分集聚以及无序流动，加重了供需之间的矛盾，各种城市病问题凸显。但应该指出的是，政府管理水平的有限以及经验欠缺有一定的客观原因，但更多的是政府在城市建设中所表现出的盲目追求经济效益、管理模式僵化以及在制定城市规划和区域发展战略时目光短视，正是区域发展差距的客观存在刺激了政府更多的不合理行为，反过来这种不合理行为造成的盲目竞争又加剧了区域经济差异，形成了一种恶性循环。[①] 根据推拉理论，区域经济差距的存在和扩大形成了引起人口迁移的一系列力量，这些力量包括促使人口离开一个地方的推力和吸引人口到另一个地方的拉力。虽然人们普遍看到了城市规模过大导致了城市病，但是并未进一步地深入分析城市规模过大的原因，即城市病产生的深层次原因。基于以上分析，城市病之所以会产生的重要原因在于区域发展的失衡，即区域经济差距的存在与扩大。

对于城市病的"隐性"表现，即城市中人与人之间关系的冷漠，区域经济差异同样可以解释其是如何产生的。区域经济差异的存在，强化了各区域的自我中心意识，直接或间接地助长了地方主义的盛行，这会引起不同区域的人们在心理上的对立。发达区域的人会因经济收入高而看不起欠发达区域的人，而欠发达区域的人则会认为，发达区域是沾了国家政策的光，自己受到了发达区域的"剥削"，因而有可能引起区域之间部分人的情绪对立。继而，当欠发达区域的人口追逐高回报而迁移到发达区域后，这种矛盾在同一个区域内，即发达区域内越发明显，人们之间的关系愈加冷漠。随着区域发展失衡的加剧，一方面，不同区域之间部分人的对立情绪更加高涨；另一方面，有更多的人口从欠发达区域迁移到发达区域，这就使得在发达区域内形成更加冷漠的社会环境，很容易使社会矛盾激化，引起社会动荡，甚至国家的分裂。

二、城市病评价指标体系

(一) 指标选取思路及原则

1. 指标选取的思路

为了能够对城市病做一个定量的分析，我们将针对城市病构建评价指标体系。在构建过程中将运用国际上通用的指标体系构建方法，借鉴已有的研究成果，并在指标中充分体现城市的"量"与"质"之间的矛盾。构建城市病评价指标体系的基本思路是：首先，确定城市病内涵。对城市病的相关问题进行深入研究，把握城市病的内涵，即城市病的起因及表现。其次，确定指标体系分类框架。根据国际通用的指标体系构建方法确定分类框架，将城市病评价指标体系分为表现层、专题层及指标层。再次，确定指标体系选取标准。由于之前并没有关于城市病评价的指标体系，所以我们将根据著名学者已有的研究成果以及国内外著名机构制定的相关问题的权威指标体系（见表 12-1）作为城市病评价指标体系的选取标准。最后，遴选指标。进行实地调研，以充分了解城市病，尤其是我国城市病的实际情况及特有表现，进行德尔菲法意见征询并与有关专家进行充分

---

① 李颖，陈银生. 区际差距与区域经济协调发展 [J]. 经济体制改革，2004 (3)：124-126.

讨论，遴选确定最终指标。

表 12-1　可供参考的国内外权威指标体系

评价地区	编号	指标体系名称	指定机构
全球	1	2007 年可持续发展指标	联合国
	2	21 世纪可持续发展指标	联合国
	3	1996 年健康城市指标	世界卫生组织
	4	1999 年健康城市指标	世界卫生组织
	5	全球城市指标	科尔尼公司等
	6	社会发展指标	世界银行
	7	环境与可持续发展指标	世界银行
欧洲	1	欧洲绿色城市指数	经济学人
亚洲	1	亚洲开发银行城市指数	亚洲开发银行
全国	1	生态县、生态市、生态省建设指标	环境保护部
	2	环保模范城市	环境保护部
	3	国家生态园林城市标准	住房和城乡建设部
	4	全国绿化模范城市指标	全国绿化委员会
	5	宜居城市科学评价标准	住房和城乡建设部
	6	中国人居环境奖评价指标	住房和城乡建设部
	7	可持续城市指标体系	中国科学院

2. 指标选取的原则

为了使城市病评价指标体系能够科学、准确、合理地对城市病的实际情况做出评价，必须在指标体系的构建过程中严格遵循相关原则。根据城市病评价的目标，并借鉴国内外构建指标体系的相关原则，我们在构建城市病评价指标体系时遵照以下 6 个原则：①准确性原则。所选取的指标应该与城市病有着密切的关系，能够准确地反映城市病各个方面的表现，最好能直接与政府政策相关联。②指向性原则。所选指标对城市病的程度应具有明确的指向性，即指标的大小变化能够准确区分出城市病程度是趋于加重还是减轻。③时效性原则。所选指标应能按年度获取，并且及时反映城市病的变化。④科学性原则。所选指标要有科学的定义及计算方法，能够用定量检测或者定性评价来计算，并且有权威的统计数据。⑤简明性原则。所选指标应该简单明了，与日常生活密切相关，具有较高的感受性。⑥独立性原则。所选指标不应反映同一问题，计算过程不应有重复。

（二）城市病评价指标体系及应用

1. 城市病评价指标体系的构建

在构建指标体系的过程中，首先进行指标初选，其选取的具体方法为：一方面对已有研究成果进行归纳总结，充分参考国内外相关的权威指标体系；另一方面进行实地调研，并就指标选取对社会公众进行意见征询。对于初选的指标，与相关专家进行充分讨论，根据每个指标的准确性、指向性、时效性、科学性及简明性进行详细评估。最终确定指标体系分为 6 个表现层，分别为自然资源短缺、生态环境污染、城市交通拥堵、居民生活困难、公共资源紧张及公共安全弱化，专题层分为水资源、土地资源等 20 个专题，共含有 48 个定量指标（见表 12-2）。

表 12-2　城市病评价指标体系

表现层	专题层	选取指标	指向
自然资源短缺（Y_1）	水资源	X_1: 人均水资源量（立方米）	反向
	土地资源	X_2: 常住人口密度（人/平方公里）	正向
	植被资源	X_3: 人均公园绿地面积（平方米/人）	反向
		X_4: 城市绿化覆盖率（%）	反向
	资源消耗	X_5: 万元地区生产总值水耗（立方米）	正向
		X_6: 万元地区生产总值能耗（吨标准煤）	正向
		X_7: 能源消费弹性系数	正向
		X_8: 电力消费弹性系数	正向
生态环境污染（Y_2）	水污染	X_9: 污水未处理率（%）	正向
		X_{10}: 工业废水排放未达标率（%）	正向
	大气污染	X_{11}: 空气质量未达二级天数（天）	正向
		X_{12}: 可吸入颗粒物年日均值（毫克/立方米）	正向
		X_{13}: 二氧化碳年日均值（毫克/立方米）	正向
		X_{14}: 二氧化氮年日均值（毫克/立方米）	正向
		X_{15}: 二氧化硫排放量（万吨）	正向
		X_{16}: 烟尘排放量（万吨）	正向
	垃圾污染	X_{17}: 生活垃圾未处理率（%）	正向
	噪声污染	X_{18}: 区域环境噪声平均值（分贝）	正向
		X_{19}: 道路交通干线噪声平均值（分贝）	正向
城市交通拥堵（Y_3）	道路拥堵	X_{20}: 城市人均拥有道路面积（平方米）	反向
		X_{21}: 城市车均拥有道路面积（平方米）	反向
	公共交通拥堵	X_{22}: 人均公共交通运营车辆（辆/人）	反向
		X_{23}: 人均公共交通运营长度（公里/人）	反向
	停车位紧张	X_{24}: 经营性停车位不足量（个）	正向
居民生活困难（Y_4）	就业困难	X_{25}: 城镇登记失业人数（万人）	正向
		X_{26}: 就业弹性系数	反向
		X_{27}: 每一城镇就业者负担的人口数（人）	正向
	住房紧张	X_{28}: 城镇人均住宅使用面积（平方米）	反向
		X_{29}: 居住用地交易价格指数	正向
		X_{30}: 住宅租赁价格指数	正向
	物价上涨	X_{31}: 居民消费价格指数	正向

表现层	专题层	选取指标	指向
居民生活困难 (Y₄)	健康堪忧	X_{32}: 每十万人恶性肿瘤死亡率（人）	正向
		X_{33}: 每十万人心脏病死亡率（人）	正向
		X_{34}: 每十万人脑血管病死亡率（人）	正向
		X_{35}: 每十万人甲乙类传染病发病率（人）	正向
公共资源紧张 (Y₅)	教育资源	X_{36}: 每所中学负担的中学生数（人）	正向
		X_{37}: 每所小学负担的小学生数（人）	正向
		X_{38}: 中学平均每一专任教师负担的学生数（人）	正向
		X_{39}: 小学平均每一专任教师负担的学生数（人）	正向
	医疗资源	X_{40}: 每千人拥有执业医师数（人）	反向
		X_{41}: 每千人拥有注册护士数（人）	反向
		X_{42}: 每千人拥有医院床位数（个）	反向
公共安全弱化 (Y₆)	交通事故	X_{43}: 每万人交通事故发生数（起）	正向
		X_{44}: 每万辆机动车交通事故死亡人数（人）	正向
	火灾事故	X_{45}: 每万人火灾起数（起）	正向
		X_{46}: 人均火灾直接经济损失（元）	正向
	刑事案件	X_{47}: 每万人刑事案件立案数（起）	正向
		X_{48}: 刑事案件未破案率（%）	正向

2. 城市病评价指标体系的应用

下面以北京市为例，对 2006~2010 年北京市各年度的城市病分别进行分类评价及综合评价。所运用的原始数据均来自于历年的《中国统计年鉴》及《北京统计年鉴》。由于各个指标的单位不同，也为了最大限度地消除数据与数据之间的干扰，必须要对其原始数据进行标准化，选用改进后的功效系数法对数据进行无量纲化处理，其公式为：

$$\lambda_{ik} = 0.6 + 0.4 \times (X_{ik} - min_{kj}) / (max_{kj} - min_{kj}) \tag{12.1}$$

$$\lambda_{ik} = 0.6 + 0.4 \times (X_{ik} - max_{kj}) / (min_{kj} - max_{kj}) \tag{12.2}$$

公式（12.1）适用于指向性为正向的指标，公式（12.2）适用于指向性为反向的指标。在两个公式中，i 代表第 i 年（2006 年为第 1 年，以此类推，2010 年为第 5 年），k 代表第 k 个指标，λ_{ik} 代表第 i 年 k 指标的标准值，X_{ik} 为第 i 年 k 指标的实际值，min_{kj} 为 k 指标在各年中实际值的最小值，max_{kj} 为 k 指标在各年中实际值的最大值。原始数据及无量纲化后的标准值如表 12-3 所示。

目前国内外对于多指标综合评价的方法分为主观赋权法和客观赋权法，前者如德尔菲法、层次分析法等，后者如主成分分析、因子分析等。为了避免评价过程中的主观因素影响以及指标间信息重复的问题，本书选用客观赋权法中的主成

表 12-3 原始数据及标准值

指标	原始数据（标准值）				
	2006 年	2007 年	2008 年	2009 年	2010 年
X_1	157.1 (0.84)	148.1 (0.88)	205.5 (0.6)	126.6 (0.99)	124.3 (1)
X_2	963 (0.6)	995 (0.66)	1033 (0.72)	1069 (0.78)	1195 (1)
X_3	12 (1)	12.6 (0.92)	13.6 (0.79)	14.5 (0.67)	15 (0.6)
X_4	42.5 (1)	43 (0.92)	43.5 (0.84)	44.4 (0.7)	45 (0.6)
X_5	42.25 (1)	35.34 (0.84)	31.58 (0.75)	29.92 (0.72)	24.94 (0.6)
X_6	0.73 (1)	0.64 (0.85)	0.57 (0.73)	0.54 (0.68)	0.49 (0.6)
X_7	0.53 (0.97)	0.45 (0.9)	0.07 (0.6)	0.38 (0.85)	0.57 (1)
X_8	0.71 (0.78)	0.63 (0.69)	0.54 (0.6)	0.7 (0.77)	0.92 (1)
X_9	26.2 (1)	23.8 (0.87)	21.1 (0.72)	19.7 (0.64)	19 (0.6)
X_{10}	0.71 (0.6)	2.6 (1)	1.7 (0.81)	1.36 (0.74)	1.25 (0.71)
X_{11}	124 (1)	119 (0.96)	92 (0.72)	80 (0.61)	79 (0.6)
X_{12}	0.161 (1)	0.148 (0.87)	0.122 (0.61)	0.121 (0.6)	0.121 (0.6)
X_{13}	0.053 (1)	0.047 (0.89)	0.036 (0.68)	0.034 (0.64)	0.032 (0.6)
X_{14}	0.066 (1)	0.066 (1)	0.049 (0.6)	0.053 (0.69)	0.057 (0.79)
X_{15}	17.6 (1)	15.2 (0.84)	12.3 (0.65)	11.9 (0.63)	11.5 (0.6)
X_{16}	4.88 (0.94)	4.44 (0.6)	4.83 (0.9)	4.85 (0.92)	4.96 (1)
X_{17}	7.5 (1)	4.3 (0.78)	2.3 (0.64)	1.8 (0.6)	3.1 (0.69)
X_{18}	53.9 (0.84)	54 (0.92)	53.6 (0.6)	54.1 (1)	54.1 (1)
X_{19}	69.7 (0.7)	69.9 (0.9)	69.6 (0.6)	69.7 (0.7)	70 (1)
X_{20}	7.4 (0.6)	5.6 (0.99)	6.21 (0.86)	6.15 (0.87)	5.57 (1)
X_{21}	25.24 (0.62)	24.4 (0.67)	25.52 (0.6)	22.84 (0.78)	19.54 (1)
X_{22}	0.0013 (0.79)	0.00126 (0.89)	0.00137 (0.6)	0.00135 (0.65)	0.00122 (1)
X_{23}	0.00118 (0.6)	0.00107 (0.81)	0.00107 (0.81)	0.00105 (0.85)	0.00097 (1)
X_{24}	1958083 (0.6)	2089655 (0.64)	2392160 (0.72)	2740871 (0.81)	3414505 (1)
X_{25}	10.4 (0.97)	10.63 (1)	10.33 (0.96)	8.16 (0.66)	7.73 (0.6)
X_{26}	0.37 (0.71)	0.19 (0.97)	0.45 (0.6)	0.17 (1)	0.32 (0.79)
X_{27}	1.4 (1)	1.4 (1)	1.4 (1)	1.4 (1)	1.4 (1)
X_{28}	20.96 (0.72)	21.5 (0.62)	21.56 (0.61)	21.61 (0.6)	19.49 (1)
X_{29}	106.3 (0.65)	105.9 (0.64)	114.6 (0.9)	104.5 (0.6)	117.8 (1)
X_{30}	104.4 (0.74)	103.4 (0.72)	102.4 (0.69)	98.8 (0.6)	114.6 (1)
X_{31}	100.9 (0.75)	102.4 (0.84)	105.1 (1)	98.5 (0.6)	102.4 (0.84)
X_{32}	120.26 (0.6)	135.36 (0.76)	142.62 (0.83)	150.14 (0.91)	158.73 (1)
X_{33}	123.83 (0.6)	129.82 (0.67)	138.76 (0.78)	147.93 (0.89)	156.97 (1)
X_{34}	124.12 (0.6)	130.83 (0.75)	134.36 (0.83)	138.71 (0.92)	142.29 (1)
X_{35}	448.7 (1)	421.02 (0.94)	312.99 (0.7)	339.89 (0.76)	268.99 (0.6)
X_{36}	899.86 (0.6)	972.23 (1)	934.21 (0.79)	920.89 (0.72)	934.2 (0.79)
X_{37}	361.28 (0.6)	539.77 (0.91)	548.57 (0.93)	557.85 (0.94)	591.72 (1)

续表

指标	原始数据（标准值）				
	2006 年	2007 年	2008 年	2009 年	2010 年
X_{38}	10.8 (0.81)	11.5 (1)	10.9 (0.84)	10 (0.6)	10.2 (0.65)
X_{39}	9.8 (0.6)	13.8 (1)	13.5 (0.97)	13 (0.92)	13.2 (0.94)
X_{40}	4.41 (1)	4.53 (0.94)	4.78 (0.82)	5 (0.72)	5.24 (0.6)
X_{41}	3.84 (1)	4.19 (0.91)	4.5 (0.83)	4.94 (0.71)	5.35 (0.6)
X_{42}	6.77 (0.65)	6.34 (1)	6.43 (0.93)	6.62 (0.77)	6.83 (0.6)
X_{43}	3.67 (1)	3.26 (0.89)	2.33 (0.64)	2.17 (0.6)	2.18 (0.6)
X_{44}	4.8 (1)	3.8 (0.86)	2.8 (0.71)	2.4 (0.66)	2 (0.6)
X_{45}	5.37 (1)	5.17 (0.97)	3.55 (0.73)	3.2 (0.67)	2.71 (0.6)
X_{46}	0.64 (0.61)	0.54 (0.61)	0.43 (0.6)	9.07 (1)	2.08 (0.68)
X_{47}	76.25 (0.97)	78.04 (1)	53.12 (0.6)	56.27 (0.65)	53.18 (0.6)
X_{48}	44.92 (1)	41.75 (0.94)	29.71 (0.72)	27.14 (0.68)	22.93 (0.6)

分分析法，使用 SPSS 软件对各年度 6 个表现层逐一进行分析，建立分类计量模型，计算北京市各年度各表现层的单项得分。随后对北京市各年度城市病的表现进行综合评价，建立城市病的综合计量模型，计算各年度城市病的综合得分。分类计量模型如下：

$$Y_1 = 0.68327f_{11} + 0.27571f_{12}$$

$$Y_2 = 0.61f_{21} + 0.19843f_{22} + 0.16274f_{23}$$

$$Y_3 = 0.72662f_{31}$$

$$Y_4 = 0.55862f_{41} + 0.24964f_{42} + 0.14007f_{43}$$

$$Y_5 = 0.52585f_{51} + 0.43148f_{52}$$

$$Y_6 = 0.85382f_{61}$$

综合计量模型为：

$$Y = 0.59303f_1 + 0.18021f_2 + 0.13156f_3 + 0.0952f_4$$

其中 f_{11}、f_{12} 分别代表自然资源短缺表现层分类模型的第一、第二主成分，它们前面的系数代表其方差贡献率，依次类推。北京市城市病分类及综合评价结果如表 12-4 所示。

从表 12-4 中可以看出，2006~2010 年，北京市城市病的综合评价值呈逐年下降趋势，这表明北京市城市病的情况逐年好转，只是 2010 年相较于 2009 年出现了恶化，但是严重程度仍不及 2008 年。具体到相邻年度的比较，除了 2010 年出现趋势反转外，2008 年的城市病情况相比于 2007 年有了一个较大的改善，这种改善的一大原因是 2008 年奥运会的召开，政府在治理城市病方面加大了投入力度。

表 12-4　北京市城市病评价结果

年　份	自然资源短缺 (Y₁)	生态环境污染 (Y₂)	城市交通拥堵 (Y₃)	居民生活困难 (Y₄)	公共资源紧张 (Y₅)	公共安全弱化 (Y₆)	城市病综合评价 (Y)
2006	1	0.72	−0.85	−0.37	0.46	1.06	0.86
2007	0.46	0.67	−0.01	−0.47	0.76	0.76	0.5
2008	−0.19	−0.73	−0.34	0.07	0.17	−0.35	−0.34
2009	−0.39	−0.46	0.07	−0.3	−0.53	−0.70	−0.58
2010	−0.87	−0.2	1.12	1.06	−0.87	−0.77	−0.44

注：这里的负值并不是真正意义上的负值，而是表示低于平均数。

　　从各表现层评价值的演变（见图 12-1）来看，可以将其大致分为三类：一是评价值逐渐变小，即城市病在该方面的情况逐渐好转，如自然资源短缺、公共资源紧张及公共安全弱化三方面；二是评价值逐渐变大，即城市病在该方面的情况逐渐恶化，如城市交通拥堵和居民生活困难两方面；三是评价值先小后大，即城市病在该方面的情况先好转后恶化，如生态环境恶化方面。具体来看，自然资源短缺情况逐年好转，这与公共安全弱化的情况相似，尤其是两者 2008 年相比于 2007 年都有了长足的进步；公共资源紧张情况虽然也呈现好转趋势，但其在 2007 年的情况最为严重，其后开始逐年好转；与前几方面相反，城市交通拥堵和居民生活困难的情况是逐年恶化，其中前者只是在 2008 年稍有好转，而后者在恶化趋势中呈现出一定的反复；生态环境恶化的情况最为特殊，在 2006~2008 年间呈现好转，尤其是 2008 年有了明显改善，而 2008 年之后却呈现出逐年恶化趋势。从以上分析可以看出，2008 年是一个相对特殊的年份，除了居民生活困难方面出现恶化，其他几方面都有着不同程度的好转，甚至是十分明显的改善。

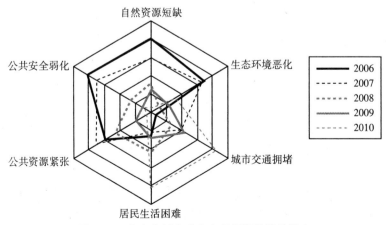

图 12-1　北京市城市病各表现层评价值的演变

三、城市病治理研究

（一）城市病治理的理论及经验

相比于我国，西方发达国家的城市化进程开始得更早，所以它们也更早地受到了城市病的困扰。在治理城市病的过程中，这些国家都积累了丰富的并且值得我国借鉴的经验。

1. 英国城市病治理的经验

作为最早开展工业革命的英国，其也最早地受到了城市病的困扰。19 世纪的英国已经饱受城市病的"折磨"，问题主要体现在四个方面：住房短缺，工人居所拥挤简陋；污染严重，城市环境日益恶化；疾病蔓延，死亡率不断提升；治安混乱，犯罪活动日益猖獗。

面对如此严峻的城市病问题，英国政府开始从多方入手采取应对措施，概括起来主要有以下三个方面：

（1）在增加住房供给数量的同时，提高住房的质量。1844 年，英国议会颁布了《都市建筑法》，对住房面积、墙壁厚度以及街道宽度的基本标准做出了规定，如地下室必须安装窗户、壁炉以及新建居所必须有厕所。同时将房屋的内部设施与建筑的外部格局纳入统一规划之中，使得新建房屋更加舒适，城市布局更趋合理。霍华德的"田园城市"构想在这一时期颇受英国民众的欢迎，这反映出英国居民对于城市的环境要求也在不断提升。1875 年、1882 年及 1885 年，英国议会三次出台了《工人住房法》，敦促清除和改造城市中的贫民窟。1890 年，第四次颁布的《工人住房法》进一步扩大了地方政府在城市改建中的权力，不仅可以直接拆除贫民窟，还可以征购土地，建设廉租公寓，以此来缓解住房紧缺的危机。在此之前，政府只负责清理贫民窟，住房建设主要由住房公司和慈善组织来完成。这标志着英国政府干预工人住房问题的开始。到 20 世纪初，伦敦市政府及住房公司总共提供了大约 13 万间的"模范住宅"和廉租公寓，极大地改善了工人的居住环境。到了 1911 年，伦敦市中心区还有约 10% 的人口生活在拥挤状态之中，但是随着城郊地铁的开通，城市中心区的人口开始向环境更好的郊区转移，城市工人的住房问题得到了进一步的缓解。

（2）加强对环境问题的有关立法及污染的治理。英国议会于 1848 年通过了《公共卫生法》，并建立了中央卫生委员会，职责为督促各市政部门治理污染、改善环境，授权各个城市政府以征收公共卫生税来补偿排污系统和安装供水设备的开支。1855 年，伦敦市政府任命了 48 名卫生督察，负责监督和执行城市的环境治理，此后英国各个城市纷纷效仿。例如，布里斯托尔市在 1865 年第一次任命自己的卫生督察，年薪为 200 英镑。1866 年，英国议会修改了《公共卫生法》，要求每个城市都要建立垃圾处理场，并且为居民提供清洁水源，各市政当局有责任清理垃圾和处理污染物。19 世纪 70 年代，约瑟夫·张伯伦在任伯明翰市市长期间大规模进行环境改造和市政建设，使得该市的城市面貌焕然一新。到了 19 世纪下半叶，英国城市的死亡率已明显下降，例如，伦敦底层工人的死亡率已经从大约 5%下降到了约 2.5%，平均寿命从 25 岁增加到 37 岁左右。此时，英国在城市污染治理及环境改善方面的努力已初见成效。

（3）加强治安力量，维持城市的良好秩序。随着城市规模的不断扩大，英国 19 世纪以前的那种以地方自治和治安法官为主的传统治安模式已经越来越显得不适应形势的发展。1829 年，英国议会通过了《都市警察法》，率先在伦敦市建立了专业警察制度，负责公共治安和日常巡逻。1856 年《市镇警察法》通过后，各个城市也陆续建立了警察制度。随后，英国城市警察队伍不断壮大，从 1861 年的 20500 人增长到 1911 年的 54300 人。1857 年，城市的警察人数和当地人口的比例仅为 1:1365，而到了 19 世纪末，这一比例已经增加到 1:949。更为重要的是，不仅警察力量在不断扩大，其公共服务职能也不断完善，城市治安情况有了较大的改观。根据英国警察部门的统计，到 1895 年，大约有 3/4 的犯罪活动得到了有效惩治。仅在 1860~1870 年，英国有案可查的盗贼数量已经从 7.75 万人减少到了 5.3 万人。可以说，与 19 世纪初相比，19 世纪末的伦敦以及英国的各个城市已经不再是犯罪分子潜伏的"麦加城"，而成为国家秩序和现代文明的中心。

综上所述，为了有效地治理城市病，英国政府在工人住房问题、城市环境治理方面和城市治安秩序维系方面采取了诸多措施。其中，有些是短期性政策，如对工人住房标准的立法规定；而有些则是长期性政策，如专业警察制度的建立与完善。正如公众对于城市病的认知是一个逐渐深入的过程一样，英国政府所实行举措的效果也并非立竿见影，直到 19 世纪末，英国城市中的各种问题才得以缓解。

2. 美国城市病治理的经验

另一个资本主义大国——美国在内战后，随着第二次工业革命到来，进入了经济社会迅速发展时期，城市化进程大大加快，1870 年的城市化率为 25.7%，而 1920 年达到了 52.1%，短短五十年翻了一番。然而也是在这段时期，美国城市的各种城市病问题集中爆发，其主要表现为：①城市居民生活条件恶劣，住房紧张；②城市环境污染严重，公共卫生设施缺乏；③城市居民健康状况堪忧，各种疾病流行，死亡率高；④城市居民贫困问题严重，社会冲突尖锐，道德失范，犯罪率迅速上升；⑤城市政治腐败，民主政治危机四伏。

对于这些城市病问题，美国政府的治理行为可以分为三个阶段：

（1）第一阶段美国政府对城市病无为而治。19 世纪末以前的美国政府一直奉行自由放任主义，不干预经济活动，对于城市问题也疏于管理。此外，各州政府对城市的管理也是五花八门，有的由州议会分管城市问题，有的由市议会独揽，结果造成城市行政部门普遍软弱、机构设置权限不清且不完备，再加上美国城市历史较短，缺乏相关的管理经验。但是即使如此，美国政府仍出台了一些举措来治理城市病问题。美国政府在19世纪末20世纪初陆续出台了一些相关政策：1892年，美国国会拨款2万美元对全国20万人口以上的城市进行普查，并就如何消除贫民窟问题举行听证会；1901年，国会成立了全国标准监督局，用以确保各城市建筑法规的正确实施；1908年，西奥多·罗斯福总统成立了总统住房委员会，用以对大城市贫民窟问题进行调查。这一时期各个城市也采取了一些相应的措施来治理城市病：1879年，纽约市颁布了《贫民窟法》，倡导兴建哑铃式住房。这种住房的特点是两栋之间有一定的空间，与原有的挤得水泄不通的贫民窟相比，可以说是一种极大的改善。但是，按照此标准兴建的住房没过多久又开始变得拥挤不堪。但是直到1908年，纽约市也未对城市中经济公寓式的住房采取行之有效的管理方法；同时，其他城市在制定措施方面也是一拖再拖。总的来说，这一时期美国政府在大多数时候仍然是对城市病采取放任自流的态度。

（2）第二阶段美国政府实行"新政"，开始涉足城市病的治理。20世纪20年代末开始的大萧条使得美国政府推出了"新政"，作为美国历史的一大转折点，其不仅标志着美国开始大规模的干预经济，也是美国政府开始干预城市建设及治理城市病的开始。时任美国总统富兰克林·罗斯福施行了一系列的城市政策：

第一，加大政府救济的力度。由于当时各城市的工商业企业纷纷倒闭，失业人数增加，导致要求救济的人越来越多。在罗斯福的请求下，国会拨款5亿多美元用于救济失业人口。但令人失望的是，在救济资金的分配上，国会赋予各州的权力过大，而各州在分配资金时更加倾向于农村，使得大量的城市失业人口并未得到救助。

第二，美国政府为了解决全国1/3人口的住房问题，敦促国会颁布了一系列法案，并成立了新的政府机构实施新法案。根据1933年联邦国会颁布的《房主贷款法》，成立房主贷款公司，其后在1934年根据《全国住房法案》建立美国联邦住房管理署。房主贷款公司的建立主要是为了保障城市居民可以得到合理的住房贷款，以消除大萧条时期许多住户因付不起分期付款而取消住房抵押权的现象。仅在1933~1935年，房主贷款公司就为超过100万份的分期付款提供了30亿美元的贷款，极大地缓解了城市住房紧张问题。联邦住房管理署是美国联邦政府干预乃至管理住房的常设机构，用以取代公共工程局，主要负责低收入人群的住房建设。联邦住房管理署将美国联邦政府的资金以贷款的形式拨付给地方政府，同时建造低租金的住房和清理贫民窟，并对住房分期贷款提供担保及降低住房贷款利率，最终极大地刺激了对住房的购买。到"二战"结束时，联邦住房管理署共为 16.8 万个住房单元提供了 90%的资助，地方政府负责住房的相关部门则提供剩余的 10%，并选择住房建造地点及住户和进行物业管理等。这些政策的最终目的是鼓励住房市场的开发和投资，从根本上改善甚至彻底解决贫民窟住房问题。从这个意义上说，这一时期的"新政"开创了美国历史上美国政府对住房进行抵押贷款及其相关保险政策的先河，对后来的推动和完善住房建设政策的改革具有长远影响。

第三，美国政府实行"绿带建镇计划"。其主要内容为在郊区选择廉价的土地，建造新社区，将市中心生活于贫民窟的居民迁居于此，再将腾空的贫民窟改建为公园等公共设施。这种新社区由于造价较低，被人们称为"经济适用型住房"，并视之为清除贫民窟的主要渠道。美国政府不仅在城市的再开发和住房建设方面提供实质性的资金支持，也促成了城市规划的完善和更有效的市政管理。"新政"期间，这些措施虽然有助于缓解住房紧张问题，但同时也在无形中加速了居住区分离及不同人种的隔离。如"绿带建镇计划"中建造的新社区，由于造价很高，成了富人的专利，大多数住户可望而不可即。

（3）第三阶段美国政府开始大规模干预城市事务，全面治理城市病。首先，"二战"结束后，美国所面临的诸多城市病问题中，最为严重的当属住房紧缺问题。为此，美国政府确定了两条思路来解决：一是政府自身的努力，二是政府支持私人力量的介入，以减轻政府的压力。同时，美国政府针对不同的阶层采取不同的住房政策，针对低收入人群主要是加大公共住房的建设。美国国会 1949 年通过了新的《全国住房法》，该法授权美国政府在之后的六年里为低收入人群建造 81 万套的公共住房，这些住房所收租金要比最低的私人住房房租再低 20%。对于中产阶级，国家则鼓励他们通过金融渠道贷款去建造私人住房和买房。

其次，1949 年开始的"城市更新"运动是继"新政"之后美国政府发起的一场自上而下的通过解决城市下层群体住房问题进而治理城市中心区问题的运动。通过国会立法，制定全国统一的政策、规划及标准，确定"城市更新"运动的重点及美国政府拨款的额度。美国政府统一指导和审核规划，并资助各城市政府去具体实施。充分考虑到不同城市的不同需求，由各城市政府提出具体的更新项目。其中有一项是每个城市都成立独立的地方开发机构，协调城市更新项目的开展，主要内容包括振兴城市经济、拆除劣等房屋、建设优美社区以及削弱种族隔离。更新的途径主要是清理与重建，通过各城市有关机构具体实施和大量联邦补贴来实现。从更新运动的后续发展来看，由于其受到了美国城市经济发展和不同阶层利益的影响，城市更新改造由最初的清理贫民窟以解决住宅问题为主，逐渐演变成为以振兴城市经济为目的的商业性开发为主，最终发展成为以综合治理城市病为主。更新运动改善了城市居住环境，提高了居民生活质量，对于一些城市住宅区、工业区、文化教育区和商业区的规划更为合理，有利于城市的专业化和社会化，同时实现了大城市的聚集效益，从而促进了城市的繁荣，在一定程度上拓展了城市空间范围，并且部分缓解了由持续的移民浪潮所造成的城市人口压力。

最后，20世纪60年代起，美国开始实行一系列旨在复苏城市发展的措施。约翰逊总统在任期间实行了称之为"伟大社会"的施政纲领，使得对于城市的改革达到高潮，其中"社区行动计划"是一项直接针对城市病问题的政策，其鼓励当地居民参与所在城市的政策规划。1965年，美国政府还组建了新的住房和城市发展部，用以强化对城市的改革。1966年，美国国会又通过了"示范城市计划"和《都市再发展法》，将对某些城市的某些社区的集中治理作为示范，进而加以推广，以便在全国范围内全面整治衰退的城市，但是其作用并不明显。1971年2月，尼克松总统正式宣布结束"示范城市计划"，这表明美国政府主导的全国统一的大规模"城市更新运动"正式结束，以后美国政府将不再承担城市更新等方面的职责。1976年，卡特总统上任后将主要注意力放在了解决城市病问题上，成立了"20世纪80年代全国议程委员会"，其中专门设立了"大都市组"用以研究如何应对城市病问题。该委员会提交的"全国城市报告"中明确指出，"城市更新运动"尽管有些成就，但其过于理想化，由于美国当时处于一个从传统工业化社会向以科技和服务业为主的经济形态转型过程中，大规模的人口迁移及重新分布是不可避免的，所以中心城市的衰退也是必然的，"阳光带"及郊区的兴盛才是美国活力的显现。同时，这个委员会主张，与其施行支持城市下层群体留在原址生活的政策，不如任由他们搬迁到兴盛的"阳光带"和郊区，那里的工作机会也更多。所以，卡特政府的城市政策基调是让市场经济自发调节城市发展。但是在里根总统入主白宫后，之前的很多项目被终止，其试图将管理城市的责任最大限度地授权于各州政府，再通过各州政府将其下放到各城市政府，然而这种城市政策加速了美国各个大都市地区之间的不平衡发展。由于将责任强加到州一级，各州之间的经济竞争和郊区的政治势力促使了地区间的不平衡，同时也加剧了社会的不平等，城市无家可归者和贫困者以及犯罪、吸毒、家庭破裂现象不断增加。之后的克林顿政府从1997年开始要求美国住房与城市发展部每年提交一份《年度城市状况报告》，显示出其对城市病问题的重视。该报告是在广泛调查研究的基础上，经过反复推敲才形成的，具有较高的权威性。1999年的年度报告结论是，"尽管城市繁荣使得城市病问题有所缓解，但还是有太多的城市处于人们所熟知的困扰之中，即市区人口减少、中产阶级住户外迁、就业增长缓慢、收入差距加大、贫困现象加剧等"。

通过回顾英国和美国对于城市病治理的经验，从中可以看出，从工业革命以来，城市病问题就一直困扰着英国和美国，虽然两国都在治理城市病上不断探索并采取了诸多措施，也取得了一定的成效，如在居民住房和城市生态环境上有了较大改观，但是这两国仍然不能根除城市病，其负面影响仍然是人们关注的重点。20 世纪 80 年代，里根政府的政策就是一个很好的例子，其施行的一系列旨在解决城市病问题的政策反倒加剧了区域间发展的不平衡，从而加剧了城市病的程度。这些国外的经验无不都在告诉我们，要想真正治理城市病，必须重视缩小区域发展差距。

（二）我国城市病治理的措施建议

根据之前的理论分析及经验介绍，我们可以发现我国要想真正治理城市病，必须从多个方面入手，而且不能只在单个城市内部开展治理，应注重从区域的角度入手。

1. 缩小区域经济差距，有效控制城市人口

城市人口的不断增长是城市病发生的重要原因，尤其是当城市人口规模超出城市的承载力后，城市病问题更加凸显。例如，北京市在 2011 年年末的常住人口已经突破 2000 万，达到 2018.6 万人。可以说，解决人口膨胀问题是治理某些大城市的城市病的关键。因此，首先，各个城市要有明确的城市定位及目标，以明确的功能定位来吸引特定人群；其次，应该鼓励城市人口"有进有出"，通过积极的产业政策使得人口在不同城市间流动起来，而不是简单地留下来；最后，不能将优质资源一味地集中于某些大城市，而应在区域间合理配置各种资源，在一定的区域内形成各城市功能不同但相互补充、相互依赖的城市群。

2. 科学合理地进行城市规划及区域规划

治理城市病需要科学合理地进行城市规划及区域规划，而治理交通拥堵正是其中一个最为典型的例子。我国的许多城市，尤其是大城市，都面临着严重的交通拥堵问题，并且这一问题越发严峻，应将其作为下一步治理的重点。交通拥堵不仅是由于近几年机动车数量增长迅速，更主要的是由于城市规划中存在的不合理。国内外的经验表明，科学合理的城市规划，尤其是道路及停车场的合理规划能够有效地缓解交通拥堵现象。北京市作为我国的首都，其中心城区集聚了大量的产业和人口，交通拥堵十分严重，尤其是上下班高峰期。因此，北京市政府在做城市规划时应当适度地进行超前规划，并通过合理规划和有效措施将中心城区的一部分产业和人口分散到周边的新城，在这些新城内形成相对完整的产业和住宅功能，减少中心城区的人口压力，同时大力发展公共交通，在中心城和新城之间形成完整的公共交通网。虽然北京市已经限制了私家车的增长，但是在某些时段内仍有许多路段的车流量过大而造成拥堵，所以需要进一步加强司机及行人的

交通意识，加大对违反交通规则行为的处罚力度，即使是在拥堵时也要保证有序通行。不仅是北京市的城市规划，京津冀的整体区域规划同样对于北京市城市病有着重要的影响。2014 年，国务院明确提出要"实现京津冀地区的经济协作，将京津冀协同发展作为国家的一个重大战略，要坚持优势互补、互利共赢、扎实推进"。那么，这就有必要在区域合作模式下，科学地进行京津冀区域规划，在遵循"效率优先，兼顾公平"的原则下，合理布局各种资源，能够有效地缓解北京市城市病问题。

3. 合理规划区域产业布局，将先进技术应用于生产及环境治理

近年来，我国大部分地区都饱受雾霾的折磨，PM2.5 常年超标。这一问题绝对不是一个城市的问题，其中重要的原因恰恰是区域内产业布局的不合理，大量造成污染的产业聚集于城市周边，同时某些城市的地理条件也不利于受污染空气的扩散。鉴于此，我们应该加强对一定区域内产业的科学规划，尤其是将会造成污染的产业合理布局。此外，政府应该积极鼓励对于先进技术的开发研究，并将先进技术应用于生产和环境卫生治理中，降低生产中的水耗和能耗，减少工业生产过程中的污染物排放，同时提高环境治理的范围和效率。

4. 缩小区域内的收入差距，切实保障居民的生活质量

目前，我国城市居民住房及身体健康方面的问题越发凸显。住房一直是居民生活中的关键问题，但是近几年城市的房价一再上涨，即使政府多次出台调控政策，也未能使房价降到大部分居民可承受的范围内。因此，政府要切实保障居民的住房问题得到妥善解决，对于短期内买不起商品房的个人或家庭，要提供相应数量和质量的公租房供其居住，减少受理流程和租赁费用，同时保证其配套设施达到相应标准，增加公租房的吸引力。对于居民的身体健康，政府应进一步加强医疗保障、定期免费为居民进行身体检查、加大对医疗卫生事业的投入等。

第二节　城市灾害

一、城市灾害的理论综述

（一）城市灾害的界定及特征

城市灾害是发生在城市区域，承载体为城市的灾害，是指由于自然原因、人为原因或二者兼有的原因造成的一切对城市生态环境、物质、人文建设和发展，尤其是对生命财产等造成或带来危害性后果的事件。城市灾害包括自然灾害和人

为灾害。

城市是处于一定范围内的开放系统，它不仅有地质、地貌、水文、动植物、土壤等自然生态构成的环境要素，还包括社会、人文环境等制约要素，所以城市灾害具有不同于其他灾害的特征：

（1）频繁性。目前世界上的城市所占的面积是人类能够居住面积的 1/10，而在城市中却居住着世界总人口的 1/3，即城市的一个显著特点是人口集中。所以城市除了承载自然灾害外，还承载着频繁发生的人为灾害。越来越多城市自然灾害的发生是由于人类的生产活动引起的，如对煤矿的过度开采导致地表塌陷、泥石流等自然灾害。按照联合国的国际减灾年会议的划分方法，城市的主要灾害有：地质灾害、气象灾害、水灾等自然灾害，工业与技术灾害、火灾、城市生命线事故、疾病与疫情传播、交通事故等人为灾害。据统计，我国有近 140 个城市处在地震 7 度以上的强震地区，40%的大城市处在海啸和地震多发的沿海开放地区。因此，现代城市隐藏着随时可能爆发的自然灾害和人为灾害，威胁着城市居民的生命安全。

（2）高危害性。城市是区域的经济、政治、文化的中心，集中了大量的人口和财富，这有利于人类科技、经济和文化的发展，但是物质财富的集中增加了城市的脆弱性和易损性。一旦发生灾害，就会造成巨大的人员和经济损失。在灾害发生的过程中，城市的能源、通信、交通、地下管道等生命线系统极易发生破坏，并且形成链状反应，使得城市失去应有的功能，陷入瘫痪，甚至造成居民的恐慌和混乱。例如，地震灾害虽然不常出现，但是一旦发生，对城市的打击将是致命的，甚至会将整个城市摧毁。

（3）衍生性。城市灾害往往会伴随着其他次生灾害发生，现代化水平越高的城市，在灾害发生时出现次生灾害和损失的可能性越大，这种衍生性与灾害类型、强度和发生的位置密切相关，次生灾害造成的破坏程度可能大于原生灾害。例如，地质灾害后引起城市生命线系统崩溃，暴雨（雪）灾害后引起城市排水管线系统崩溃，火灾引起严重的爆炸等。

（4）社会性。城市灾害不仅会造成巨大的人员和经济损失，使得城市功能陷入瘫痪，而且可能引起城市居民不同程度的心理动荡及社会的不稳定。1982 年，捷克共和国北部遭遇罕见的暴雨灾害，政府组织救援不力，造成大量人员伤亡、流离失所，居民发生动乱，最后以内政部长被迫辞职告终。2008 年，受汶川特大地震影响，各地接连发生了公众对当地要发生地震的谣言造成误解的现象，从而出现市民大范围露宿街头的事件，造成居民心里动荡从而引发城市管理混乱。城市灾害的社会性主要与一个国家或地区的制度、社会福利、政府救济的力度以及防灾教育等因素有关。

（5）区域性。由于我国幅员辽阔，不同地区之间在自然条件、经济社会发展程度等方面存在着巨大的差异，这就使得灾害发生的类型、频率及危害性等在我国不同地区的城市之间具有明显的不同。例如，我国东部沿海地区常受到台风、暴雨等灾害的侵扰，同时该地区人口密度较大、经济社会发展水平较高，使得灾害更容易造成较大的损失。西北地区则多发生干旱、沙尘暴等灾害，西南地区多发生滑坡、泥石流等灾害，但是由于这两个地区相对来说人口密度不大以及城市发展水平较低，所以灾害的危害性要低于东部地区。城市灾害的区域性要求我国在预防城市灾害时要根据不同地区的不同特点"对症下药"。

（6）动态性。城市灾害并不是一成不变的，随着城市经济社会的发展，城市灾害也处于动态变化之中。首先，城市灾害可能会出现新的类型。例如，随着互联网信息技术的发展，信息安全已经越来越重要，而对信息安全的破坏已经成为城市灾害的一个新的类型。同样，恐怖袭击也是近些年才出现的新类型的城市灾害，并且有越发严重的趋势。其次，城市灾害的危害性会有所变化。例如，随着医疗、灾害预防等技术的进步，一些过去危害性较大的灾害可能已经很难威胁到城市，而随着城市人口的不断增长、物质财富的持续积累，一些灾害的危害性又可能随之上升。总之，要以一种动态的眼光去看待城市灾害。

城市灾害所具有的频繁性、高危害性、衍生性、社会性、区域性及动态性的特征表明城市的防灾、减灾、救灾工作更加特殊。不健全的法律规定和灾害发生之后政府仓促的救援措施已经不能适应现代城市防灾减灾的需要，只有通过构建综合性的灾害管理模式、提升灾害管理组织的运行效率、加强信息和资源的共享、提升广大民众的综合减灾意识，才能实现减灾效益的最大化。

（二）城市灾害的分类

城市灾害分为自然灾害和人为灾害，自然灾害包括气象灾害、地质灾害和生物灾害，人为灾害包括主动灾害和意外事故。随着城市化的发展，人类社会面临灾害的类型也发生了变化，城市集中了大部分的人口和生产力，防灾减灾形势更加严峻。根据对城市灾害的已有研究及实际状况，可将城市灾害分为11类，即城市地震灾害、城市洪水灾害、城市气象灾害、城市地质灾害、重大传染病、火灾与爆炸、城市生命线系统事故、重大工业事故、城市环境污染灾害、恐怖袭击及信息安全灾害。

1. 城市地震灾害

地震灾害分为天然地震和人工地震两类。天然地震包括构造地震、火山地震、陷落地震等。天然地震强度较高，突发性强，影响范围广，破坏较严重。人工地震是指因爆破、水库蓄水、深井高压注水等引起的地震。人工地震强度较低，影响范围不大，破坏较小。地震发生时会产生强烈的地面运动，破坏构建筑物和工程设施，并且导致人员伤亡，山体滑坡、有毒气体泄漏、火灾、爆炸、瘟疫等次生灾害常常伴随着地震发生。在人口密集、建筑物集中的大城市，地震的破坏性和灾害严重性表现得更加明显。

我国地处环太平洋地震带与欧亚地震带之间，构造复杂，地震活动频繁，是世界地震较活跃的国家之一。我国地震烈度Ⅶ度及Ⅷ度以上地区占国土面积的32.5%，有46%的城市和许多重大工程设施、矿区位于受地震严重危害的地区。2008年5月12日，四川汶川发生了新中国成立以来破坏性最强、波及范围最大的一次地震。地震的面波震级达8.0Ms、矩震级达8.3Mw，破坏地区超过10万平方千米，地震烈度可能达到11度，地震波及大半个中国及多个亚洲国家。汶川地震共造成69197人遇难，374176人受伤，18209人失踪，直接经济损失高达8451亿元人民币。汶川地震还造成大量房屋倒塌，道路、桥梁和其他城市基础设施严重毁坏，地震后山体滑坡，阻塞河道，形成了多个堰塞湖。

2. 城市洪水灾害

洪水灾害是由于暴雨或急骤的冰雪融化以及水利工程失事等原因引起的江河湖泊水量迅猛增加、水位急剧上涨而冲出天然水道或人工堤坝所造成的灾害。根据我国水情和防洪水平，一般将洪水划分为5级：①一般洪水，重现期2~10年的洪水；②较大洪水，重现期10~20年的洪水；③大洪水，重现期20~50年的洪水；④特大洪水，重现期50~100年的洪水；⑤罕见的特大洪水，重现期为100年及以上的洪水。

洪涝灾害不仅会对农业生产造成巨大损失，也会使城市大量房屋倒塌、设备毁坏、企业停产、生命线工程设施遭到破坏，并常常会导致次生灾害的发生。我国的洪涝灾害比较频繁，1998年长江迎来了一次全流域性大洪水，洪水量级大、涉及范围广、持续时间长，在全国29个省市产生了不同程度的洪涝灾害，受灾人口达到2.51亿人，洪灾共造成3243人死亡，直接经济损失高达1666亿元。2010年9月，海南省遭遇暴雨洪涝灾害，灾害造成海南省海口、文昌、琼海等15个市（县）的129.5万人受灾，紧急转移安置13.9万人；农作物受灾面积 约为67.4千公顷，其中绝收面积8.1千公顷；倒塌房屋900余间，损坏房屋2000余间；直接经济损失高达15.2亿元。

3. 城市气象灾害

城市气象灾害的类型很多，一般可分为干旱缺水、暴雨沥涝、高温热浪、大风、热带气旋、风暴潮、雾灾、雷电灾害、冰雪灾害、沙尘暴等。

（1）干旱缺水。干旱灾害主要是长期无雨或少雨，造成水库和河流水位下降，影响城市供水，沿海一些城市甚至出现地面下沉，海水倒灌现象。目前，全国420多个城市存在干旱缺水问题，缺水比较严重的城市有110个。据统计，全国每年因城市缺水损失的产值可达到 2000 亿~3000 亿元。

（2）暴雨沥涝。暴雨常引起山洪暴发、江河泛滥，导致城市发生涝灾。2003年，南方一些城市，遭受了长时间强暴雨的袭击，最为典型的是上海市。2003年 8 月初的一场暴雨，24 小时内降雨量达到 294 毫米，市中心区一小时集中降雨量达 75.6 毫米，成为上海市 50 年未遇的特大暴雨，造成了铁路部分中断、航班延误、房屋毁坏、送电线路故障、市内交通严重受阻等一系列灾害。

（3）大风。近年来，大风在城市频频惹祸，造成房屋倒塌、大树折断、悬挂物掉落、电杆电线毁坏及交通事故等。北京曾出现过的大风灾害仅在 1 天就造成了让人触目惊心的危害。当天北京市出现 7~8 级大风，全市有 40 多处广告牌及高楼悬挂物被刮倒，北京站站前广场大型广告牌倒塌，造成 1 人死亡，15 人受伤，1 人被迫截肢。

（4）冰雪灾害。冰雪灾害一般随雪量和积雪深度的增加而增加危害程度。从我国的气象分布看，降雪的面积十分广泛，但重点是东北、华北以及内蒙古、新疆、青海、宁夏等地区。2001 年 12 月 7 日的一场仅 1.8 毫米的降雪，就造成了全北京城交通瘫痪，140 万辆车被迫停在北京大街小巷，北京城变成了一个巨型停车场。

（5）沙尘暴。沙尘暴指突然发生的携带大量沙尘的大风，使空气浑浊，水平能见度小于 1000 米的天气现象，主要发生在干旱、半干旱地区。沙尘暴对我国北方城市影响较为严重。沙尘暴的主要危害是破坏农作物、草原、林木和房屋及工程设施，有时也会造成人口伤亡和畜禽死亡与失踪。由于荒漠化加剧及生态恶化，我国现已有大约 2.4 万个村庄消失。

4. 城市地质灾害

地质灾害是指由于地质动力作用导致岩土体位移、地面变形以及地质自然环境恶化，危害人类生命财产安全的地质现象，如崩塌、滑坡、泥石流、地裂缝、地面沉降、砂土液化，土地冻融、水土流失、土地沙漠化及沼泽化等。地质灾害的分类有不同的角度与标准，就其成因而论，主要由自然变异导致的地质灾害称自然地质灾害，而主要由人为作用诱发的地质灾害则称人为地质灾害。就地质环境或地质体变化的速度而言，可分突发性地质灾害与缓变性地质灾害两大类，前者如崩塌、滑坡、泥石流等，即习惯上的狭义地质灾害，而后者如水土流失、土地沙漠化等，又称环境地质灾害。

我国是世界上地质灾害多发的国家之一，地域辽阔，地质条件复杂，山地、高原和丘陵占国土面积的 2/3 以上，崩塌、滑坡、泥石流等突发性地质灾害几乎遍布全国。随着人口增长和工业化、城市化进程的加快，国土资源开发强度不断加大，生态环境、自然资源和经济社会发展的矛盾日益突出。城市地质灾害主要表现在崩塌、滑坡、泥石流、地面沉降、地裂缝及水资源匮乏等。

5. 重大传染病

传染性疾病是危害人类健康的大敌，古人将大规模传染病的流行称为"瘟疫"。历史上，生活在城市中的人们饱受瘟疫之苦，公元前 430 年左右，一场疾病几乎摧毁了整个雅典。在一年多的时间里，雅典的市民生活在噩梦之中，人们像羊群一样死去。直到后来，一位医生发现用火可以防疫，从而挽救了雅典。

然而，人类要征服传染病，道路依然曲折漫长。根据世界卫生组织（WHO）发表的世界卫生报告表明，危害人群健康最严重的 48 种疾病中，传染病和寄生虫病占 40 种，占病人总数的 85%。全世界每年死于传染病的有 1700 万人，并且新的传染病还在源源不断地出现。近几十年来，新增加了 30 多种传染病，如艾滋病，疯牛病，病毒性肝炎的丙型、丁型、戊型、庚型等。

6. 城市火灾

城市火灾多是人为造成的，而且往往伴随着爆炸，其类型分为固体火灾、液体火灾、气体火灾、金属火灾。按火灾发生的场所，又可分为工业火灾、基建火灾、商贸火灾、教科卫火灾、居民住宅火灾、地下空间火灾等。

从火灾损失的分布来讲，我国东部地区的火灾损失大于中、西部地区。近几年来，广东、福建、浙江、山东、辽宁、江苏、河北、天津、海南、广西等省市的火灾损失每年占全国总损失的一半，其中特大火灾占全国的 60%。随着我国经济的高速发展，火灾损失总体呈上升趋势。20 世纪 80 年代初，全国每年火灾造成的直接经济损失为 3 亿元左右，到 20 世纪 90 年代末，每年因火灾造成的经济损失达 10 亿元之多。近年来，火灾规模、次数与损失持续上升，尤其是在公共场所发生的火灾损失更为严重。2004 年 2 月 15 日，吉林中百商厦发生火灾，造成 54 人死亡，70 人受伤，直接经济损失 400 余万元；2008 年 9 月 20 日，深圳市龙岗区龙岗街道龙东社区舞王俱乐部发生一起特大火灾，事故共造成 43 人死亡，88 人受伤；2010 年 5 月 21 日，汕头市一家生产内衣和耳机护套的家庭作坊发生重大火灾，火灾共造成 13 人死亡，15 人住院救治，其中 3 人重伤。造成公共场所火灾事故的原因主要有以下几点：大多数场合未留安全通道；防火避难设施不全；未落实防火管理制度；群众的安全培训和火灾救护常识的宣传力度不够，安全意识淡薄。

7. 城市生命线系统事故

现代化的生命线基础设施是现代化城市的基础，是防灾减灾的必备条件，是大城市保持正常运转的根本保证。城市供电、供水、供气三大系统的安全运行十分重要，否则它们都将成为城市的"定时炸弹"。城市生命线系统事故包括供电事故、通信事故、煤气泄漏事故等。

（1）城市供电事故。世界上有许多大城市，如美国纽约及西部地区、日本东京、新西兰奥克兰市，都曾发生过大停电事故。这些城市事故主要是外力引发，加上电力网络结构不尽合理，以及设备老化等原因造成整个电网失稳、垮台。2003年8月14日，美国东部时间下午4时20分，以纽约为中心的美国东北部和加拿大部分地区发生大面积停电事故，到第二天下午才基本恢复供电。这次美国历史上最大的停电事故所造成的经济损失每天可能多达300亿美元，5000万美国居民和加拿大居民受到了此次停电事故的影响。

（2）通信事故。1998年5月，美国出现了无线电通信系统事故，价值2.65亿美元的太空通信卫星"银河4号"发生了故障。结果，美国大约有4100万人的传呼机立刻失灵，这是国外损失最惨重的一次无线电通信事故。2002年10月6日，我国湖北省也发生了一起重大通信事故。事故起因是某施工队野蛮施工，挖断了途经团风县的京九、沪汉通信光缆（国家一级干线）及鄂东环通信光缆（省级干线），造成沪汉、鄂东环光缆通信全部受阻，京九光缆12根备用光纤受损，这次重大通信事故造成经济损失4000多万元。

（3）煤气泄漏事故。煤气泄漏事故也是城市生命线系统事故的一种。2003年2月15日，哈尔滨平房区两栋居民楼发生煤气泄漏事件，不少居民在睡梦中就被煤气熏得不省人事。这次煤气泄漏事故共造成28人中毒，1人死亡。

8. 城市重大工业事故

随着城市工业的迅速发展，发生工业事故的可能性也相应增大，特别是城市居民的生活与各种化学工业品的联系日益广泛，一些有毒的化学物质或高压能量设施由于自然或人为因素突发引起燃烧、爆炸以致造成大范围的泄漏和污染，给城市居民的生命财产和生态环境带来严重威胁。据美国化学安全和危害调查委员会化学事故报告中心统计，从2009年2月23日至2010年2月23日，全球发生的泄漏、火灾、爆炸等重大工业事故达693起，仅列前三位的国家中，就死亡266人，伤及2054人。

重大工业事故大体可分为三类：第一类是可燃性物质泄漏，与空气混合形成可燃性烟云，遇到火源引起火灾或爆炸；第二类是大量有毒物质的突然泄漏，在大面积内造成死亡、中毒和环境污染；第三类是高压能量设施或爆炸性物品发生爆炸或火灾。主要的工业事故有核泄漏事故、有毒物质泄漏事故、化工企业特大爆炸事故等。

9. 城市环境污染灾害

城市是人类对环境影响最深刻、最集中的区域，也是环境污染最严重的区域。城市环境污染包括空气污染、水污染、固体废弃物污染、噪声污染等。

（1）空气污染。1952年12月发生的英国伦敦烟雾事件是最典型的城市空气污染致灾事故，事件持续了 4 天，导致 4000 人死亡，在事件发生后的 2 个月内，还陆续有 8000 人病死。此次事件是由于粉尘中的三氧化二铁将空气中的二氧化硫氧化成三氧化硫，与大雾中的水滴结合形成硫酸，附着在烟尘上，从而进入人的呼吸系统，加速慢性病患者的死亡，导致健康的人得病。

（2）水污染。据环境部门监测，我国城镇每天至少有 1 亿吨污水未经处理直接排入水体。全国七大水系中一半以上河段水质受到污染，全国 1/3 的水体不适于鱼类生存，1/4 的水体不适于灌溉，90% 的城市水域污染严重，50% 的城镇水源不符合饮用水标准，40% 的水源已不能饮用，南方城市总缺水量的 60%~70% 是由于水源污染造成的。近年来，我国水污染事故发生频繁：2005 年 11 月 13 日，吉林省一个化工厂发生爆炸，在灭火及清理污染过程中，苯污染物大量流入松花江中，造成非常严重的水污染事件，污染波及下游的俄罗斯远东地区；2006 年 1 月 6 日，重庆市一个化肥公司的一套正在试运行的废水处理系统腐蚀破裂，约 600 吨紫红色硫酸废水泄漏入长江支流綦江，在河面形成了一条长达 300 米的污染带，造成綦江沿岸居民停水 2 天。

（3）固体废弃物污染。固体废弃物指的是人类在生产和生活中丢弃的固体和泥状物，如采矿业的废石、尾矿、煤矸石；工业生产中的高炉渣、钢渣；农业生产中的秸秆、人畜粪便；核工业及某些医疗单位的放射性废料；城市垃圾等。若不及时清除，必然会对大气、土壤、水体造成严重污染，导致蚊蝇滋生、细菌繁殖，使疾病迅速传播，危害人体健康。固体废弃物污染主要有"白色污染"、废旧电池污染等。

（4）噪声污染。由于城市人口众多，工厂和商店相对集中，车辆也较多，所以城市的噪声污染远比农村严重。城市噪声污染有交通噪声、工业噪声、建筑施工噪声、社会生活噪声等，其中，交通噪声约占城市噪声的 70%。我国许多城市因道路狭窄，自行车数量多，快慢车道不分，导致汽车的刹车、启动频繁，喇叭鸣叫过多。此外，钢铁厂和纺织厂车间及建筑工地的机具震动、搅拌所产生的噪声可达 110 分贝以上。对人们生活影响最多、最广泛，治理最困难的是社会生活噪声，如娱乐场所、商店市场的音响设施和人群活动，以及家庭生活中的儿童哭闹，收音机、电视机产生的声音等。这些噪声一般都低于 80 分贝，却令人烦躁、心神不定，甚至造成生理障碍。

10. 恐怖袭击

由于超级大国霸权主义的存在，一些地区民族矛盾冲突导致战火不断，许多国家内部反对势力猖獗，这个本应以和平为主流的世界却显得并不和平。2001 年 9 月 11 日，随着突如其来的美国世界贸易中心大楼及其建筑群的轰然倒塌，号称"世界之窗"的纽约市标志性建筑永远成为人们记忆中的噩梦。从此，恐怖袭击的字眼深深地烙在全世界每一个人的脑海中。据保守的估计，在事件当天共有 2801 人死亡，包括美国纽约的标志性建筑世界贸易中心双塔在内的 6 座建筑被完全摧毁，其他 23 座遭到破坏，美国国防部总部所在地五角大楼也受到破坏。这次事件直接给美国造成 3000 亿美元的损失，间接损失 5000 亿美元，使世界经济加速下滑，美国经济由减速变为负增长。

除大多数常规手段以外，恐怖分子目前在世界范围内越来越多地使用生化武器。由于生化武器从原材料到价格，以及制造使用不像核武器那样难，因此，一旦被恐怖分子利用，往往会产生难以估量的后果。这些恐怖袭击活动不仅毁灭了无数的无辜生命，毁灭了人类日积月累创造的大量财富，还给亲身经历过的人们的心灵留下了难以抹去的阴影甚至巨大的心理创伤。心理上的无形损失与经济上的有形损失是无法比拟的，同时，心理创伤的修复也远比倒塌建筑物的重建、城市正常经济秩序的恢复所耗费的时间要长得多。

目前中国城市的不安全因素也在增多，如境外敌对势力分子的袭扰、东突分子进行的各种恐怖活动、"法轮功"邪教组织的破坏活动依然猖獗等，这些给社会经济发展造成了严重的障碍，极大地威胁着城市和人民生命财产的安全。2014年 3 月 1 日发生在昆明市火车站的针对平民百姓的恐怖袭击，就对整个社会造成了巨大的负面影响，足以引起我们的高度重视。

11. 信息安全灾害

随着全球信息化的飞速发展，网络已经成为一个国家关键的基础设施，无论政治、军事、经济、文化教育、社会生活及其他各个方面，网络无处不在。我国的电信、电子商务、金融网络等业务已经开始与国际接轨，进入互联网时代以来，网络的发展给社会带来极大的效益，给人民的工作和生活带来了极大的方便，但同时，负面的影响也与日俱增。随着网络的发展，计算机病毒呈现出异常活跃的态势。2008 年，我国有 81% 的计算机曾感染病毒，到了 2009 年，这个数字上升到近 89%，2010 年上半年又增加到 93%。网络病毒的危害丝毫不亚于其他任何灾害对人类的影响，网络安全已经成为城市灾害的一个重要方面。

以上某些种类的城市灾害在我国呈现出明显的地域性。例如，处于地震带的城市更易发生地震灾害，处于江河流域的城市则常出现洪水灾害，处于山地的城市多发地质灾害，而我国南方的城市近几年则饱受气象灾害的困扰。

(三) 城市灾害对城市系统的影响

城市灾害对人类社会造成的危害主要表现在两个方面：造成人员伤亡和国家、集体及个人的财产损失。

1. 城市灾害对工矿业的影响

工业区是人口最为密集、社会财富最为集中的地区，因此，一旦发生灾害，往往也是危害程度最高的地区。在所有的自然灾害中，地震、洪水、大风、风暴潮、滑坡、泥石流等灾害对工矿企业的危害最大。灾害可能会造成部分企业，甚至整个企业在顷刻间被毁灭，造成巨大损失。1976 年，唐山地震造成的损失中大部分是工矿企业损失。沙土液化、地面下沉、地裂缝可危及厂房基础，矿井中突水、突瓦斯、崩塌冒顶、突泥、岩爆等灾害可使矿井毁坏或停产。30 多年来，我国煤矿因突水淹没全井共 58 次，部分淹井 64 次，经济损失达 27 亿元。突瓦斯事件每年约 1000 次以上，瓦斯突出总量达 30 亿立方米，损失惊人。自然灾害对生命线工程，包括水、电、燃料的供应和交通的破坏，以及对机器设备的破坏，给工矿企业造成的危害是显而易见的。

2. 城市灾害对生命线工程的影响

水、电、煤气的供应和交通是现代化城市的生命线工程，关系到城市建设和生产的正常运行和发展，也关系到千家万户的切身利益。现代化程度越高的城市，对生命线的依赖就越大，生命线工程面临的自然灾害潜在威胁也就越大，如不加以防御，必将导致极其严重的后果。其可造成的主要威胁包括：地震引起的地面快速错断、地裂缝位移可使输送管道变形甚至破裂，中断道路交通；过量开采地下水所导致的地面下沉和地裂缝，对输送管道的破坏；大风、暴雨、冰雪、霜冻及潮灾对生命线工程地面设施的破坏；地震、滑坡、洪水、泥石流等巨灾对生命线工程可以全部或部分摧垮，造成毁灭性破坏。因此，为了保障生命线工程的安全，从规划设计到管道施工，从检修维护到"软接头"自控接头的研制，都必须研究城市灾害的规律及可能造成的破坏，加以防御。

3. 城市灾害对社会运行机制的影响

城市灾害不但会给灾区带来巨大的经济损失，造成灾民流离失所，衣食无着，恐慌不安，甚至家庭破坏，而且可能会造成社会的动荡和不安，使社会正常运行机制被破坏。以 2005 年为例，全年自然灾害总的直接经济损失为 3115 亿元，占当年国家财政总收入的 1/3。由于高温等灾害的影响，7 月工业平均日产值比正常水平下降两个百分点左右，约减少产值 40 亿元。由于洪涝灾害使一些工厂机器受损，精密度下降，仓库被淹，影响了生产正常运行和出口业务。另外，洪涝灾害还影响了交通、邮电、采矿等行业，并极大地影响了群众的生活和人民身体健康和心理健康。

城市建筑物群、生命线工程设施、厂矿企业都是比较复杂和庞大的系统工程，它们一旦遭到灾害损坏，就可能会处于失控状态，给社会经济运行带来巨大破坏甚至毁灭性的打击。每个系统既是一个封闭结构，也是与其他系统有着千丝万缕的联系。例如，一个矿山的破坏，会造成几十个甚至上百个工厂的停工，以及水源、电力、交通、能源等生命线工程的破坏，还会造成整个城市生产生活秩序的瘫痪。因此，由结构、系统的破坏造成的间接经济损失，要比直接经济损失大得多，有些间接经济损失甚至难以用数字表达出来。

二、城市灾害经济影响的评估

(一) 城市灾害经济影响的理论研究

城市灾害对经济的影响可以直观地从灾害造成的损失中看出。灾害的损失主要由三方面构成，即直接损失、间接损失及隐形损失。直接损失包括直接的财富损失、人员健康损失及自然资源损失等，如 2012 年 7 月 21 日在北京市发生的特大暴雨灾害造成的直接经济损失达到了 116.4 亿元；间接损失包括直接经济损失通过经济系统内各部门的联系所产生的波及损失及延续损失；隐形损失是最难以准确估计的，其包括无法在当时察觉的对人员健康的损伤、对人们心里造成的伤害及对灾害的恐惧等。

早在 1798 年，英国政治经济学家及人口学家马尔萨斯在其代表作《人口原理》中便将灾害与人口的生产与再生产联系在一起，提出了灾害有助于解决资本主义社会人口过剩问题的观点。[①] 真正较为系统地提出灾害对经济的影响可以追溯到 1848 年英国经济学家约翰·穆勒的《政治经济学原理》，在该书中穆勒提出由灾害所造成的一切破坏迹象都会在短时期内消失，经济能够迅速从灾难状态中恢复，这是由于对资本的消费和再生产过程能够在短时期内将产量提高到灾前水平。[②] 随后，美国经济学家杰克·赫舒拉发 (Jack Hirshleifer) 首次较为深入地研究了灾害对经济的影响，他尝试分析了 1348~1350 年在西欧爆发的黑死病对经济的短期和长期影响。[③] 1969 年，美国经济学家道格拉斯·戴西 (Douglas Dacy) 和霍华德·科隆特 (Howard Kunreuther) 在自己及前人研究的基础上出版了《自然灾害经济学》，开创了真正意义上的灾害经济学。[④] 在我国，经济学家于光远在 20 世纪 80 年代提出了从经济学的角度研究灾害的重要性。此后，郑功成、唐彦东及何爱萍等分别出版了关于灾害经济学的著作，论述灾害对经济影响的基本原理。此外，许多学者也尝试研究了灾害经济学的相关问题。

对于灾害影响经济的相关问题，学术界一直存在着争论，其关注和争论的焦点基本上集中于两个问题：第一，灾害对经济增长的影响；第二，灾害对经济系

---

① [英] 马尔萨斯. 人口原理 [M]. 朱泱，胡企林，朱和中译. 北京：商务印书馆，1992.

② [英] 约翰·穆勒. 政治经济学原理 [M]. 朱泱，赵荣潜，桑炳彦等译. 北京：商务印书馆，1991.

③ Hirshleifer, J. Disaster and Recovery: The Black Death in Western Europe [J]. International Library of Critical Writing in Economics, 2004, 178: 3-33.

④ Dacy, D. & Kunreuther, H. The Economics of Natural Disaster: Implications for Federal Policy [M]. New York: The Free Press, 1969.

统的影响。

1. 灾害对经济增长的影响

人们一般认为灾害对于国民经济有着极大的负面影响，但其实灾害与国民经济之间的关系远比人们想象的复杂。不同学者基于实证分析的结果，提出了不同的结论，大部分学者认为灾害对国民经济存在着负面影响，而仍有一些学者持相反的观点，认为灾害对国民经济存在着一定的正面影响。

根据经济学家熊彼特提出的创新性破坏理论和众多经济学家提出的内生经济增长模型，经济增长来源于随机性的研究活动所带来的技术创新，即通过技术创新毁灭旧的、被淘汰的生产要素，取而代之的是新的、更具效率的生产要素，其形式就是以新的资本替代旧的资本。一个灾害相当于一个随机性的变化，虽然未见得会带来技术创新，但由于灾害带来的破坏，仍然需要以新的资本代替旧的资本。阿尔巴拉—伯特兰对 1960~1979 年在 26 个国家发生的 28 次灾害对经济的影响进行了实证检验，其结论认为这些国家受灾地区的 GDP 增长在灾后有了明显的提升，从而否定了灾害对国民经济有着负面影响的说法，[1] 但是他们的研究仍然受到了许多人的诟病。夏洛特·本森指出 Albala-Bertrand 对灾害影响经济的复杂程度估计不足，结论过于绝对化，虽然地震灾害后会出现大规模的重建，其确实有助于提升经济增长率，但是却不能说明像气候灾害这种在长期内频发性的灾害对于经济的影响。同时，阿尔巴拉—伯特兰的研究也只是将灾害视为一个单一性的孤立事件，这样的假设仅适用于像地震灾害这样的小概率事件。[2]

为了能够研究在更长时期和更多国家的范围内灾害对国民经济的真实影响，夏洛特·本森（2003）选用了 1960~1993 年 115 个国家的实际 GDP 进行了实证检验，其研究结果显示，如果一国的灾害频发，那么其经济增长率将低于灾害发生较少的国家。[3] 针对这一结果，有些学者提出了质疑，基本上认为夏洛特·本森的研究存在两个问题：一是经济增长率并不能够单独由灾害所决定，而且无法得知不同时期、不同地区的灾害对于国民经济的影响程度；二是在夏洛特·本森研究的这一时期，发生灾害较多的国家大多是欠发达国家，而发达国家发生的灾害较少。此外，一些学者研究了单个具体的灾害对于国民经济的影响。塞利内·沙韦里亚对 1980~1996 年拉丁美洲及加勒比海地区发生的 35 个具体的灾害对国民经

---

① Albala-Bertrand, J. M. The Political Economy of Large Natural Disaster: with Special Reference to Developing Countries [M]. Oxford: Clarendon Press, 1993.

② Benson, C. Book Review of The Political Economy of Large Natural Disaster: with Special Reference to Developing Countries, by J. M. Albala-Bertrand [J]. Disasters, 1994, 18 (4): 5-22.

③ Benson, C. The Economy-Wide Impact of Natural Disasters in Developing Countries [R]. London: University of London, 2003.

济的影响进行了实证研究，他发现其中的 28 个国家在灾害发生的当年，其实际 GDP 增长率有所下降，而随后的两年又明显呈现上升趋势。①

至今，学术界只在一点上达成了共识，即灾害对于经济确实有着不可忽视的影响。但是对于这种影响的指向性及其影响的程度都存在着诸多争议，这种争议不仅存在于灾害对经济增长的影响，同样存在于灾害对经济系统的影响。

2. 灾害对经济系统的影响

灾害对于经济系统影响的研究可以清晰地分为灾害对于国民经济系统影响的研究和灾害对于区域经济系统影响的研究。

灾害对于国民经济系统影响的研究一般先分析灾后资本供求非均衡情况、灾后国民经济恢复潜力及政府的投资倾斜政策等方面，确定制约灾后国民经济恢复的产业，之后对灾后国民经济的走势进行预测及指导。这些研究的大致思路可以归纳为：首先，假设发生某种程度的灾害，估算其对国民经济造成的直接损失；其次，建立经济模型以模拟这种损失发生后的经济运行情况，确定灾后国民经济恢复的难点；最后，预测灾后国民经济的发展趋势并做出相应指导。我国学者张显东、梅广清（1999）假设某一自然灾害的发生破坏了原有的经济均衡状态，并运用一般均衡分析方法构建了一个二要素多部门的一般均衡模型，用其预测在国民经济达到新均衡时的价格、产量、工资及租金水平。这一研究的主要结论包括：①当自然灾害使得资源的投入量减少时，产品的产量将会下降；②当产品的产量下降时，其价格将上升，使得工资及租金水平发生相应的变化；③当自然灾害使得某种产品的产量下降时，相对于这种下降，人们对于该产品的需求将会上升，生产者将会增加该产品的产量；④一次具体的自然灾害对于经济系统的影响是上述三种影响的综合，同时产量、价格、工资及租金水平的变化需要根据具体数据进行估算。②

学术界对于灾害影响区域经济系统的研究更加侧重于分析某一具体灾害对于区域经济系统的影响。诸多研究的结论都认为，在短期内和长期内，灾害影响的效果会有所不同，即在短期内，灾害的发生会对区域经济造成暂时的负面影响，但灾后较大力度的投资行为使得经济的运行显著加强；在长期内，灾害对于区域经济的负面影响可以忽略不计，相反由于灾后的重建，区域经济在长期内将得到发展。科克伦和哈罗德（Cochrane & Harold, 1984）研究了地震对于旧金山市的短期经济影响，其研究结果表明，如果 1906 年的旧金山大地震再次发生，那么

---

① Charveriat, C. Natural Disasters in Latin American and Caribbean: an Overview of Risk [R]. Inter-American Development Bank, Research Department Working Paper 434, 2000.

② 张显东，梅广清. 二要素多部门 CGE 模型的灾害经济研究 [J]. 自然灾害学报，1999，8（1）：9-15.

该地区的国民生产增加值将下降 60 亿美元。① 埃尔森、米利曼和罗伯茨（Ellson、Milliman & Roberts，1984）等人研究了长期内地震对于南卡罗来纳地区经济系统的影响，其结论认为，灾害对于区域经济的影响将随着时间的延长而消失，影响区域经济的主要因素仍然是国民经济的运行情况。②

（二）灾害对经济影响的评估方法

在评估灾害对于经济的影响时，主要用到的模型与方法包括生产函数模型、投入产出模型、社会经济核算矩阵模型及一般均衡模型等。应该说，这些不同的方法和模型都有着各自不同的特点，在估算结果的有效性、适用性及对数据的要求方面各有优劣（见表 12-5）。在模型估算结果的有效性方面，生产函数模型的估算结果较为粗糙，由于生产函数的建立具有一定的主观性，所以难以把握其结果的科学性，而投入产出模型、社会经济核算矩阵模型及一般均衡模型能够对灾害经济影响的估算具体到各部门，这样便于在部门间和区域间进行分析与对比，特别是投入产出模型合理地考虑了个体行为与区域的弹性恢复能力，能够有效地避免对经济损失的过分估计。③ 在适用性方面，投入产出模型需要在符合其诸多基本假定的情况下根据灾害作用面的不同选用不同的模型，而一般均衡模型虽然没有较多的约束条件并且可以构建非线性模型，但是其需要大量的外生参数，而外

表 12-5　各种灾害经济损失评估方法的比较

方　　法	评　　价		
生产函数法	估算结果较为粗糙，由于生产函数的建立具有一定的主观性，所以难以把握其结果的科学性		
投入产出法	需要的数据量较少而得以经常应用于实际操作；合理地考虑了个体行为与区域的弹性恢复能力，能够有效地避免对经济损失的过分估计；需要在符合其诸多基本假定的情况下根据灾害作用面的不同选用不同的模型		
社会核算矩阵	估算具体到各部门，便于在部门间和区域间进行分析与对比	不仅需要大量数据，且往往还需要对原始数据进行估算，所以在实际应用中存在着一定的难度	编制社会核算矩阵是一个复杂而烦琐的过程，其主要数据来源于投入产出表，但是又不限于投入产出表
一般均衡模型			虽然没有较多的约束条件并且可以构建非线性模型，但是其需要大量的外生参数，而外生参数的准确性对一般均衡模型估算结果的准确性有着极大的制约

---

① Cochrane，H. C. & Harold，C. Knowledge of Private Loss and the Efficiency of Protection ［C］. Conference on the Economies of Natural Hazards and Their Mitigation，1984.

② Ellson，R. W.，Milliman，J. W. & Roberts，R. B. Measuring the Regional Economic Effects of Earthquakes and Earthquake Predictions ［J］. Journal of Regional Science，1984，24（4）：559-579.

③ Rose，A.，Benavides，J. &Chang，S. E. et al. The Regional Economic Impact of an Earthquake：Direct and Indirect Effects of Electricity Lifeline Disruptions ［J］. Journal of Regional Science，2007，37（3）：437-458.

生参数的准确性对一般均衡模型估算结果的准确性有着极大的制约。在对数据的要求方面，由于统计数据的缺失，所以投入产出模型就因为其需要的数据量较少而得以经常应用于实际操作，然而社会经济核算矩阵和一般均衡模型不仅需要大量数据，往往还需要对原始数据进行估算，所以在实际应用中存在着一定的难度。

综合以上分析，相比于其他方法，投入产出法在评估灾害对经济的整体影响时更加合理、准确，可操作性更强，下面将重点对投入产出法进行介绍。但是遗憾的是，之前国内在利用投入产出方法对灾害的经济影响进行评估时，所用模型的实质其实是在假定技术水平不变的情况下，各产业部门间的投入产出关系由对各产业部门的最终需求所决定。很显然，如果我们认识到这一点的话就会发现，运用该模型来研究灾害对经济的影响是不合适的。因为当灾害发生后，首先是对若干产业部门的生产造成了极大的负面影响，制约了某些产品的供给，随后将这种负面影响波及整个国民经济系统，所以灾害发生后更多的是对产品供给面产生冲击，也就是说要想合理地评估灾害的经济影响，应该建立供给约束型投入产出模型。

我国在编制投入产出表时多采用价值型投入产出表，其基本形式如表 12-6 所示。

表 12-6　简化的投入产出表

投入＼产出		中间使用				最终使用				总产出
		部门 1	部门 2	…	部门 n	消费	资本形成	出口	最终产出	
中间投入	部门 1	x_{11}	x_{12}	…	x_{1n}	c_1	k_1	e_1	y_1	x_1
	部门 2	x_{21}	x_{22}	…	x_{2n}	c_2	k_2	e_2	y_2	x_2
	…	…	…	…	…	…	…	…	…	…
	部门 n	x_{n1}	x_{n2}	…	x_{nn}	c_n	k_n	e_n	y_3	x_n
增加值	劳动者报酬	w_1	w_2	…	w_n					
	营业盈余	m_1	m_2	…	m_n					
	增加值合计	v_1	v_2	…	v_n					
总投入		x_1	x_2	…	x_n					

根据投入产出表的行向平衡关系，总产出与最终产出的关系为：

$$Ax + y = x \tag{12.3}$$

其中，A 为直接消耗系数矩阵，也被称为技术系数，这表明直接消耗系数主要反映的是技术水平；元素为 a_{ij}，且 $a_{ij} = x_{ij}/x_j$ （i, j = 1, 2, 3, …, n），而 $x = (x_1, x_2, x_3, …, x_n)^T$，$y = (y_1, y_2, y_3, …, y_n)^T$。公式（12.3）可以变形为：

$$x = (I - A)^{-1} y \tag{12.4}$$

其实，之前国内利用投入产出模型对灾害影响的研究都是利用这一基本模型进行的。在所构建的模型中，某一产业部门因为灾害而受到的直接经济损失可以看成是最终产出的损失，即 Δy，则灾害引起的总产出的损失就为：

$$\Delta x = (I - A)^{-1} \Delta y \tag{12.5}$$

其后引入完全消耗系数，并对公式（12.5）进行变形以求得产业关联损失。之前国内对灾害经济影响的评估都是基于这一投入产出模型，可以称之为需求拉动型投入产出模型，但是根据之前的分析，很显然，我们更应该从灾害对供给面的冲击入手去构建模型，这样也更符合一般灾害对经济影响的实际情况。

1968 年，在第四届投入产出技术国际会议上，奥古斯丁诺维奇（Maria Augustinovics）提交的一篇论文中利用供给约束模型进行了跨国和跨期的经济结构比较，此后这一模型被广泛应用于研究供给冲击。为了建立供给约束型的投入产出模型，我们必须引入分配系数。分配系数的含义是 i 产品分配给 j 产品的中间消耗使用量在总产出量中所占的比例。与直接消耗系数假定技术不变不同的是，分配系数假定分配结构是稳定的，但是其与直接消耗系数是相对称的，且基于分配系数能够建立起与直接消耗系数相对称的一个完整的分析体系。分配系数的元素为 r_{ij}，且 $r_{ij} = x_{ij}/x_i$（i, j = 1, 2, 3, …, n），则 n × n 个分配系数构成的 n 阶方阵 R 即为分配系数矩阵。那么在此基础上，我们就可以在对称的形式上建立新的投入产出模型：

$$xR + v = x \tag{12.6}$$

可以将其变形为：

$$x = v(I - R)^{-1} \tag{12.7}$$

公式（12.7）即为供给约束型投入产出模型。可以看出，公式（12.7）与公式（12.3）是相对称的。为了进一步对比需求拉动模型和供给约束模型，并以此证明供给约束模型在评估灾害的经济影响时的适用性，我们需要构建供给约束分析模型。将整个经济系统中的产业部门划分为有约束的产业与无约束的产业，分别用下标 r 与 s 表示，在需求拉动模型下，也就是假定直接消耗系数不变的假定条件下，分块矩阵形式的行模型可以表示为：

$$\begin{pmatrix} x_r \\ x_s \end{pmatrix} = \begin{pmatrix} A^{rr} & A^{rs} \\ A^{sr} & A^{ss} \end{pmatrix} \begin{pmatrix} x_r \\ x_s \end{pmatrix} + \begin{pmatrix} y_r \\ y_s \end{pmatrix} \tag{12.8}$$

对公式（12.8）求解，可以得到：

$$x_s = (I - A^{ss})^{-1} (A^{sr} x_r + y_s) \tag{12.9}$$

$$y_r = (I - A^{rr}) x_r - A^{rs} x_s \tag{12.10}$$

因此，需求拉动模型表明在无约束最终需求 y_s 已知的情况下，无约束部门的产出 x_s 和受约束部门的最终需求 y_r 将如何受到受约束部门的产出 x_r 的影响。然而，在供给约束模型下，也就是假定分配系数固定不变的条件下，分块矩阵的列模型可以表示为：

$$(x_r, \ x_s) = (x_r, \ x_s) \begin{pmatrix} R^{rr} & R^{rs} \\ R^{sr} & R^{ss} \end{pmatrix} + (v_r, \ v_s) \tag{12.11}$$

对公式（12.11）求解，可以得到：

$$x_s = (x_r R^{rs} + v_s)(I - R^{ss})^{-1} \tag{12.12}$$

$$v_r = x_r(I - R^{rr}) - x_s R^{sr} \tag{12.13}$$

因此，供给约束模型表明在无约束初始投入 v_s 已知的情况下，无约束部门的产出 x_s 和受约束部门的收入 v_r 将如何受到受约束部门的产出 x_r 的影响。那么，当受约束部门的总产出变化时，根据以上模型可以推导出无约束部门总产出的变化，即对公式（12.12）求差分得：

$$\Delta x_s = \Delta x_r R^{rs}(I - R^{ss})^{-1} \tag{12.14}$$

从以上的推导结果就可以清晰地看出，在运用需求拉动模型和供给约束模型对灾害影响的评估时，其结果肯定会是截然不同的。这种差异来自于两者不同的假定，需求拉动模型假定了投入系数的不变，而供给约束模型假定了分配系数的不变。两者的这种特性就决定了供给约束模型适合应用于评估灾害对经济系统的影响，而不是需求拉动模型。

在实际应用中，只需确定受约束部门，并将其直接经济损失代入供给约束型投入产出模型中，就能得到其他部门受到的损失，以此来评估灾害对经济的影响。

三、城市灾害的预防及治理

（一）城市灾害预防及治理的经验

国外发达国家有关城市灾害预防及治理的研究和实践发展很成熟，美国、英国及日本在这方面最为突出。原因有两个：①这些国家经常发生较严重的自然灾害，它们的城市现代化水平高，当灾害发生时经常引起连锁反应，致使受灾损失巨大，它们迫切需要提高自身的灾害预防及治理水平来减少损失；②发达国家对于灾害预防及治理的研究和实践活动发展较早，相关法律体制建设得更加成熟完善，在灾害管理中的科技绝对投入值远远高于其他发展中国家，灾害管理方法与技术进步较快。

1. 美国城市灾害预防及治理的经验

美国有全国性的防灾法律近百部，其历史可以追溯到 1803 年针对新罕布什尔大火制定的国会法案。1959 年美国政府制定了《灾害救济法》，并且先后于1966 年、1969 年、1974 年进行了修订，每一次修订都扩大了政府的救援范围，强化了预防准备、应急管理、救灾减灾和恢复重建的全面协调关系。1963 年，

"美国灾害研究中心"在美国正式成立，它是世界上第一个研究城市灾害对社会发展影响的机构，40多年来，"美国灾害研究中心"对城市灾害的影响做了大量研究工作。1979年，美国将全国多个联邦应急机构的职能进行合并，成立了联邦应急管理署（FEMA），该机构认为，冷战结束以后，城市救灾、减灾和恢复重建成为城市应急管理的主要研究方向。

除了政府立法和成立专门的研究机构进行研究之外，美国的大学特别重视城市灾害预防及治理方面的研究和教育。针对这一问题，美国有定期出版的学术杂志，并且经常召开灾害管理方面的学术会议，开设有关的必修课和选修课，如"生命与灾害设计方法"（Life-Hazard Design）和"灾害与建筑规范"（Disaster and Building Regulation）等。同时开展大量的研究，以提高城市防范灾害的能力，"微区划技术"和"计算机信息模拟技术"就是其中的两个例子。"微区划技术"是通过地理信息系统技术在细化的区域内指明危险的地段，为城市总体土地的利用规划提供决策参考；"计算机信息模拟技术"也是规划者的一个重要工具，其模拟的模型可以形象地显示各类灾害的发生、发展模式及其对不同地区产生的后果。

2. 英国城市灾害预防及治理的经验

英国政府应对具体灾害的一个主要原则是灾害发生后一般由所在地方政府负责处理，以便最快捷地提供救援受困人员、阻止灾害扩大等所需的资源、人力和信息。以伦敦市为例，该市建立起了由紧急规划长官负责的紧急规划机构，平时负责地区危机预警、举行应急训练。灾难发生后，负责人必须协调各方面的力量有效处理事务，并负责向相应的中央政府部门如卫生部、交通部寻求咨询或其他必要的支援。救援方面的工作主要由伦敦消防和应急策划局负责，该局在每个社区设立了消防站。

3. 日本城市灾害预防及治理的经验

日本是一个灾害多发的国家，因此特别重视对灾害预防及治理的研究。1960年，灾害综合研究办正式成立，并且从1964年起，每年召开一次灾害研讨会，讨论目前所面临的灾害问题，探讨防治措施。日本的防灾减灾法律体系相当健全，以《灾害对策基本法》为基础，由52部法律构成。与防灾直接有关的有《河川法》、《海啸管理办法》等15项，《消防组织法》、《灾害救助法》等应急对策的法律数十项。不仅在立法方面走在前列，对于基础性研究也处于领先水平。1995年阪神地震之后，日本将各个研究机构进行整合，研究领域不断扩展，研究能力不断加强，且更加系统化，研究范围也不限于国内城市，研究水平处于世界前列。尤其是在地震相关研究、各种地质灾害发生机理以及灾害防治对策、火山的监测与预报、城市生命线建立等方面都有突出成就。日本把预防和应对危机看得同等重要，在危机出现之前往往就采取有力的预防措施。2003 年 5 月，日本中央防灾会议出台了《东海地震对策大纲》，争取在无法预知的情况下把地震造成的损失限制在最小范围之内。日本从 2007 年 10 月开始启动紧急地震速报制度，预报 4 级以上的地震，向市民发出预警，在地震前给予他们几秒宝贵时间做防范。预报是通过电视等渠道进行的，不要小看这几秒、十几秒，在这有限的时间内，核电站、列车就能采取关闭和停车措施，居民就有可能迅速离开建筑物，这几秒、十几秒就是数百亿元的财产，就是成千上万的生命。

(二) 城市灾害预防及治理的措施建议

在短时间，城市灾害会造成人员伤亡和财产损失，并对经济系统产生极大的杀伤力，所以预防灾害的负面影响是十分必要的。灾害对于经济的负面影响基本可以分为两个部分，一是灾害发生的概率，二是灾害对于城市经济影响的程度，两者共同决定灾害负面影响的大小。遵循这一思路，在预防灾害的负面影响时，可以采取两类措施，一类旨在减少灾害发生的概率，另一类尝试尽量降低灾害对于经济的影响。根据不同地区所面对的不同灾害，预防灾害负面影响的措施可以是多种多样的，但是通过总结国内外的诸多有益经验，我们可以得出以下四个结论，以此对我们今后采取措施进行指导：

(1) 灾难往往暴露出灾前的许多决策 (有些属于个人决策，有些是集体行为，还有一些属于不作为) 的累积性影响。任何灾难的发生都包含着多重因素，有些显而易见，而有些则不明显。桥梁或建筑物坍塌的直接原因可能是泥石流，但往往也与设计不合理或施工质量差有关。更深层的原因可能是山坡上没有植被，增加了泥石流的强度，或者是城市规划不合理，将桥梁或建筑物建在危险地段。人们往往把问题的表象当作问题的根源，即山坡裸露被视为泥石流灾害的原因，但真正的根源可能是极度贫困——人们为了生存而不得不将植被消耗殆尽，或者政府放任砍伐却没有积极地鼓励植树。因此，有效的降低灾害发生概率的措施并不总是"显而易见"的，必须要注意对个人行为的激励，如果处理不当造成了相反的激励，那么很可能会加大灾害发生的概率，使得自然灾害成为"非自然"灾害。

(2) 减小灾害影响的措施通常是可行并符合成本效益的。世界银行的报告《自然灾害，非自然灾害：有效预防的经济学》中对四个中低收入国家灾害易发地区的房屋所有者可采取的某些措施进行了成本效益分析。其分析结果显示，基于假定 (但合理) 的成本和折现率，这些预防措施的收益大于成本。除了个人可采取的措施，另外一些预防措施属于基础设施的范畴，如为了预防城市暴雨带来的负面影响而修建的良好的排水系统。该报告考察了政府在预防措施方面的支出，发现预防支出普遍低于救灾支出，救灾支出在灾难发生后上升并在此后数年维持高位。能否实现有效预防不仅取决于资金的数量，还取决于资金如何使用。例如，孟加拉国投入合理资金用于建设避难场所、发展精确天气预报技术、发布警报引起民众注意并安排有序撤退等，从而成功地降低了热带风暴引起的死亡人数，所有这些措施的成本比起构筑大规模堤坝的成本低，而且后者的效果也并不理想。

（3）为了实现有效预防，公共和私人措施必须共同发挥作用。雅加达周边低洼地区的例子充分显示了在预防灾害负面影响时的复杂性：当地居民将房屋柱基加高以防止洪水来袭，但同时又打井汲水，这会引起地面下陷。尽管居民很清楚这样做的后果，但如果政府不能提供自来水，他们也别无选择。因此，个人采取的预防措施还取决于政府的作为或不作为；反之亦然。贫困国家往往做不到公共措施和私人措施的相互配合，这就解释了为什么这些国家往往更容易受灾害影响。贫困人群可能了解其所面临的灾害风险，但要避免遭受损失只能更多地依靠公共服务，而这些公共服务却往往不足。例如，由于公共交通不完善，他们居住在离工作地点较近且由于受灾风险大而地价较低的地区，而富裕人群则可选择私人汽车代步，远离此类风险。穷人也希望搬到更安全的地区，但前提是他们的收入增加或公共交通的可靠性提高。许多贫困国家的政府在提供此类公共服务方面都面临很大困难，而在实现这一目标之前，贫困人群只能继续深陷入脆弱的生存状态中。

（4）城市受灾害侵袭的风险正在逐渐上升，但这并不意味着城市的脆弱性一定会加剧。根据世界银行的报告，到2050年，生活在面临风暴和地震危险的大城市的人口将翻一番，从2000年的6.8亿上升至2050年的15亿。当然，数据的增长也因国家和地区而异。如果城市具备完善的管理体制，其脆弱性就未必会加重，但仅从预测的风险增长来看，在应对灾害方面我们的任务十分艰巨。城市发展并非唯一的可增大受灾概率的问题，气候变化问题近年同样受到很大关注，人们呼吁要立即采取应对措施，因为气候变化的影响具有累积性和后延性，很可能在长期的积累后产生重大自然灾害。《2010年世界发展报告》对气候变化的影响进行了详细探讨，该报告对气候变化对自然灾害的直接影响进行了估计：到2100年，因气候变化造成的热带风暴加剧所带来的损失每年将在280亿~680亿美元，这比不考虑气候变化的损失数据高出50%~125%。当然，由于数据有限，用于进行测算的气候模型也不完善，这些长期预测有很大的不确定性。这里的损失数据是所谓的"预计值"，它背后不乏大大超出平均数据的极端情况：如果一个极度脆弱的地区遭受一场非常罕见而猛烈的风暴袭击，必将造成极为严重的损失，而这种影响通常较为集中，如加勒比海地区的几个小岛国就极为脆弱。

灾害预防需要很多人在很多方面做得更好，但要让相关群体行动起来并非易事。一套成功的有效预防政策应包含信息宣传、干预措施以及基础设施建设，具体应包含以下四点：

（1）政府能够而且应该确保人们可以方便地获取信息。政府应建立一个系统性机制，能够根据风险的不断变化跟踪相关信息，并将风险因素融入房地产估价，这将大大有助于为加强预防提供激励。如果人们能够容易地获得洪泛平原地图和地震断层线地图，开发商和业主就可以更清晰地了解存在的风险——由此可以更加因地制宜地进行建设。此外，收集天气和气候数据也是实现准确预测必不可少的组成部分。

（2）政府除了加大对受灾地区的重建力度，还应该鼓励市场机制发挥作用，促进易受灾地区的经济发展。政府应该允许土地和房地产市场自我调节，如有必要采取有针对性的干预措施作为补充。如果土地和房地产市场运作良好，房地产价值即可反映出灾害风险，从而指导人们对居住地点和采取何种预防措施进行决策。如果市场的作用遭到扼杀，则会抑制对加强预防的激励。例如，在房租管制非常普遍的孟买，业主往往数十年不对房屋进行维修，一下暴雨，房屋就可能坍塌。更重要的一点是，房租管制并不是孟买或某些国家的专利。

（3）政府必须提供充足的基础设施和其他公共服务，并且发掘多用途基础设施的潜力。基础设施本身就具备很多预防功能，但是否有效还要取决于其质量，这些措施能够有效地减少灾害带来的伤亡以及其对经济的负面影响。

（4）为了降低灾害对城市经济的负面影响，我们要做的工作不仅是预防，一旦灾害发生，必须要有一套完整有效的机制对突发情况做出迅速反应，第一时间对受灾地区进行营救，并且科学合理地对受灾地区进行重建并利用政策鼓励投资，给人们以信心，力争将这种负面影响降到最小。此外，可以通过发行灾害债券与出售灾害保险来有效地降低灾害发生造成损失的风险。

参考文献

［1］Alonso, W. Location and Land use: Toward a General Theory of Land Rent [M]. Cambridge: Harvard University Press, 1964.

［2］Arnott, R., McMillen, D. A Companion to Urban Economics [M]. Hoboken: Wiley–Blackwell, 2006.

［3］Balchin, P., Issac, D., Chen, J. Urban Economics: A Global Perspective [M]. London: Palgrave Macmillan, 2000.

［4］Benevolo, B. The Original of Modern Town Planning [M]. Cambridge: MIT Press, 1981.

［5］Brooks, N., Donaghy, K., Knaap, G. The Oxford Handbook of Urban Economics and Planning [M]. Oxford: Oxford University Press, 2012.

［6］Brueckner, J. Lectures on Urban Economics [M]. Cambridge: MIT Press, 2012.

［7］Capello, R., Nijkamp, P. Urban Dynamics and Growth: Advances in Urban Economics [M]. Amsterdam: Elsevier Science Ltd., 2005.

［8］Chatterjee, M. Economics of Urban Land Use [M]. Saarbrücken: VDM Publishing, 2010.

［9］Evans, G. Cultural Planning: An Urban Renaissance? [M]. London: Routledge, 2001.

［10］Fitzgerald, J. Emerald Cities: Urban Sustainability and Economic Development [M]. Oxford: Oxford University Press, 2010.

［11］Fujita, M. Urban Economic Theory: Land Use and City Size [M]. Cambridge: Cambridge University Press, 1989.

［12］Gruen, C. New Urban Development: Looking Back to See Forward [M]. New Jersey: Rutgers University Press, 2012.

［13］Henderson, J. V. Urban Development: Theory, Fact, and Illusion [M]. Oxford: Oxford University Press, 1988.

[14] Hirsch, W. Urban Economics [M]. New Jersey: Prentice-Hall, 1984.

[15] Lichfield, N. Economics in Urban Conservation [M]. Cambridge: Cambridge University Press, 2009.

[16] McCann, P. Modern Urban and Regional Economics [M]. Oxford: Oxford University Press, 2013.

[17] McDonald, J. Postwar Urban America: Demography, Economics, and Social Policies [M]. Ipswich: M. E. Sharpe, 2014.

[18] McDonald, J., McMillen, D. Urban Economics and Real Estate: Theory and Policy [M]. Hoboken: Wiley-Blackwell, 2006.

[19] Mills, E., Hamilton, B. Urban Economics [M]. New Jersey: Prentice Hall, 1997.

[20] Muth, R. F. Cities and Housing: The Spatial Pattern of Urban Residential Land Use [M]. Chicago: University of Chicago Press, 1969.

[21] Nijkamp, P. & Reggiani, A. The Economics of Complex Spatial Systems [M]. Amsterdam: Elsevier, 1999.

[22] O'Sullivan, A. Urban Economics 8th Edition [M]. New York: McGraw-Hill, 2011.

[23] Otgaar, A., Braun, E., Van Den Berg, L. Urban Management and Economics [M]. London: Routledge, 2012.

[24] Papageorgiou, Y., Pines, D. An Essay on Urban Economic Theory [M]. New York: Springer-Verlag New York Inc., 2012.

[25] Rabinowitz, A. Urban Economics and Land Use in America-The Transformation of Cities in the Twentieth Century [M]. Ipswich: M. E. Sharpe, 2004.

[26] Richardson, H. The New Urban Economics [M]. London: Routledge, 2006.

[27] Sassen, S. The Globe City: New York, London, Tokyo [M]. Princeton: Princeton University Press, 2001.

[28] Small, K. Urban Transportation Economics [M]. London: Harwood Academic Publishers, 1992.

[29] Small, K., Verhoef, E. The Economics of Urban Transportation [M]. London: Routledge, 2006.

[30] Squires, G. Urban and Environmental Economics: An Introduction [M]. London: Routledge, 2012.

[31] Vuchic, V. Urban Transit: Operations, Planning and Economics [M].

Hoboken: John Wiley & Sons, Inc., 2005.

[32] [英] K. J. 巴顿. 城市经济学: 理论和政策 [M]. 上海社会科学院部门经济研究所城市经济研究室译. 北京: 商务印书馆, 1984.

[33] [英] 埃比尼泽·霍华德. 明日的田园城市 [M]. 金经元译. 北京: 商务印书馆, 2010.

[34] [美] 埃德温·S.米尔斯. 区域和城市经济学手册 (第2卷) 城市经济学 [M]. 郝寿义等译. 北京: 经济科学出版社, 2003.

[35] [美] 爱德华·格雷泽. 城市的胜利 [M]. 刘润泉译. 上海: 上海社会科学院出版社, 2012.

[36] [德] 奥古斯特·廖什. 经济空间秩序 [M]. 王守礼译. 北京: 商务印书馆, 2010.

[37] [英] 保罗·切希尔, [美] 埃德温·S. 米尔斯. 区域和城市经济学手册 (第3卷) 应用城市经济学 [M]. 安虎森等译. 北京: 经济科学出版社, 2003.

[38] [英] 彼得·霍尔. 城市和区域规划 [M]. 邹德兹等译. 北京: 中国建筑工业出版社, 1975.

[39] [英] 彼得·霍尔. 明日之城: 一部关于20世纪城市规划与设计的思想史 [M]. 童名译. 上海: 同济大学出版社, 2009.

[40] [美] 彼得·尼茨坎普. 区域和城市经济学手册 (第1卷) 区域经济学 [M]. 安虎森等译. 北京: 经济科学出版社, 2001.

[41] [英] 彼得·纽曼, 安迪·索恩利. 规划世界城市: 全球化与城市政治 [M]. 刘晔, 汪洋俊, 杜晓馨译. 上海: 上海人民出版社, 2011.

[42] 毕宝德. 土地经济学 [M]. 北京: 中国人民大学出版社, 2011.

[43] 毕世杰. 发展经济学 [M]. 北京: 高等教育出版社, 1999.

[44] [美] 布赖恩·贝利. 比较城市化 [M]. 顾朝林等译. 北京: 商务印书馆, 2010.

[45] 蔡孝箴. 城市经济学 [M]. 天津: 南开大学出版社, 1998.

[46] 陈敏豪. 生态文化与文明前景 [M]. 武汉: 武汉出版社, 1995.

[47] 程道平等. 现代城市规划 [M]. 北京: 科学出版社, 2004.

[48] 崔铁宁. 循环型社会及其规划理论与方法 [M]. 北京: 中国环境科学出版社, 2005.

[49] [英] 大卫·李嘉图. 政治经济学及赋税原理 [M]. 郭大力等译. 北京: 商务印书馆, 1962.

[50] 邓卫, 谢文蕙. 城市经济学 [M]. 北京: 清华大学出版社, 2008.

[51] 丁成日. 城市经济与城市政策 [M]. 北京: 商务印书馆, 2008.

［52］冯云廷.城市经济学［M］.大连：东北财经大学出版社，2011.

［53］冯云廷.城市聚集经济［M］.大连：东北财经大学出版社，2001.

［54］郭爱军，王贻志，王汉栋等.2030年的城市发展：全球趋势与战略规划［M］.上海：格致出版社，2012.

［55］洪亮平.城市设计历程［M］.北京：中国建筑工业出版社，2002.

［56］侯景新，尹卫红.区域经济分析方法［M］.北京：商务印书馆，2009.

［57］［加拿大］简·雅各布斯.美国大城市的死与生［M］.金衡山译.南京：译林出版社，2006.

［58］金景芳.周易讲座［M］.长春：吉林大学出版社，1987.

［59］［美］凯文·林奇.城市意象［M］.方益萍等译.北京：华夏出版社，2001.

［60］［美］柯林·罗，弗瑞德·科特.拼贴城市［M］.童明译.北京：中国建筑工业出版社，2003.

［61］［法］勒·柯布西耶.明日之城市［M］.李浩译.北京：中国建筑工业出版社，2009.

［62］［美］刘易斯·芒福德.城市发展史——起源演变和前景［M］.宋俊岭，倪文彦译.北京：中国建筑工业出版社，2005.

［63］［美］刘易斯·芒福德.城市文化［M］.宋俊岭，李翔宁，周鸣浩译.北京：中国建筑工业出版社，2009.

［64］［美］罗伯特·文丘里.建筑的复杂性与矛盾性［M］.周卜颐译.北京：中国水利水电出版社，知识产权出版社，2006.

［65］罗小未.外国近现代建筑史［M］.北京：中国建筑工业出版社，2004.

［66］［古罗马］马库斯·维鲁特威.建筑十书［M］.陈平中译.北京：北京大学出版社，2012.

［67］［美］迈克尔·波特.国家竞争力［M］.李明轩，邱如美译.北京：中信出版社，2012.

［68］［意］曼弗雷多·塔夫里，弗朗切斯科·达尔科.现代建筑［M］.刘先觉等译.北京：中国建筑工业出版社，2000.

［69］孟刚，李岚，李瑞冬等.城市公园设计［M］.上海：同济大学出版社，2003.

［70］［英］尼格尔·泰勒.1945年后西方城市规划理论的流变［M］.李白玉，陈贞译.北京：中国建筑工业出版社，2006.

［71］［英］诺南·帕迪森.城市研究手册［M］.郭爱军，王贻志等译.上海：格致出版社，2009.

[72] 饶会林. 城市经济学 [M]. 大连：东北财经大学出版社，1999.

[73] 沈建武，吴瑞麟. 城市道路与交通 [M]. 武汉：武汉大学出版社，2011.

[74] 沈玉麟. 外国城市建设史 [M]. 北京：中国建筑工业出版社，1989.

[75] 孙施文. 城市规划哲学 [M]. 北京：中国建筑工业出版社，1997.

[76] 孙施文. 现代城市规划理论 [M]. 北京：中国建筑工业出版社，2007.

[77] 孙志刚. 城市功能论 [M]. 北京：经济管理出版社，1998.

[78] 谭纵波. 城市规划 [M]. 北京：清华大学出版社，2005.

[79] 王辑慈等. 创新的空间：企业集群与区域发展 [M]. 北京：北京大学出版社，2001.

[80] 王受之. 世界现代建筑史 [M]. 北京：中国建筑工业出版社，1999.

[81] [美] 威廉·阿隆索. 区位和土地利用 [M]. 梁进社等译. 北京：商务印书馆，2010.

[82] 魏后凯等. 中国产业集聚与集群发展战略 [M]. 北京：经济管理出版社，2008.

[83] 魏江. 产业集群——创新系统与技术学习 [M]. 北京：科学出版社，2003.

[84] [德] 沃尔特·克里斯塔勒. 德国南部中心地原理 [M]. 常正文，王兴中等译. 北京：商务印书馆，2010.

[85] 吴德进. 产业集群论 [M]. 北京：社会科学文献出版社，2006.

[86] 谢经荣，吕萍，乔志敏. 房地产经济学 [M]. 北京：中国人民大学出版社，2013.

[87] [英] 亚当·斯密. 国民财富的性质和原因的研究 [M]. 郭大力等译. 北京：商务印书馆，1974.

[88] 杨延宝等. 中国大百科全书：建筑、园林、城市规划 [M]. 北京：中国大百科全书出版社，2004.

[89] 姚士谋，朱英明，陈振光. 中国城市群 [M]. 合肥：中国科学技术大学出版社，2001.

[90] 俞明轩. 房地产评估方法与管理 [M]. 北京：中国经济出版社，1999.

[91] 郁鸿胜. 城市群发展与制度创新 [M]. 长沙：湖南人民出版社，2005.

[92] [美] 约翰·弗农·史密斯，[比] 雅克—弗朗索瓦·蒂斯. 区域和城市经济学手册（第4卷）城市和地理 [M]. 郝寿义等译. 北京：经济科学出版社，2012.

[93] [英] 约翰·里德. 城市 [M]. 郝笑丛译. 北京：清华大学出版社，2010.

［94］张鸿雁.城市形象与城市文化资本论：中外城市形象比较的社会学研究［M］.南京：东南大学出版社，2002.

［95］张捷，赵民.新城规划的理论与实践——田园城市思想的世纪演绎［M］.北京：中国建筑工业出版社，2005.

［96］张京祥.西方城市规划史纲［M］.南京：东南大学出版社，2005.

［97］中华人民共和国建设部发布.城市绿地分类标准（CJJ/T85—2002 J185—2002）［S］.北京：中国建筑工业出版社，2002.

［98］周维权.中国古典园林史［M］.北京：清华大学出版社，1999.

［99］周一星.城市地理学［M］.北京：高等教育出版社，1995.

［100］邹军，张京祥，胡丽娅.城镇体系规划——新理念、新范式、新实践［M］.南京：东南大学出版社，2002.

后 记

　　在长期的教学和实践过程中，感受我国城市化快速推进，跟踪国外最新城市规划动态，思考我国城市发展建设中所涌现的新事物及暴露的新问题，使我们在多年前就有了写一本城市规划新著作的想法，但限于时间、精力及对尽善尽美的追求，这本书一直拖到现在。

　　今天，坚持不懈的研究终于该有一个圆满的结局了。在此，感谢本书的所有参编人员！感谢为本书的写作提供各种指导意见及素材的专家、学者！感谢为本书写作提供调研机会的领导、朋友！还应特别感谢经济管理出版社的胡茜编辑！正所谓"众人拾柴火焰高"。

　　尽管我们竭尽所能，力求精益求精，但书中仍存在诸多不尽如人意的地方，我们今后还会继续努力，深化研究。此正是："书山勤为径，学海苦作舟。""欲穷千里目，更上一层楼。"

　　欢迎社会各界同仁、朋友共同交流！我们的通信地址：中国人民大学经济学院区域与城市经济研究所（100872）；邮箱：xin9581@sina.cn。

作　者

2014 年 12 月 1 日于人大明德楼

图书在版编目（CIP）数据

城市战略规划/侯景新，李天健编著. —北京：经济管理出版社，2015.5
ISBN 978-7-5096-3627-5

Ⅰ.①城… Ⅱ.①侯… ②李… Ⅲ.①城市规划—研究 Ⅳ.①TU984

中国版本图书馆 CIP 数据核字（2015）第 039443 号

组稿编辑：胡　茜
责任编辑：胡　茜
责任印制：黄章平
责任校对：雨　千

出版发行：经济管理出版社
　　　　　（北京市海淀区北蜂窝 8 号中雅大厦 A 座 11 层　100038）
网　　址：www. E-mp. com. cn
电　　话：（010）51915602
印　　刷：三河市延风印装厂
经　　销：新华书店
开　　本：720mm×1000mm/16
印　　张：26.5
字　　数：505 千字
版　　次：2015 年 5 月第 1 版　　　2015 年 5 月第 1 次印刷
书　　号：ISBN 978-7-5096-3627-5
定　　价：80.00 元